计算机科学与技术专业核心教材体系建设 —— 建议使用时间

课程系列	一年级上	一年级下	二年级上	二年级下	三年级上	三年级下	四年级上	四年级下
基础系列	大学计算机基础	离散数学(上) 信息安全导论	离散数学(下)					
电类系列			数字逻辑设计 数字逻辑设计实验	电子技术基础				
程序系列		计算机程序设计	面向对象程序设计 程序设计实践	数据结构	算法设计与分析	软件工程 编译原理	软件工程综合实践	
系统系列			计算机原理	操作系统	计算机系统综合实践	计算机网络	计算机体系结构	
应用系列					人工智能导论 数据库原理与技术 嵌入式系统	计算机图形学		
选修系列							机器学习 物联网导论 大数据分析技术 数字图像技术	

面向新工科专业建设计算机系列教材

软件系统
可靠性分析基础与实践 微课版

张德平 编著

清华大学出版社
北京

内 容 简 介

本书紧扣复杂软件系统可靠性（简称软件可靠性）分析与应用新技术，从软件可靠性的数学基础和基本概念出发，重点介绍软件失效机理与故障传播分析、软件可靠性增长模型、数据驱动的软件可靠性模型以及软件可靠性建模、可靠性分析、可靠性设计、可靠性测试与验证、可靠性工程等主题。全书共 11 章，主要内容包括软件可靠性基本概念、软件可靠性分析的数学基础、软件失效机理分析与故障传播分析、软件可靠性增长模型、数据驱动的软件可靠性模型、软件可靠性建模技术、软件可靠性分析技术、软件可靠性设计方法、软件可靠性测试与验证技术、软件可靠性工程。

本书内容全面、系统，具有较强的工程适用性。本书适合作为计算机科学与技术、软件工程、数学与应用数学、统计学、系统工程、工业工程等专业本科生、研究生相关课程教材，也可供复杂装备、可靠性工程、软件工程、统计、安全工程、军用软件等相关领域人员参考。

版权所有，侵权必究。举报：010-62782989，beiqinquan@tup.tsinghua.edu.cn。

图书在版编目(CIP)数据

软件系统可靠性分析基础与实践：微课版 / 张德平编著. -- 北京：清华大学出版社，2025.4. -- (面向新工科专业建设计算机系列教材). -- ISBN 978-7-302-68667-5

Ⅰ. TP311.5

中国国家版本馆 CIP 数据核字第 2025F6Q076 号

策划编辑：白立军
责任编辑：杨　帆　战晓雷
封面设计：刘　键
责任校对：郝美丽
责任印制：刘海龙

出版发行：清华大学出版社
　　　　　网　　址：https://www.tup.com.cn, https://www.wqxuetang.com
　　　　　地　　址：北京清华大学学研大厦 A 座　　　邮　编：100084
　　　　　社 总 机：010-83470000　　　　　　　　　邮　购：010-62786544
　　　　　投稿与读者服务：010-62776969, c-service@tup.tsinghua.edu.cn
　　　　　质量反馈：010-62772015, zhiliang@tup.tsinghua.edu.cn
　　　　　课件下载：https://www.tup.com.cn, 010-83470236
印 装 者：三河市君旺印务有限公司
经　　销：全国新华书店
开　　本：185mm×260mm　　印　张：20.75　　插　页：1　　字　数：501 千字
版　　次：2025 年 5 月第 1 版　　　　　　　　　　印　次：2025 年 5 月第 1 次印刷
定　　价：69.00 元

产品编号：103541-01

出版说明

一、系列教材背景

人类已经进入智能时代,云计算、大数据、物联网、人工智能、机器人、量子计算等是这个时代最重要的技术热点。为了适应和满足时代发展对人才培养的需要,2017年2月以来,教育部积极推进新工科建设,先后形成了"复旦共识"、"天大行动"和"北京指南",并发布了《教育部高等教育司关于开展新工科研究与实践的通知》《教育部办公厅关于推荐新工科研究与实践项目的通知》,全力探索形成领跑全球工程教育的中国模式、中国经验,助力高等教育强国建设。新工科有两个内涵:一是新的工科专业;二是传统工科专业的新需求。新工科建设将促进一批新专业的发展,这批新专业有的是依托现有计算机类专业派生、扩展而成的,有的是多个专业有机整合而成的。由计算机类专业派生、扩展形成的新工科专业有计算机科学与技术、软件工程、网络工程、物联网工程、信息管理与信息系统、数据科学与大数据技术等。由计算机类学科交叉融合形成的新工科专业有网络空间安全、人工智能、机器人工程、数字媒体技术、智能科学与技术等。

在新工科建设的"九个一批"中,明确提出"建设一批体现产业和技术最新发展的新课程""建设一批产业急需的新兴工科专业"。新课程和新专业的持续建设,都需要以适应新工科教育的教材作为支撑。由于各个专业之间的课程相互交叉,但是又不能相互包含,所以在选题方向上,既考虑由计算机类专业派生、扩展形成的新工科专业的选题,又考虑由计算机类专业交叉融合形成的新工科专业的选题,特别是网络空间安全专业、智能科学与技术专业的选题。基于此,清华大学出版社计划出版"面向新工科专业建设计算机系列教材"。

二、教材定位

教材使用对象为"211工程"高校或同等水平及以上高校计算机类专业及相关专业学生。

三、教材编写原则

(1) 借鉴 *Computer Science Curricula* 2013(以下简称CS2013)。CS2013的核心知识领域包括算法与复杂度、体系结构与组织、计算科学、离散结构、图形学与可视化、人机交互、信息保障与安全、信息管理、智能系统、网络与通信、操作系统、基于平台的开发、并行与分布式计算、程序设计语言、软件开发基础、软件工程、系统基础、社会问题与专业实践等内容。

（2）处理好理论与技能培养的关系，注重理论与实践相结合，加强对学生思维方式的训练和计算思维的培养。计算机专业学生能力的培养特别强调理论学习、计算思维培养和实践训练。本系列教材以"重视理论，加强计算思维培养，突出案例和实践应用"为主要目标。

（3）为便于教学，在纸质教材的基础上，融合多种形式的教学辅助材料。每本教材可以有主教材、教师用书、习题解答、实验指导等。特别是在数字资源建设方面，可以结合当前出版融合的趋势，做好立体化教材建设，可考虑加上微课、微视频、二维码、MOOC等扩展资源。

四、教材特点

1. 满足新工科专业建设的需要

系列教材涵盖计算机科学与技术、软件工程、物联网工程、数据科学与大数据技术、网络空间安全、人工智能等专业的课程。

2. 案例体现传统工科专业的新需求

编写时，以案例驱动，任务引导，特别是有一些新应用场景的案例。

3. 循序渐进，内容全面

讲解基础知识和实用案例时，由简单到复杂，循序渐进，系统讲解。

4. 资源丰富，立体化建设

除了教学课件外，还可以提供教学大纲、教学计划、微视频等扩展资源，以方便教学。

五、优先出版

1. 精品课程配套教材

主要包括国家级或省级的精品课程和精品资源共享课程的配套教材。

2. 传统优秀改版教材

对于已经出版、得到市场认可的优秀教材，由于新技术的发展，计划给图书配上新的教学形式、教学资源的改版教材。

3. 前沿技术与热点教材

反映计算机前沿和当前热点的相关教材，例如云计算、大数据、人工智能、物联网、网络空间安全等方面的教材。

六、联系方式

联系人：白立军

联系电话：010-83470179

联系和投稿邮箱：bailj@tup.tsinghua.edu.cn

面向新工科专业建设计算机系列教材编委会

2019年6月

面向新工科专业建设计算机系列教材编委会

主　任：

　　张尧学　清华大学计算机科学与技术系教授　中国工程院院士/教育部高等学校
　　　　　　软件工程专业教学指导委员会主任委员

副主任：

陈　刚	浙江大学	副校长/教授
卢先和	清华大学出版社	总编辑/编审

委　员：

毕　胜	大连海事大学信息科学技术学院	院长/教授
蔡伯根	北京交通大学计算机与信息技术学院	院长/教授
陈　兵	南京航空航天大学计算机科学与技术学院	院长/教授
成秀珍	山东大学计算机科学与技术学院	院长/教授
丁志军	同济大学计算机科学与技术系	系主任/教授
董军宇	中国海洋大学信息科学与工程学部	部长/教授
冯　丹	华中科技大学计算机学院	副校长/教授
冯立功	战略支援部队信息工程大学网络空间安全学院	院长/教授
高　英	华南理工大学计算机科学与工程学院	副院长/教授
桂小林	西安交通大学计算机科学与技术学院	教授
郭卫斌	华东理工大学信息科学与工程学院	副院长/教授
郭文忠	福州大学	副校长/教授
郭毅可	香港科技大学	副校长/教授
过敏意	上海交通大学计算机科学与工程系	教授
胡瑞敏	西安电子科技大学网络与信息安全学院	院长/教授
黄河燕	北京理工大学计算机学院	院长/教授
雷蕴奇	厦门大学计算机科学系	教授
李凡长	苏州大学计算机科学与技术学院	院长/教授
李克秋	天津大学计算机科学与技术学院	院长/教授
李肯立	湖南大学	副校长/教授
李向阳	中国科学技术大学计算机科学与技术学院	执行院长/教授
梁荣华	浙江工业大学计算机科学与技术学院	执行院长/教授
刘延飞	火箭军工程大学基础部	副主任/教授
陆建峰	南京理工大学计算机科学与工程学院	副院长/教授
罗军舟	东南大学计算机科学与工程学院	教授
吕建成	四川大学计算机学院(软件学院)	院长/教授
吕卫锋	北京航空航天大学	副校长/教授
马志新	兰州大学信息科学与工程学院	副院长/教授

毛晓光	国防科技大学计算机学院	副院长/教授
明　仲	深圳大学计算机与软件学院	院长/教授
彭进业	西北大学信息科学与技术学院	院长/教授
钱德沛	北京航空航天大学计算机学院	中国科学院院士/教授
申恒涛	电子科技大学计算机科学与工程学院	院长/教授
苏　森	北京邮电大学	副校长/教授
汪　萌	合肥工业大学	副校长/教授
王长波	华东师范大学计算机科学与软件工程学院	常务副院长/教授
王劲松	天津理工大学计算机科学与工程学院	院长/教授
王良民	东南大学网络空间安全学院	教授
王　泉	西安电子科技大学	副校长/教授
王晓阳	复旦大学计算机科学技术学院	教授
王　义	东北大学计算机科学与工程学院	教授
魏晓辉	吉林大学计算机科学与技术学院	教授
文继荣	中国人民大学信息学院	院长/教授
翁　健	暨南大学	副校长/教授
吴　迪	中山大学计算机学院	副院长/教授
吴　卿	杭州电子科技大学	教授
武永卫	清华大学计算机科学与技术系	副主任/教授
肖国强	西南大学计算机与信息科学学院	院长/教授
熊盛武	武汉理工大学计算机科学与技术学院	院长/教授
徐　伟	陆军工程大学指挥控制工程学院	院长/副教授
杨　鉴	云南大学信息学院	教授
杨　燕	西南交通大学信息科学与技术学院	副院长/教授
杨　震	北京工业大学信息学部	副主任/教授
姚　力	北京师范大学人工智能学院	执行院长/教授
叶保留	河海大学计算机与信息学院	院长/教授
印桂生	哈尔滨工程大学计算机科学与技术学院	院长/教授
袁晓洁	南开大学计算机学院	院长/教授
张春元	国防科技大学计算机学院	教授
张　强	大连理工大学计算机科学与技术学院	院长/教授
张清华	重庆邮电大学	副校长/教授
张艳宁	西北工业大学	副校长/教授
赵建平	长春理工大学计算机科学技术学院	院长/教授
郑新奇	中国地质大学(北京)信息工程学院	院长/教授
仲　红	安徽大学计算机科学与技术学院	院长/教授
周　勇	中国矿业大学计算机科学与技术学院	院长/教授
周志华	南京大学	副校长/教授
邹北骥	中南大学计算机学院	教授

秘书长：

白立军	清华大学出版社	副编审

FOREWORD
前言

党的二十大报告提出要加快武器装备现代化,更加凸显了武器装备在现代战争中的重要地位,对于全面开创武器装备建设新局面、确保如期实现建军一百年奋斗目标具有重大现实意义。软件作为军用装备的重要组成部分,在功能实现上具有关键作用。但由于我国软件研制能力水平不高,软件可靠性已成为制约武器装备发展和发挥效能的瓶颈。

随着人工智能、大数据等技术的广泛应用,装备软件的规模和复杂度不断增加,软件边界日渐模糊化,其可靠性越来越难以保证,软件可靠性问题也越来越突出,也给现有的软件可靠性理论和方法带来了新的挑战。一方面,需求的不断增加使得软件规模和设计的复杂性急剧提高,导致软件高可靠性面临挑战;另一方面,随着应用领域的拓展,与其交互的外在环境愈加复杂和恶劣,而对软件乃至整个系统的可靠性要求却越来越高。同时,与硬件可靠性技术的飞速发展相比,软件可靠性技术的发展相对滞后,这种发展的不均衡性导致软件可靠性成为影响整个系统可靠性进一步提高的瓶颈。

在军用、航空航天等应用领域,一些大型装备设备的控制核心功能大都由软件完成。可想而知,如果这些软件失效,将对生活、生产带来很大的不便或造成重大财产损失,特别是其中某些关键操作或功能失效,会给国家利益和人民生命财产造成巨大的损失。因此,从20世纪80年代开始,学术界和工业界就开始对软件可靠性进行研究和应用,在软件可靠性早期预计、分析、设计、测试、评估等多方面提出了一系列理论和方法以保障软件可靠性。深入研究软件可靠性工程,特别是针对复杂软件可靠性工程,对于整个军用装备领域具有十分重要的意义。

目前大多数软件可靠性工程相关图书无法满足基于人工智能、大数据、面向服务等新技术的复杂软件产品可靠性分析与建模的需要,特别是复杂装备软件可靠性分析的需要。本书紧扣复杂软件可靠性分析与应用新技术,从软件可靠性数学基础和可靠性基本概念出发,重点介绍软件失效机理与故障传播分析、软件可靠性增长模型、数据驱动的软件可靠性模型以及软件可靠性建模、可靠性分析、可靠性设计、可靠性测试与验证、可靠性工程等主题。

本书适合作为计算机科学与技术、软件工程、数学与应用数学、统计学、系统工程、工业工程等专业的本科生、研究生一学期的软件可靠性分析课程教材，也可供复杂装备、可靠性工程、软件工程、统计、安全工程、军用软件等相关领域的工作者与研究者参考。

编 者

2025 年 2 月

CONTENTS

目录

第1章 绪论 1

    1.1 软件可靠性研究与实践的意义 1

    1.2 复杂装备系统中软件可靠性技术应用趋势 3

    1.3 习题 4

第2章 软件可靠性基本概念 5

    2.1 软件可靠性的度量指标 5

        2.1.1 软件可靠性的定义 5

        2.1.2 常见软件可靠性度量指标 7

        2.1.3 装备系统软件可靠性指标 10

    2.2 软件可靠性建模方法 11

        2.2.1 软件可靠性建模思想 11

        2.2.2 软件可靠性建模过程 12

        2.2.3 软件可靠性建模基本问题 13

        2.2.4 软件可靠性模型的概念及特点 13

    2.3 影响软件可靠性的因素 14

    2.4 软件失效数据 17

        2.4.1 软件失效数据分类 17

        2.4.2 当前失效数据存在的不足与建议 19

    2.5 软件可靠性模型分类 20

    2.6 习题 21

第3章 软件可靠性分析的数学基础 23

    3.1 随机变量及其分布 23

        3.1.1 连续型随机变量及其分布 23

        3.1.2 离散型随机变量及其分布 31

    3.2 随机过程 34

		3.2.1 马尔可夫过程 35

        3.2.1 马尔可夫过程 35
        3.2.2 泊松过程 42
   3.3 参数估计方法 45
        3.3.1 最大似然估计 46
        3.3.2 最大后验估计 47
        3.3.3 贝叶斯估计 48
        3.3.4 最小二乘法 49
   3.4 习题 52

第4章 软件失效机理与故障传播分析 54

   4.1 软件失效机理分析 54
   4.2 软件故障传播分析 58
        4.2.1 基于程序内部的故障传播分析 59
        4.2.2 基于组件的故障传播分析 66
        4.2.3 网络化软件故障传播分析 77
   4.3 习题 81

第5章 软件可靠性增长模型 83

   5.1 经典软件可靠性增长模型 83
        5.1.1 JM模型 84
        5.1.2 GO模型 86
        5.1.3 MO模型 88
        5.1.4 Inflection S形模型 89
   5.2 NHHP类软件可靠性增长模型 90
        5.2.1 软件可靠性增长模型建模过程 90
        5.2.2 影响SRGM的关键参数因素分析 92
        5.2.3 统一的SRGM框架模型 93
   5.3 习题 96

第6章 数据驱动的软件可靠性模型 98

   6.1 数据驱动的软件可靠性模型框架 98
   6.2 基于时间序列的软件可靠性模型 101
        6.2.1 基于ARIMA的可靠性模型 101
        6.2.2 基于灰色理论的可靠性模型 104
   6.3 基于智能算法的软件可靠性模型 106
        6.3.1 基于BP神经网络的软件可靠性模型 107
        6.3.2 基于支持向量回归的软件可靠性模型 111

 6.4 软件可靠性组合模型 117
  6.4.1 软件可靠性组合模型构建 117
  6.4.2 基于时间序列分解与重构的软件可靠性混合模型 119
 6.5 习题 135

第7章 软件可靠性建模技术 137

 7.1 基于体系结构的软件可靠性建模分析 137
  7.1.1 基于马尔可夫链的组件化系统可靠性建模分析 137
  7.1.2 基于Petri网的体系结构软件可靠性建模分析 144
 7.2 面向服务的软件可靠性建模分析 161
  7.2.1 面向服务架构的软件可靠性模型 161
  7.2.2 数据驱动的SOA软件可靠性建模分析 165
 7.3 网络化软件可靠性建模分析 170
 7.4 云计算系统可靠性建模分析 173
  7.4.1 云计算系统可靠性定义 174
  7.4.2 影响云计算系统可靠性的因素 175
  7.4.3 云计算系统的可靠性模型 178
  7.4.4 云服务系统的可靠性模型 180
 7.5 习题 182

第8章 软件可靠性分析技术 184

 8.1 软件故障树分析（SFTA）技术 184
  8.1.1 故障树基本概念 184
  8.1.2 故障树的构建与规范化 187
  8.1.3 基于故障树的可靠性分析 193
 8.2 软件失效模式与影响分析 202
  8.2.1 软件失效的软划分 203
  8.2.2 软件SFMEA分析方法 205
  8.2.3 实例分析 211
 8.3 习题 213

第9章 软件可靠性设计方法 218

 9.1 常规软件可靠性设计 218
  9.1.1 软件避错设计 219
  9.1.2 软件查错设计 226
  9.1.3 软件纠错设计 232
  9.1.4 软件容错设计 233

9.2 嵌入式软件可靠性设计 242
　　9.2.1 嵌入式软件的特点和相关设计准则 242
　　9.2.2 嵌入式软件可靠性设计方法 244
9.3 面向服务的软件可靠性设计 247
　　9.3.1 软件服务模式 247
　　9.3.2 面向服务的软件可靠性设计流程 248
　　9.3.3 服务模式划分与可靠性设计 249
　　9.3.4 面向服务的软件可靠性设计方法 250
9.4 云计算系统可靠性设计 257
　　9.4.1 云计算系统可靠性设计原则 257
　　9.4.2 云计算系统可靠性设计方法 257
9.5 习题 266

第10章 软件可靠性测试与验证技术 269

10.1 软件可靠性测试的基本概念与特点 269
　　10.1.1 软件可靠性测试的基本概念 269
　　10.1.2 软件可靠性测试的特点 271
　　10.1.3 软件可靠性测试技术 272
　　10.1.4 软件可靠性测试的类型 273
　　10.1.5 软件可靠性增长测试方法 274
　　10.1.6 两种软件可靠性增长测试方法比较 280
10.2 软件可靠性验证测试技术 281
　　10.2.1 固定期软件可靠性验证测试 282
　　10.2.2 非固定期软件可靠性验证测试 286
　　10.2.3 软件可靠性验证测试方法在装备软件中的应用 288
10.3 习题 298

第11章 软件可靠性工程 299

11.1 软件可靠性工程的定义和过程 299
11.2 软件可靠性工程的活动分析 300
　　11.2.1 软件可靠性工程过程与开发过程的关系 301
　　11.2.2 软件可靠性工程活动之间的联系 302
11.3 数据驱动的软件可靠性工程过程模型 304
　　11.3.1 软件可靠性工程过程中的工作流定义 304
　　11.3.2 软件可靠性工程过程模型的工作流元素定义 304
　　11.3.3 数据驱动的软件可靠性工程过程模型 305
　　11.3.4 融入可靠性分析与设计的软件研制过程 307

11.4 军用软件质量与可靠性管理方法 307
    11.4.1 软件开发全过程工程化管理 307
    11.4.2 分阶段的质量管理和控制 309
11.5 习题 312

参考文献 313

第 1 章　绪　论

本章学习目标
- 了解软件可靠性研究与实践的意义。
- 了解复杂装备系统中软件可靠性技术应用趋势。

本章先介绍软件可靠性研究与实践的意义，再介绍复杂装备系统中软件可靠性技术应用趋势。

第1章视频

❖ 1.1　软件可靠性研究与实践的意义

高端复杂装备是国之重器，在国家安全与国民经济关键部门发挥着关键作用，其故障和失效往往造成较为严重的社会及经济影响。因此，如何保障高端复杂装备稳定而安全地运营是可靠性工程研究的主要问题。软件质量和可靠性已成为制约装备质量和性能的瓶颈，装备软件可靠性是确保装备系统质量的关键。研究和分析装备软件可靠性要求的特点，建立和完善装备软件可靠性设计、测试和评价技术，进行装备软件产品可靠性度量和评测，成为提高装备软件产品质量非常迫切而重要的课题。

随着计算机技术的发展和软件的广泛使用，装备系统和自动化应用系统对软件的依赖性越来越强，软件对现代装备发展起着越来越重要的作用，软件的核心地位日益突出。装备系统规模日趋庞大，结构和功能日趋复杂，软件越来越影响着整个装备系统的可用性，软件失效造成的故障已成为新的关注焦点，据有关资料统计，美军武器装备软件可靠性比硬件可靠性整整低一个数量级，有的系统故障统计结果是软件故障占系统故障的 60%~70%。不可靠软件引发的失效可能给用户和社会带来灾难性的后果。当前，软件可靠性问题已经相当突出，以下是几个较为重大的由软件故障引发的事故：

（1）美国于20世纪90年代发生了Therac-25型放射治疗仪超剂量辐射事故。Therac-25使用了一款没有经过正规培训的程序员开发的操作系统，由于该操作系统中的错误，医疗人员可能在病人没有进行任何防护的情况下意外地将Therac-25配置为高能模式，由此引发了6起严重的超剂量辐射事故。

（2）1991年，在海湾战争中，美国"爱国者"导弹的雷达跟踪系统发生故障，造成美军28人死亡，近百人受伤。

（3）1996年，欧洲空间局首次发射阿丽亚娜5型火箭。由于4型火箭的工程代码在阿丽亚娜5型火箭中被重新使用，但是阿丽亚娜5型火箭更高速的运算引擎在航天计算机的算法程序中触发了错误，最终导致了航天计算机的崩溃，使得阿丽亚娜5型火箭在处女航开启数秒后自我毁灭，同时被摧毁的还包括4颗卫星，造成的经济损失达5亿美元。

（4）2019年，埃塞俄比亚航空公司一架波音737 MAX 8客机在飞往肯尼亚途中，由于自动纠正失速系统（MCAS）的问题使得飞机信号系统接收到一个假信号，信号显示飞机"抬头"，而控制系统持续给出了"低头"的指令，导致飞机坠毁，机上有149名乘客和8名机组成员，无人生还。

（5）2020年，加拿大军方CH148直升机坠毁，因直升机飞行过程中出现严重颠簸，软件故障导致了飞行控制系统重启，直升机突然失去高度控制而坠毁。

国内也出现了由于软件故障造成数以百万计损失的事故。凡此种种，已不胜枚举。这些事故提醒人们，应当重视软件可靠性问题，以避免这些灾难重演。

软件可靠性工程（Software Reliability Engineering, SRE）是对软件质量（特别是软件可靠性）进行管理和控制的学科，是软件工程与可靠性工程的结合，是为保证软件质量及实现软件可靠性目标而采取的系统活动和方法，是软件质量保障的一个重要方面。软件可靠性评测是软件可靠性工程中的重要一环，而软件可靠性模型又是软件可靠性评测的核心，根据软件可靠性测试收集到的失效数据对软件可靠性进行评估，是随机过程的一种表示，主要描述软件可靠性与其他相关因素（如时间、软件产品特性等）之间的关系，是软件可靠性定量分析技术的基础。以软件可靠性模型为支撑的软件可靠性定量分析技术可归结为根据软件可靠性相关数据进行统计预估的过程。由于软件系统的失效率随着软件失效的消除而降低，利用软件可靠性模型可以根据观测到的软件失效时间分析软件失效率的变化趋势，进而估计当前软件可靠性和未来达到规定可靠性目标所需的时间。

软件可靠性工程使用的模型有可靠性结构模型（反映系统结构逻辑关系的数学过程，在掌握软件单元可靠性特征的基础上，对系统的可靠性特征及其发展变化规律做出评价）和可靠性预计模型（本质上是描述软件失效与软件错误的关系、软件失效与操作剖面的关系的数学方程，借助这类模型，可以对软件可靠性做出定量的评估或预计）。基于时间域的软件可靠性增长模型（Software Reliability Growth Model, SRGM）是可靠性预计模型的重要类型之一，而非齐次泊松过程（Non-Homogeneous Poisson Process, NHPP）类模型则是应用最广、影响最大的一类模型，这类模型拟合效果好，结构和应用最简单，已经成为软件可靠性工程实践活动中很成功的工具。

自从第一个软件可靠性模型出现以来，各种各样的模型相继涌现，经过几十年的发展，在软件可靠性模型的理论研究方面有了很大的进步，有效地提高了软件的可靠性设计、测试及其可靠性工程管理能力，推进了软硬件可靠性工程的均衡发展，提高了系统的可靠性水平，对保证软件质量有重要意义。

尽管现有的NHPP类软件可靠性增长模型很多，但这类模型仍具有一定的局限性，能普遍应用的并不多。对于每个软件可靠性模型，都是以某些假设为基础，这些假设是模型建立的主要依据，也是模型在理论上进行处理的先决条件，由此可见，模型的成功与否，与建模的假设有着很大的关系。模型假设的局限性太多，就会影响到它们的应用范围。当前，软件工程界对软件可靠性模型的诸多疑虑也多半来自于此。如何改进这些模型是软件可靠性今后理论研究的重大课题之一。另外，现有软件可靠性模型虽然有很多，但是这些模型没有普遍适应性，一个模型往往仅能对一个或几个软件做出较为准确的评估和预计，因此，如何选择、评价模型或者构造一个适用范围更广的统一模型框架就成为一个很有必要研究的课题。

数据驱动的软件可靠性模型则是近来随着机器学习等人工智能技术的广泛应用而逐渐发展起来的软件可靠性模型，正在成为当前软件可靠性研究和应用的热点。

❖ 1.2 复杂装备系统中软件可靠性技术应用趋势

随着复杂装备系统的规模和复杂程度大幅提高以及对软件依赖程度的急剧增加，软件质量问题引起了人们广泛的关注和重视。软件可靠性成为复杂装备系统研制工作中的薄弱环节，急需结合实际情况，研制复杂装备系统软件可靠性工作要求标准，指导复杂装备系统软件开发和使用工作，提升复杂装备系统可靠性。

复杂装备系统软件设计时更注重系统层次上的可靠性和安全性的综合分析和设计，在软件可靠性分析、设计、测试、验证方面有下述趋势：

（1）更加注重软件可靠性与安全性分析和设计。

主要表现在以下两方面：

① 分析范围进一步扩展，在原有分析的基础上加强系统级的分析与设计，更注重软件与其外部运行环境之间的相互作用的分析。

② 注重对软件运行异常环境的分析以及异常情况下软件处理功能的分析与设计，包括：硬件异常状态、时序和软硬件异常交互的分析，软硬件综合容错分析与设计，软件降级分析与设计。

美国麻省理工学院系统与软件安全性项目组经过对大量与软件相关的事故进行了统计分析发现，几乎所有与软件相关的事故都涉及软件需求问题。而且软件作为一种逻辑产品，其失效模式与硬件失效模式不同。很多事故发生时，操作人员操作正确，硬件也未出现故障，从软件工程的角度看，软件符合软件需求规格说明，也没有失效。导致故障的原因在于，软件与外部运行环境之间出现了一种超出设计人员设想的相互作用方式，也就是说，与软件相关的大部分系统失效是由于软件对外部输入处理及相关时序的设计遗漏造成的，而非软件失效造成的。为此，NASA定义了一种软件交互失效模式，并规定全部的安全性关键软件和任务关键软件均需在系统、功能等顶层设计上加强软件与外部环境的交互动态分析。

在缺少软硬件容错设计的情况下，软件的输入错误必然导致软件的输出错误。由于许多实时嵌入式系统的输入来自外部的硬件或软件，硬件故障或外部的干扰很可能造成外部环境的变化或输入信号时序、幅度的变化，也可能产生输入信号错误，为避免由于这种原因造成的软件失效，必须在软件研制前期进行深入、细致的分析，并采取有针对性的设计措施。

（2）强调量化风险控制，注重对研制的软硬件一体装备系统的概率风险进行评估。

1986年挑战者号失事后，挑战者号事故调查委员会批评NASA未能估计出每个组件失效的风险。传统的安全性定性分析方法不足以预计或削弱全部的安全风险，有关学者建议概率风险评价方法应尽可能早地应用于航天飞机的风险管理程序。早期的概率风险评价研究与试点工作由专业研究人员进行。1995年4月，NASA在NFG 7120.5A《NASA程序和项目管理过程与要求》中规定，概率风险分析应作为保证程序和技术成功的一种决策工具，要求程序与项目管理决策必须在概率风险排序的基础上进行。2002年11月，NASA在NFG 7120.5B中规定，NASA独立验证与确认机构负责全部的安全性关键软件和任务关键软件全生命周期各阶段产品的独立确认与验证工作，包括软件可靠性与安全性的分析、测试与验证以及软件概率风险危险分析与评价工作。

概率风险分析是系统应用可靠性和安全性等相关技术的一种综合分析方法，包括对软件可靠性和安全性的量化分析与评价，其目的是识别与评价为保证安全性和任务完成需采取的各种行动、措施的风险，为决策提供支持。首先，需使用定性分析方法，如初步危险分析（PHA）、危险与可操作性分析（HAZOP）、故障模式、影响及危害性分析（FMECA）、系统检查单、主逻辑框图等，对软硬件组合系统进行分析，获得可能导致系统不期望状态发生的初始事件表。在定性方法不足以提供对失效、后果、事件的充分理解时使用定量分析方法。其次，就系统、人、软件对初始事件的不同响应而导致的事件链的不同发展过程进行分析鉴别，生成系统的功能事件序列图。最后，分析各事件的发生概率（包括共因分析、人因分析以及软件各种失效分析等），用故障树和概率统计技术归纳各事件序列最终状态的发生概率，分析各终结状态的严重度，结合状态发生概率与严重度，获得概率风险描述与风险排序。

NASA使用概率风险分析技术进行风险管理，按照风险调整资源，使资源的占用与风险相匹配，在不增加风险的前提下，减少了44%的资源占用率。火星采样返回（Mars Sample Return Mission）项目要求任务失效概率必须小于10^{-6}，NASA采用概率风险分析方法检验系统的可靠性，取得了很好的效果。

（3）软件产品测试验证更加注重分析技术和测试技术的综合应用。

测试验证的不充分性与高成本决定了软件产品验证更加注重分析技术和测试技术的综合应用这一趋势的必然性。在系统的功能分析和设计阶段加强仿真验证与分析；对常规状态下的功能验证以实际测试验证为主，以分析验证为辅；对异常状态下的功能验证以仿真验证为主，以分析验证为辅；对软件小概率失效和软件危险失效则以分析验证为主，以仿真验证为辅。

（4）软件产品可靠性分析与测试技术紧随新技术的应用发展趋势。

复杂装备系统软件的研发技术随着人工智能、大数据、5G技术、云计算等新技术的发展在不同软件产品中应用，软件可靠性分析方法与测试技术也紧扣这些软件产品的特点进行演变发展，新的软件可靠性测评技术将不断满足新一代复杂装备系统软件质量要求。

1.3 习题

1. 结合外军装备系统软件可靠性技术应用现状，简要说明未来装备系统软件可靠性技术的发展趋势。

2. 结合当前装备系统软件质量现状，简要说明软件可靠性研究的意义。

第 2 章 软件可靠性基本概念

第2章视频

本章学习目标
- 熟练掌握软件可靠性的度量指标和软件可靠性建模方法。
- 了解影响软件可靠性的因素和软件失效数据。
- 了解软件可靠性模型分类。

本章先介绍软件可靠性的度量指标,接着介绍软件可靠性建模方法,再介绍影响软件可靠性的因素以及软件失效数据,最后介绍软件可靠性模型分类。

❋ 2.1 软件可靠性的度量指标

2.1.1 软件可靠性的定义

1983年,美国IEEE计算机学会对软件可靠性(software reliability)做出了明确定义:"在规定的条件下和规定的时间内,软件不引起系统失效的概率。该概率是系统输入和系统使用的函数,也是软件中固有错误的函数,系统输入将确定是否触发软件错误(如果错误存在)。"简单地说,软件可靠性就是在规定的条件和规定的时间内软件执行规定功能的能力。这一定义被美国标准化研究所采纳为国家标准,1989年,我国也将该定义纳入国家标准。

软件可靠性的定义包括两方面的含义:

(1)在规定的条件下,在规定的时间内,软件不引起系统失效的概率。

该概率是系统输入和系统使用的函数,也是软件中存在的故障的函数,系统输入将确定是否会遇到系统中已存在的故障。

(2)在规定条件下,在规定的时间内,程序执行所要求的功能的能力。

在定义中,"规定的条件"主要是指软件的运行(使用)环境,它涉及软件运行所需要的一切支持系统及有关的因素,如支持硬件、操作系统及其他支持软件等;"规定的时间"由用户和软件的实际使用要求确定,但是在这里需要明确的一点是,规定的时间是指软件的运行时间,而不是普通意义上的时间。

根据定义可以得到,软件可靠性主要包含了如下3个要素:

(1)规定的条件。包括两个方面:一方面是软件的运行环境,它主要包括软件运行时所需要的支持条件,如支持的硬件、操作系统、输入数据的格式和输入范围、操作规程以及支持软件等;另一方面是指软件操作剖面,即软件运行的输入空间及其概率分布。软件可靠性在不同的条件下是不同的,规定的条件主要是软件在运行时对计算机的配置和输入数据的要求,并且假定其他所需的一切因素都是理想的。

(2)规定的时间。主要有3种度量方式:① 日历时间(calendar time),指日常使用的时间变量;② 时钟时间(clock time),指程序从开始运行到结束所用的时、分、秒,其中还包括等待其他程序运行的时间;③ 执行时间(execution time),指程序在执行时实际占用处理器的时间。具体使用哪种时间度量取决于采用哪个可靠性模型为软件做可靠性评估。

(3)规定的任务和功能。软件的可靠性还与规定的任务和功能有关。对于同一个软件来说,规定要完成的任务和功能不同,则软件的操作剖面就不同,调用的子模块(即程序路径)也不同,软件可靠性也就可能不同。所以,要准确度量软件可靠性,必须首先要明确它的任务和功能。

从上述软件可靠性的定义可以看出,软件如何能无故障运行并使其功能更好地满足用户的需求是软件可靠性的关键,对于软件需求中需要实现的功能来说,软件中存在的错误是导致软件出现故障乃至产生失效的原因。在软件可靠性研究中,通常要选取一些软件可靠性指标,以便对软件可靠性进行度量评估。

由于人们对可靠性研究得最早的是硬件可靠性,经过长期对硬件可靠性的研究和实践,已形成较完整的理论和较系统的实施方法,因此在研究软件可靠性理论和实施软件可靠性策略时,充分分析软件与硬件在可靠性研究上的相似点,借鉴较为成熟的与硬件可靠性有关的经验。但与此同时必须综合考虑软件与硬件的不同点,在策略实施时加以区分。

软件可靠性与硬件可靠性在技术方面的相似点如下:

(1)工程上均必须采用系统工程的基本方法。

(2)均基于故障树分析法(Fault Tree Analysis, FTA)、失效模式和影响分析(Failure Mode and Effects Analysis, FMEA)、Petri网等方法的基本思想。

(3)均可使用冗余性容错设计的可靠性分析技术原理。

(4)均依靠设计与开发过程保证固有可靠性。

(5)均可利用概率论和数理统计学研究产品的可靠性。

(6)产品设计均是越简单越易保证其可靠性。

软件与硬件在可靠性技术方面的差别可归纳为表2.1。

表 2.1 软件与硬件在可靠性技术方面的差别

序号	软件	硬件
1	设计和研制过程可视性较差,难以控制	生产和制造过程可视性较好,易于控制
2	是思维逻辑的表示,不会自动变化,无散差,但其载体硬件可变	是物理实体,存在使用耗损,会自然老化,会引起物理变化,且有散差
3	软件是程序的指令序列,即使每条指令静态下都正确,但不能保证指令在软件运行中的动态组合完全正确,故若有缺陷存在,且必须在一定的系统状态和输入条件下软件故障才会暴露出来	若硬件的零部件或其结合部有故障,或各组成部分之间没有协调配合的,就会在运行中暴露硬件故障
4	软件故障均是由开发过程中的设计差错引起,复制过程只能间接通过载体造成内部故障	设计中的差错,以及生产过程、使用过程和物理变化均能造成硬件内部故障

续表

序号	软件	硬件
5	主要在设计开发的过程中采取技术和管理措施,就能确保软件可靠性	设计、生产、使用等全过程都会产生硬件故障,均需加强管理和技术控制
6	软件行为变化无法用连续函数描述,数学模型是离散的,故障的形成可能非物理原因,失效不易预测,无前兆	硬件行为变化的数学模型是连续的,故障的形成均为物理原因,失效可预测
7	使用过程中软件出现故障后,软件可以通过修改优化软件,产生新版本的软件,只要维护合理,可以提高可靠性	使用过程中硬件只能通过在出现故障后修复失效的零部件来保持可靠性,但不能提高
8	软件冗余设计不能相同,必须保证其设计相异性,否则反而会降低可靠性	容错设计中对同一品种规格的不同零部件适当提高冗余可有效提高可靠性
9	软件可靠性参数估计无物理基础,只有其载体有物理基础	硬件可靠性参数估计有物理基础
10	软件维护时修改部分常会影响它处,必须考虑影响域,保证修改结果完整正确	硬件维修可以适当控制在具体零部件,一般影响范围不会扩大
11	软件本身无危险,但对系统安全性可能有影响,因而不能孤立考虑软件自身安全性,必须结合系统安全性和软件在系统中的关键程度	硬件本身可能有安全风险,关键部件的安全性也必须单独加以分析评估

2.1.2 常见软件可靠性度量指标

软件可靠性是从用户使用的角度对软件系统质量进行的评定。软件可靠性指标就是软件的可靠性所应达到的目标值。软件可靠性指标比较多,下面主要从技术的角度列举几个关键的指标。

(1) 初始故障数。测试开始时软件中存在的故障数。它是一个理想值,只能通过一定的方法(如采用软件可靠性模型)进行评估。

(2) 剩余故障数。经过测试和故障修复排除后仍然残留在软件中的故障数。它也是一个理想值,可以利用测试出来的故障数和软件可靠性模型进行评估,这种软件可靠性指标比较直观。

(3) 可靠度。设随机变量 T 表示从软件运行开始时间($t=0$)到系统失效所经历的时间,即软件正常工作的时间,则在 t 时刻的软件可靠度 $R(t)$ 定义为:在规定条件和规定时间 t 内完成规定功能的概率,即软件产品正常工作时间 T 大于规定时间 t 的概率:

$$R(t) = P\{T > t\} \tag{2.1}$$

(4) 不可靠度。软件产品在规定条件和规定时间 t 内丧失规定功能的概率,即软件产品正常工作时间 T 小于或等于规定时间 t 的概率:

$$F(t) = P\{T \leqslant t\} = 1 - R(t) \tag{2.2}$$

对软件可靠性要求比较高的复杂装备系统软件,如指挥控制系统软件,可选可靠度作为软件可靠性指标。

(5) 失效密度函数。累积失效概率关于 t 的导数,记为 $f(t)$:

$$f(t) = \frac{\mathrm{d}F(t)}{\mathrm{d}t} \tag{2.3}$$

（6）失效率。又称为风险函数(hazard function)，是指软件在 t 时刻尚未发生失效的条件下，在 t 时刻之后的 Δt 时间内，即在 $(t, t+\Delta t)$ 时间内发生失效的概率，记为 $z(t)$，它等于软件在 t 时刻 Δt 时间内的瞬态失效概率：

$$z(t) = \lim_{\Delta t \to 0} \frac{P(t+\Delta t \geqslant T > t | T > t)}{\Delta t} \tag{2.4}$$

$$= \lim_{\Delta t \to 0} \frac{P(t+\Delta t \geqslant T > t)}{\Delta t \cdot P(T > t)} \tag{2.5}$$

$$= \lim_{\Delta t \to 0} \frac{F(t+\Delta t) - F(t)}{\Delta t \cdot R(t)} \tag{2.6}$$

$$= \frac{f(t)}{R(t)} \tag{2.7}$$

由于 $f(t)$ 是随机变量 T 的概率密度函数，因此，$z(t)$ 可以表示为

$$z(t) = -\frac{R'(t)}{R(t)} \tag{2.8}$$

在初始条件 $R(0) = 1$ 下，求解该常微分方程可得到

$$R(t) = \mathrm{e}^{-\int_0^t z(t)\mathrm{d}t} \tag{2.9}$$

（7）失效强度。Δt 时间内软件失效的概率。定义为当 $\Delta t \to 0$ 时软件在时间区间 $(t, t+\Delta t)$ 上失效数的期望与 Δt 之比。例如，在非齐次泊松过程(NHPP)模型中，假定软件在 t 时刻发生的失效数为 $N(t)$，显然在 t 给定的条件下 $N(t)$ 是一个随机变量，且随时间 t 的变化而变化，即 $\{N(t), t \geqslant 0\}$ 为一个随机过程。设 $m(t)$ 为随机过程 $\{N(t), t \geqslant 0\}$ 的均值函数，即

$$m(t) = E[N(t)] \tag{2.10}$$

则软件在 t 时刻的失效强度定义为

$$\lambda(t) = \frac{\mathrm{d}m(t)}{\mathrm{d}t} \tag{2.11}$$

从失效率和失效强度的定义可以看出，失效率是从寿命分布的角度定义的，是一个条件概率，为条件失效强度，即当软件在 $0 \sim t$ 时间内没有发生失效的条件下 t 时刻软件系统的失效强度。而失效强度则是基于随机过程定义的，是失效次数均值的变化率。可以证明，在软件的稳定运行期，若不对软件作任何修改，软件的失效强度应为一个常数，此时对应的失效过程为一个齐次泊松过程(Homogeneous Poisson Process, HPP)，其失效间隔服从参数为 λ 的指数分布，任一时间点上的失效率均为 λ。

实际上，可以证明，若软件失效计数过程 $\{N(t), t \geqslant 0\}$ 是一个泊松过程，条件失效率函数 $z(\Delta t | t_i)$ 和失效强度函数 $\lambda(t_i + \Delta t)$ 是相同的，即

$$z(\Delta t | t_i) = \lambda(t_i + \Delta t), \quad \Delta t \geqslant 0 \tag{2.12}$$

其中，t_i 为第 i 次失效的累计时间。此时，这两个概念是可以通用的。

若软件失效计数过程 $\{N(t), t \geqslant 0\}$ 不是一个泊松过程，则失效率和失效强度是不相同的，两个概念是有区别的。例如，在经典的 JM(Jelinski-Moranda)软件可靠性模型中，失

效率为
$$z(\Delta t|t_i) = \phi(N-i), \quad \Delta t \geqslant 0 \tag{2.13}$$
而失效强度则为
$$\lambda(t_i + \Delta t) = N\phi e^{-\phi(t_i+\Delta t)}, \quad \Delta t \geqslant 0 \tag{2.14}$$
其中，N 为从观测开始之后软件的失效数；ϕ 为一个比例常数，t_i 为第 i 次失效时间。显然，此时失效率和失效强度是不同的。

软件失效率的概念借鉴于硬件失效率，尽管其含义相同，但软件的失效率曲线与硬件被称为"浴盆曲线"的失效率曲线有所不同。图2.1是软件与硬件的失效率曲线比较。

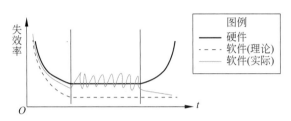

图 2.1　软件与硬件的失效率曲线比较

理论上，在相同的运行环境下，软件可靠性是一样的。软件在其存储载体上存放的过程中，只要存储载体不被损坏，不存在硬件随着时间的增长可靠性降低的物理衰变过程。因此，软件在使用和维护过程中，只要不引入新的缺陷，其可靠性相对稳定，而且随着缺陷的发现和消除，软件失效率不断下降，因而理论上其可靠性就会不断提高。但在软件实际运行和维护过程中，软件失效率是一个振荡下降的过程，因为在缺陷发现和修复的过程中，开发人员对更改影响域未分析清楚时，往往还会引入意想不到的新缺陷，或者引入特殊运行环境条件，激活原有隐藏的缺陷，所以其失效率会比理论值高。

（8）故障检测率。简称FDR（Fault Detection Rate），表示当前时刻单位时间内单个故障被检测到的平均概率，或每个故障的查出率，通常用 $b(t)$ 表示。假定NHPP类型的软件可靠性增长模型用一个计数过程 $\{N(t), t \geqslant 0\}$ 表示到 t 时刻为止检测到的故障累计数。如果故障累计数的期望值函数用 $m(t)$ 表示，则故障检测率定义为
$$b(t) = \frac{\lambda(t)}{a(t) - m(t)} \tag{2.15}$$
其中 $a(t)$ 是表示 t 时刻软件潜伏故障总数的函数，即到 t 时刻已排除的软件故障数和潜伏在软件中尚未被发现的软件故障数之和。

FDR 表征了测试环境下故障被查出的效率，具有描述综合测试策略的能力，因而与包括测试人员、测试技术、测试工具等在内的整体测试环境紧密相关。

从早期提出的将FDR看作常数的软件可靠性增长模型，到整体呈现递减趋势的幂函数类型FDR，再到能够基本刻画测试环境平缓变化的S形FDR，以及（复杂）指数类型FDR的研究，整体上，对FDR的研究方向呈现出贴近工程实际化的特点，因而能够更好地描述测试环境的改变，提高软件可靠性模型的性能。

通常情况下，可靠性高的复杂装备系统软件的特点有：故障的发生次数少，正常工作时间长，在故障发生后需要的修复时间短。在长期的工程实践中，工程人员总结了3个衡

量复杂软件可靠性的时间指标:平均无故障时间、平均故障间隔时间和平均故障修复时间,这些指标体现了系统在规定时间内保持正常运行状态的能力。

(1) 平均无故障时间。也称平均失效前时间,简称 MTTF(Mean Time To Failure),是指系统从开始正常工作到故障发生时所经历的时间间隔的平均值,即系统无故障运行的平均时间。假设当前时间到下一次失效的时间为 T,具有分布函数 $F(t)=P\{T\leqslant t\}$,即可靠度函数 $R(t)=1-F(t)=P\{T>t\}$,则有

$$\mathrm{MTTF}=\int_0^\infty tf(t)\mathrm{d}t=\int_0^\infty R(t)\mathrm{d}t \tag{2.16}$$

系统的平均无故障时间越长,说明系统的可靠性越高。

(2) 平均故障间隔时间。简称 MTBF(Mean Time Between Failure),是指系统发生相邻两次故障所经历时间间隔的平均值,是系统寿命 T 的期望,即

$$\mathrm{MTBF}=\int_0^\infty tf(t)\mathrm{d}t=\int_0^\infty R(t)\mathrm{d}t \tag{2.17}$$

系统的平均故障间隔时间越长,表示系统的可靠性越高,并且具有较强的正确工作性能。

一般地,在硬件可靠性中,MTTF 用于不可修复产品,MTBF 用于可修复产品。由于软件不存在不可修复的失效,即软件是可修复的,因此,目前在软件可靠性建模中,一般对 MTTF 和 MTBF 不加以区别。

易知,当失效时间 T 服从指数分布时,MTTF 和失效率存在倒数关系;当失效率不为常数,而是随时间变化而变化时,如测试、调试阶段,MTTF 和失效率之间不存在倒数关系。对于某些软件可靠性增长模型,MTTF 是不存在的。例如,Musa 的基本执行时间模型,发生了 i 次失效后的可靠度函数为

$$R(\Delta t|t_i)=\mathrm{e}^{-[\beta_0\mathrm{e}^{-\beta_1 t_i}][1-\mathrm{e}^{-\beta_1\Delta t}]} \tag{2.18}$$

显然,MTTF 不存在。

(3) 平均故障修复时间。简称 MTTR(Mean Time To Repair),是指从系统发生故障到故障维修结束并且可以重新正常工作所经历的时间间隔的平均值。系统的平均故障修复时间越短,意味着系统的恢复性能越好。

2.1.3 装备系统软件可靠性指标

结合装备系统软件特点及软件可靠性分析的需要,其常用的软件可靠性参数主要有以下 4 个:

(1) 成功率。软件在规定的条件下完成规定功能的概率。某些一次性使用的系统或设备的软件,如弹射救生系统、导弹系统的软件,其可靠性参数即可选用成功率。

(2) 任务成功概率。软件在规定的条件下和规定的任务剖面内能完成规定任务的概率。例如,对于军事飞行任务等,人们最关心的是其成功完成任务的概率,此时即可选择任务成功概率作为软件可靠性参数。

(3) 由平均失效前时间派生的参数。不同的装备系统可派生出不同的软件可靠性参数。例如,飞机、宇宙飞船的系统可用平均失效前飞行小时数,坦克、车辆系统可用平均失效前里程,舰艇指控系统可用平均失效前小时数。

（4）平均致命失效前时间。仅考虑致命失效的平均失效前时间。所谓致命失效是指使系统不能完成规定任务或可能导致人/物重大损失的软件失效或失效组合。不同的装备系统可派生出不同的软件可靠性参数。例如，飞机、宇宙飞船的系统可用平均致命失效前飞行小时数，坦克、车辆系统可用平均致命失效前里程，舰艇指控系统可用平均致命失效前小时数。

2.2 软件可靠性建模方法

2.2.1 软件可靠性建模思想

软件可靠性建模旨在根据可靠性数据和软件结构信息以统计的方法给出软件可靠性的估计值或预测值，从本质上理解软件可靠性行为，是软件可靠性工程的基础。软件可靠性建模在软件开发过程中具有重要作用：可以对各种软件开发技术的优劣做出定量的评估；使项目管理人员能够在软件的测试阶段进行可靠性增长分析，及时评估软件的开发水平；可以用于监控软件的运行性能，控制软件的设计变更，控制软件的功能扩充。软件可靠性模型的建立可以有效地预测系统的失效行为，对资源计划、进度安排和软件维护等也有重要的意义。

当前软件开发多数是基于模块或组件进行的，但软件整体并不是各个模块的简单相加，每个模块都可能对全局的可靠性产生不同的影响。软件可靠性分析利用软件的整体架构、软件操作剖面以及每个模块的可靠性搭建数学模型，进而分析软件整体的可靠性。软件可靠性模型一方面可以在设计阶段根据架构、控制流、已知模块可靠性数据或预估的可靠性对软件整体的可靠性进行预测；另一方面也可以应用在软件的验证和运行阶段，通过各种测试方法得到每个模块的可靠性和实际运行环境中的使用剖面，再代入数学模型得到软件的可靠性，从而评估软件是否达到了预期的要求。

建立软件可靠性模型旨在根据软件可靠性相关测试数据，运用统计方法得出软件可靠性的预测值或估计值，图2.2给出了软件可靠性建模的基本思想。

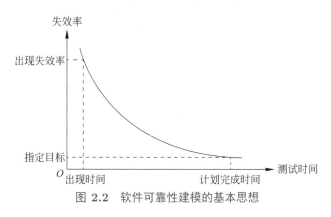

图 2.2 软件可靠性建模的基本思想

从图2.2中可以看出，软件失效总体来说随着故障的检出和排除而逐渐降低，在任意给定的时间，能够观测到软件失效的历史。

软件可靠性建模的目标如下:
(1) 预测软件系统达到预期目标还需要的资源开销及测试时间。
(2) 预测测试结束后软件系统的期望可靠性。

2.2.2 软件可靠性建模过程

为了满足软件可靠性指标要求,需要对软件进行测试→分析→再测试→再分析的循环迭代过程,软件可靠性建模的目的是对软件中的失效趋势和软件可靠性进行有效的估计与预测分析,以判断软件是否达到可靠性要求水平。软件可靠性建模是根据软件过去的失效行为建立模拟软件可靠性行为的数学模型,然后对这种可靠性行为进行估计和预测,建模过程如图2.3所示。

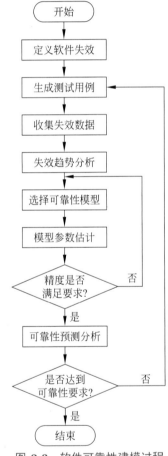

图 2.3 软件可靠性建模过程

软件可靠性建模过程通常由以下几部分组成:

(1) 在进行软件可靠性建模时都要先做一些假设。主要原因有两个:一是人们还无法确知软件可靠性行为中的某些特征,或者是某些特征具有不确定性;二是为了数学上处理方便。

(2) 通过对被测试软件进行测试,获得软件失效的历史数据。

（3）建立数学模型。对已经选择的可靠性度量即失效数据进行统计分析，并将其拟合为表示软件产品某些特性的函数，如概率分布函数等。

（4）进行参数估计。对于一些通过模型不能直接获得的度量或者参数，使用参数估计方法确定它们的值。

（5）根据建立的软件可靠性模型可确定软件的可靠性度量值并估计软件将来可能发生的失效行为。

2.2.3 软件可靠性建模基本问题

软件可靠性建模需要考虑以下基本问题：

（1）模型建立。指的是怎样建立软件可靠性模型。一方面考虑模型建立的角度，例如从时间域角度、数据域角度、将软件失效时刻作为建模对象、将一定时间内软件故障数作为建模对象；另一方面考虑运用的数学语言，例如概率语言。

（2）模型比较。在软件可靠性模型分类的基础上，对不同模型进行分析比较，并对模型的有效性、适用性、简洁性等进行综合权衡，从而确定模型的适用范围。

（3）模型应用。软件可靠性模型的应用需要从以下两方面考虑：

① 根据给定的软件开发需求，如何选择适当的软件可靠性模型。

② 确定了软件可靠性模型，如何指导软件可靠性工程实践。

软件系统的失效历史可以通过对测试得到的失效数据进行分析获得。而在实际情况中，人们最关注的是软件未来失效趋势。软件可靠性模型都是建立在一定的假设基础之上的，所以，即使花费大量的时间和精力对软件可靠性进行估计，也只是一种预测，这种预测的不确定性是许多未知原因交互作用的结果，根据软件可靠性模型所做的预测大多以概率形式表示。

2.2.4 软件可靠性模型的概念及特点

软件可靠性模型是为了预估软件可靠性而建立的数学模型，它根据软件测试提供的失效数据估算软件可靠性，并对软件未来发生的失效行为进行预测，为软件开发过程监督和软件过程管理提供了保障。软件可靠性模型选择的依据是软件可靠性指标，每个软件可靠性指标的侧重点不同，所以不同的软件可靠性指标就需要不同的软件可靠性模型加以评估。

通常情况下一个软件可靠性模型由如下4部分组成：模型假设、性能度量、参数估计方法、数据要求。

（1）模型假设是对实际情况的简化或规范，其形式是给出的若干假设，例如，选取的测试用例代表实际运行剖面，不同软件失效的发生是相互独立的，等等。

（2）性能度量就是软件可靠性模型的输出，如平均无故障时间、故障率等，常以数学表达式给出。

（3）参数估计方法是在无法直接获得可靠性度量实际值的情况下，根据收集的失效数据估计模型中的未知参数，进而间接确定可靠性度量值。通常参数估计所用的方法有最大似然估计法、最小二乘法、贝叶斯估计等。

（4）数据要求是指软件可靠性模型要求一定的输入数据，即软件可靠性数据。不同的软件可靠性模型要求的软件可靠性数据的类型可能不同。

由于很多可靠性模型为了简化数学上的处理难度而在理论上做了不少假设,但其中一些假设与实际情况并不相符,所以在实际选择模型预估软件可靠性时要仔细研究,选择那些与实际情况相符或更接近的模型,否则会影响到预估结果的精确性。

归纳起来,软件可靠性模型具有如下特点:

(1) 程序设计语言方面。软件可靠性模型的应用与程序设计语言之间没有必然的联系,不管选用哪种程序设计语言实现同一规格说明书要求的软件,应用同一软件可靠性模型评估时都应能得到相同的结果。

(2) 开发方法方面。软件可靠性模型与具体用到的软件开发方法无关。由于软件开发过程比较复杂,其中涉及人员等多种因素,使得对软件可靠性难以评估与预测,因此,为了保证软件可靠性模型预估的精度,一般假设待估测软件系统是由最坏的软件开发方法开发的。

(3) 模型表征方面。软件可靠性估计紧密地依赖于模型假设的输入分布。一般情况下,软件可靠性模型应该表征出测试的输入是否足以覆盖输入域,测试条件和数据是否准确地模拟了运行环境,测试是否可以检测出类似的错误,或者对模型的输入分布是否准确地进行了假设。实际应用中常假定测试的条件、数据与操作环境有同样的分布,这也就简捷地确定了上述几点。与此同时,大多数现有的软件可靠性模型都没有考虑软件复杂性问题。

(4) 测试方法选择方面。实际上无法通过彻底的测试获得完全可靠的软件,所以不得不采用有限的测试,相应的软件测试目标就是用最少的测试以求最大限度地提高软件可靠性,可以用边界值测试法、分类测试法、路径测试法等达到这一目标。几乎所有的软件可靠性模型都假定测试环境就是将来的软件运行环境,这限制了高可靠性估计情况下软件可靠性模型的可用性。

(5) 错误排除方面。如果软件可靠性模型涉及排除错误,一般都假设错误排除是完全的且在排除过程中不会引入新的错误,实际上改正检测到的错误时往往会引入新的错误。

(6) 模型验证方面。软件可靠性模型应该得到充分验证。但实际情况往往是缺乏足够有效的可靠性数据,使得软件可靠性模型的验证比较困难且不充分。同时在整个软件生命周期内,软件规模几乎总是成倍地增加,导致软件可靠性也相应地变化,软件可靠性的验证工作也就更加复杂。

(7) 时间问题。目前的相关标准、规范对于软件可靠性模型所使用的时间和时间单位都没有明确规定,所以无论用户提供的是何种时间或时间单位的数据,软件可靠性模型都应能相应地转换处理。

(8) 数据要求问题。软件可靠性模型要求的数据应该是容易收集和处理的;否则,由于数据问题,将会限制软件可靠性的应用范围。

❋ 2.3 影响软件可靠性的因素

软件可靠性反映了用户的质量观点,是软件质量特性中的固有特性和关键因素。与硬件可靠性相比,软件可靠性具有如下特点:

（1）软件错误主要由设计错误引起且不会随着使用时间的延长而增加。

（2）软件可靠性与软件使用时间长短无关，只与修复故障的努力（effort）有关。

（3）正确的软件在其生命周期内没有老化和耗损现象，且不会因为环境的变化而改变。

（4）采用高可靠性的标准件（比如系统提供的各种库函数）不一定能提高整体的软件可靠性。

软件可靠性表明了一个软件按照用户的需求和设计目标执行其功能的正确程度，这就要求一个可靠的软件应具有正确性、完整性、一致性和健壮性。正是因为软件中的错误引起了软件故障，使软件不能满足用户的需求，所以与输入有关的软件错误决定了软件的可靠性。常见的影响软件可靠性的软件错误如下：

（1）需求分析错误。如用户需求不完整、需求变更时未及时与开发人员沟通以及不同开发人员和用户对需求的理解不同等。

（2）软件设计错误。如数据结构和算法选择错误、特殊情况和错误处理考虑不周等。

（3）编码错误。编程时出现的语法错误、变量定义混乱初始化错误等。

（4）文档错误。主要是指用户提供的文档不齐全，或者提供的版本、内容不一致，缺乏完整性等。

（5）测试错误。主要指对需求分析不充分造成的数据准备错误或测试用例错误。

在软件各个阶段产生的错误中，设计阶段的错误占绝大多数。而且软件中错误的影响是发散的，它在软件代码中隐藏越久，查找和修改就越困难，付出的代价就越大。所以，要尽量把错误消除在设计阶段，这样才能节约软件可靠性测试的时间，提高软件可靠性，从而达到软件可靠性的目标。

由于软件自身及其开发过程的日益复杂，许多模型只在某一组失效数据上非常精确，换一个环境或者项目，其精度就不能满足要求。这是因为，在软件的开发或测试过程中存在许多对软件可靠性及其评估有着直接或者间接影响的因素，而在软件可靠性建模过程中，借助分布函数定量描述所有因素的影响效果是不现实的。因此，需要针对个别主要因素做出一些精确、无歧义的假设，以便对软件可靠性增长行为进行抽象和简化。模型假设与实际情况的吻合程度决定了模型预测质量的优劣，导致现有模型存在适用性较差的问题。

因此，现有基于统计理论的软件可靠性模型偏重于寻找复杂分布函数拟合失效数据，忽视了各类影响因素对可靠性增长趋势的影响分析。结合软件可靠性工程应用，影响软件可靠性的主要因素如表2.2所示。

将表2.2中的影响因素分为3类：1~5项归为产品因素，6~14项归为项目因素，15~30项则归为过程因素。有4种因素在软件可靠性建模评估工作中研究最为成熟且深入，即测试覆盖率、测试工作量、测试排错过程、测试检错过程。以这4种因素为例，说明这些影响因素对软件可靠性的影响方式，具体如下：

（1）测试覆盖率。它是度量测试充分性和测试效率的有效指标，对缺陷检测以及软件可靠性具有一定影响，结合测试覆盖率信息的软件可靠性模型的预测效果可以得到有效改进。根据测试的特点，常借助各种分布函数的形式描述测试覆盖率，例如威布尔分布、超指数分布与贝塔分布、逻辑斯谛分布、瑞利分布、对数-指数分布、对数正态分布、S形分布等，建立测试覆盖率与软件可靠性之间的定量关系。在此基础上，建立测试覆盖率与检

表 2.2　影响软件可靠性的主要因素

序号	影响因素	序号	影响因素	序号	影响因素
1	软件复杂性	11	测试环境	21	可靠性设计方法与技术
2	重用代码(模块)	12	硬件资源配置	22	开发设计方法与技术
3	用户质量目标	13	软件开发环境	23	软件运行情况
4	编程语言	14	开发与测试费用	24	软件过程管理
5	失效与缺陷的属性	15	测试方法	25	文档资料建立情况
6	开发人员技术水平	16	测试覆盖率	26	软件需求设计质量
7	开发、测试团队规模	17	测试检错过程	27	更改活动
8	测试人员技术水平和综合素质	18	测试排错过程	28	开发难度
9	用户的综合素质	19	测试工作量	29	进度安排
10	测试工具	20	数据采集方法	30	开发工作量

测缺陷数之间的关系模型（瑞利模型、对数-指数模型、超指数模型与 β 模型等）。另外，测试覆盖率与软件可靠性之间的关系也可以定性地描述其中每移除一个缺陷，测试覆盖率与软件可靠性都有增加、不变、减少 3 种趋势。前者增加时，后者增加或不变，两者之间的相关性还与软件复杂度有关。

（2）测试检错过程。此外，软件可靠性模型均假设软件运行过程中的缺陷检测率是一个定值，这与实际的测试情况也严重不符。在实际测试过程中，故障检测率存在不规则变化情况，包括先减后增、指数上升等类型，进而需要改进相应的 NHPP 可靠性模型。因此，在实际的软件可靠性建模过程中，常针对多种检错与排错方法可能给软件可靠性评估带来的影响，采用不同缺陷检测率函数，例如，采用 S 形增长曲线，即开始时增长缓慢，然后快速增长，最后趋于饱和；将测试者的学习过程和固有检测率相结合的铃形缺陷检测率函数等。

（3）测试排错过程。许多软件可靠性模型都假设失效发生时能够立即排除相应的缺陷且不引入新缺陷，这与实际的测试情况严重不符。实际上在软件开发与测试过程中软件缺陷有时不可能被立即排除，其排除时间依赖于缺陷的复杂性、开发人员的能力、排错小组的规模以及使用的排错技术等因素，且依赖缺陷的排除时间一定会有延迟。并且在排错的过程中，引入新缺陷的概率不等于 0，即完美排错是不可能的。基于这一认识，人们提出考虑不完全排错的三参数非齐次泊松过程（NHPP）模型。在考虑复杂调试活动的软件可靠性模型中一般假定排错过程中引入新错误的概率与软件残存缺陷数成正比，依此提出改进的软件可靠性模型。

（4）测试工作量。它是一种软件可靠性建模的过程描述指标，软件可靠性增长曲线的形状强烈依赖于测试工作量的分布。许多传统模型都假设测试工作量消耗是一个定值，甚至不作考虑，这与实际测试过程是相悖的。考虑测试工作量的软件可靠性建模方法的主要思想是：将测试工作量函数化，假设当前测试工作量所发现的平均缺陷数目与软件残留缺陷数目成某种比例关系，从而将测试工作量函数与软件失效率联系起来。改进后的模型具有较好的测评精度，且能更真实地反映实际的测试过程。常用于可靠性建模的测试工作量函数有威布尔分布、瑞利分布、逻辑斯谛分布、S形分布等多种形式。

2.4 软件失效数据

软件失效数据是整个软件可靠性分析和估测过程的工作基础,在整个软件可靠性工程的研究中占据重要的地位。收集的数据是否真实、准确和有效,是否满足模型要求,都直接影响软件可靠性评估的准确性和可信性。因此,在研究软件可靠性模型之前,对软件失效数据进行透彻的了解是非常必要的。

2.4.1 软件失效数据分类

软件失效数据的收集过程是估测软件可靠性的先决条件。现有的各种软件可靠性模型的数据类型差异很大。归纳起来,一般要收集的软件失效数据可分成错误数据、过程数据和产品数据三大类。

1. 错误数据

错误数据是分析和预测软件可靠性所需要的基本数据,反映了对软件中错误的检测、纠正和验证情况。这类数据的收集难度最大,花费的时间较长。主要的错误数据包括如下几种:

(1) 基础数据,例如,检测到错误的人员、时间、状态、软硬件环境,纠正错误的人员、时间、原因,验证错误的人员、时间、结果,等等。

(2) 测度数据,如检测错误累积数、纠正错误累积数、验证错误累积数、错误检测率、错误纠正率等。

(3) 结构数据,如单元结构复杂度、单元功能复杂度、单元错误数等。

根据测试软件时的收集方式,通常将错误数据分为不完全数据和完全数据两大类。其定义如下:

(1) 不完全数据。在软件测试过程中,被测软件出现了一连串的错误时,由测试人员和排错人员观察到并记录下来的是在一个接一个时间间隔中发生失效的总数。也就是说,在一个时间间隔中,只知道出现了若干次失效,但每一次失效出现的具体时间是不清楚的。这样的数据称为不完全数据。与完全数据相比,不完全数据缺少了一些信息,有时也将其称为每个时间间隔中的累积失效数据。不完全数据示例如表2.3所示。

表 2.3 不完全数据示例

失效时间/h	失效数	累积失效数	失效时间/h	失效数	累积失效数
8	4	4	48	2	21
16	4	8	56	1	22
24	3	11	64	1	23
32	5	16	72	1	24
40	3	19			

(2) 完全数据。完全数据是指在软件测试过程中,软件运行时被观察到并记录下来的

每一次失效以及它出现的时间。由于它反映的信息是完全的，而且每两次失效之间的时间间隔都是已知的，故完全数据有时也称为失效时间间隔数据。例如，Musa 的执行时间数据（表2.4）属于完全数据。

表 2.4 完全数据示例

序号	失效时间/s	序号	失效时间/s	序号	失效时间/s	序号	失效时间/s
1	5	15	2536	29	6183	43	14 551
2	78	16	2628	30	6233	44	14 700
3	219	17	3148	31	6541	45	15 169
4	710	18	4572	32	6820	46	15 885
5	715	19	4572	33	6960	47	16 489
6	720	20	4664	34	7638	48	16 489
7	748	21	4847	35	7821	49	17 263
8	886	22	4857	36	10 283	50	17 519
9	1364	23	4972	37	10 387	51	32 156
10	1689	24	4989	38	12 565	52	50 896
11	1836	25	5273	39	12 850	53	52 422
12	2034	26	5569	40	13 021		
13	2056	27	5784	41	13 021		
14	2112	28	5900	42	13 664		

显而易见，完全数据给出了每个失效发生的时间间隔，而不完全数据给出了在一定的时间间隔（不一定要求是均匀的）内的累积失效数。用完全数据进行软件可靠性分析和估测要方便得多，但是收集完全数据比较困难，通常收集到的是不完全数据。

2. 过程数据

过程数据反映了软件开发过程中错误在各阶段的分布情况以及各种维护活动所占用的时间和资源比例。它们对于正确地分析已收集数据和有效使用现有软件可靠性模型是非常重要的，也有利于合理安排维护人员和系统资源，以提高维护质量，降低维护代价。主要的过程数据包括如下几种：

（1）错误分布数据，如分阶段产生错误数、分阶段检测错误数等。

（2）时间分布数据，如总维护时间、分阶段维护时间、最大/最小/平均维护时间等。

（3）测试覆盖数据，如已测试功能所占比例、已测试独立路径所占比例、已测试代码行数所占比例等。

（4）纠错活动代价数据、各种历史数据等。

3. 产品数据

产品数据是说明软件规模、功能复杂性以及其他特性的专用数据。它们对于了解软件本身的质量和特性是十分有用的，其收集过程比较简单。主要的产品数据有单入单出模块数、高复杂度模块数、单功能模块数、文档化模块数、重用代码中的错误数等。

2.4.2 当前失效数据存在的不足与建议

复杂装备系统软件的测试是一个时间跨度较长且较为随机与复杂的过程，采取有效的测试信息记录机制，则会形成规模庞大的数据信息，这些近似于大数据的信息更能反映软件潜在错误的内在失效机制与机理。

若失效数据集中包含除累积检测的失效数量以外的更多信息，例如修复（改正/排除）、引入等信息，则研究人员所建立的模型在验证中就会有更多参照和比较的对象，使得软件可靠性模型构建能够突破现有相对单一的建模思维，可支持更多描述不同测试要点的方程（组）。

大规模数据中隐藏着各种软件失效机理信息，这为大数据理论与技术的运用提供了条件。当前应加大失效数据的收集力度，提倡应用有大数据支撑的相对复杂的可靠性模型。

实际的测试过程中具有较强的随机性，需要多参数描述以求准确与全面。多参数虽使模型变得复杂，但现有的优秀数值处理软件能够解决由此带来的复杂求解问题。

要保证完全、精确的失效数据收集是十分困难的，特别是要保证出现失效时作完全、精确的报告则更难。其中，最经常也是最严重的问题是失效时间的丢失。目前，软件可靠性研究工作者普遍感到由于缺乏数据而严重地影响到研究工作的进展。同时，关于数据的收集工作又存在着许多问题有待解决：

（1）收集到的数据大多是不完全的，而遗漏的数据确恰恰又是最重要的。

（2）进行数据收集同样需要方便、实用的工具，这方面的工作目前还十分缺乏。

（3）由使用数据而产生的可靠性估计误差比由使用软件可靠性模型而产生的误差要大一个数量级，这说明数据质量改进的重要性。

软件中一个错误可能会导致多次失效，并且若干错误之间有时存在相关性，从而降低所收集数据的精确度。因此，收集软件可靠性数据时，首先，要确定详细的计划和标准，诸如人力资源、时间的分配以及收集数据的形式、记录方式、存储方式等；其次，应对数据作具体的分析处理后方可应用，如数据的提取、合并、相关性分析等，采用的主要技术有EM算法、分段拟合技术等；再次，当使用某一具体的软件可靠性模型时，可能会出现需要的是其中的一类失效数据，而收集到的却是另一类失效数据，这时需进行失效数据间的转换；最后，大型复杂装备系统软件失效数据收集过程复杂，收集方法有待进一步研究。

软件业是典型的知识密集型产业，存在于软件开发过程中的特殊复杂性问题大多来源于人类脑力劳动的社会化，对它的管理要复杂、困难得多。由于受到许多潜在因素的影响，要想从一个实际的项目中收集一组软件失效数据是十分困难的。主要原因有以下几个：

（1）软件的度量尺度定义混乱不清。例如，对时间、失效、错误类型、模型结构等的定义往往比较含糊，缺乏统一标准。这样就使得在进行软件失效数据的收集时目标不明确。

（2）软件产品的管理存在问题。例如，软件产品可随意复制，可在不同系统上运行；同一产品的不同版本又可以不受限制地同时被使用。这些问题会导致收集的软件失效数据含混不清。

（3）排错及诊断不完全，使收集的数据中含有虚假成分，不能正确反映软件的真实状况。

（4）收集技术本身需要许多方便、实用的工具以及结构精良、定义严谨的数据库。但是，目前由于这些工具及数据库的制作、设计及应用并未受到应有的重视，以致严重妨碍了对软件失效数据的收集。特别是自动错误数据收集问题，因为有关错误信息与自动诊断难以定义，存在着许多有待解决的难题。

（5）开发人员的心理因素会对数据收集产生障碍。在软件开发过程中，自始至终存在着进度压力。争取将软件早日投放市场的激烈竞争使进度成为首要考虑的问题。如果缺乏严格而科学的管理，数据收集就会被当作令人厌烦的额外负担而得不到应有的重视，从而无法完成任务。

目前，业界已开发出了一些自动收集软件可靠性数据的支持工具，但局限性很大，因此，如何准确而高效地自动收集各种软件可靠性数据，是一项有待进一步研究和实践的课题。

2.5 软件可靠性模型分类

软件可靠性模型经过几十年的发展，已有一百多种可靠性模型。但是，并没有出现一种科学、系统的分类方法。为了更好地整理和研究这些模型，相继提出了许多不同的分类方法。现在常用的分类方法如下：

（1）按随机性分类。根据随机过程的假设，分为确定性过程模型和非确定性过程模型、泊松过程模型和马尔可夫过程模型等。

（2）按参数估计方法分类。主要有贝叶斯模型和非贝叶斯模型、最大似然估计模型和最小二乘法模型、线性模型和非线性模型等。

（3）按软件出现失效数分类。主要有失效计数模型和非计数模型、有限模型和无限模型等。

（4）按修复过程分类。主要有完全修复模型和不完全修复模型、完全排错模型和不完全排错模型等。

（5）按时间使用方式分类。主要有日历时间模型和执行时间模型。

Shanthikumar将软件可靠性模型分成4类，分别是可靠性模型、投放时间模型（用于确定软件何时可交付用户使用）、可用性模型（考虑软件可靠性和维护性，用于确定软件处于正常状态的机会大小）、软硬件混合模型（用于确定混合软硬件系统的可靠性，如嵌入式系统可靠性）。

Ramamoorthy和Bastani根据模型的应用阶段将模型分为以下4类：

（1）软件开发阶段的模型，如JM模型、Littlewood-Verral（LV）模型、Shooman模型、Musa模型等。

（2）软件验证阶段的模型，如Nelson模型等。

（3）软件操作运行阶段的模型，如马尔可夫过程模型等。

（4）软件测试阶段的模型，如Mills模型、Seeding模型等。

在软件测试过程中，一旦软件故障被发现，都要进行改正。因此，随着测试工作的进行，软件中的故障不断被排除，软件可靠性就不断得到提高。所以说，现有的软件可靠性模型都是软件可靠性增长模型。综合模型假设、测试环境以及数理统计的方法，可以将模型大致分为随机过程类模型（如马尔可夫过程模型、非齐次泊松过程模型等）及非随机过程类模型（如采用贝叶斯估计的 LV 模型、Seeding 模型、基于输入域的 Nerson 模型以及其他的非参数分析模型等）。

软件可靠性表示系统能够持续提供正确服务的能力。可以定义软件可靠性为一种概率性的度量指标，即能够正确完成其功能的概率，其数值可以表示为1减去失效的概率。以软件可靠性建模是否考虑软件内部架构（黑盒或白盒），软件可靠性模型可分为两大类：软件可靠性增长模型、软件可靠性分析/预测模型。

采用软件可靠性增长模型时，在软件的调试过程中，将软件整体看作一个黑盒，通过测试获得软件失效数据，进而预测软件的平均失效时间（MTTF）。该类模型只关注软件接口与外界环境的交互，对软件的内部结构毫不关心，因此软件可靠性增长模型无法获得失效数据以外的其他数据，一旦软件发生微小的修改或升级，整个测试过程就需要重新进行。目前大多数软件可靠性模型为软件可靠性增长模型。

随着软件规模的不断增加和对软件重用性的强调，模块化软件开发逐渐普及，软件中的模块经常被更换或升级，以黑盒测试为基础的软件可靠性增长模型略显力不从心。研究者开始将目光投向了考虑软件内部架构的白盒方法，提出了软件可靠性分析/预测模型。

❋ 2.6 习题

1. 简要描述主要的软件可靠性指标。
2. 什么是失效？什么是失效模式？研究软件产品失效的方法主要有哪两种？
3. 什么是可靠性？可靠性最主要的指标有哪些？
4. 说明软件可靠性和软件可用性之间的主要差别。
5. 说明什么是软件质量，叙述它与软件可靠性的关系。
6. 简述影响软件质量的因素。
7. 已知失效概率密度 $f(t)$ 是失效函数 $F(t)$ 的导数，证明 $f(t)$ 和失效率 $z(t)$ 之间的关系式：

$$z(t) = \frac{f(t)}{1 - F(t)}$$

8. 失效率函数 $z(t)$ 定义为

$$z(t) = -\frac{\mathrm{d}}{\mathrm{d}t} \ln R(t)$$

说明恒定的失效率函数暗示着寿命分布为指数分布。

9. 软件在机载设备中的运用越来越广泛，驻留于机载设备中的嵌入式软件失效会产生空难性后果，一般要求其具有较高的可靠性，因此软件可靠性对机载软件至关重要。以机载软件为例，解释软件可靠性的含义及影响软件可靠性的主要因素。

10. 软件可靠性评价是指选用和建立合适的软件可靠性数学模型，运用统计技术和其他手段，对软件可靠性进行测试并对系统运行期间的软件失效数据进行处理，评估和预测软件可靠性的过程。软件可靠性评价是软件可靠性活动的重要组成部分，既可在软件开发过程中实施，也可针对最终软件系统实施。软件可靠性评价的难点在于软件可靠性模型的选择和软件失效数据的收集和处理。回答如下问题：

（1）概述你参与实施的软件开发项目及你承担的主要工作。

（2）说明你在项目实施过程中选择的软件可靠性模型，并论述在软件可靠性模型选择时应考虑的主要因素。

（3）收集软件失效数据时经常遇到的问题有哪些？简述你收集软件失效数据时遇到的具体问题及解决方法。

第 3 章 软件可靠性分析的数学基础

第3章视频

本章学习目标
- 熟练掌握软件可靠性分析中常见的随机变量及其分布以及相关随机过程。
- 熟练掌握软件可靠性建模中常用的参数估计方法。

本章的内容是软件可靠性建模分析的基础知识,在内容的选择上主要考虑今后在软件可靠性分析和可靠性模型构建应用中所需的实用性,包括随机变量及其分布、随机过程以及参数估计方法3个方面。

❈ 3.1 随机变量及其分布

3.1.1 连续型随机变量及其分布

在软件可靠性建模分析中,常用的随机变量的分布主要用于寿命的分布、失效时间的分布、失效强度函数的定义以及检测率函数的定义等方面,主要包括指数分布、正态分布、伽马分布、贝塔分布、威布尔分布、逻辑斯谛分布。

1. 指数分布及其变化

1) 指数分布

若连续型随机变量 T 的概率密度为

$$f(t) = \begin{cases} \lambda e^{-\lambda t}, & t \geqslant 0 \\ 0, & \text{其他} \end{cases} \quad (3.1)$$

其中 $\lambda > 0$ 为常数,则称 T 服从参数为 λ 的指数分布,记作 $T \sim \text{Exp}(\lambda)$。

它的分布函数 $F(t)$ 为

$$F(t) = \begin{cases} 1 - e^{-\lambda t}, & t \geqslant 0 \\ 0, & \text{其他} \end{cases} \quad (3.2)$$

易知, T 服从参数为 λ 的指数分布,其可靠度为 $R(t) = e^{-\lambda t}(t \geqslant 0)$, MTTF $= 1/\lambda$。

指数分布的一个重要特征是无记忆性(memoryless property,又称遗失记忆性)。它表示,如果一个随机变量 T 服从指数分布,当 $s, t \geqslant 0$ 时有

$$P(T > s + t | T > t) = P(T > s) \quad (3.3)$$

即，如果 T 是某一元件的寿命，已知元件使用了 t 小时，它总共使用至少 $s+t$ 小时的条件概率与从开始使用时算起它使用至少 s 小时的概率相等。

证明过程如下：因为 $T \sim \mathrm{Exp}(\lambda)$，其分布函数为 $F(t) = P(T \leqslant t) = 1 - \mathrm{e}^{-\lambda t}$，所以有

$$P(T > s+t | T > t) = \frac{P(T > s+t, T > t)}{P(T > t)} \tag{3.4}$$

$$= \frac{P(T > s+t)}{P(T > t)} \tag{3.5}$$

$$= \frac{\mathrm{e}^{-\lambda(s+t)}}{\mathrm{e}^{-\lambda t}} \tag{3.6}$$

$$= \mathrm{e}^{-\lambda s} \tag{3.7}$$

$$= P(T > s) \tag{3.8}$$

由此得出结论。

指数分布的概率密度函数和分布函数曲线如图3.1所示。

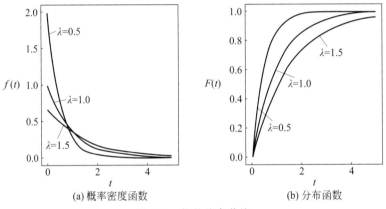

图 3.1　指数分布曲线

指数分布的可靠度函数曲线如图3.2所示。

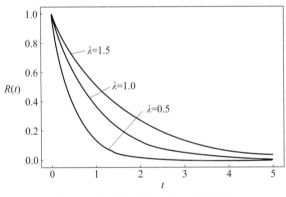

图 3.2　指数分布的可靠度函数曲线

在传统的可靠性理论中，指数分布主要应用在具有恒定故障率的部件、无冗余度的复杂系统、在耗损故障前进行定时维修的产品、由随机高应力导致故障的部件、使用寿命期

内出现的故障为弱耗损型的部件。

2）双参数指数分布

更一般的指数分布有两个参数，故称为双参数指数分布，记为 $X \sim \text{Exp}(\lambda, G)$，双参数指数分布的概率密度函数与分布函数分别如下：

$$f(t) = \lambda e^{-\lambda(t-G)}, \quad t \geqslant G \tag{3.9}$$

$$F(t) = 1 - e^{-\lambda(t-G)}, \quad t \geqslant G \tag{3.10}$$

3）超指数分布

超指数分布（hyperexponential distribution）也称混合指数分布，随机变量 T 的分布是由指数分布密度的线性组合所决定的概率分布，即，如果 T 有以下概率密度函数：

$$f(t) = \sum_{i=1}^{m} p_i \lambda_i e^{-\lambda_i t}, \quad t > 0 \tag{3.11}$$

其中 $p_i > 0, \sum_{i=1}^{m} p_i = 1$，则称随机变量 X 服从参数为 $(p_1, p_2, \cdots, p_m; \lambda_1, \lambda_2, \cdots, \lambda_m)$ 的 m 阶超指数分布。

超指数分布是一种概率分布。有 k 个平行的服务台，服务时间均服从指数分布，平均服务时间分别为 $1/\lambda_i (i = 1, 2, \cdots, k)$，一个顾客到达后以概率 p_i 选取第 i 个服务台，但直到正在接受服务的顾客服务完成之前，不允许新的顾客在别的服务台处接受服务，这样顾客的服务时间分布就服从 k 阶超指数分布。

2. 正态分布及其变化

1）正态分布

正态分布（或高斯分布）是最为重要的分布之一，它广泛应用于软件可靠性建模以及机器学习模型中。例如，基于高斯过程的可靠性模型以及深度学习算法中的权重用高斯分布初始化，隐藏向量用高斯分布进行归一化，等等。

若连续型随机变量 T 的概率密度函数为

$$f(t) = \frac{1}{\sqrt{2\pi}\sigma} e^{-\frac{(t-\mu)^2}{2\sigma^2}}, \quad -\infty < t < +\infty \tag{3.12}$$

其中 μ、$\sigma(\sigma > 0)$ 为常数，则称 T 服从参数为 (μ, σ^2) 的正态分布，记为 $T \sim N(\mu, \sigma^2)$。正态分布曲线如图3.3所示。

可靠度函数为

$$R(t) = \int_t^{+\infty} \frac{1}{\sqrt{2\pi}\sigma} e^{-\frac{1}{2}\left(\frac{s-\mu}{\sigma}\right)^2} ds \tag{3.13}$$

失效率函数为

$$z(t) = \frac{f(t)}{R(t)} = \frac{\varphi\left(z = \dfrac{t-\mu}{\sigma}\right)}{\sigma R(t)} \tag{3.14}$$

其中，φ 为标准正态分布的概率密度函数。

正态分布的可靠度函数和失效率函数曲线如图3.4所示。

2）对数正态分布

对数正态分布（logarithmic normal distribution）是指一个随机变量的对数服从正态

分布，因此该随机变量服从对数正态分布。对数正态分布从短期来看与正态分布非常接近；但从长期来看，对数正态分布向上分布的数值更多一些。

设 T 是取值为正数的连续随机变量，若 T 的概率密度函数为

$$f(t,\mu,\sigma) = \begin{cases} \dfrac{1}{t\sqrt{2\pi}\sigma} \exp\left(-\dfrac{1}{2\sigma^2}(\ln t - \mu)^2\right), & t > 0 \\ 0, & t \leqslant 0 \end{cases} \quad (3.15)$$

则称随机变量 T 服从对数正态分布，记为 $\ln T \sim N(\mu,\sigma^2)$，其概率密度函数曲线如图3.5所示。

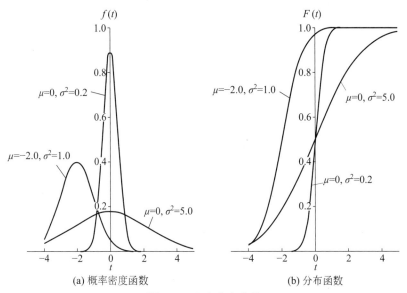

(a) 概率密度函数   (b) 分布函数

图 3.3 正态分布曲线

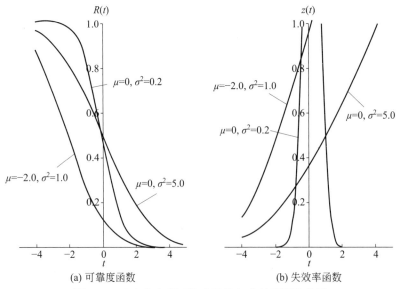

(a) 可靠度函数   (b) 失效率函数

图 3.4 正态分布的可靠度函数与失效率函数曲线

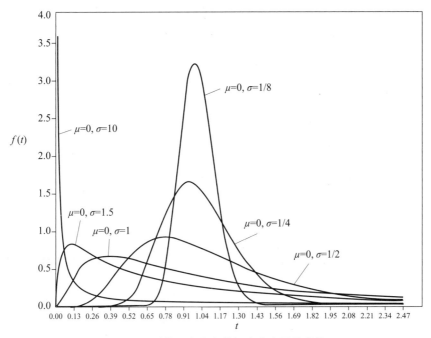

图 3.5　对数正态分布的概率密度函数曲线

对数正态分布的分布函数 $F(t)$ 与标准正态分布变量 Z 可由式(3.16)联系起来：

$$F(t) = P(T \leqslant t) = P(\ln T \leqslant \ln t) = P\left\{Z \leqslant \frac{\ln t - \mu}{\sigma}\right\} \tag{3.16}$$

因此，可靠度函数为

$$R(t) = P\left\{Z > \frac{\ln t - \mu}{\sigma}\right\} \tag{3.17}$$

失效率函数为

$$z(t) = \frac{f(t)}{R(t)} = \frac{\varphi\left(\dfrac{\ln t - \mu}{\sigma}\right)}{\sigma t R(t)} \tag{3.18}$$

其中，φ 为标准正态分布的概率密度函数。

对数正态分布的可靠度函数与失效率函数曲线如图3.6所示。

对数正态分布的期望和方差分别为

$$E(T) = e^{\mu + \sigma^2/2} \tag{3.19}$$

$$D(T) = (e^{\sigma^2} - 1)e^{2\mu + \sigma^2} \tag{3.20}$$

对数正态分布具有如下性质：

（1）正态分布经指数变换后即为对数正态分布。

（2）γ、t 是正实数，若 X 是参数为 (μ, σ) 的对数正态分布，则 $Y = \gamma X^t$ 仍是对数正态分布，参数为 $(t\mu + \ln \gamma, t\sigma)$。

（3）对数正态分布总是右偏的。

（4）对数正态分布的均值和方差是其参数 (μ, σ) 的增函数。

（5）对给定的参数 μ，当 σ 趋于 0 时，对数正态分布的均值趋于 $\exp(\mu)$，方差趋于 0。

在传统可靠性理论中，正态分布常用于飞机轮胎磨损、变压器、灯泡及某些机械产品，对数正态分布常用于电动绕组绝缘、半导体器件、硅晶体管、直升机旋翼叶片、飞机结构、金属疲劳等。

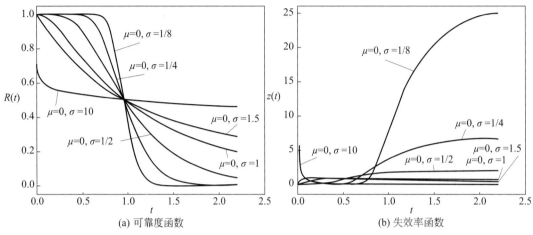

(a) 可靠度函数　　　　　　　　　　　(b) 失效率函数

图 3.6　对数正态分布的可靠度函数与失效率函数曲线

3) 截尾正态分布

截尾正态分布是截尾分布(truncated distribution)的一种。所谓截尾分布是指限制随机变量T取值范围的一种分布，例如，限制T取值为0~50，即$\{0 < T < 50\}$。根据限制条件的不同，截尾分布可以分为以下3种：

- 限制取值上限，例如，$-\infty < T < 50$。
- 限制取值下限，例如，$0 < T < +\infty$。
- 上限下限取值都限制，例如，$0 < T < 50$。

正态分布则可视为不进行任何截尾的截尾正态分布，即自变量的取值为负无穷到正无穷。

若非负随机变量T具有以下概率密度函数：

$$f(t) = \frac{1}{a\sigma\sqrt{2\pi}} e^{-\frac{(t-\mu)^2}{2\sigma^2}}, \quad t \geqslant 0, \sigma > 0, -\infty < \mu < +\infty \tag{3.21}$$

则称T服从截尾正态分布，其中$a > 0$是常数，它保证$\int_0^\infty f(t)\mathrm{d}t = 1$。

截尾正态分布的期望和方差分别为

$$E(T) = \mu + \frac{\sigma}{a}\varphi\left(\frac{\mu}{\sigma}\right) \tag{3.22}$$

$$D(T) = \sigma^2 \left\{ 1 - \frac{\mu}{a\sigma}\varphi\left(\frac{\mu}{\sigma}\right) - \frac{1}{a^2}\varphi\left(\frac{\mu}{\sigma}\right) \right\} \tag{3.23}$$

其中$\varphi(\cdot)$为标准正态分布的概率密度函数。

3. 伽马分布

伽马（Gamma）分布是统计学的一种连续概率函数，其定义如下。

若连续型随机变量T的概率密度函数为

$$f(t) = \begin{cases} \dfrac{\lambda^\alpha}{\Gamma(\alpha)} t^{\alpha-1} \mathrm{e}^{-\lambda t}, & t \geqslant 0 \\ 0, & t < 0 \end{cases} \quad (3.24)$$

则称 T 服从伽马分布，记为 $T \sim \mathrm{Ga}(\alpha, \lambda)$，其中：$\Gamma(\alpha) = \int_0^{+\infty} t^{\alpha-1} \mathrm{e}^{-t} \mathrm{d}t$ 称为伽马函数，参数 α 称为形状参数（shape parameter），β 称为尺度参数（scale parameter）。

可靠度函数为

$$R(t) = \int_t^{+\infty} \dfrac{\lambda^\alpha}{\Gamma(\alpha)} s^{\alpha-1} \mathrm{e}^{-\lambda s} \mathrm{d}s \quad (3.25)$$

若 α 为整数，可以用分部积分将 $R(t)$ 转换为

$$R(t) = \mathrm{e}^{-\lambda t} \sum_{i=0}^{\alpha-1} \dfrac{(\lambda t)^i}{i!} \quad (3.26)$$

由此可得失效率函数：

$$z(t) = \dfrac{f(t)}{R(t)} = \dfrac{\lambda^\alpha t^{\alpha-1} \mathrm{e}^{-\lambda t}}{\Gamma(\alpha) \sum_{i=0}^{\alpha-1} \dfrac{(\lambda t)^i}{i!}} \quad (3.27)$$

伽马分布与泊松分布、指数分布的关系如下：

若一段时间 [0, 1] 内事件 A 发生的次数服从参数为 λ 的泊松分布，则两次事件发生的时间间隔将服从参数为 λ 的指数分布，n 次事件发生的时间间隔服从 $T \sim \mathrm{Ga}(\alpha, \lambda)$ 的伽马分布。

伽马分布是统计学中的常见连续型分布，指数分布和卡方分布都是它的特例。例如，$\mathrm{Ga}(1, \beta) = \mathrm{Exp}(\beta)$，$\mathrm{Ga}\left(\dfrac{n}{2}, 2\right) = \chi^2(2)$。

伽马分布曲线如图3.7所示。

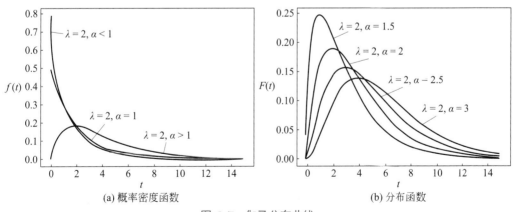

图 3.7　伽马分布曲线

4. 贝塔分布

贝塔分布（beta distribution）是一个定义在 [0,1] 区间上的连续概率分布族，它有两个正值参数，称为形状参数，一般用 α 和 β 表示。在贝叶斯推断中，贝塔分布是伯努利分布、

二项分布、负二项分布和几何分布的共轭先验分布。贝塔分布的概率密度函数形式如下：

$$f(t;\alpha,\beta) = \frac{1}{\mathrm{B}(\alpha,\beta)} t^{\alpha-1}(1-t)^{\beta-1} \tag{3.28}$$

这里的 $\mathrm{B}(\alpha,\beta) = \int_0^1 x^{\alpha-1}(1-x)^{\beta-1}\mathrm{d}x = \frac{\Gamma(\alpha)\Gamma(\beta)}{\Gamma(\alpha+\beta)}$，$\Gamma(\cdot)$ 为伽马函数。

伽马分布与贝塔分布之间的关系如下：

如果 $X \sim \mathrm{Ga}(a,\beta), Y \sim \mathrm{Ga}(b,\beta)$，并且 X 和 Y 独立，则 $X + Y \sim \mathrm{Beta}(\alpha,\beta)$，其中 $\alpha = a + b, \beta$ 为常数。

贝塔分布是一个作为伯努利分布和二项分布的共轭先验分布的密度函数，它指一组定义在 $[0,1]$ 区间的连续概率分布。均匀分布是贝塔分布的一个特例，即在 $\alpha = 1, \beta = 1$ 时的贝塔分布。

注： 在贝叶斯概念理论中，如果后验分布 $p(\theta|t)$ 与先验分布 $p(\theta)$ 是相同的概率分布族，那么后验分布可以称为共轭分布，先验分布可以称为似然函数的共轭先验。

贝塔分布的分布概率密度函数 $f(t;\alpha,\beta)$ 曲线如图3.8所示。

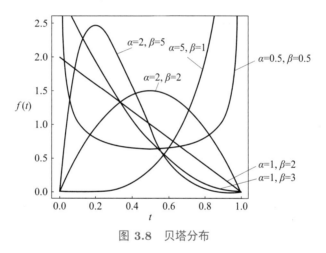

图 3.8 贝塔分布

5. 威布尔分布

威布尔（Weibull）分布是可靠性分析和寿命检验的理论基础。它在可靠性工程中被广泛应用，尤其适用于机电类产品的磨损累积失效的分布形式。由于它可以利用概率值很容易地推断出分布参数，因此被广泛应用于各种寿命试验的数据处理。

威布尔分布的概率密度如下：

$$f(t;\lambda,k) = \begin{cases} \frac{k}{\lambda}\left(\frac{t}{\lambda}\right)^{k-1} \mathrm{e}^{-(t/\lambda)^k}, & t \geqslant 0 \\ 0, & t < 0 \end{cases} \tag{3.29}$$

其中，$k > 0$ 是形状参数，$\lambda > 0$ 是尺度参数。

威布尔分布的可靠度函数为

$$R(t) = \mathrm{e}^{-(t/\lambda)^k} \tag{3.30}$$

失效率函数为

$$z(t) = \frac{f(t)}{R(t)} = \frac{k}{\lambda}\left(\frac{t}{\lambda}\right)^{k-1} \tag{3.31}$$

由威布尔分布的概率密度函数可知，威布尔分布与很多分布都有关系。例如，当 $k=1$ 时，它是指数分布；当 $k=2$ 时，它是瑞利分布（Rayleigh distribution）。

不同参数的威布尔分布的概率密度函数曲线如图3.9所示。

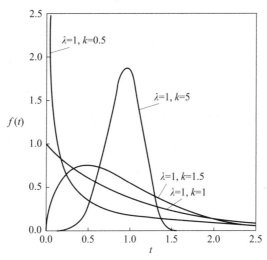

图 3.9 威布尔分布的概率密度函数曲线

6. 逻辑斯谛分布

设 T 是连续随机变量，T 服从逻辑斯谛（logistic）分布是指具有下列分布函数和概率密度函数

$$F(t) = P(T \leqslant t) = \frac{1}{1 + \mathrm{e}^{-(t-\mu)/s}} \tag{3.32}$$

$$f(t) = F'(t) = \frac{\mathrm{e}^{-(t-\mu)/s}}{s(1 + \mathrm{e}^{-(t-\mu)/s})^2} \tag{3.33}$$

其中，μ 为位置参数，$s \geqslant 0$ 为形状参数。

分布函数属于逻辑斯谛函数，是一条 S 形曲线（sigmoid curve）。该曲线以点 $\left(\mu, \dfrac{1}{2}\right)$ 为中心对称，即满足

$$F(-t+\mu) - \frac{1}{2} = -F(t+\mu) + \frac{1}{2} \tag{3.34}$$

分布函数曲线在中心附近增长速度比较快，两端增长速度比较慢。形状参数 s 的值越小，曲线在中心附近增长得越快。

逻辑斯谛分布的概率密度函数和分布函数曲线如图3.10所示（μ 是位置函数，改变它可以平移图形）。

3.1.2 离散型随机变量及其分布

1. 二项分布

事件 A 在 n 次伯努利试验中发生 k 次的概率为

$$P\{X = k\} = \binom{n}{k} p^k q^{n-k}, \quad k = 0, 1, \cdots, n \tag{3.35}$$

称随机变量 X 服从参数为 n,p 的二项分布，记为 $X \sim B(n,p)$。

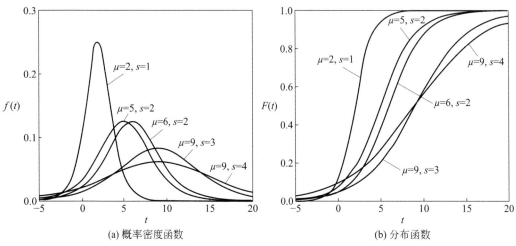

(a) 概率密度函数　　(b) 分布函数

图 3.10　逻辑斯谛分布的概率密度函数和分布函数曲线

二项分布概率密度直方图如图3.11所示。

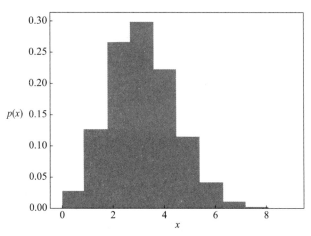

图 3.11　二项分布概率密度直方图

2. 多项式分布

多项式分布(multinomial distribution)是二项分布的推广，还是做 n 次伯努利试验，只不过每次试验的结果变成了 k 个，这 k 个结果发生的概率互斥且和为1，则试验结果 $x = \{x_1, x_2, \cdots, x_k\}$ 发生次数的概率就是多项式分布。

将试验进行 n 次，记第 i 种可能 x_i 发生的次数为 m_i，且 $\sum_{i=1}^{k} m_i = n$，则多项式分布的概率分布为

$$P\{x_1, x_2, \cdots, x_k\} = \frac{n!}{m_1! m_2! \cdots m_k!} \prod_{i=1}^{n} p_i^{m_i}, \quad \sum_{i=1}^{n} p_i = 1 \tag{3.36}$$

3. 几何分布

在伯努利试验中,记每次试验中事件 A 发生的概率为 p,试验进行到事件 A 出现时停止,此时所进行的试验次数为 X,其分布列为

$$P\{X=k\} = (1-p)^{k-1}p, \quad k = 1, 2, 3, \cdots \tag{3.37}$$

分布列是几何数列的一般项,因此称 X 服从参数为 p 的几何分布,记为 $X \sim \text{Geo}(p)$。

4. 超几何分布

超几何分布是一种重要的离散型概率分布,其概率分布定义如下:假设有限总体包含 N 个样本,其中质量合格的为 m 个,则剩余的 $N-m$ 个为不合格样本,如果从该有限总体中抽取出 n 个样本,其中有 k 个是质量合格的概率为

$$P\{X=k\} = \frac{\binom{m}{k} \times \binom{N-m}{n-k}}{\binom{N}{n}} \tag{3.38}$$

其中,$\binom{N}{n}$ 表示从 N 个总体样本中抽取 n 个样本的取法个数,$\binom{m}{k}$ 表示从 m 个质量合格的样本中抽取 k 个样本的取法个数,$\binom{N-m}{n-k}$ 表示从 $N-m$ 个质量不合格的样本中抽取 $n-k$ 个样本的取法个数。

由式(3.38)可知,超几何分布由样本总量 N、质量合格的样本数 m 和抽取样本数 n 决定,记为 $X \sim H(N, m, n)$。

5. 泊松分布

设随机变量 X 所有可能取的值为 $1, 2, 3, \cdots$,而取各个值的概率为

$$P\{X=k\} = \frac{\lambda^k e^{-\lambda}}{k!}, \quad k = 1, 2, 3, \cdots \tag{3.39}$$

其中 $\lambda > 0$ 是常数,称 X 服从参数为 λ 的泊松分布,记为 $X \sim \pi(\lambda)$。

泊松分布曲线和直方图如图3.12所示。

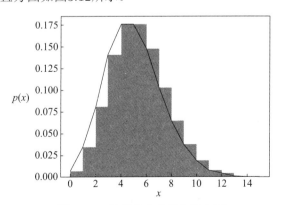

图 3.12 泊松分布曲线和直方图

在可靠性工程中应用二项分布时常常会遇到 n 很大 ($n > 50$)、q 很小 ($q < 0.1$) 的情况。这时二项分布将接近一个极限,这个极限就是泊松分布。

3.2 随机过程

在概率论的概念中,随机过程是随机变量的集合,是依赖于参数的一族随机变量的全体,参数通常是时间。随机变量是随机现象的数量表现,其取值随着偶然因素的影响而改变。若一个随机系统的样本点是随机函数,则称此函数为样本函数。

随机过程的定义如下:随机过程就是一族随机变量 $\{X(t),t \in T\}$,其中,t 是参数,它属于某个指标集 T,T 称为参数集。

注意区分随机变量与随机过程。一般,t 代表时间,当 $T=0,1,2,\cdots$ 时,随机过程也称为随机序列。随机变量的概念,人们都很熟悉。例如:随机变量 X,之所以称其为随机变量,是因为它的取值是随机的,即 X 可能的取值为有限值,如 X 可能取 0、0.4、0.7 等有限值。当在 N 个间距相等的不同时刻分别观测 X 这个量时,会得到一族随机变量,即 N 个随机变量,记为 $X(0),X(1),\cdots,X(N-1)$,则这 N 个元素每一个都是随机变量,当在时间 T 范围内取无数个时刻,也就是使相邻的时刻间隔趋近于 0 时,则可得随机过程 $\{X(t),t \in T\}$。所以,随机过程就是一个以时间 t 为参数的随机变量集合。

在随机过程 $\{X(t),t \in T\}$ 中,如果固定时刻 t,即观察随机过程中的一个随机变量。例如,固定时间为 t_0,则 $X(t_0)$ 就是一个随机变量,其取值随着随机试验的结果而变化,变化有一定规律,叫作概率分布,随机过程在时刻 t 取的值叫作过程所处的状态,这些状态的全体集合称为状态空间;随机变量是定义在状态空间 A 中的,当固定一次随机实验,即取定 $a_0 \in A$ 时,$X(t,a_0)$ 就是一个样本路径,它是时间 t 的函数,可能是连续的,也可能有间断点和跳跃。

随机过程的状态可分为连续状态和离散状态。当 T 为有限集或可数集时,则称 $\{X(t),t \in T\}$ 为离散随机过程;反之称为连续随机过程。当 T 是高维向量时,则称 $X(t)$ 为随机场。

随机过程是随机变量的集合,对于一维和多维随机变量,它们的分布函数完全刻画了它们的统计特性。要研究随机过程的统计特性,自然要关心它的分布。但通常随机过程的一维分布函数族不能完全反映出随机过程的统计特性。因为它仅仅反映了随机过程在各个时刻的统计特性,而随机过程还存在着不同时刻各个随机变量之间的关系。因此,引入有限维分布函数族的概念。

设 $\{X(t),t \in T\}$ 是一个随机过程,对任意正整数 n 及任意 $t_i \in T, x_i \in \mathbf{R}^1 (i=1,2,\cdots,n)$,记分布函数

$$F(x_1,x_2,\cdots,x_n;t_1,t_2,\cdots,t_n) = P\{X(t_1) \leqslant x_1, X(t_2) \leqslant x_2, \cdots, X(t_n) \leqslant x_n\} \quad (3.40)$$

则称分布函数集合 $\{F(x_1,x_2,\cdots,x_n;t_1,t_2,\cdots,t_n), t_i \in T, x_i \in \mathbf{R}^1, i=1,2,\cdots,n, n \geqslant 1\}$ 为随机过程 $\{X(t),t \in T\}$ 的有限维分布函数族。一个随机过程的有限维分布函数族完全反映了一个随机过程的统计特性。

设 $\{X(t),t \in T\}$ 是一个随机过程,状态空间为 $\mathbf{R}^1$,若对任意 n 及 $0 < t_0 < t_1 < \cdots < t_n$,若随机变量 $X(t_2)-X(t_1), X(t_3)-X(t_2), \cdots, X(t_n)-X(t_{n-1})$ 独立,则称随机过程 $\{X(t),t \in T\}$ 为独立增量过程。

若 $N(t)$ 表示到时刻 t 为止发生事件的个数,则称随机过程 $\{N(t),t \in T\}$ 为计数过程。

如果发生在不相交的时间段中的事件个数是相互独立对的，那么称这个过程为独立增量过程。等价地，如果发生在不相交的时间段中的事件个数的分布只依赖于时间差，不依赖与时间起点和终点，那么称这个过程为平稳增量过程。

3.2.1 马尔可夫过程

1. 离散时间马尔可夫链

1）马尔可夫链

马尔可夫链（Markov chain），又称离散时间马尔可夫链（Discrete-Time Markov Chain, DTMC），因俄国数学家安德烈•马尔可夫得名，为状态空间中经过从一个状态到另一个状态转换的随机过程。该过程要求具备无记忆的性质：下一状态的概率分布只能由当前状态决定，在时间序列中它前面的事件均与之无关。设 X_t 表示随机过程 $\{X_t, t=0,1,2,\cdots\}$ 在离散时间 t 时刻的取值。若该过程随时间变化的转移概率仅仅依赖于它的当前取值，即

$$P(X_{t+1}=s_j \mid X_0=s_0, X_1=s_1, \cdots, X_t=s_i) = P(X_{t+1}=s_j \mid X_t=s_i) \tag{3.41}$$

也就是说状态转移的概率只依赖于前一个状态，其中 $s_0, s_1, \cdots, s_i, s_j \in I$ 为随机过程 $\{X_t\}$ 可能的状态，这种特定类型的无记忆性称为马尔可夫性质。具有马尔可夫性质的随机过程称为马尔可夫过程。状态的改变称为转移，与不同的状态改变相关的概率称为转移概率。

马尔可夫链指的是在一段时间内随机过程 $\{X_t, t=0,1,2,\cdots\}$ 的取值序列 $(X_0, X_1, X_2, \cdots)$ 满足如上的马尔可夫性质。在马尔可夫链的每一步，系统根据概率分布，可以从一个状态变到另一个状态，也可以保持在当前状态。

2）k 步转移概率

k 步转移概率指的是马尔可夫过程从一个时刻 t 经过 k 步（即 k 个单位时间）到达下一个时刻 $t+k$ 时，从状态 s_i 转移到另一个状态 s_j 的概率，即

$$p_{ij}^{(k)}(t) = P(X_{t+k}=s_j \mid X_t=s_i) \tag{3.42}$$

当 $p_{ij}^{(k)}(t)$ 与起始时刻 t 无关时，称这个马尔可夫链为齐次马尔可夫链，记为 $p_{ij}^{(k)}$。当 $k=1$ 时称为一步转移概率，记为 p_{ij}。所有 $p_{ij}, i,j \in \{1,2,\cdots,n\}$ 构成一步转移概率矩阵 $\boldsymbol{P} = (p_{ij})_{n \times n}$，即

$$\boldsymbol{P} = \begin{bmatrix} p_{11} & p_{12} & \cdots & p_{1n} \\ p_{21} & p_{22} & \cdots & p_{2n} \\ \vdots & \vdots & \ddots & \vdots \\ p_{n1} & p_{n2} & \cdots & p_{nn} \end{bmatrix} \tag{3.43}$$

且有 $0 \leqslant p_{ij} \leqslant 1, \sum_{j=1}^{n} p_{ij} = 1$。

马尔可夫链是一个时间离散且状态离散的随机过程，它的状态是在时间一步步推进的过程中按照一步转移概率矩阵中的转移概率而改变的。换句话说，只要按上述矩阵中的转移概率产生随机数序列，并按该序列进行状态的转移，就能得到相应的马尔可夫链。

马尔可夫过程的 k 步转移概率可以由 C-K 方程求解。设 $\{X_t, t = 0, 1, 2, \cdots\}$ 是一齐次马尔可夫链，则对任意的 $m, n \in T$ 有

$$p_{ij}^{(m+n)} = \sum_{k=1}^{+\infty} p_{ik}^{(m)} p_{kj}^{(n)}, \quad i, j = 1, 2, 3, \cdots \tag{3.44}$$

实际上，有

$$p_{ij}^{(m+n)} = P\{X_{m+n} = s_j | X_0 = s_i\} = \sum_{k=0}^{+\infty} P\{X_{m+n} = s_j, X_m = s_k | X_0 = s_i\} \tag{3.45}$$

$$= \sum_{k=0}^{+\infty} P\{X_{m+n} = s_j | X_m = s_k, X_0 = s_i\} P\{X_m = s_k | X_0 = s_i\} \tag{3.46}$$

$$= \sum_{k=0}^{+\infty} P\{X_{m+n} = s_j | X_m = s_k\} P\{X_m = s_k | X_0 = s_i\} \tag{3.47}$$

$$= \sum_{k=1}^{+\infty} p_{ik}^{(m)} p_{kj}^{(n)} \tag{3.48}$$

记 $\boldsymbol{P}^{(n)}$ 为齐次马尔可夫链的 n 步转移概率 $p_{ij}^{(n)}$ 的矩阵形式，则矩阵形式的 C-K 方程可表示为

$$\boldsymbol{P}^{(n+m)} = \boldsymbol{P}^{(n)} \cdot \boldsymbol{P}^{(m)} \tag{3.49}$$

记 $\pi_k^{(t)}$ 表示马尔可夫过程在时刻 t 的状态为 s_k 的概率，则马尔可夫过程在时刻 $t+1$ 的取值为 s_i 的概率为

$$\pi_i^{(t+1)} = P(X_{t+1} = s_i) \tag{3.50}$$

$$= \sum_k P(X_{t+1} = s_i \mid X_t = s_k) P(X_t = s_k) \tag{3.51}$$

$$= \sum_k p_{ki} \pi_k^{(t)} \tag{3.52}$$

假设马尔可夫过程的状态数目为 n，则有

$$\left(\pi_1^{(t+1)}, \pi_2^{(t+1)}, \cdots, \pi_n^{(t+1)}\right) = \left(\pi_1^{(t)}, \pi_2^{(t)}, \cdots, \pi_n^{(t)}\right) \begin{bmatrix} p_{11} & p_{12} & \cdots & p_{1n} \\ p_{21} & p_{22} & \cdots & p_{2n} \\ \vdots & \vdots & \ddots & \vdots \\ p_{n1} & p_{n2} & \cdots & p_{nn} \end{bmatrix} \tag{3.53}$$

3）马尔可夫链的平稳分布

对于马尔可夫链，需要注意以下两点：

（1）周期性。如果一个马尔可夫过程由某个状态经过有限次状态转移后又回到自身，并且各个有限转移次数的最大公约数大于 1，则称这个状态具有周期性。若马尔可夫过程的所有状态均具有周期性，则称这个马尔可夫过程具有周期性。

（2）不可约。如果一个马尔可夫过程存在两个状态，它们之间是可以互相转移的，则

称这两个状态是不可约的。如果所有的状态都是不可约的，则称这个马尔可夫过程为不可约马尔可夫过程。不可约马尔可夫链是指：一个马尔可夫链从任何状态出发，其访问其余所有状态的概率都大于0，即任意两个状态之间都可以相互转移。

如果一个马尔可夫过程既不具有周期性又不可约，则称这个马尔可夫过程为各态遍历的马尔可夫过程。各态遍历这个概念可以理解为每个状态都有一定的概率会出现。

定理(马尔可夫链收敛定理) 对于一个各态遍历的马尔可夫过程，无论初始值 $\pi^{(0)}$ 取何值，随着转移次数的增多，随机变量的取值分布最终都会收敛到唯一的平稳分布 π^*，即

$$\lim_{t\to\infty} \pi^{(0)} \boldsymbol{P}^t = \pi^* \tag{3.54}$$

且这个平稳分布 π^* 满足：

$$\pi^* \boldsymbol{P} = \pi^* \tag{3.55}$$

其中，$\boldsymbol{P} = (p_{ij})_{n\times n}$ 为转移概率矩阵。

需要注意的是：

- 以上定理中马尔可夫链的状态不要求有限，可以有无穷多个。
- 两个状态 i、j 是连通的并非指状态 i 可以直接一步转移到状态 $j (p_{ij} > 0)$，而是指从状态 i 可以通过有限的 n 步转移到达状态 $j(p_{ij}^{(n)} > 0)$。马尔可夫链的任何两个状态是连通的是指存在一个 n 使得矩阵 $\boldsymbol{P}^{(n)}$ 中的任何一个元素的数值都大于 0。
- 用 X_i 表示在马尔可夫链上跳转第 i 步后所处的状态，如果 $\lim_{n\to\infty} p_{ij}^{(n)} = \pi(j)$ 存在，很容易证明以上定理的第二个结论。由于

$$P(X_{n+1} = j) = \sum_{i=0}^{\infty} P(X_n = i) P(X_{n+1} = j | X_n = i) = \sum_{i=0}^{\infty} P(X_n = i) p_{ij}$$

上式两边取极限就得到 $\pi(j) = \sum_{i=0}^{\infty} \pi(i) p_{ij}$。

4）马尔可夫链模型构建

建立马尔可夫链模型的步骤如下：

(1) 确定状态空间。根据研究对象及研究目的确定状态空间 I。例如，在软件可靠性分析中，将用户在软件使用过程中的不同操作定义为状态，并根据状态之间的转移是否存在马尔可夫性质确定是否能用马尔可夫链模型描述。所有的状态构成状态空间 $I = \{S_1, S_2, \cdots, S_n\}$。马尔可夫链模型常用马尔可夫状态转移图描述，用圆圈表示状态，用有向弧表示状态之间的转移关系。

(2) 确定各状态之间的转移关系。根据用户对软件的使用情况，确定各个状态之间的转移关系，在马尔可夫状态转移图中一般用有向弧表示从状态 S_i 转向状态 S_j，状态间的转移概率 p_{ij} 在有向弧上用 p_{ij} 值标注。

(3) 计算转移概率矩阵。在构建转移概率矩阵 $\boldsymbol{P} = (p_{ij})_{n\times n}$ 时，可直接使用观察数据进行统计计算，或者根据专家意见赋值。也可以利用模型（如多状态逻辑回归模型、决策树模型或随机函数模型）进行计算。模型法的优点是可以剔除观察数据中的噪声，并细化转移概率，精确到马尔可夫链的各个操作。

(4) 计算马尔可夫链的平稳分布。根据马尔可夫状态转移图，判断该马尔可夫链是否

具有平稳分布（各态遍历）的性质。如果是，则可根据马尔可夫链收敛定理计算出平稳分布 π。

（5）分析应用。基于计算出的平稳分布可进一步进行分布应用，如计算软件可靠性、首次到达某个状态的概率、在某个状态逗留的平均时间等。

例如，某装备指控软件系统有3个操作A、B、C，各操作之间的转移概率和相应的状态转移图如图3.13所示。

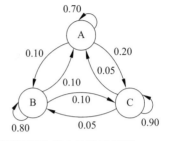

图 3.13　马尔可夫链的各状态间转移概率和状态转移图示例

由图3.13易知该马尔可夫链具有各态遍历性，其平稳分布存在，则有

$$\begin{cases} \pi_1 = 0.7\pi_1 + 0.1\pi_2 + 0.05\pi_3 \\ \pi_2 = 0.1\pi_1 + 0.8\pi_2 + 0.05\pi_3 \\ \pi_3 = 0.2\pi_1 + 0.1\pi_2 + 0.9\pi_3 \\ \pi_1 + \pi_2 + \pi_3 = 1 \end{cases} \Rightarrow \begin{cases} \pi_1 = 0.1765 \\ \pi_2 = 0.2353 \\ \pi_3 = 0.5882 \end{cases} \tag{3.56}$$

其平稳分布为

$$\pi_1 = 0.1765, \quad \pi_2 = 0.2353, \quad \pi_3 = 0.5882$$

2. 连续时间马尔可夫链

离散时间马尔可夫链是时间和状态均离散的一种随机过程。而连续时间马尔可夫链(Continuous-Time Markov Chain, CTMC)是时间连续、状态离散的一种随机过程。

1）连续时间马尔可夫链的定义和性质

定义　设随机过程 $\{X(t), t \geqslant 0\}$，状态空间 $I = \{i_n, n \geqslant 0\}$，若对任意 $0 \leqslant t_1 < t_2 < \cdots < t_{n+1}$ 及 $i_1, i_2, \cdots, i_{n+1} \in I$，有

$$\begin{aligned} P(X(t_{n+1}) = i_{n+1} | X(t_1) = i_1, X(t_2) = i_2, \cdots, X(t_n) = i_n) \\ = P(X(t_{n+1}) = i_{n+1} | X(t_n) = i_n) \end{aligned} \tag{3.57}$$

则称 $\{X(t), t \geqslant 0\}$ 为连续时间马尔可夫链。

由定义知，连续时间马尔可夫链是具有马尔可夫性质的随机过程，即过程在已知现在时刻 t_n 及一切过去时刻所处状态的条件下，将来时刻 t_{n+1} 的状态只依赖于现在的状态而与过去的状态无关。以上定义中条件转移概率的一般形式为

$$P(X(s+t) = j | X(s) = i) = p_{ij}(s,t) \tag{3.58}$$

它表示系统在 s 时刻处于状态 i，经过时间 t 后转移到状态 j 的转移概率。

定义 若式 (3.58) 的转移概率与 s 无关，则称连续时间马尔可夫链具有平稳或齐次的转移概率，此时转移概率简记为

$$p_{ij}(s,t) = p_{ij}(t) \tag{3.59}$$

其转移概率矩阵简记为 $\boldsymbol{P}(t) = (p_{ij}(t))$，$i,j \in I, t \geqslant 0$。

定义 对于任意 $t \geqslant 0$，记

$$p_j(t) = P(X(t) = j) \tag{3.60}$$

$$p_j = p_j(0) = P(X(0) = j), \quad j \in I \tag{3.61}$$

分别称 $\{p_j(t), j \in I\}$ 和 $\{p_j, j \in I\}$ 为齐次马尔可夫过程的绝对概率分布和初始概率分布。

假设在某个时刻，例如时刻 0，马尔可夫链进入状态 i，而且在接下来的 s 个单位时间内过程未离开状态 i（即未发生转移），在随后的 t 个单位时间内过程仍不离开状态 i 的概率是多少呢？由马尔可夫性质可知，过程在时刻 s 处于状态 i 下，在区间 $[s, s+t]$ 内仍然处于状态 i 的概率正是它处于状态 i 至少 t 个单位时间的（无条件）概率。若 τ_i 为过程在转移到另一状态之前处于状态 i 的时间，则对一切 $s, t \geqslant 0$，有

$$P(\tau_i > s+t | \tau_i > s) = P\{\tau_i > t\} \tag{3.62}$$

可见，随机变量 τ_i 具有无记忆性，因此 τ_i 服从指数分布。

由此可见，一个连续时间马尔可夫链在进入状态 i 时具有如下性质：

(1) 在转移到另一个状态之前处于状态 i 的时间服从参数为 v_i 的指数分布。

(2) 当过程离开状态 i 时，以概率 p_{ij} 进入状态 j，且满足 $\sum_{j \neq i} p_{ij} = 1$。

定理 齐次马尔可夫过程的转移概率具有下列性质：

(1) $p_{ij} \geqslant 0$。

(2) $\sum_{j \in I} p_{ij}(t) = 1$。

(3) $p_{ij}(t+s) = \sum_{k \in I} p_{ik}(t) p_{kj}(s)$。

证明：性质（1）和（2）由概率的定义及 $p_{ij}(t)$ 的定义易知，下面证明性质（3）。由全概率公式及马尔可夫性质可得

$$\begin{aligned}
p_{ij}(t+s) &= P(X(t+s) = j | X(0) = i) \\
&= \sum_{k \in I} P(X(t+s) = j, X(t) = k | X(0) = i) \\
&= \sum_{k \in I} P(X(t) = k | X(0) = i) P(X(t+s) = j | X(t) = k) \\
&= \sum_{k \in I} P(X(t) = k | X(0) = i) P(X(s) = j | X(0) = k) \\
&= \sum_{k \in I} p_{ik}(t) p_{kj}(s)
\end{aligned}$$

对于转移概率 $p_{ij}(t)$，一般还假定它满足以下条件：

$$\lim_{t \to 0} p_{ij}(t) = \begin{cases} 1, & i = j \\ 0, & i \neq j \end{cases} \tag{3.63}$$

式 (3.63) 为正则性条件。

2）连续时间马尔可夫链 C-K 方程

连续时间马尔可夫链 C-K 方程和离散时间马尔可夫链 C-K 方程是完全一样的。不过由于离散时间马尔可夫链 C-K 方程转移的最小单位是一步，可以对 n 步转移概率矩阵进行归并：

$$\boldsymbol{P}(n) = \boldsymbol{P}(n-1)\boldsymbol{P}(1) = \boldsymbol{P}(1)\boldsymbol{P}(n-1) \Rightarrow \boldsymbol{P}(n) = (\boldsymbol{P}(1))^n \tag{3.64}$$

由于离散时间一般对应差分方程，连续时间一般对应微分方程，因此可以使用微分方程的形式表示 C-K 方程：

$$\frac{p_{ij}(t+\Delta t) - p_{ij}(t)}{\Delta t} = \frac{\sum_k p_{ik}(t)p_{kj}(\Delta t) - p_{ij}(t)}{\Delta t} \tag{3.65}$$

$$= \frac{p_{ij}(t)p_{jj}(\Delta t) - p_{ij}(t) + \sum_{k \neq j} p_{ik}(t)p_{kj}(\Delta t)}{\Delta t} \tag{3.66}$$

$$= \frac{p_{ij}(t)(p_{jj}(\Delta t) - 1)}{\Delta t} + \frac{\sum_{k \neq j} p_{ik}(t)p_{kj}(\Delta t)}{\Delta t} \tag{3.67}$$

下面求解该方程的极限，事实上，等号左边式子的极限也是有意义的，因为当转移时间无限趋近 0 时，从 j 状态到 j 状态没有转移时间，只能待在 j 状态，也就是说概率是 1，上下就都是 0 了，就有了求极限的价值。令 $\Delta t \to 0$，有

$$\lim_{\Delta t \to 0} \frac{p_{ij}(t + \Delta t) - p_{ij}(t)}{\Delta t}$$

$$= \lim_{\Delta t \to 0} \frac{p_{ij}(t)(p_{jj}(\Delta t) - 1)}{\Delta t} + \lim_{\Delta t \to 0} \frac{\sum_{k \neq j} p_{ik}(t)p_{kj}(\Delta t)}{\Delta t} \tag{3.68}$$

$$= p_{ij}(t) \left(\lim_{\Delta t \to 0} \frac{p_{jj}(\Delta t) - 1}{\Delta t} \right) + \sum_{k \neq j} p_{ik}(t) \left(\lim_{\Delta t \to 0} \frac{p_{kj}(\Delta t)}{\Delta t} \right)$$

令 $q_{ii} = \lim_{\Delta t \to 0} \frac{p_{jj}(\Delta t) - 1}{\Delta t}, q_{ij} = \lim_{\Delta t \to 0} \frac{p_{ij}(\Delta t)}{\Delta t}, i \neq j$，则可得如下微分方程：

$$\frac{\mathrm{d} p_{ij}(t)}{\mathrm{d} t} = p_{ij}(t)q_{ii} + \sum_{k \neq j} p_{ik}(t)q_{kj} = \sum_k p_{ik}(t)q_{kj} \tag{3.69}$$

$$\Rightarrow \frac{\mathrm{d}}{\mathrm{d} t} \boldsymbol{P}(t) = \boldsymbol{P}(t)\boldsymbol{Q} \tag{3.70}$$

其中，$\boldsymbol{P}(t) = (p_{ij}(t)), \boldsymbol{Q} = (q_{ij})$。

由此可得新的对应关系，与离散时间一步转移概率相对应的就是 $\boldsymbol{Q}$ 矩阵。$\boldsymbol{Q}$ 矩阵就是连续时间马尔可夫链的一步转移矩阵：

$$\boldsymbol{Q} = \lim_{\Delta t \to 0} \frac{\boldsymbol{P}(\Delta t) - \boldsymbol{I}}{\Delta t} \tag{3.71}$$

其中，I 是单位矩阵。Q 矩阵也称生成元，对应一步转移概率的原子操作。对于 Q 矩阵而言，对角元素一定都是非正的，非对角元素一定都是非负的：

$$q_{ii} = \frac{p_{ii}(\Delta t) - 1}{\Delta t} \tag{3.72}$$

$$q_{ij} = \lim_{\Delta t \to 0} \frac{p_{ij}(\Delta t)}{\Delta t}, \quad i \neq j \tag{3.73}$$

满足 $q_{ii} \leqslant 0, q_{ij} \geqslant 0 (i \neq j)$。

对于一步转移矩阵而言，行元素的和是1。而对于 Q 矩阵而言，行元素的和是0：

$$\sum_j q_{ij} = 0 \Rightarrow \sum_j p_{ij}(\Delta t) - 1 = 0 \tag{3.74}$$

易知

$$\boldsymbol{Q} = \begin{bmatrix} -q_0 \triangleq q_{00} & q_{01} & q_{02} & \cdots \\ q_{10} & -q_1 \triangleq q_{11} & q_{12} & \cdots \\ q_{20} & q_{21} & -q_2 \triangleq q_{22} & \cdots \\ \vdots & \vdots & \vdots & \ddots \end{bmatrix} \tag{3.75}$$

3）前进方程和后退方程

事实上，C-K 方程具有两种展开形式：

$$\frac{p_{ij}(t + \Delta t) - p_{ij}(t)}{\Delta t} = \frac{\sum_k p_{ik}(t) p_{kj}(\Delta t) - p_{ij}(t)}{\Delta t} \tag{3.76}$$

$$\Rightarrow \frac{\mathrm{d}}{\mathrm{d}t} \boldsymbol{P}(t) = \boldsymbol{P}(t) \boldsymbol{Q} \tag{3.77}$$

这里采用另一种展开方法进行分析：

$$\lim_{\Delta t \to 0} \frac{p_{ij}(t + \Delta t) - p_{ij}(t)}{\Delta t} \tag{3.78}$$

$$= \lim_{\Delta t \to 0} \frac{\sum_k p_{ik}(\Delta t) p_{kj}(t) - p_{ij}(t)}{\Delta t} \tag{3.79}$$

$$= \lim_{\Delta t \to 0} \frac{p_{ii}(\Delta t) p_{ij}(t) + \sum_{k \neq i} p_{ik}(\Delta t) p_{kj}(t) - p_{ij}(t)}{\Delta t} \tag{3.80}$$

$$= \lim_{\Delta t \to 0} \frac{(p_{ii}(\Delta t) - 1) p_{ij}(t)}{\Delta t} + (\lim_{\Delta t \to 0} \frac{\sum_{k \neq i} p_{ik}(\Delta t)}{\Delta t}) p_{kj}(t) \tag{3.81}$$

$$= q_{ii} p_{ij}(t) + \sum_{k \neq i} q_{ik} p_{kj}(t) \tag{3.82}$$

$$= \sum_k q_{ik} p_{kj}(t) \tag{3.83}$$

$$\Rightarrow \frac{\mathrm{d}\boldsymbol{P}(t)}{\mathrm{d}t} = \boldsymbol{Q} \boldsymbol{P}(t) \tag{3.84}$$

由此得到的这两个方程都是对的，分别称为前进方程和后退方程：

$$\frac{\mathrm{d}}{\mathrm{d}t}\boldsymbol{P}(t) = \boldsymbol{P}(t)\boldsymbol{Q} \quad \text{（前进方程）} \tag{3.85}$$

$$\frac{\mathrm{d}\boldsymbol{P}(t)}{\mathrm{d}t} = \boldsymbol{Q}\boldsymbol{P}(t) \quad \text{（后退方程）} \tag{3.86}$$

这两个方程具有相同的解：

$$\Rightarrow \boldsymbol{P}(t) = \mathrm{e}^{\boldsymbol{Q}t}\boldsymbol{P}(0) \tag{3.87}$$

$$\boldsymbol{P}(0) = \boldsymbol{I} \Rightarrow p_{ii}(0) = 1, \quad p_{ij}(0) = 0 \tag{3.88}$$

需要注意的是，矩阵的指数就是其泰勒展开：

$$\mathrm{e}^{\boldsymbol{Q}t} = \sum_{k=0}^{\infty} \frac{(\boldsymbol{Q}t)^k}{k!} \tag{3.89}$$

对于 C-K 方程而言，离散的是矩阵乘法，连续的是矩阵指数。$\boldsymbol{Q}$ 矩阵的行元素的和是 0，对角元素是非正的，非对角元素是非负的。

4）连续时间马尔可夫链的极限分布

连续时间马尔可夫链的极限分布更简单。因为对于离散时间马尔可夫链，如果转移行为本身是震荡的，就会有极限不存在的问题。因此离散时间马尔可夫链需要有非周期性的条件。而连续时间马尔可夫链不需要有周期性的条件。

因为连续时间马尔可夫链有等待时间，在任何一个状态等待多久都是有可能的，随时会返回自己，不会有震荡的问题，因此连续时间的马尔可夫链只要可约就一定有极限。不可约这个条件和等待行为没有关系，只会影响到转移行为。下面主要介绍如何求得极限概率。

当时间 t 趋于无穷时，$\boldsymbol{P}(t)$ 会趋于一个常数，导数就会趋于 0：

$$\lim_{t \to \infty} \boldsymbol{P}(t) = \Pi \tag{3.90}$$

$$\frac{\mathrm{d}}{\mathrm{d}t}\boldsymbol{P}(t) = 0 \tag{3.91}$$

$$\Rightarrow \Pi \boldsymbol{Q} = 0 \quad \text{（前进方程）} \tag{3.92}$$

$$\Rightarrow \boldsymbol{Q}\Pi = 0 \quad \text{（后退方程）} \tag{3.93}$$

3.2.2 泊松过程

泊松过程是一种计数过程，主要用于描述一段时间内事件的发生次数。泊松过程由法国著名数学家泊松（Simeon-Denis Poisson，1781—1840）给出了证明。

1．泊松过程的定义及性质

定义 如果一个计数过程 $\{N(t), t \in T\}$ 满足如下 3 个条件，则称这个过程是泊松过程。

（1）$N(0) = 0$。

（2）$N(t)$ 是独立增量过程。

（3）在一个时间长度为 t 的时间段中，事件发生的次数服从参数为 λt 的泊松过程，即

$$P(N(s+t) - N(t) = k) = \frac{(\lambda t)^k}{k!} \mathrm{e}^{-\lambda t} \tag{3.94}$$

由条件（3）知，泊松过程具有平稳增量，则其均值函数 $m(t) = E[N(t)] = \lambda t$。

这个定义并不能用于实际判断一个过程是否是泊松过程，原因是不能判断条件（3）是否成立，因此给出如下的等价定义。

定义 一个计数过程 $\{N(t), t \in T\}$ 被称为泊松过程，如果它满足如下的条件：

（1）$N(0) = 0$。

（2）$N(t)$ 是独立增量过程。

（3）$P(N(t+h) - N(t) = 1) = \lambda h + o(h)$。

（4）$P(N(t+h) - N(t) \geqslant 2) = o(h)$。

由上面的定义可知，泊松过程在一个很短的时间内事件发生多次($\geqslant 2$)的概率趋于 0，同时在很短的时间内事件发生一次的概率也在逐渐递减。因此，在判断一个过程是否为泊松过程时，需验证其是否是独立增量，并且需验证在任意小的时间间隔内，事件发生一次的概率非常小，发生两以上的概率趋于 0，才可判断这个过程为泊松过程。

直观上，只要随机事件在不相交时间区间是独立发生的，而且在充分小的时间区间内最多只发生一次，事件发生的累计次数就是一个泊松过程。在应用中很多场合都近似地满足这些条件。例如，某系统在时间区间 $[0, t)$ 内产生的故障次数，真空管在加热 t 秒后阴极发射的电子总数，都可假定为服从泊松过程。

对于一个泊松过程，将第一个事件到达的时间记为 T_1。对 $n \geqslant 2$，用 T_n 表示第 $n-1$ 个事件与第 n 个事件发生的时间间隔。补充定义 $S_0 = 0$，容易看出 S_n 和 T_n 的关系为

$$S_n = \sum_{i=1}^{n} T_i, \quad T_n = S_n - S_{n-1}, \quad n \geqslant 1 \tag{3.95}$$

性质 1 泊松过程到达时间间隔的分布为指数分布。

给定一个泊松过程 $\{N(t), t \in T\}$，记从开始到第一个事件发生所经历的时间为 T_1，第 $n-1$ 个事件与第 n 个事件发生的时间间隔记为 T_n，则 T_n 的分布是参数为 λ 的指数分布，同时 $\{T_n\}, n = 1, 2, 3, \cdots$ 是相互独立的。

证明： 首先证明 T_1 和 T_2 具有相同的分布。

注意到事件 $T_1 > t$ 发生当且仅当泊松过程在时间区间 $[0, t]$ 内没有事件发生，因而有

$$P(T_1 > t) = P(N(t) = 0) = e^{-\lambda t}$$

因此，T_1 服从参数为 λ 的指数分布。

其次，由于

$$P(T_2 > t | T_1 = s) = P(在 (s, s+t] 内没有事件发生 | T_1 = s) \tag{3.96}$$

$$= P(在 (s, s+t] 内没有事件发生) \quad (由独立增量) \tag{3.97}$$

$$= e^{-\lambda t} \quad (由平稳增量) \tag{3.98}$$

由此可得 T_2 也服从参数为 λ 的指数分布，且 T_2 独立于 T_1。重复同样的推导可得时间间隔序列 $T_n, n = 1, 2, 3, \cdots$ 为独立同分布的服从参数为 λ 的指数分布的随机变量。

这是支持泊松过程进行蒙特卡洛仿真的一个重要的结论。因为只要按照参数产生指数分布的随机时间间隔序列，并在计数系统随时间运行的过程中按这个时间间隔序列对系统状态进行加 1 计数，则这个计数系统就对应了参数为 λ 的泊松过程。

下面介绍泊松过程到达时刻的条件分布。如果已知在 $(0,t]$ 内恰好有 n 个事件发生，想要确定这 n 个事件发生时刻的概率分布。首先看恰好有一个事件发生的情况。

性质 2 设 $\{N(t): t \geqslant 0\}$ 是参数为 λ 的泊松过程。若已知在 $(0,t]$ 内恰好有一个事件发生，则此事件发生的时刻 S_1 在 $(0,t]$ 内服从均匀分布。

证明条件均匀分布，只需要求出 S_1 的条件分布函数。对任意的 $0 < s \leqslant t$ 有

$$P(S_1 \leqslant s | N(t) = 1) = \frac{P(S_1 \leqslant s, N(t) = 1)}{P(N(t) = 1)} \tag{3.99}$$

$$= \frac{P(N(s) = 1)P(N(t) - N(s) = 0)}{P(N(t) = 1)} \tag{3.100}$$

$$= \frac{\lambda s e^{-\lambda s} \times e^{-\lambda(t-s)}}{\lambda t e^{-\lambda t}} \tag{3.101}$$

$$= \frac{s}{t}, \quad 0 < s \leqslant t \tag{3.102}$$

所以，有 $S_1 | N(t) = 1 \sim U(0,t)$。

下面将结果推广到 n 个事件，这里需要涉及次序统计量的概念。

设 $X_1, X_2, \cdots, X_n$ 是来自密度函数为 $f(x)$ 的连续总体 X 的样本，即 $X_1, X_2, \cdots, X_n$ 独立同分布，且具有密度函数 $f(x)$。把 $X_1, X_2, \cdots, X_n$ 从小到大排列，即可得到次序统计量 $X_{(1)} \leqslant X_{(2)} \leqslant \cdots \leqslant X_{(n)}$，则 $(X_{(1)}, X_{(2)}, \cdots, X_{(n)})$ 具有联合概率密度函数

$$f(x_1, x_2, \cdots, x_n) = n! f(x_1) f(x_2) \cdots f(x_n), \quad x_1 < x_2 < \cdots < x_n \tag{3.103}$$

性质 3 设 $\{N(t): t \geqslant 0\}$ 是参数为 λ 的泊松过程。在已知 $N(t) = n$ 的条件下，这 n 个事件的到达时刻 $S_1, S_2, \cdots, S_n$ 与 n 个独立同分布的服从均匀分布 $U(0,t)$ 的随机变量的次序统计量同分布，即

$$(S_1, S_2, \cdots, S_n | N(t) = n) \stackrel{d}{=} (U_{(1)}, U_{(2)}, \cdots, U_{(n)}) \tag{3.104}$$

其中 $U_{(1)}, U_{(2)}, \cdots, U_{(n)}$ 为 n 个独立同分布的服从 $U(0,t)$ 的随机变量 $U_1, U_2, \cdots, U_n$ 的次序统计量。

证明： 事实上

$$f(s_1, s_2, \cdots, s_n | N(t) = n) = \frac{f(s_1, s_2, \cdots, s_n, n)}{P(N(t) = n)} \tag{3.105}$$

$$= \frac{\lambda e^{-\lambda s_1} \lambda e^{-\lambda(s_2 - s_1)} \cdots \lambda e^{-\lambda(s_n - s_{n-1})} e^{-\lambda(t - s_n)}}{e^{-\lambda t}(\lambda t)^n / n!} \tag{3.106}$$

$$= \frac{n!}{t^n} \tag{3.107}$$

式 (3.107) 中，分子 $n!$ 是 n 的全排列，分母是有编号的 n 个服从均匀分布 $U(0,t)$ 的随机变量取值为 $s_1, s_2, \cdots, s_n$ 的概率。把这两个合在一起，就是排过序的 n 个服从均匀分布 $U(0,t)$ 的随机变量取值为 $s_1, s_2, \cdots, s_n$ 的概率。实际上，在这里，发生时刻 S_i 是次序统计量，如果不考虑顺序，则它们可以看作 n 个独立的服从 $(0,t)$ 上均匀分布的随机变量，即 $S_i | N(t) = n \sim U(0,t)$。

定义 一个计数过程 $\{N(t), t \in T\}$ 被称为具有强度函数为 $\lambda(t), t \geqslant 0$ 的非齐次泊松过程（Non-Homogeneous Poisson Process, NHPP），如果它满足如下的条件：

(1) $N(0) = 0$。
(2) $N(t)$ 是独立增量过程。
(3) $P(N(t+h) - N(t) = 1) = \lambda(t)h + o(h)$。
(4) $P(N(t+h) - N(t) \geqslant 2) = o(h)$。

由定义可知，非齐次泊松过程是齐次泊松过程的推广，允许在时刻 t 事件发生的速率（或强度）是 t 的函数，它的重要性在于不再要求平稳增量性，从而允许事件在某些时刻发生的可能性较另一时刻大。

2. 泊松过程与连续时间马尔可夫链

连续时间马尔可夫链是由转移概率的随机性和停留时间的随机性共同构成的，它在离散时间马尔可夫链的基础上增加了指数分布的停留时间。泊松过程的停留时间也服从指数分布，因此，泊松过程是最简单的马尔可夫过程。

由泊松过程的定义知

$$p_{ij}(\Delta t) = \begin{cases} \dfrac{(\lambda \Delta t)^{j-i}}{(j-i)!} \exp(-\lambda \Delta t), & j \geqslant i \\ 0, & j < i \end{cases} \tag{3.108}$$

下面求解泊松过程的 $\boldsymbol{Q}$ 矩阵：

$$q_{ii} = \lim_{\Delta t \to 0} \frac{p_{ii}(\Delta t) - 1}{\Delta t} = \lim_{\Delta t \to 0} \frac{\exp(-\lambda \Delta t) - 1}{\Delta t} = -\lambda \tag{3.109}$$

$$q_{i,i+1} = \lim_{\Delta t \to 0} \frac{p_{i,i+1}(\Delta t)}{\Delta t} = \lim_{\Delta t \to 0} \frac{\lambda \Delta t \exp(-\lambda \Delta t)}{\Delta t} = \lambda \tag{3.110}$$

$$q_{ij} = \lim_{\Delta t \to 0} \frac{\dfrac{(\lambda \Delta t)^{i-j} \exp(-\lambda \Delta t)}{(j-i)!}}{\Delta t} = o(\Delta t) = 0 \quad j - i \geqslant 2 \tag{3.111}$$

$$q_{ij} = 0 \qquad j < i \tag{3.112}$$

由此可得泊松过程的 $\boldsymbol{Q}$ 矩阵：

$$\boldsymbol{Q} = \begin{bmatrix} -\lambda & \lambda & 0 & 0 & \cdots \\ 0 & -\lambda & \lambda & 0 & \cdots \\ 0 & 0 & -\lambda & \lambda & \cdots \\ 0 & 0 & 0 & \cdots & \cdots \end{bmatrix} \tag{3.113}$$

可以看出，在泊松过程的 $\boldsymbol{Q}$ 矩阵中，主对角线元素都是负的，次对角线元素都是正的，其他元素都是0，并且主对角线元素和次对角线元素的和是0。

❈ 3.3 参数估计方法

在可靠性建模中，常见的参数估计有点估计（point estimation）和区间估计（interval estimation）两种，构造点估计的常用方法有最大似然估计、最大后验估计、贝叶斯估计、最小二乘法等。

3.3.1 最大似然估计

在可靠性建模中,经常会遇到从样本观察数据中找出样本模型参数的问题,最常用的方法就是最大似然估计(Maximum Likelihood Estimate,MLE)。最大似然估计是求参数估计的一种常用方法,最大似然估计于1821年首先由德国数学家高斯(C. F. Gauss)提出,但是这个方法通常被归功于英国的统计学家罗纳德·费希尔(R. A. Fisher)。

最大似然估计的基本原理来源于实际推断原理:一个小概率事件在一次试验中几乎是不可能发生的。最大似然估计原理的直观想法是:设一个随机试验有若干可能的结果 $A,B,C,\cdots$,若仅仅做一次试验,结果 A 出现,则一般认为试验条件对 A 出现有利,即一次试验就出现的事件 A 应该有较大的发生概率。

一般地,事件 A 发生的概率与参数 θ 相关,A 发生的概率记为 $P(A;\theta)$,则 θ 的估计 $\hat{\theta}$ 应该使上述概率达到最大,这样的 $\hat{\theta}$ 称为最大似然估计。用数学的语言可描述为:在一次抽样中,若得到观测值 $x_1,x_2,\cdots,x_n$,选取 $\hat{\theta}(x_1,x_2,\cdots,x_n)$ 作为 θ 的估计值,使得当 $\theta=\hat{\theta}(x_1,x_2,\cdots,x_n)$ 时样本出现的概率最大,则称 $\hat{\theta}$ 为最大似然估计。

对于给定的样本 $X_1,X_2,\cdots,X_n$ 的一组样本观察值 $x=(x_1,x_2,\cdots,x_n)$,定义似然函数为

$$L(x|\theta)=p(x_1,x_2,\cdots,x_n|\theta)=\prod_{i=1}^{n}p(x_i|\theta) \tag{3.114}$$

其中 $p(\cdot)$ 为母体概率分布,θ 为待估参数。

将式(3.114)两边同时取对数,得到对数似然函数

$$\ln L(x|\theta)=\sum_{i=1}^{n}\ln p(x_i|\theta)$$

最大似然估计就是找到参数 θ 的估计 $\hat{\theta}(x)$,使得对数似然函数(或似然函数)达到最大,即

$$\hat{\theta}(x)=\arg\max_{\theta}\ln L(x|\theta) \tag{3.115}$$

例如,掷一枚硬币 n 次(这里假定 $n=10$),其出现正面(记作1)的概率为 p,出现反面(记作0)的概率为 $1-p$,观测到出现 m 次正面,概率 p 的最大似然估计(记为 $\hat{p}_{\text{ML}}$)计算过程如下:

$$\ln L(x|p)=\ln p^m(1-p)^{n-m} \tag{3.116}$$

$$=m\ln p+(n-m)\ln(1-p) \tag{3.117}$$

$$\frac{\mathrm{d}\ln L(x|p)}{\mathrm{d}p}=\frac{\mathrm{d}(m\ln p+(n-m)\ln(1-p))}{\mathrm{d}p} \tag{3.118}$$

$$=\frac{m}{p}-\frac{n-m}{1-p}=0 \tag{3.119}$$

$$\hat{p}_{\text{ML}}=\frac{m}{n}=0.6 \tag{3.120}$$

但是,在一些情况下得到的观察数据中含有未观察到的隐含数据,此时在最大似然估计中未知的有隐含数据和模型参数两个方面,因而无法直接用最大化对数似然函数的方法得到模型分布的参数。

3.3.2 最大后验估计

贝叶斯统计理论认为，对事物的观测结果可能由于观测角度、观测方法、样本的大小而不同，因此直接通过统计对随机变量进行建模可能会引入误差，所以需要引入先验知识，即先验概率。

最大后验估计（Maximum A Posteriori estimation, MAP）与最大似然估计（MLE）相似，不同点在于前者估计 θ 的函数中允许加入一个先验 $P(\theta)$，也就是说此时不是要求似然函数最大，而是要求由贝叶斯公式计算出的整个后验概率最大，即

$$\hat{\theta}_{\text{MAP}} = \arg\max_\theta \frac{P(X|\theta)P(\theta)}{P(X)} \tag{3.121}$$

$$= \arg\max_\theta P(X|\theta)P(\theta) \tag{3.122}$$

$$= \arg\max_\theta \{L(\theta|X)p(\theta)\} \tag{3.123}$$

$$= \arg\max_\theta \{\sum_X \log P(x|\theta) + \log P(\theta)\} \tag{3.124}$$

注意，这里 $P(X)$ 与参数 θ 无关，因此等价于要使分子最大。与最大似然估计相比，现在需要多加上一个先验分布概率的对数。在实际应用中，这个先验可以用来描述人们已经知道或者接受的普遍规律。例如，在扔硬币的试验中，每次抛出正面发生的概率应该服从一个概率分布，这个概率在 0.5 处取得最大值，这个分布就是先验分布。先验分布的参数称为超参数（hyperparameter），即

$$p(\theta) = p(\theta|\alpha) \tag{3.125}$$

其中，θ 是服从先验分布 $p(\theta)$、α 是 θ 的超参数。

同理，当上述后验概率取得最大值时，就可得到根据 MAP 估计出的参数值。给定观测到的样本数据，一个新的值发生的概率是

$$p(\tilde{x}|X) = \int_{\theta \in \Theta} p(\tilde{x}|\hat{\theta}_{\text{MAP}})p(\theta|X)\mathrm{d}\theta = p(\tilde{x}|\hat{\theta}_{\text{MAP}}) \tag{3.126}$$

下面仍以扔硬币的例子来说明，假定参数 p 的期望先验概率分布在 0.5 处取得最大值，选用贝塔分布，即

$$p(p|\alpha,\beta) = \frac{1}{\mathrm{B}(\alpha,\beta)} p^{\alpha-1}(1-p)^{\beta-1} \triangleq \text{Beta}(p|\alpha,\beta) \tag{3.127}$$

贝塔分布的随机变量范围是 $[0,1]$，所以可以生成归一化概率值。取 $\alpha = \beta = 5$，这样先验分布在 0.5 处取得最大值。下面根据 MAP 估计函数的极值点，对 p 求导数，有

$$\frac{\partial \hat{p}_{\text{MAP}}}{\partial p} = \frac{m}{p} - \frac{n-m}{1-p} + \frac{\alpha-1}{p} - \frac{\beta-1}{1-p} = 0 \tag{3.128}$$

得到参数 p 的最大后验估计值：

$$\hat{p}_{\text{MAP}} = \frac{m+\alpha-1}{n+\alpha+\beta-2} = \frac{m+4}{n+8} \tag{3.129}$$

和最大似然估计的结果对比，可以发现结果中多了 $\alpha-1$、$\alpha+\beta-2$ 这样的伪计数（pseudo-counts），这就是先验在起作用。并且超参数越大，为了改变先验分布传递的信念

(belief) 所需要的观察值就越多，此时对应的贝塔函数越聚集，紧缩在其最大值两侧。

假定做了10次实验，正面出现6次，反面出现4次，根据MAP估计出参数p的值为$10/18 \approx 0.556$，小于最大似然估计得到的值0.6，这显示了"硬币一般是两面均匀的"这一先验对参数估计的影响。

和最大似然估计不一样的是，最大后验估计是求$p(x_i|\theta)p(\theta)$最大化，即保证预测尽可能接近分布的同时θ本身的概率也最大。

在最大似然估计中，参数θ是一个定值，只是这个值未知，最大似然函数是θ的函数，这里θ没有概率意义。而在最大后验估计中，θ具有概率意义，θ服从某个概率分布函数，需要通过已有的样本集合X得到，即最大后验估计需要计算的是$p(\theta|X)$。

最大后验估计和最大似然估计的区别是：前者是在后者的基础上加上$p(\theta)$。需要注意的是，虽然从公式上来看前者为后者乘以$p(\theta)$，但是这两种算法有本质的区别，最大似然估计将θ视为一个确定未知的值，而最大后验估计则将θ视为一个随机变量。在最大后验估计中，$p(\theta)$称为θ的先验概率，假设其服从均匀分布，即对于所有θ取值，$p(\theta)$都是同一个常量，则最大后验估计和最大似然估计会得到相同结果。显然，如果$p(\theta)$的方差非常小，即$p(\theta)$近似服从均匀分布，则最大后验估计和最大似然估计得到的结果就非常相近。

3.3.3 贝叶斯估计

贝叶斯估计的思想是

$$\text{先验分布}\pi(\theta) + \text{样本信息}x \Rightarrow \text{后验分布}\pi(\theta|x)$$

上述思考模式意味着新观察到的样本信息将修正人们以前对事物的认知。换言之，在得到新的样本信息之前，人们对θ的认知是先验分布$\pi(\theta)$；在得到新的样本信息x后，人们对θ的认知为$\pi(\theta|x)$。而后验分布$\pi(\theta|x)$一般也认为是在给定样本的情况下θ的条件分布，而使$\pi(\theta|x)$达到最大的值θ_{MAP}称为最大后验估计。

贝叶斯估计是在最大后验估计基础上的进一步拓展，此时不直接估计参数θ的值，而是估计参数θ服从的概率分布。回顾一下，贝叶斯公式为

$$p(\theta|X) = \frac{p(X|\theta)p(\theta)}{p(X)} \tag{3.130}$$

要求后验概率最大，这样就需要求解$p(X)$，即求解观察到的证据(evidence)的概率，由全概率公式展开可得

$$p(X) = \int_{\theta \in \Theta} p(X|\theta)p(\theta)\mathrm{d}\theta \tag{3.131}$$

当新的数据被观察到时，后验概率可以自动随之调整。但是通常这个全概率的求法是贝叶斯估计比较有技巧性的地方。

那么，如何用贝叶斯估计进行预测呢？如果想求一个新值$\hat{x}$的概率，可以由

$$p(\hat{x}|X) = \int_{\theta \in \Theta} p(\hat{x}|\theta)p(\theta|X)\mathrm{d}\theta = \int_{\theta \in \Theta} p(\hat{x}|\theta)\frac{p(X|\theta)p(\theta)}{p(X)}\mathrm{d}\theta \tag{3.132}$$

来计算。注意，此时第二项因子在$\theta \in \Theta$上的积分不再等于1，这就是贝叶斯估计和最大似然估计及最大后验估计的最大不同之处。

仍以扔硬币的伯努利实验为例来说明。和最大后验估计中一样，假设先验分布为贝塔

分布，但是构造贝叶斯估计时，不要求用后验最大时的参数近似作为参数值，而是求满足贝塔分布的参数 θ 的期望，有

$$p(p|X, \alpha, \beta) = \frac{\prod_{i=1}^{n} p(X = x_i|p)p(p|\alpha, \beta)}{\int_0^1 \prod_{i=1}^{n} p(X = x_i|p)p(p|\alpha, \beta)\mathrm{d}p} \tag{3.133}$$

$$= \frac{p^m(1-p)^{n-m} \frac{1}{\mathrm{B}(\alpha, \beta)} p^{\alpha-1}(1-p)^{\beta-1}}{Z} \tag{3.134}$$

$$= \frac{p^{[m+\alpha]-1}(1-p)^{[n-m+\beta]-1}}{\mathrm{B}(m+\alpha, n-m+\beta)} \tag{3.135}$$

$$= \mathrm{Beta}(p|m+\alpha, n-m+\beta) \tag{3.136}$$

其中，$Z = \int_0^1 \prod_{i=1}^{n} p(X = x_i|p)p(p|\alpha, \beta)\mathrm{d}p$。

从结果可以知道，根据贝叶斯估计，参数 p 服从一个新的贝塔分布。回忆一下，p 的先验分布是贝塔分布，然后以 p 为参数的二项分布用贝叶斯估计得到的后验概率仍然服从贝塔分布，由此可以看出二项分布和贝塔分布是共轭分布（conjugate distribution），即后验概率分布函数和先验概率分布函数具有相同的形式。

根据贝塔分布的期望和方差计算公式，假定 $\alpha = \beta = 5$，有

$$E[p|X] = \frac{m+\alpha}{n+\alpha+\beta} = \frac{m+5}{n+10} \tag{3.137}$$

$$D[p|X] = \frac{(m+\alpha)(n-m+\beta)}{(n+\alpha+\beta+1)(n+\alpha+\beta)^2} = \frac{(n-m+5)(m+5)}{(n+11)(n+10)^2} \tag{3.138}$$

可以看出，此时估计的 p 的期望和 MLE、MAP 中得到的估计值都不同。此时，如果仍然是做 10 次实验，6 次正面，4 次反面，那么根据贝叶斯估计得到的 p 满足参数为 6+5 和 4+5 的贝塔分布，其均值和方差分别是 $11/20 = 0.55$ 和 $11 \times 9/(21 \times 20^2) \approx 0.012$。可以看到，此时求出的 p 的期望 $E[p]$ 比最大似然估计和最大后验估计得到的估计值都小，更加接近 0.5。

综上所述，可以可视化最大似然估计、最大后验估计和贝叶斯估计对参数的估计结果如图 3.14 所示。

3.3.4 最小二乘法

在统计学中，最小二乘法（Ordinary Least Squares, OLS）是一种用于在线性回归模型中估计未知参数的线性方法。最小二乘法通过选择一组解释变量的线性函数，最小化给定数据集中观察到的因变量（被预测变量）与预测变量之间残差的平方和，由此寻找数据的最佳函数匹配。

最小二乘法和最大似然估计的不同点在于它认为待估计的参数应使得对 X 的预测和 X 的实际分布整体的距离最小，即求满足式 (3.139) 的 θ：

$$\theta = \arg\min \sum_{i=1}^{n}(f(x_i|\theta) - y_i)^2 \tag{3.139}$$

对于参数的求解同样可以转化为一阶导数为0的求解，或者用梯度下降法迭代求解。

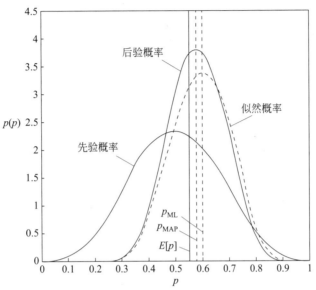

图 3.14　最大似然估计、最大后验估计和贝叶斯估计结果可视化

以二元数据为例，假设有一组数据 $X = \{(x_1, y_1), (x_2, y_2), \cdots, (x_m, y_m)\}$，希望求出一条直线，以拟合这一组数据：

$$y = x\beta + \beta_0 \tag{3.140}$$

残差平方和为

$$S(\beta) = \sum_{i=0}^{m}(y_i - x_i\beta - \beta_0)^2 \tag{3.141}$$

要求出 β 和 β_0，使得上述目标函数取得最小值，显然，可以通过对 β 和 β_0 分别求偏导得到：

$$\frac{\partial S(\beta)}{\partial \beta} = \sum_{i=1}^{m} 2(y_i - x_i\beta - \beta_0)(-x_i) \tag{3.142}$$

$$= \sum_{i=1}^{m}(-2)(x_i y_i - x_i^2\beta - \beta_0 x_i) \tag{3.143}$$

$$= 2\sum_{i=1}^{m}(x_i^2\beta + \beta_0 x_i - x_i y_i) \tag{3.144}$$

$$\frac{\partial S(\beta)}{\partial \beta_0} = \sum_{i=1}^{m} 2(y_i - x_i\beta - \beta_0)(-1) \tag{3.145}$$

$$= 2\sum_{i=1}^{m}(x_i\beta + \beta_0 - y_i) \tag{3.146}$$

$$= 2m\left(\beta \times \frac{1}{m}\sum_{i=1}^{m}x_i + \beta_0 - \frac{1}{m}\sum_{i=1}^{m}y_i\right) \quad (3.147)$$

令 $\bar{x} = \frac{1}{m}\sum_{i=1}^{m}x_i, \bar{y} = \frac{1}{m}\sum_{i=1}^{m}y_i$，那么，上述第二个偏导结果为

$$\frac{\partial S(\beta)}{\partial \beta_0} = 2m(\beta\bar{x} + \beta_0 - \bar{y}) \quad (3.148)$$

令上述第二个偏导结果等于 0：

$$2m(\beta\bar{x} + \beta_0 - \bar{y}) = 0 \quad (3.149)$$

$$\beta_0 = \bar{y} - \beta\bar{x} \quad (3.150)$$

令上述第一个偏导结果等于 0，并代入上述 β_0，有

$$\frac{\partial S(\beta)}{\partial \beta} = 2\sum_{i=1}^{m}[x_i^2\beta + (\bar{y} - \beta\bar{x})x_i - x_iy_i] = 0 \quad (3.151)$$

$$\beta\left(\sum_{i=1}^{m}x_i^2 - \bar{x}\sum_{i=1}^{m}x_i\right) = \sum_{i=1}^{m}x_iy_i - \bar{y}\sum_{i=1}^{m}x_i \quad (3.152)$$

$$\beta = \frac{\sum_{i=1}^{m}x_iy_i - \bar{y}\sum_{i=1}^{m}x_i}{\sum_{i=1}^{m}x_i^2 - \bar{x}\sum_{i=1}^{m}x_i} \quad (3.153)$$

$$\beta = \frac{\sum_{i=1}^{m}x_iy_i - \bar{y}\sum_{i=1}^{m}x_i - m\bar{y}\bar{x} + m\bar{y}\bar{x}}{\sum_{i=1}^{m}x_i^2 - 2\bar{x}\sum_{i=1}^{m}x_i + \bar{x}\sum_{i=1}^{m}x_i} \quad (3.154)$$

$$\beta = \frac{\sum_{i=1}^{m}x_iy_i - \bar{y}\sum_{i=1}^{m}x_i - \sum_{i=1}^{m}y_i\bar{x} + m\bar{y}\bar{x}}{\sum_{i=1}^{m}x_i^2 - 2\bar{x}\sum_{i=1}^{m}x_i + m\bar{x}^2} \quad (3.155)$$

$$\beta = \frac{\sum_{i=1}^{m}(x_iy_i - \bar{y}x_i - y_i\bar{x} + \bar{y}\bar{x})}{\sum_{i=1}^{m}(x_i - \bar{x})^2} \quad (3.156)$$

$$\beta = \frac{\sum_{i=1}^{m}(x_i - \bar{x})(y_i - \bar{y})}{\sum_{i=1}^{m}(x_i - \bar{x})^2} \quad (3.157)$$

这样，β 和 β_0 就可以求出来了。

对于多元形式，则可以运用矩阵运算求解。如上所述，目标函数是

$$S(\boldsymbol{\beta}) = \sum_{i=1}^{m}\left|y_i - \sum_{j=1}^{n} x_{ij}\beta_j\right|^2 = \|y - \boldsymbol{X}\boldsymbol{\beta}^{\mathrm{T}}\|^2 \tag{3.158}$$

如果要使上述目标函数最小，显然其结果应为0，即

$$y - \boldsymbol{X}\boldsymbol{\beta}^{\mathrm{T}} = 0 \tag{3.159}$$

因此

$$\boldsymbol{X}\boldsymbol{\beta}^{\mathrm{T}} = y \tag{3.160}$$

$$\boldsymbol{X}^{\mathrm{T}}\boldsymbol{X}\boldsymbol{\beta}^{\mathrm{T}} = \boldsymbol{X}^{\mathrm{T}}y \tag{3.161}$$

$$(\boldsymbol{X}^{\mathrm{T}}\boldsymbol{X})^{-1}\boldsymbol{X}^{\mathrm{T}}\boldsymbol{X}\boldsymbol{\beta}^{\mathrm{T}} = (\boldsymbol{X}^{\mathrm{T}}\boldsymbol{X})^{-1}\boldsymbol{X}^{\mathrm{T}}y \tag{3.162}$$

$$\boldsymbol{\beta}^{\mathrm{T}} = (\boldsymbol{X}^{\mathrm{T}}\boldsymbol{X})^{-1}\boldsymbol{X}^{\mathrm{T}}y \tag{3.163}$$

最小二乘法在多元情况下只要求出上述矩阵计算的结果即可，不需要迭代。

3.4 习题

1. 某一部件的失效时间服从 $\mu = 5$、$\sigma = 1$ 的对数正态分布，求部件在 50 个时间单位时的可靠度 $R(t)$ 和失效率 $z(t)$。

2. 某串联软件系统由 n 个服从威布尔分布的组件组成，各组件的寿命 $T_1, T_2, \cdots, T_n$ 互相独立，且概率密度函数为

$$f(t) = \begin{cases} \lambda_i^{\beta} \beta t^{\beta-1} \mathrm{e}^{-(\lambda_i t)^{\beta}}, & t \geqslant 0 \\ 0, & \text{其他} \end{cases}$$

其中 $\lambda_i > 0 (i = 1, 2, \cdots, n)$ 和 $\beta > 0$ 分别为尺度参数和形状参数。

（1）证明串联软件系统的寿命服从威布尔分布，概率密度函数为

$$f(t) = \begin{cases} \left(\sum_{i=1}^{n}\lambda_i^{\beta}\right)\beta t^{\beta-1}\mathrm{e}^{-\left(\sum_{i=1}^{n}\lambda_i^{\beta}t\right)^{\beta}}, & t \geqslant 0 \\ 0, & \text{其他} \end{cases}$$

（2）求该串联软件系统的可靠度。

3. 某随机变量等概率地取 a 和 b 之间的任一值。

（1）说明该随机变量的概率密度函数为

$$f(t) = \begin{cases} \dfrac{1}{b-a}, & a < t < b \\ 0, & \text{其他} \end{cases}$$

（2）推导对应的可靠度函数 $R(t)$ 和失效率 $z(t)$。

（3）给出一个该分布函数可能的可靠性应用实例。

4. 令 $X_1, X_2, \cdots, X_n$ 表示来自泊松分布的随机样本，概率密度函数为
$$f(x;\lambda) = \frac{\mathrm{e}^{-\lambda}\lambda^x}{x!}, \quad x = 0, 1, 2\cdots, \lambda \geqslant 0$$
求 λ 的最大似然估计量 $\hat{\lambda}$。

5. 令 $X_1, X_2, \cdots, X_n$ 表示来自帕累托分布的随机样本，概率密度函数为
$$f(x;\lambda,\theta) = 1 - \left(\frac{\lambda}{x}\right)^\theta, \quad x > \lambda, \lambda > 0, \theta > 0$$
求参数 λ 和 θ 的最大似然估计。

6. 假设某软件的寿命服从指数分布，概率密度函数为
$$f(t;\theta) = \frac{1}{\theta}\mathrm{e}^{-\frac{t}{\theta}}, \quad t \geqslant 0, \theta > 0$$
观测一个容量为 n 的随机样本，求如下值：

（1）θ 的最大似然估计。

（2）软件可靠度函数 $R(t) = \mathrm{e}^{-\frac{1}{\theta}}$ 的最大似然估计 $\hat{R}(t)$。

7. 设 $x = x_1, x_2, \cdots, x_n$ 为均匀分布 $U(0,\theta)$ 的样本，参数 θ 的先验分布为逆伽马分布 $\mathrm{IGa}(\alpha,\lambda)$：
$$\pi(\theta) = \frac{\lambda^\alpha}{\Gamma(\alpha)}\left(\frac{1}{\theta}\right)^{\alpha+1}\mathrm{e}^{-\frac{\lambda}{\theta}}$$
求参数 θ 的后验估计值。

8. 有指数分布 $f(x|\theta) = \mathrm{e}^{-(x-\theta)}$ 和其中的一个观察值，令先验分布为柯西分布：
$$\pi(\theta) = \frac{1}{\pi(1+\theta^2)}$$
求参数 θ 的最大后验估计。

第4章 软件失效机理与故障传播分析

本章学习目标
- 了解软件失效机理分析过程及其相关概念。
- 熟练掌握常见的软件故障传播分析方法。

本章首先介绍软件失效机理分析过程及其相关概念,然后重点介绍常见的软件故障传播分析方法,包括基于程序内部的故障传播分析、基于组件的故障传播分析和网络化软件故障传播分析。

第4章视频

4.1 软件失效机理分析

随着软件系统在社会各个领域的作用日益凸显,其复杂性急剧提升,复杂软件系统一旦失效将引起巨大损失。一个非关键组件失效是如何引起其他(关键)组件失效甚至引起系统失效,复杂软件系统中的故障如何传播并引发系统失效,成为目前的研究热点。

软件可靠性研究的首要任务是防止软件失效。软件失效的根本原因在于程序中存在着缺陷和错误,软件失效的产生与软件本身特性、人为因素、软件工程管理都密切相关,它们是影响软件可靠性的主要因素。这些因素具体还可分为环境因素、软件是否严密、软件复杂程度、软件是否易于被用户理解、软件测试、软件的排错与纠正以及软件可靠性工程技术研究水平与应用能力等诸多方面。

由于复杂软件系统内部逻辑复杂,运行环境动态变化,并且不同的软件可能差异很大,因而软件失效机理可能有不同的表现形式。例如,有的失效过程比较简单,易于跟踪分析;有的失效过程可能非常复杂,分析困难,甚至不可能进行详尽的描述和分析。为了更好地进行复杂软件系统失效机理分析,有必要明确与软件失效相关的几个概念的含义。

(1) 软件错误(software error)。是指在软件生存期内不希望的或不可接受的人为错误,其结果是导致软件缺陷的产生。可见,软件错误是一种人为过程,相对于软件本身是一种外部行为。在可以预见的时期内,软件仍将由人开发。在整个软件生命周期的各个阶段都贯穿着人的直接或间接的干预。然而,人难免犯错误,这必然给软件留下不良的痕迹。

(2) 软件缺陷(software defect)。是指存在于软件(文档、数据、程序)之中的那些不希望的或不可接受的偏差,如少一个逗号、多一条语句等。其结果是软件运行于某一特定条件下时出现软件故障,这时称软件缺陷被激活。

(3)软件故障(software fault)。是指软件运行过程中出现的一种不希望的或不可接受的内部状态。例如,软件处于执行一个多余循环过程时出现故障,若无适当的措施(容错)加以及时处理,便会使软件失效,软件故障是一种动态行为。

(4)软件失效(software failure)。是指软件运行时产生的一种不希望的或不可接受的外部行为结果。泛指程序在运行中丧失了全部或部分功能、出现偏离预期的正常状态的事件。预期的正常状态应以用户的需求为依据。

例如,在某需求中要实现两个数的加法,其算法实现如下:

```
public class Test{
    public static void main(String[] args){
        Scanner sc=new Scanner(System.in);
        int a=sc.nextInt();
        int b=sc.nextInt();
        System.out.print(a-b);
    }
}
```

易知,在上面的算法实现中存在以下问题:

(1)软件错误。由于程序员粗心,将a+b写成a−b。

(2)软件缺陷。应该计算加法,结果却是减法。

(3)软件故障。用户使用这个算法时输入1和2,会激活软件缺陷,产生软件故障,输出−1。

(4)软件失效。用户使用软件未能满足自己的需求(应该为3,结果却是−1)。

软件失效主要是由于软件中残留着设计错误造成的,残留在软件中的错误将导致软件缺陷,使一些功能部件的执行发生偏差。当软件运行在某一特定的条件下时,软件缺陷就会引起软件发生故障,使软件运行的内部状态发生意外的改变。这种情况若不能及时得到修正,将致使软件失效,使程序操作背离了程序的需求,最终导致系统全部或部分丧失功能。

软件失效机理可描述为:软件错误→软件缺陷→软件故障→软件失效,如图4.1所示。

图 4.1 软件失效机理描述

综上所述,软件错误是一种人为错误。一个软件错误必定产生一个或多个软件缺陷。当一个软件缺陷被激活时,便产生一个软件故障。同一个软件缺陷在不同条件下被激活,可能产生不同的软件故障。对软件故障如果没有及时采取容错措施加以处理,便不可避免地导致软件失效。同一个软件故障在不同条件下可能产生不同的软件失效。

1. 软件错误的特点及表现模式

软件错误是代码中的缺陷，由一个或多个人的不正确或遗漏行为造成，软件运行到有缺陷的代码时就会产生一个相应的错误，触发一个错误的中间状态。例如，系统工程师在定义需求时可能会犯错误，从而导致代码错误，而代码错误又导致软件在一定条件下出现失效。

软件错误在程序中的表现形式是多种多样，其主要模式有以下几种：

（1）语言错误。包括语法错误、语句错误、软件版本更换数据错误、常数值错误、参数值错误、数值溢出、数据结构错误、输入输出超界等。

（2）计算错误。包括数学模型错误、单位错误、量纲错误、量化因子错误、计算精度不够等。

（3）逻辑错误。包括逻辑不完善、判据不当、转移方向错误、死循环、循环次数计数错误等。

（4）调度错误。包括任务界面不匹配、软硬件界面不匹配、模块界面不匹配、控制时序混乱、指挥处理法则错误、控制方法错误等。

（5）资源枯竭。包括动态申请冲突、实时运行超时、功能描述不当、要求的性能过高、运行环境发生变化等。

此外，计算机病毒还可导致程序和数据损坏，造成软件失效。

2. 软件产生缺陷的原因

IEEE 729—1983中对软件缺陷作了一个标准的定义：从内部看，软件缺陷是软件产品开发或维护过程中存在的错误等各种问题；从外部看，软件缺陷是软件所需实现的某种功能的失效或违背。软件缺陷是指存在于软件（程序、数据、文档）中的那些不符合用户需求的问题，因此软件缺陷就是软件产品中存在的问题，最终表现为用户所需要的功能没有完全实现，没有满足用户的需求。

Ron Patton给出了软件缺陷的经典定义。他认为，出于软件行业的原因，只有符合下列5点的问题才能叫软件缺陷：

（1）软件未达到软件需求规格说明书指明的功能。例如，计算器需求规格说明书一般声称该计算器将准确无误地进行加、减、乘、除运算；而测试人员或用户选定了两个数值，按下了加号键后，没有任何反应。

（2）软件出现了软件需求规格说明书指明不会出现的错误。例如，计算器需求规格说明书指明计算器不会出现崩溃、死锁或者停止反应的情况；而在用户随意按、敲键盘后，计算器停止接收输入或没有反应。

（3）软件的功能超出了软件需求规格说明书指明的范围。例如，在进行计算器测试时，发现除了规定的加、减、乘、除功能之外，还能够进行求平方根的运算，而这一功能并没有在计算器需求规格说明书中规定。

（4）软件未达到软件需求规格说明书虽未指明但应该达到的目标。例如，在计算器测试过程中发现，因为电池没电而导致计算结果不正确，但软件需求规格说明书未指出在此情况下应如何进行处理。

(5) 软件测试人员认为软件难理解、不易使用、运行速度慢，或者最终用户认为软件不好。例如，测试人员或最终用户发现计算器某些地方不好用，例如按键太小、显示屏在亮光下无法看清等。

软件缺陷产生的原因有很多，部分典型原因如下：

(1) 软件及系统本身的复杂性不断增长，使得测试的范围和难度也随之增大。

(2) 与用户的沟通不畅使得无法及时获取最真实的用户需求。

(3) 需求不断变化，特别是在敏捷开发模式下，测试开发和执行更难以跟上需求变化的速度。

(4) 程序员编程错误，或植入了多余功能。

(5) 进度压力导致测试被压缩，无法进行充分的测试。

(6) 对文档的轻视致使测试缺乏依据，带来测试的漏洞。

实践表明，大多数软件缺陷产生的原因并非源自编程错误，而主要来自软件需求规格说明书和产品设计方案。软件需求规格说明书成为软件缺陷的"罪魁祸首"，是因为软件需求规格说明书编写得不全面、不完整和不准确，而且经常更改，或者整个开发组没有很好地沟通和理解开发任务。软件缺陷的第二大来源是产品设计方案，也就是软件设计说明书。这是程序员开展软件计划和架构的地方，就像建筑师为建筑物绘制蓝图一样。这里产生软件缺陷的原因主要是片面、多变、理解与沟通不足。总之，软件缺陷表明开发的软件与软件需求规格说明书、软件设计说明书不一致，软件的实现未满足用户的潜在需求。

3. 软件故障的特性

软件故障在软件产品评价标准 ISO 14598 中的定义是计算机程序中不正确的步骤、过程和数据定义。软件故障一般是指在编写代码过程中出现的错误。故障指软件运行时丧失了在规定的限度内实现所需功能的能力，它是动态的，可能导致失效。软件故障不一定导致软件失效，也就是说，软件运行可以出现故障，但不出现失效。例如，在容错（fault tolerance）软件运行中容许有规定数量的故障出现而不导致失效。对无容错的软件，故障即失效。软件故障是软件缺陷的外在表现。软件故障具有如下3个特性：

(1) 软件故障的固有性。软件故障主要源于人的失误和水平、能力的局限性。一旦软件开发结束并交付给用户，如果存在软件故障，那么它将一直潜伏于软件之中，直到被发现或被修改。

(2) 软件故障对环境的敏感性。所谓环境，是指软件的运行环境（包括软硬件平台、软硬件配置和其他支撑软件）和输入环境（如应用对象、用户要求、输入数据等）。在大多数情况下，一个程序的运行并不一定遍历程序的所有部分。程序中的各个部分可做多种不同的逻辑组合，形成不同的执行路径，从而实现不同的功能。而这些组合取决于输入环境，输入环境的改变决定了程序内部路径的重新组合。如果程序中有故障，并且程序的执行路径经过了故障点，那么必然会引起错误；如果程序的执行路径没有经过故障点，则不会引起错误。而在一定输入环境下执行时出错的程序，当退出该环境后，在其他环境下又可能正常执行；但当再次进入该环境时，程序又有可能会出错。可见，软件故障对输入环境十分敏感。至于软件故障对运行环境的敏感性则更容易理解。一般在某一运行环境下开发和正常执行的程序,改换到另一运行环境下执行,就有可能会表现出许多软件错误。

(3)软件故障具有传播性。软件一旦出错,如果不对软件故障进行修复,那么其错误结果作为后续逻辑路径的输入必然使得运行结果不是程序本身所期望的合理结果,从而故障可能会一直存在并影响其他位置而发生错误,最终造成系统失效。例如,一个子程序的故障通过子程序的调用可能传播给调用者,通过进程间的通信还可能传播给更多的进程。

4. 软件失效与软件故障的区别

软件失效泛指程序在运行中丧失了全部或部分功能,出现偏离预期的正常状态的事件。预期的正常状态应以用户的需求为依据。软件故障是相对于软件而言的,是一个面向开发的概念;而软件失效则是一个面向用户的概念;一个故障在没有被排除的情况下可以使软件发生多次失效,相同的失效现象可能是由不同的错误造成的。软件失效与软件故障的区别如表4.1所示。

表 4.1　软件失效与软件故障的区别

软 件 失 效	软 件 故 障
面向用户	面向开发者
软件运行偏离用户需求	程序执行输出错误结果
可根据对用户应用的严重性分类	可根据定位和排除故障的难度分类
如登录功能失效	如数据越界、程序崩溃、功能失效

4.2　软件故障传播分析

故障传播,并不是说系统内的故障会被传播,因为故障在系统内产生后往往存在于固定位置,尽管有些故障可能会自动消失,但故障的位置通常不会随时间或系统运行而发生变化;真正发生传播的是故障产生的影响,即由故障引发的错误。具体地,故障传播(fault propagation)是指由故障所引发的错误在系统内不同实体之间的传递。由于真正被传播的是错误,所以故障传播也被称为错误传播(error propagation)。故障传播所涉及的实体可以是硬件中的逻辑模块、物理器件,也可以是软件程序模块、组件、进程、对象、函数、语句等。

一般来说,装备软件系统的执行路径非常多,对于不同的输入环境和系统状态,软件的执行路径也不同。如果执行路径上存在软件缺陷,就会发生软件错误。因此,软件错误是在特定的条件下发生的,具有明显的随机性。某处发生错误可能引发与之相关的其他错误,最终导致软件失效,所以说软件错误具有一定的传播性。软件故障传播过程如图4.2所示。

图 4.2　软件故障传播过程

软件故障传播主要经历以下3个环节：

（1）程序执行路径必须通过错误的代码（execution，执行）。

（2）在执行错误代码的时候必须符合某个或者某些特定条件，从而触发出错误的中间状态，故障被激活（infection，感染）。

（3）软件故障（错误的中间状态）必须传播到最后输出，使得观测到的输出结果与预期结果不一致（propagation，传播）。

当软件故障被激活而引发软件错误时，意味着软件故障潜伏期的结束、软件故障传播期的开始；当软件错误引发软件失效，或者被屏蔽，或者被容错机制纠正时，软件故障传播期结束。从软件错误产生到引发软件失效或软件故障的影响（错误）被消除之间的时间间隔称为软件故障传播期。

软件故障产生后基本处于一个固定的位置。当它被激活后，引发的软件错误不断从较小的范围、较低的层次扩散到较大的范围、更高的层次，直至产生软件失效。当失效的软件又作为一个模块/组件被更大、更高层次的软件使用时，该失效又可视为高层次软件中的故障，进而可能产生软件错误，再在高层次软件中进行故障传播，由此形成了软件故障传播链，如图4.3所示。

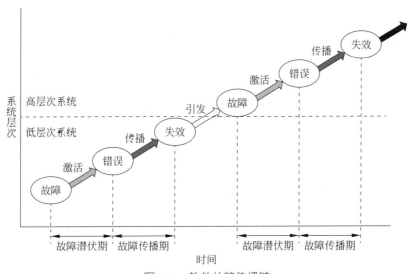

图 4.3 软件故障传播链

事实上，错误、失效与观察点密切相关。以组件软件系统为例，当系统中某个组件交付的结果超出了设计时所规定的数值范围时，可以说系统内产生了错误，错误被传播可能导致其他组件也发生错误。也可以说，一个组件发生了失效，又会导致其他组件失效，因此故障传播有时也称为失效传播（failure propagation）。

4.2.1 基于程序内部的故障传播分析

对软件系统而言，故障传播分析的最小粒度一般是程序级别，主要分析软错误（soft error）在程序内部的故障传播。软错误是指由外界因素干扰而引发的瞬时故障（transient fault），常见的外界因素干扰主要包括电子噪声、电磁干扰、宇宙射线中的高能中子、封装材料释放的阿尔法粒子等。在程序内部软错误故障传播的分析中，常用的故障类型是单比特翻转故障，主要采用故障注入作为研究手段。

故障注入通过将故障或错误人为引入目标程序中的指定位置，从而加快故障的传播及系统的反应。统计故障注入（statistical fault injection）是指有目的地或随机地选择部分故障位置实施故障注入，进行相关记录和统计，验证容错机制的有效性。

1. 软错误

在基于程序内部的故障传播分析中关注的软错误故障类型是系统架构寄存器（architectural register）中的单比特翻转（single bit-flap）故障。系统架构寄存器是指软件可见并在软件运行过程中使用的、用于存储操作数或结果的寄存器。

在基于程序内部的故障传播分析中，处理器内部寄存器（internal register），如程序计数器（Program Counter，PC）、指令寄存器（Instruction Register，IR），一旦发生软错误，会立刻破坏原有指令的执行顺序或执行错误的指令，以极高的概率使程序崩溃，甚至使整个系统宕机。系统内存中的软错误能够被奇偶校验、错误检测和纠正（Error Checking and Correcting，ECC）等容错机制保护，可以有效地检测并纠正软错误。类似地，高速缓存（cache），无论是处理器内部的缓存还是主机板上的缓存，同样都可以受到相关容错机制的保护，能够及时纠正软错误，很难引发软错误的故障传播。同时，由于处理器中的控制逻辑只是处理器本身相当小的一个部分，发生软错误的概率较低，也很少考虑处理器控制逻辑中的软错误传播分析。

单比特翻转故障是一种简单而常见的软错误故障类型，也是故障注入实验中常用的故障类型。如果程序中同时有多个逻辑位发生翻转，如0变为1、1变为0，可以将其视为同时发生了多个独立的单比特翻转故障，分别进行故障传播的分析和研究，再对结果进行综合。

事实上，系统架构寄存器中的软错误可以模拟或覆盖多种常见的故障，主要包括以下几种类型：

（1）算术逻辑单元（Arithmetic Logic Unit，ALU）中的运算错误，包括算术运算错误和逻辑运算错误，可以通过污损运算指令的源寄存器或目标寄存器数值实现。

（2）访存指令的目标错误，可能导致访问错误的内存位置或错误的I/O设备，可以通过直接污损目标地址寄存器实现。

（3）分支/跳转指令的目标地址错误，可能导致跳转到一个错误的位置、执行错误的指令，既可以通过污损跳转标志位实现，也可以通过污损存储分支条件相关寄存器实现，还可以通过直接污损跳转目标地址寄存器实现。

此外，基于程序内部的失效传播分析中的故障类型也可以模拟部分处理器底层硬件中的软错误，例如，发生在多级流水线中的复本寄存器（duplicate register）中的软错误必然存在与之等价的发生在系统架构寄存器中的软错误。

软错误在某个寄存器中发生之后，会引发该寄存器中的数据发生错误，错误的数据可能参与程序中的计算而导致更多错误数据或错误中间结果的产生，即由于软错误的故障传播而导致更多的数据被破坏。在这个过程中，称因软错误的发生或软错误的故障传播而产生的错误数据被软错误污损。软错误在经过故障传播之后，最终可能导致程序产生3种不同的结果：正确输出（correct output）、无提示数据错误（Silent Data Corruption，SDC）、程序崩溃（crash），它们的含义如表4.2所示。

表 4.2 软错误的故障传播导致的3种结果

结　　果	说　　明
正确输出	软错误没有对程序的运行产生任何影响，程序最终给出正确的运行结果
无提示数据错误	程序在运行过程中没有出现异常并在运行结束时给出运行结果，但给出的结果不正确
程序崩溃	程序非正常终止运行，即程序在没有给出运行结果之前意外停止运行

正确输出不会对程序的结果产生影响，而无提示数据错误、程序崩溃均会对程序的结果产生影响。如果故障位（即发生软错误的逻辑位）没有被读取，则不会对程序的运行产生任何影响，程序最终输出正确结果；如果该故障位被读取，则存在多种可能性，需要根据程序的运行情况及输出的结果进一步判断。若故障位被读取且程序无法继续运行或无法给出运行结果，则该故障引发了程序崩溃。若故障位被读取且程序正常结束并给出运行结果，则需要再进一步判断给出的运行结果是否正确。若输出结果正确，则该故障引发的错误在程序运行过程中被屏蔽，没有影响程序的运行；若输出结果错误，则该故障引发了无提示数据错误。事实上，这个过程中包含的两种正确输出情况，即故障位未被使用和错误被屏蔽，在分析中应最先被排除。

2. 软错误故障传播分析

由于不同软错误对于程序的影响差异很大，首先考虑采用架构正确执行（Architecturally Correct Execution, ACE）分析判断软错误是否会对程序的最终结果产生影响。ACE分析将程序每条动态指令中所有逻辑位划分为ACE逻辑位和un-ACE（unnecessary for Architecturally Correct Execution, 非架构正确执行）逻辑位，即影响程序运行结果的逻辑位和不影响程序运行结果的逻辑位。若待分析的软错误发生在un-ACE逻辑位，则不会对程序最终的结果产生影响；若待分析的软错误发生在ACE逻辑位，则会对程序的结果产生影响，引发无提示数据错误或程序崩溃。

对于能够影响程序运行结果的软错误，需进一步判断最终引发的结果是无提示数据错误还是程序崩溃。可以基于动态依赖图（Dynamic Dependency Graph, DDG）建立软错误故障传播模型，从而对软错误的传播过程进行逐步推断，并预测该软错误在传播过程中是否会引发程序崩溃。

无论是ACE分析还是DDG模型的建立，都是在程序的动态指令基础之上进行的。因此，在进行分析之前，需要在无错环境下运行一次待分析的目标程序，并进行动态指令追踪，将目标程序转换为动态指令序列。

基于程序内部的软错误传播分析过程主要包括3部分：动态指令跟踪、基于ACE分析的软错误分类、基于DDG模型的软错误故障传播分析与崩溃预测。这3部分的关系如图4.4所示，其中后两部分为方法的主体，动态指令追踪则是它们的前期准备工作。

（1）动态指令跟踪。执行目标程序一次，对执行过程中的动态指令进行跟踪记录，从而将程序转换为动态指令序列。

（2）基于ACE分析的软错误分类。以待分析的软错误作为输入，应用ACE分析将所有待分析的软错误划分为能够影响程序运行结果的软错误和不会影响程序运行结果的软错误两大类。

（3）基于DDG模型的软错误故障传播分析与崩溃预测。基于DDG模型对软错误的故障传播进行推演分析，并预判其是否会引发程序崩溃。若判断软错误会引发程序崩溃，则同时相应地给出崩溃延迟及传播路径。

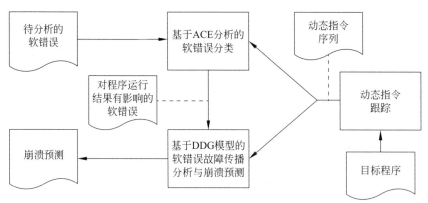

图 4.4　基于程序内部的软错误传播分析过程

待分析的软错误可以表示为(R, L, T)。其中，R表示发生软错误的寄存器，L表示软错误发生在寄存器的第几位，T表示软错误发生在第T条动态指令执行完毕、第$T+1$条动态指令开始执行之前。每个软错误的崩溃预测结果包含两种情况：不会发生崩溃（引发无提示数据错误）、会发生崩溃（应附带崩溃延迟和传播路径的预测）。

3. 基于ACE分析的软错误分类

ACE分析的基本思想是：首先，假设处理器中的所有逻辑位都是ACE逻辑位；然后，通过对动态指令序列进行分析，尽可能多地找出程序执行过程中的un-ACE逻辑位，将它们从ACE逻辑位中排除；最终，没有被排除的逻辑位即确认为ACE逻辑位。ACE逻辑位是指能够对程序最终输出产生影响的逻辑位。在没有任何容错机制保护的情况下，ACE逻辑位发生的软错误将引发无提示数据错误或程序崩溃。相应地，un-ACE逻辑位是指不会对程序最终输出产生任何影响的逻辑位。所以，un-ACE逻辑位发生的软错误不会对程序的结果产生任何影响。

软错误在程序中的传播分析只需关注与动态死指令和逻辑屏蔽相关的两种un-ACE逻辑位。动态死指令是指那些执行结果不会被使用的指令。具体地，动态死指令还可以划分为两大类：直接动态死（First-level Dynamically Dead, FDD）指令、传导动态死（Transitively Dynamically Dead, TDD）指令。如果一条指令的执行结果没有被其他任何指令使用，那么该条指令是FDD指令；如果一条指令的执行结果只被FDD指令或TDD指令使用，那么该条指令是TDD指令。

由于指令执行的结果要么存储在寄存器中，要么存储在某一内存地址，动态死指令的分析和追踪的方式也有两种：依据寄存器进行分析和追踪、依据内存地址进行分析和追踪。例如，指令A和指令B先后对同一个寄存器进行了写操作，如果这两条指令之间没有任何指令读取该寄存器中存储的数据,那么指令 A 是依据寄存器追踪到的 FDD 指令。类似地,如果指令 C 和指令 D 先后对同一个内存地址进行了写操作,如果这两条指令之间没有任何指令读取该内存地址中存储的数据,那么指令 C 是依据内存地址追踪到的 FDD 指令。

对于 FDD 指令或 TDD 指令,操作码及目标寄存器指示符所对应的逻辑位均为 ACE 逻辑位。因为一旦操作码发生变化,必然会执行错误的指令,很有可能导致程序崩溃甚至系统宕机;而目标寄存器指示符对应的逻辑位发生污损,则该 FDD 指令或 TDD 指令很有可能改变其他非动态死指令的操作数或执行结果,从而影响程序最终的输出结果。除了上述 ACE 逻辑位外,FDD 指令或 TDD 指令的其他逻辑位均为 un-ACE 逻辑位。这些逻辑位的污损可能会影响指令自身的执行结果,但由于 FDD 指令或 TDD 指令的执行结果不会被非动态死指令使用,理论上程序最终的输出结果不会受到任何影响。

在一系列运算操作中,有些操作数中存在若干逻辑位,无论存储什么数值都不会对该运算操作序列的最终结果产生影响,通常称这些逻辑位被逻辑屏蔽。需要注意的是,任何一个逻辑位被逻辑屏蔽必须是对它所有的使用都被屏蔽,不对运算结果产生任何影响。很显然,被逻辑屏蔽的逻辑位是 un-ACE 逻辑位。

表 4.3 给出了动态死指令与逻辑屏蔽示例。

表 4.3 动态死指令与逻辑屏蔽示例

指令序号	代　码	说　明	un-ACE 逻辑位类型
1	mov R2, #8	R2←8	TDD 指令
2	mov R3, #16	R3←16	
3	ld R5, R3, Addr1	R5←[R3 +Addr1]	
4	ld R4, R2, Addr1	R4←[R2 +Addr1]	TDD 指令
5	add R6, R4, R5	R6←R4 +R5	FDD 指令
6	dmul R7, R3, R5	R7←R3 x R5	
7	or R6, R7, #255	R6←R7 or 255	逻辑屏蔽
8	sd R6, R3, Addr2	[R3 +Addr2]←R6	

指令 7 覆盖了指令 5 写在寄存器 R6 中的结果,且指令 6 没有读取寄存器 R6,因此指令 5 为 FDD 指令。存储指令 4 结果的寄存器 R4 只被指令 5 使用,而指令 5 已经被确认为 FDD 指令,因此指令 4 为 TDD 指令。存储指令 1 结果的寄存器 R2 只被指令 4 使用,而指令 4 为 TDD 指令,因此指令 1 同样为 TDD 指令。TDD 指令和 FDD 指令目标寄存器中的所有位均为 un-ACE 逻辑位。指令 7 中寄存器 R7 与 0xFF(255)进行或运算,使得寄存器 R7 的低 8 位被逻辑屏蔽,且 R7 的低 8 位没有被其他指令使用,因此寄存器 R7 的低 8 位为 un-ACE 逻辑位。

无论逻辑屏蔽的确认还是动态死指令的分析都需要对后续指令进行连续追踪。在一些复杂程序中,一条指令后的指令数量可能非常庞大,将它们全部穷尽耗时较长、效率低下。为此,可以设置一个分析窗口大小,当追踪的指令数超过分析窗口大小时,默认逻辑屏蔽成立或指令为动态死指令。研究表明,当分析窗口大小由 400 逐渐提升至 10 000 时,得到的结果并没有明显的变化。所以,为获得较高的效率,一般将分析窗口大小设为 400。

事实上，利用ACE分析可以一次性将整个程序所有指令中的逻辑位划分为ACE逻辑位和un-ACE逻辑位，即一次性将所有可能的软错误划分为对程序结果有影响和无影响两大类。当分析一个具体的软错误时，可以判断它具体属于哪一类，是否对程序的结果产生影响。若该软错误会对程序的结果产生影响，则需要基于DDG模型进一步分析。

4. 基于动态依赖图的软错误故障传播模型

动态依赖图（DDG）是一种可以表示偏序关系的有向无环图，不但能够表示静态程序依赖关系，同时也能用于描述程序在运行过程中各种动态数值之间的依赖关系。

在用DDG表示的软错误故障传播模型中，一个节点表示程序执行过程中一个寄存器的数值，这个数值表示的是存储单元地址或者变量的取值。通常情况下，一个节点可以被多次读取，但只能写入一次。如果该寄存器的数值发生改变，视为产生了一个新的数据，则会在DDG中建立一个新的节点，表示变化后的数值。DDG中的有向边则用来表示这些节点（即数据）之间的依赖关系，即有向边终止节点的生成依赖于有向边起始节点。DDG在程序指令序列的基础上建立，构造方法如下：

（1）遍历执行历史，依次为其中每个程序指令(节点)的每一次出现均创建一个新的节点。

（2）节点之间仅在因程序指令执行而导致有实质的控制和依赖关系时才建立一条依赖边。

事实上，程序在运行过程中是被编译或翻译成一条条指令执行的，指令读取源操作数（立即数/寄存器操作数/存储器操作数），进行运算，并将结果写入目标寄存器或存储单元。从指令的角度讲，当一条指令执行完毕，将结果写入寄存器时，则在DDG中建立了一个对应的节点。这样，DDG的节点也可以表示一条条动态指令，节点的入边表示该指令的执行需要依赖于其他指令的执行结果，节点的出边则表示该指令的结果被其他指令使用。需要注意的是，有些指令在DDG中并没有对应的节点，例如分支指令和部分访存指令。尽管这些指令的执行需要依赖于其他指令的结果，但它们的执行并不产生运算结果，不会在寄存器中写入数值。这类指令的数值依赖关系无法体现在DDG之中，而这些指令中通常含有与地址相关的运算或操作，属于程序崩溃判断标准关注的范畴，在故障传播分析中需要进行重点关注。

为了解决这一矛盾，改进的DDG在传统DDG中增加了一类特殊的节点，用来表示这类不产生任何数值结果的指令或指令执行的结果，称为虚拟节点。虚拟节点并不对应任何实际的数值，只表示一种象征意义的指令执行结果。基于此，所有指令之间的依赖关系都能够被改进的DDG表示。这类新增加的节点只有入边、没有指向其他节点的出边。为了区分这类特殊节点，在绘制DDG时可以对其采用不同的表示方式。例如，用单圈表示传统DDG的节点，用双圈表示新增加的虚拟节点。

为了方便判断数据（节点）之间依赖的类型，即起始节点是与地址相关的计算还是普通的数值计算，在节点之间的有向边之上增加依赖类型标签。标签A表示：在形成终止节点的过程中，有向边起始端的动态数值（起始节点）作为地址使用或参与地址形成的运算；标签R表示：在形成终止节点的过程中，有向边终止端的动态数值（终止节点）作为普通的寄存器操作数使用，既不作为地址，也不参与地址形成的相关计算。通过有向边上的标签，可以非常容易地判断软错误是否在传播的过程中破坏了指令中的地址，从而预测程序崩溃的发生。

图 4.5 是根据表 4.3 绘制的基于 DDG 的软错误故障传播模型。

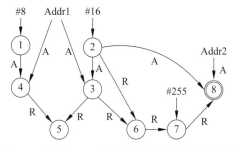

图 4.5　基于 DDG 的软错误故障传播模型示例

节点的序号与表 4.3 中第一列的指令序号一一对应。节点 1 到节点 7 用单圈表示，是传统的 DDG 节点；节点 8 用双圈表示，为新增加的虚拟节点。该虚拟节点共依赖其他 3 个数值，分别为节点 7、节点 2 及 Addr2。根据有向边上的标签可知，节点 7 只参与普通的数值运算，而节点 2 和 Addr2 将作为地址使用或参与地址形成的运算过程。除这两个数值外，节点 1 和 Addr1 在生成节点 4 的过程中也作为地址使用或参与地址形成的运算过程，节点 2 和 Addr1 在生成节点 3 的过程中同样作为地址使用或参与了地址形成的运算过程。

5．软错误的故障传播分析与崩溃预测

改进的 DDG 模型能够捕获程序动态执行过程中所有的动态数值及它们之间的依赖关系。因此，可以基于该 DDG 模型一步步推导软错误在程序中的传播过程，追踪故障传播的范围，并依据程序崩溃判断标准预测程序崩溃的发生。

理论上，当一条包含污损地址的动态指令被执行时，会导致程序崩溃。因此，程序崩溃标准主要从软错误是否破坏相关指令地址来判断，也就是说，如果当前命令中存在被软错误破坏的地址，就会发生程序崩溃。通常情况下，地址是以下情形中的一种。

- 函数调用开始前的目标地址。
- 函数调用结束后的返回地址。
- 分支程序地地址。
- 访存指令中的内存地址或 I/O 设备地址。

在使用 DDG 模型之前，需要确定待分析的软错误 (R, L, T) 在 DDG 中对应的节点位置和出现的时间：

$$(R, L, T) \Rightarrow (i, t) \tag{4.1}$$

其中，i 表示软错误 (R, L, T) 发生位置对应 DDG 中的第 i 个节点；t 表示软错误 (R, L, T) 发生在 DDG 中节点 t 生成之后、节点 $t+1$ 生成之前，即该软错误只能影响节点编号大于 t 的节点。

对于软错误 (R, L, T)，从第 T 条动态指令开始向前查找最后一次将寄存器 R 作为目标寄存器的动态指令，该条指令的序号即为 i；同时，由于每条动态指令对应一个 DDG 模型中的节点,且指令序号与节点编号一致,有 $t=T$,即软错误 (R,L,T) 只能影响编号大于 t 的节点。当分别确定软错误 (R,L,T) 所对应 DDG 模型的发生位置 i 和出现时间 t 之后,即确定了软错误的时间和位置,可以在 DDG 模型中对该软错误实施进一步分析并预测程序崩溃的发生。

不失一般性,假设需要应用 DDG 模型进行分析的软错误为 (i,t)。理论上,这个软错误会引发无提示数据错误或者程序崩溃。为此,先假设程序崩溃发生在节点 CrashNode(i,t) 处(即节点 CrashNode(i,t) 对应的动态指令执行时程序会发生崩溃),然后试图在 DDG 模型中寻找节点 CrashNode(i,t)。一旦节点 CrashNode(i,t) 被确认,说明该软错误将引发程序崩溃;若无法找到节点 CrashNode(i,t),则说明该软错误将引发无提示数据错误。

为进一步刻画软错误在引发程序崩溃前的传播过程,定义故障传播距离 $D_P(i,t)$ 和故障传播集合 $S_P(i,t)$ 两个指标:

(1) 故障传播距离 $D_P(i,t)$:从故障发生开始直至程序在节点 CrashNode(i,t) 处崩溃时程序所生成的节点数目。

(2) 故障传播集合 $S_P(i,t)$:从故障发生开始,直至程序在节点 CrashNode(i,t) 处崩溃时所有被该软错误污损的节点(数据)集合。

故障传播距离 $D_P(i,t)$ 也可以定义为从软错误发生到程序崩溃之间的指令数目,即崩溃延迟 (crash latency),该指标指示程序崩溃什么时候发生。故障传播集合 $S_P(i,t)$ 记录了所有受影响的节点,可以表示软错误的影响范围。进一步讲,由于每个节点均对应一个节点编号且编号直接反映程序执行过程中的节点生成顺序,因此将该集合中的所有元素从小到大排列时可以表示软错误的故障传播路径。

为了确定程序崩溃发生节点 CrashNode(i,t),在 DDG 中从节点 i 开始搜索,寻找符合程序崩溃判断标准的节点。搜索的每一步都是从已访问节点的直接后继节点中选取编号最小且大于 t 的节点,即依据动态指令真实的执行顺序选取每一步的搜索节点。每访问一个新节点,意味着软错误传播到该节点并破坏相应的数据,需要判断该节点是否符合程序崩溃判断标准。如果符合程序崩溃判断标准,这个节点即为节点 CrashNode(i,t);否则,继续向后搜索并判断下一个节点。在搜索的同时,记录故障传播集合 $S_P(i,t)$ 并计算传播距离 $D_P(i,t)$。

应用 DDG 模型的故障传播分析与崩溃预测模型,可以对任意一个对程序执行结果有影响的软错误进行分析,预测程序的运行结果(程序崩溃/无提示数据错误),并对导致崩溃的关键软错误的崩溃延迟(故障传播距离)、故障传播路径(故障传播范围)进行预测。

4.2.2 基于组件的故障传播分析

从 20 世纪 80 年代末期开始,随着模块化编程、基于组件的软件开发(Component Based Software Development, CBSD)的兴起,基于架构的(architecture-based)软件可靠性分析方法开始受到人们的关注。该分析方法将软件系统看作一个白盒(white-box)模型,软件中的组件(或模块)视为组成软件的基本单元,组件之间的连接方式(即软件的结构信息)是可见的,可以通过每个组件的可靠性及架构信息结合数学方法分析软件的可靠性。

由于架构可见,将软件中每个组件的执行过程表示成一个或若干个状态,状态之间的转移表示组件执行过程中的行为或者组件执行完毕后的控制转移,状态之间的转移概率由软件结构、使用剖面及组件自身的可靠性决定,并应用马尔可夫链等数学方法建立软件可靠性模型。这种用状态及状态转移表示软件执行并分析可靠性的方法一般称为基于状态的模型(state-based model)。由于软件在执行过程中组件是否出错、错误是否被屏蔽等信息均可以用状态表示,基于组件的故障传播分析可以基于这些状态变化展开。每一段程序均可以作为一个组件,无论错误在程序内部的起因如何,当传播到程序的出口位置时,它便开始在组件之间传播。软件组件之间的故障传播分析多与可靠性分析相结合。

软件组件的执行除了组件之间的相互调用之外,还有另一种常见的调用方法,就是系统对组件的调用,因此,基于组件的故障传播方式一般有两种,即组件间的故障传播和组件与系统间的故障传播。

1. 组件间的故障传播

组件失效指组件执行其规定功能的能力丧失。对于单个组件,需要考虑如下失效因素和失效行为:

(1)失效生成。组件内部出现故障,没有及时处理,可能会通过外部接口表现出失效。

(2)失效屏蔽。组件内部机制(如容错机制)会对故障进行处理,导致传播的故障被屏蔽。

(3)失效传播。当组件产生故障且未被屏蔽时,通过控制转移将故障传播到下一组件。

在基于组件的故障传播中,组件故障导致系统失效的过程如图4.6所示。

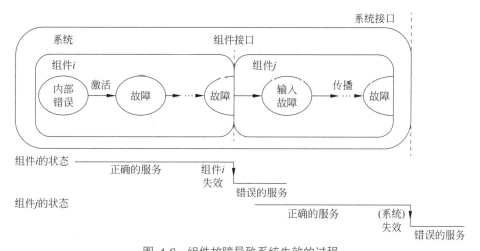

图 4.6 组件故障导致系统失效的过程

组件故障导致系统失效的过程描述如下:假设组件的一个内部活动的代码实现存在缺陷,即内部错误。当这部分代码被执行后,错误就会导致组件的一个内部故障;该故障一旦到达组件的接口,就会导致组件失效。而如果该故障被其他的内部活动指令所掩盖,就不会出现组件失效。类似地可得:在基于组件的系统内,一个组件出现故障时,如果故障传播到系统的接口,则该组件故障会导致系统失效;而如果故障被其他组件的指令掩盖,则不会导致系统失效。因此,组件产生的失效可能传播给与它交互的其他组件,这一属性可用失效传播概率表示。

组件间的故障传播描述方法常基于UML模型，利用用例图、顺序图和配置图获得软件的结构信息，考虑组件及连接件间的失效行为，组件间的失效传播概率用失效传播概率矩阵表示，进而可以分析组件失效转移对系统可靠性的影响，同时采用系统平均失效概率公式计算系统失效度，一般不考虑软件结构的不同在可靠性分析上的差异。

1) 组件失效传播概率矩阵

组件失效传播概率定义为

$$\mathrm{EP}(A,B) = P(f_B(x) \neq f_B(x')|x \neq x') \tag{4.2}$$

其中，$f_B(\cdot)$是组件B的函数，表示组件B的执行结果，x是组件A、B之间通信的消息，x'表示失效的消息。$\mathrm{EP}(A,B)$表示组件A中的失效传播到组件B的概率，即组件A的失效对组件B执行结果的影响。

对于一个有N个组件的系统，失效传播概率矩阵EP是一个$N \times N$的矩阵，矩阵的第A行第B列表示组件A到组件B的失效传播概率。$\mathrm{EP}(A,A)$等于1，表明组件发生的失效对其本身影响的概率值为1。

从组件失效传播概率的定义可以看到，$\mathrm{EP}(A,B)$是一个条件概率；但在实际的应用中，因为条件概率不容易计算，常简化为非条件概率计算$E(A,B)$。根据条件概率的定义，非条件概率可以改写成条件概率与条件事件发生概率的乘积。

假设系统基于UML进行设计建模，对于给定的系统，基于描述用例场景的时序图和描述组件交互的状态图的无条件失效传播概率矩阵可以通过式(4.3)计算：

$$E(A,B) = \mathrm{EP}(A,B) \times T(A,B) \tag{4.3}$$

其中，$\mathrm{EP}(A,B)$是一个条件概率，表示组件A在传递消息给组件B的条件下A将失效传播给B的概率，$T(A,B)$表示A传播消息给B的频率值。$\mathrm{EP}(A,B)$的计算公式如下：

$$\mathrm{EP}(A,B) = \frac{1 - \sum_{x \in S_B} P_B(x) \sum_{y \in S_B} P_{A \to B}[F_x^{-1}(y)]^2}{1 - \sum_{v \in V_{A \to B}} P_{A \to B}[v]^2} \tag{4.4}$$

其中，$F_x(v)$表示状态转移的映射，$S_B \times V_{A \to B} \to S_B$，$S_B$是组件$B$的状态，$V_{A \to B}$是从组件$A$发送到组件$B$的消息集；$F_x^{-1}(y) = \{v \in V_{A \to B}|F_x(v) = y\}$表示将组件$B$从状态$x$改变到状态$y$的消息集；$P_{A \to B}[F_x^{-1}(y)]$是将组件$B$从状态$x$改变到状态$y$的消息的传播概率；$P_B(x)$是组件$B$处于状态$x$的概率，$P_{A \to B}[v]$是从组件$A$发送到组件$B$的消息$v$的概率，$v$属于$V_{A \to B}$。$T(A,B)$的大小由系统所有顺序图当中组件$A$与组件$B$交互的消息数目除以组件$A$与系统所有组件交互所发消息的总数目得出。

具体来说，在状态x观察到状态B的概率$P_B(x)$是一个动态变化量，依赖于系统的使用方式，因此，常采用UML时序图和组件B的状态图通过组件/状态遍历技术计算：

$$P_B(x) = N_{Bx}/N_B \tag{4.5}$$

其中，N_B为组件B的总的历经次数，N_{Bx}是组件B处于状态x时相应的历经次数。

从组件A发送到组件B的消息v的概率$P_{A \to B}[v]$也是一个动态变化量。为了得到$P_{A \to B}[v]$的估计值，在时序图中遍历所有从组件A发送消息v到组件B的路径，统计

消息集 $V_{A\to B}$ 中从组件 A 发送消息 v 到组件 B 的次数,记 Nv_i 为从组件 A 发送消息 v_i 到组件 B 的次数,则有

$$P_{A\to B}[v] = \frac{Nv_i}{\sum_{j=1}^{M} Nv_j} \quad (4.6)$$

其中 $j = 1, 2, \cdots, M$,M 为从组件 A 发送唯一消息 $(V_{A\to B})$ 到组件 B 的次数。

组件 A 将组件 B 从状态 x 改变到状态 y 的消息的传播概率 $P_{A\to B}[F_x^{-1}(y)]$ 采用下面两步计算:

(1) 确定导致组件 B 从状态 x 转移到状态 y 的消息集 $(V_{AB}^{x\to y})$,这一步可利用组件 B 的状态图通过静态分析获得:对于每个状态对 (x, y),确定可能导致组件 B 从状态 x 转移到状态 y 的消息 $(V_{AB}^{x\to y})$。

易知,如图 4.7 所示的组件 A 与组件 B 的状态转移图中,$(V_{AB}^{S_1\to S_2}) = \{v_1\}$,$(V_{AB}^{S_1\to S_3}) = \{v_2, v_3\}$,由此不需要动态分析就可得到消息集 $(V_{AB}^{x\to y})$。

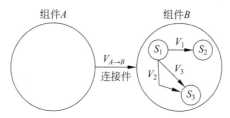

图 4.7 组件 A 与组件 B 的状态转移图

(2) 计算 $P_{A\to B}[F_x^{-1}(y)]$ 的动态部分,即确定从组件 A 发送消息到组件 B,导致组件 B 由状态 x 转移到状态 y 的概率。$P_{A\to B}[F_x^{-1}(y)]$ 是通过 $P[A\to B]$ 计算出 $V_{AB}^{x\to y}$ 中的每个消息概率之和得到的。

例如,在图 4.7 所示的状态转移图中,若消息 $V_{A\to B}$ 的概率为 $P[V_{A\to B}] = \{p_{v_1}, p_{v_2}, p_{v_3}\}$,则当 $P_{A\to B}[F_{S_1}^{-1}(S_2)] = p_{v_1}$ 时,有 $P_{A\to B}[F_{S_1}^{-1}(S_3)] = p_{v_2} + p_{v_3}$。

在式 (4.4) 中,另一个重要的量是转移概率矩阵 $\boldsymbol{T}$ 的计算。一般地,通过遍历所有可用的时序图,统计从一个组件(如 A)发送到所有其他组件的消息数,记为 $\{n_{iA} : i = 1, 2, \cdots, N \wedge i \neq i(A)\}$,其中,$N$ 是系统的组件数,$i(A)$ 是组件 A 的序号,则定义 $\boldsymbol{T}$ 的元素为

$$T(A, B) = \frac{n_{i(B)A}}{\sum_{i=1}^{N} n_{iA}} \quad (4.7)$$

由此可得到转移概率矩阵 $\boldsymbol{T}$,进一步可利用条件错误传播矩阵 EP 计算出无条件错误传播矩阵 $\boldsymbol{E}$。

2)考虑体系结构的软件失效传播分析

基于组件失效传播的软件系统模型可以定义为这样的元组:$S = \{C, \text{TP}, \text{EP}, N, R\}$,其中,$C$ 表示系统中组件的集合,$C = (C_1, C_2, \cdots, C_n)$;组件转移图可用组件转移概率矩阵 TP 表示,转移概率矩阵中的元素 $P_{i,j}$ 表示从组件 i 转移到组件 j 的概率;EP 为组件失效

传播概率矩阵；N 为组件的个数；组件 C_i 的可靠度为 R_i，失效概率为 θ_i，满足 $R_i = 1 - \theta_i$，R 为组件可靠度的集合，$R = (R_1, R_2, \cdots, R_n)$。$R_{\text{sys}}$ 表示系统可靠度，$R_{k \to i}$ 表示从组件 C_k 正确转移到组件 C_i 且 C_i 正确执行的概率。

软件系统从功能结构上可以抽象为许多组件所组成的集合，而各个组件之间的关系可能有多种。针对软件体系结构常见类型，基于组件间失效传播定义，对串行、并行、分支 3 种典型体系结构的可靠性模型进行扩展。

（1）串行系统。其组件转移图如图4.8所示。

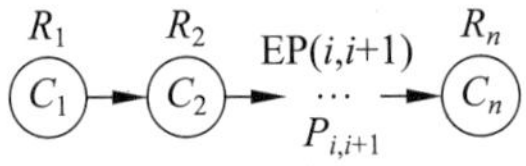

$$C_1 \xrightarrow{R_1} C_2 \xrightarrow{R_2} \cdots \xrightarrow{\text{EP}(i,i+1)}_{P_{i,i+1}} C_n \; R_n$$

图 4.8 串行系统的组件转移图

系统由 N 个组件串联而成，每个时刻只有一个组件在执行。组件 C_i 的可靠度为 R_i，组件转移概率矩阵为

$$\text{TP} = \begin{bmatrix} P_{1,2} & 0 & \cdots & 0 \\ 0 & P_{2,3} & \cdots & 0 \\ \vdots & \vdots & \ddots & \vdots \\ 0 & 0 & \cdots & P_{n-1,n} \end{bmatrix} = \begin{bmatrix} 1 & 0 & \cdots & 0 \\ 0 & 1 & \cdots & 0 \\ \vdots & \vdots & \ddots & \vdots \\ 0 & 0 & \cdots & 1 \end{bmatrix} \tag{4.8}$$

组件失效传播概率矩阵为

$$\text{EP} = \begin{bmatrix} \text{EP}(1,2) & 0 & \cdots & 0 \\ 0 & \text{EP}(2,3) & \cdots & 0 \\ \vdots & \vdots & \ddots & \vdots \\ 0 & 0 & \cdots & \text{EP}(n-1,n) \end{bmatrix} \tag{4.9}$$

（2）并行系统。其组件转移图如图4.9所示。

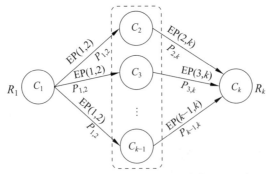

图 4.9 并行系统的组件转移图

由图4.9可知，组件 $C_2, C_3, \cdots, C_{k-1}$ 并发执行，共同完成一个任务，每个组件完成一个

子任务。从 C_1 到 $C_2, C_3, \cdots, C_{k-1}$ 的转移概率均为 $P_{1,2}$，失效传播概率均为 $\text{EP}(1,2)$，从 $C_2, C_3, \cdots, C_{k-1}$ 到 C_k 的转移概率为 $P_{i,k}$，失效传播概率为 $\text{EP}(i,k)$。组件转移概率矩阵为

$$\text{TP} = \begin{bmatrix} P_{1,2} & P_{1,2} & \cdots & P_{1,2} & 0 \\ 0 & 0 & \cdots & 0 & P_{2,k} \\ \vdots & \vdots & \ddots & \vdots & \vdots \\ 0 & 0 & \cdots & 0 & P_{k-1,k} \end{bmatrix} \qquad (4.10)$$

组件失效传播概率矩阵为

$$\text{EP} = \begin{bmatrix} \text{EP}(1,2) & \text{EP}(1,2) & \cdots & \text{EP}(1,2) & 0 \\ 0 & 0 & \cdots & 0 & \text{EP}(2,k) \\ \vdots & \vdots & \ddots & \vdots & \vdots \\ 0 & 0 & \cdots & 0 & \text{EP}(k-1,k) \end{bmatrix} \qquad (4.11)$$

（3）分支系统。其组件转移图如图4.10所示。

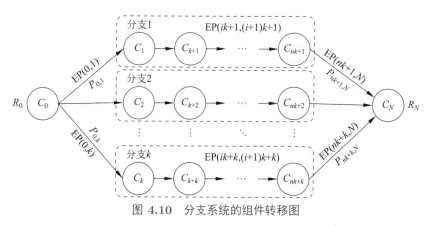

图 4.10 分支系统的组件转移图

假设系统中有 k 个分支，各分支的概率为 $P_{0,1}, P_{0,2}, \cdots, P_{0,k}$，处理这一类结构时，可以先计算分支内串行结构的可靠度。以分支1为例，先计算 $R_{1 \to nk+1}$，即从 C_1、C_{k+1} 到 C_{nk+1} 正确执行的概率：

$$R_{1 \to nk+1} = R_{nk+1} \prod_{i=0}^{n-1} R_{ik+1}(1 - \text{EP}(ik+1, (i+1)k+1)\theta_{ik+1}) \qquad (4.12)$$

$$R_{2 \to nk+2} = R_{nk+2} \prod_{i=0}^{n-1} R_{ik+2}(1 - \text{EP}(ik+2, (i+1)k+2)\theta_{ik+2}) \qquad (4.13)$$

$$\vdots$$

$$R_{k \to nk+k} = R_{nk+k} \prod_{i=0}^{n-1} R_{ik+k}(1 - \text{EP}(ik+k, (i+1)k+k)\theta_{ik+k}) \qquad (4.14)$$

此时，模型可简化为如图4.11所示。

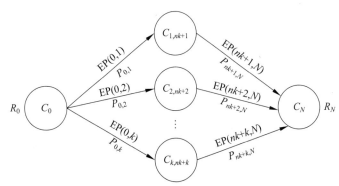

图 4.11 简化后的分支系统组件转移图

组件转移概率矩阵为

$$\mathrm{TP} = \begin{bmatrix} P_{0,1} & P_{0,2} & \cdots & P_{0,k} & 0 \\ 0 & 0 & \cdots & 0 & P_{nk+1,N} \\ \vdots & \vdots & \ddots & \vdots & \vdots \\ 0 & 0 & \cdots & 0 & P_{nk+k,N} \end{bmatrix} \quad (4.15)$$

组件失效传播概率矩阵为

$$\mathrm{EP} = \begin{bmatrix} \mathrm{EP}(0,1) & \mathrm{EP}(0,2) & \cdots & \mathrm{EP}(0,k) & 0 \\ 0 & 0 & \cdots & 0 & \mathrm{EP}(nk+1,N) \\ \vdots & \vdots & \ddots & \vdots & \vdots \\ 0 & 0 & \cdots & 0 & \mathrm{EP}(nk+k,N) \end{bmatrix} \quad (4.16)$$

2. 组件与系统间的故障传播

一个组件的失效可以从多个不同角度进行定义，例如域（domain）、一致性（consistency）、可检测性（detectability）等，其中最常用的是从域的角度进行定义。组件的输出由两部分组成：值域（content/value domain）和时域（timing domain）。理论上，根据组件输出结果的值域和时域正确与否，可以将失效划分为值域错误引发的失效、时域错误引发的失效、值域和时域同时出错引发的失效，而且它们还可以再进行细分，如图4.12所示。

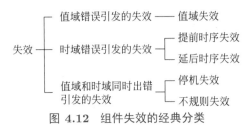

图 4.12 组件失效的经典分类

时域错误引发的失效还可以根据时序是提前还是延后划分为提前时序失效（early timing failure）、延后时序失效（delay timing failure）。值域和时域同时出错引发的失效可以分为停机失效（halt failure）和不规则失效（erratic failure）。

在现实中，多数软件组件中或多或少都有系统调用。尽管从宏观看软件中只是一个组件的执行，但从微观看执行过程存在着组件自身代码与系统调用交替执行的不同阶段，如图4.13所示。对于有系统调用的组件，其可靠性不仅与自身代码有关，还与其依赖的系统调用密不可分。

直观地看，有系统调用的组件的可靠性似乎应该由自身代码的可靠性与系统调用的可靠性相乘得到。然而，由于使用者不同或任务不同，组件中系统调用的次数可能存在一定的随机性，将二者的可靠性简单相乘并不能反映真实情况，同时会将系统调用的失效隐藏在组件内部，很难发现组件脆弱性的真正原因。此外，系统调用的代码并不属于组件本身，代码风格迥异，也可能并不开源，测试方法也完全不同，应予以分别进行考虑。因此，将系统调用从组件内部中提取出来，作为调用返回模式（call-and-return style）进行处理。也就是说，将每个系统调用都看成软件中的一个独立的特殊组件，即执行完毕后控制流确定（返回调用组件）的组件。

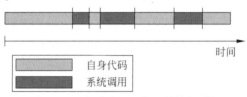

图 4.13 有系统调用的组件执行过程

假设软件抽取系统调用组件后在状态图中共形成n个组件，集合SELF表示所有抽去系统调用后的自身代码组件，集合CALL表示所有系统调用组件，SELF$\bigcup$CALL $= \{M_1, M_2, \cdots, M_n\}$。同时假设软件出口组件和入口组件均唯一，分别为$M_1$和$M_n$，$M_1$，$M_n \in$ SELF。各组件之间的控制流转移概率Q_{ij}可以通过实验统计获得，用$t(i,j)$表示多次实验中从组件M_i到组件M_j控制流转移的平均次数，Q_{ij}可以表示为

$$Q_{ij} = \frac{t(i,j)}{\sum_{k=1}^{n} t(i,k)} \tag{4.17}$$

对于系统状态图中任意两个节点M_i和M_j之间的调用有以下3种情况：

（1）组件M_i内部执行系统调用M_j。由于系统调用发生在模块M_i执行过程中，无论M_i是否可靠，都要按概率进行系统调用，因此不需要考虑M_i的可靠性。

（2）系统调用M_j执行完毕返回调用组件M_i。由于调用结束后控制流已经是确定的，只要系统调用正确执行，必然返回M_i，转移概率等于M_j的可靠性。

（3）组件M_i和M_j都不是系统调用组件，必须在M_i正确执行且控制流有转向M_j的可能性的前提下才能发生状态转移。

由于常见的操作系统只使用了两个特权级别，分别对应操作系统的用户态和内核态，可引发两种不同的失效：用户态失效和内核态失效，分别编号为1和2。同时，为了叙述方

便和表示方法的统一,将未发生失效作为一种特殊的失效模式,标号为0。设在任一个组件 M_i 内部,这3种失效模式都可能发生相互转换,且定义函数 $f_i(x,y)$ 为组件 M_i 内各失效模式的转换概率:

$$f_i(x,y) = P\{M_i\text{输出为失效模式}y|M_i\text{输入为失效模式}x\} \tag{4.18}$$

其中 $0 \leqslant x,y \leqslant 2$,并且函数 $f_i(x,y)$ 满足 $\sum_{y=0}^{2} f_i(x,y) = 1$。

当 x 和 y 数值变化时,$f_i(x,y)$ 可以表示组件 M_i 的一些属性和错误传播行为:$f_i(0,0)$ 表示模块 M_i 的可靠性,$f_i(0,1)$ 与 $f_i(0,2)$ 分别表示 M_i 发生用户态失效和内核态失效的概率,$f_i(1,1)$ 与 $f_i(2,2)$ 分别表示用户态失效和内核态失效通过组件 M_i 输出的概率。

在考虑了失效模式之后,便无法使用一个节点表示一个组件中的所有状态,此时需要对每个节点进行扩展。对于任意的组件 M_i,其输入有3种失效模式;由于考虑了错误传播,失效模式可以在组件内部发生相互转化,组件 M_i 的输出也可能存在3种失效模式。因此,将组件 M_i 在状态图中的1个节点扩展成6=3+3个节点:其中3个节点分别表示组件 M_i 在输入为3种不同失效模式下的执行过程,记为 $\text{MI}_i = \{\text{MI}_{i0}, \text{MI}_{i1}, \text{MI}_{i2}\}$,分别表示组件 M_i 输入为未失效、用户态失效、内核态失效的执行过程;另外3个节点表示组件 M_i 执行完毕所处的失效模式,记为 $\text{MO}_i = \{\text{MO}_{i0}, \text{MO}_{i1}, \text{MO}_{i2}\}$,分别表示组件 M_i 执行完毕的状态为未失效、用户态失效、内核态失效。扩展后的节点如图4.14所示。

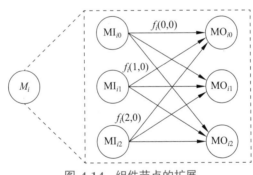

图 4.14 组件节点的扩展

特别地,对于组件 M_i 在执行过程中执行系统调用组件 M_j 的情况,在 M_i 的执行状态 $\text{MI}_{i\alpha}$ 中按概率转移到状态 $\text{MI}_{j\alpha}$ 执行系统调用;$\text{MI}_{j\alpha}$ 执行完毕后发生状态转移到 $\text{MO}_{j\beta}$(若执行过程中失效模式没有改变,则 $\alpha = \beta$;否则 $\alpha \neq \beta$)。在进入状态 $\text{MO}_{j\beta}$ 后,就表示系统调用执行完毕,将必然返回调用组件 M_i,转移到状态 $\text{MI}_{i\beta}$。图4.15是带有系统调用节点扩展的示例。图4.15(a)是局部的控制流,组件 M_1 执行了系统调用,调用组件 M_3。图4.15(b) 是扩展后的状态图。

3. 故障传播特性分析

大规模复杂软件系统通常是指组件数量庞大、调用关系复杂的软件系统。当系统内的组件达到一定数量时,应用马尔可夫模型考察系统的可靠性、故障传播及寻找可靠性关键因素将会出现状态空间爆炸的情况,因此研究人员纷纷尝试使用其他理论和方法展开研究,主要包括复杂网络、组件排序两种方法。

在软件系统的执行过程中,需要通过函数之间相互调用完成系统功能。根据软件系统中复杂的调用关系,有以下的定义。

(1) 直接出度邻居集合(Direct Out-degree Neighbor Set, DONS)。

在软件系统的执行过程中,将函数节点 u 需要直接调用的函数进行组合,则形成函数节点 u 的直接出度邻居集合 DONS,其定义如下:

$$\text{DONS}(u) = \{v_i | u \to v_i\}, \quad u, v_i \in \text{NSet} \tag{4.19}$$

其中,NSet 为函数节点集合。

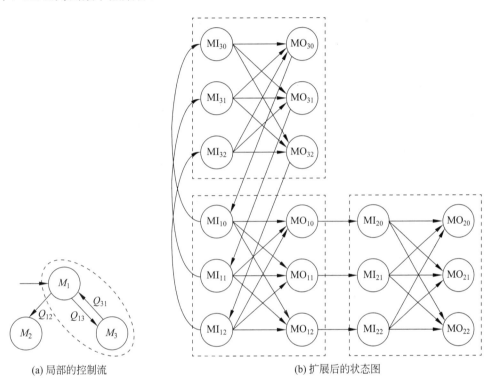

图 4.15 带有系统调用节点扩展的示例

(2) 直接入度邻居集合(Direct In-degree Neighbor Set, DINS)。

在软件系统的执行过程中,将需要直接调用函数节点 u 的函数进行组合,则形成函数节点 u 的直接入度邻居集合 DINS,其定义如下:

$$\text{DINS}(u) = \{v_i | v_i \to u\}, \quad u, v_i \in \text{NSet} \tag{4.20}$$

图 4.16 展示了软件网络中常见的拓扑结构。下面通过这些拓扑结构分析软件网络中函数间的故障特性。

① 故障累积特性分析。

节点直接或间接调用的对象越多,越容易发生故障。在图 4.16(a) 中,对于 B 和 C 来说,它们调用了相等数量的节点,但是这些节点间的相互关系不同;而对于 B 和 D 来说,它们拥有相同规模的执行路径,但是节点 D 拥有更大规模的调用函数集合,其执行过程更加复杂。

通过上述分析可知,函数会出现故障,不仅由于自身存在缺陷,而且受当前节点的直接出度邻居集合 DONS 中节点的影响。并且，对于目标函数来说，它的直接出度邻居集合 DONS 中的每个节点对于目标函数的影响能力也是不同的。例如，图4.16(a)中的函数节点 B、C、D 对函数节点 A 的影响就是不同的。

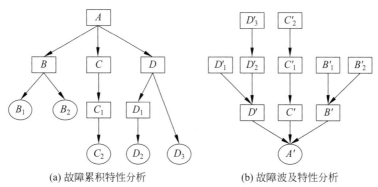

(a) 故障累积特性分析　　　　(b) 故障波及特性分析

图 4.16　软件网络中常见的拓扑结构

② 故障波及特性分析。

直接或间接调用一个节点的对象越多，其故障波及范围越广。在图4.16(b)中，对于节点 A' 的 B' 和 C' 分支来说，直接或间接调用节点 B' 和 C' 的函数节点的数量是相等的，也就是说，若节点 B' 和 C' 发生故障，其所能影响的函数节点的数量是一样的，但是其调用关系不同，故障波及的范围是不同的。对于节点 A' 的 B' 和 D' 分支来说，调用 B' 和 D' 的分支数量是相等的，但是节点数量不同，因此，若节点 B' 和 D' 发生故障，其故障波及范围也不同。

通过上述分析可见，函数若出现了故障，只有在被其直接入度邻居集合 DINS 中的函数调用时，其故障才会波及调用它的函数节点，并且直接调用该函数的节点越多，其波及范围越广。

因此，对于一个函数节点，从主动调用的角度来看，如果它调用了一个故障点，就会受到故障的影响；从被调用的角度来看，如果它是一个故障点，就会将故障传递给调用它的函数。这就形成了故障累积效应和故障波及效应。

根据函数的故障传播特性，下面给出函数的故障传播能力的定义。

（3）故障传播能力（Fault Propagation Capability, FPC）。

根据节点的故障传播特性，利用递归方法，定义函数节点 u 的故障传播能力如下：

$$\text{FPC}(u) = \frac{K_u^{\text{in}}}{K_{\max}^{\text{in}}} + \sum_{i=1}^{N} P_{v_i \to u} \times \text{FPC}(v_i), \quad v_i \in \text{DINS}(u) \quad (4.21)$$

$$P_{v_i \to u} = \frac{\text{Weight}(v_i, u)}{\sum_{j=1}^{n} \text{Weight}(v_i, v_j)}, \quad v_j \in \text{DONS}(v_i) \quad (4.22)$$

其中，K_u^{in} 是节点 u 的入度，$K_{\max}^{\text{in}} = \{K_1^{\text{in}}, K_2^{\text{in}}, \cdots, K_m^{\text{in}}\}$ 是网络中的最大入度值，m 为网络中节点的个数，$K_u^{\text{in}}/K_{\max}^{\text{in}}$ 表征目标函数 u 自身的故障传播能力，v_i 为目标函数节点 u 的直接入度邻居集合 DINS 中的函数，N 表示目标函数节点 u 的直接入度邻居集合 DINS(u) 中

节点的数量，$P_{v_i \to u}$ 表示在加权函数执行网络中目标函数节点 u 被其直接入度邻居节点集合中的函数 v_i 调用的概率，$\text{Weight}(v_i, v_j)$ 为节点 v_i 与 v_j 之间的权重函数，v_j 为 v_i 的直接出度邻居集合 DONS 中的一个函数，n 表示 v_i 的直接出度邻居集合 $\text{DONS}(v_i)$ 中节点的数量。

通过上述分析，根据函数的故障传播特性，利用递归方法，通过式(4.21)计算软件中每个函数的故障传播能力值。

4.2.3 网络化软件故障传播分析

随着移动互联网、可穿戴设备、智能终端等技术的不断发展，网络化将成为软件系统发展的必然趋势。与传统基于组件的软件类似，网络化软件同样采用分治的思想将复杂任务划分给多个不同的模块完成，通常将这些部署在不同计算机上、通过网络交互的模块称为网络化组件。

与本地化软件相比，网络化组件之间的交互行为更为复杂难控。一方面，网络化软件系统组件之间的交互方式由可靠的本地调用变为不稳定的网络数据传输，不仅给软件可靠性带来一定的负面影响，也使其交互行为变得更加复杂，带来了新的失效模式。另一方面，组件之间的故障传播不会因为网络化而消失，而与网络传输过程中的故障传播交织在一起；同时，网络化组件多使用互联网上现有的由不同组织或个人开发的免费网络组件，或付费使用其他公司的商业化网络组件，组件的可靠性参差不齐，难以完全控制，可能更易引发故障传播。在现有的考虑网络影响的软件可靠性建模方法中，简单地将系统划分为软件层和网络层两个部分，分别求取它们的可靠性后相乘作为系统整体的可靠性。该方法将网络视为一个整体，没有考虑各个组件之间的多个网络传输过程的差异及它们对系统整体的不同影响，研究粒度过粗，而且也没有考虑网络传输过程中的故障行为。

这里针对网络化软件系统的特点，定义了符合工程实践的失效模式。在此基础上对网络化组件执行过程中及网络传输过程中的故障传播进行了详细分析，定义了相应的可靠性参数，建立了系统模型。基于离散时间马尔可夫链将系统模型转换为考虑网络传输过程和故障传播的网络化软件可靠性模型，并给出了详细的转换步骤。最后通过敏感性分析，识别出对系统可靠性影响最大的关键参数，可以评估不同组件之间的网络交互过程对系统可靠性的影响，为系统的优化和改进的提供重要依据。

互联网的迅速兴起与普及，也引发了软件系统网络化的趋势，出现了各种形态的网络化软件（networked software），例如网构软件（internetware）、面向服务的体系结构（Service Oriented Architecture，SOA）、云应用（cloud application）等。网络化软件的定义是：以 Internet 为载体，以网络中各种信息资源和服务资源为元素，以各元素间的相互协同及互操作为构造手段，拓扑结构和行为可进化演变的软件系统。

在互联网迅速发展的同时，人们对各种计算机系统服务质量的要求也在不断地提高。可靠性不仅是软件系统自身设计和编码质量的重要评价指标，也对软件系统的对外服务质量起着至关重要的作用。当人们享受互联网及其相关技术带来的方便和快捷时，由于可靠性问题而引发的服务中断或交付错误的结果是几乎是不可容忍的。为此，在各种网络化软件快速发展的同时，它们的可靠性问题是相关研究人员和工程技术人员不可回避的事情。

1. 网络化软件系统失效模式

对于网络化软件系统来说，通常会使用部署在远端第三方服务器上的网络化组件。这些服务器的运营维护与管理通常由他人负责，无论是系统的设计者还是终端用户都无法像本地软件一样详细获知组件的运行状态及服务器的状态。因此，对于网络化组件更多地要通过观察其外部行为判断其是否失效。此时，组件给出结果的时间（时域）成为一个重要的判断依据。如果远端的服务器出现故障，可能导致无法获取运行结果且又未收到任何提示；类似地，如果网络组件本身失效，也可能导致无法返回结果且无提示的情况出现。无论是哪种情况，都不可能无限期地等下去。一般可以根据等待时间的长短推断组件是否失效。

当远端的网络组件没有在指定的时间内返回结果时，可以认为发生了失效，称为超时失效（timeout failure）。此时，无论远端的网络组件具体处于什么状态，是因为服务器本身的原因，还是网络组件自身原因，甚至是网络拥塞的原因，只要超过预设的时间，均认定为超时失效。超时失效是从时间角度定义的，属于时域中的错误。若远端的网络组件在指定的时间内给出了运行结果，则时域是正确的，需要进一步判断输出内容是否正确，即值域是否正确，进而判断是网络组件给出了正确的运行结果还是发生了值域失效（content failure）。

具体地，对这些失效模式的进行形式化定义。将网络化组件单次执行的结果定义为一个序对：$<v,t>$。其中，v 是组件输出的内容，即值域结果；t 为网络组件从开始运行到给出结果所需的时间。

定义一个网络组件单次执行对应的设计规定输出为 $<V,T^*>$。其中，V 是所有可接受的输出结果的集合，T^* 为该网络组件正常执行所需的最长时间或终端用户可以等待的最长时间。

当网络组件的输出满足下列条件时视为正确输出（未失效）：$t \leqslant T^*$ 且 $v \in V$。

事实上，超时失效可以定义和描述的情况有很多。例如，在嵌入式系统中，通常会采用看门狗（watch dog）技术判断系统是否失效。看门狗的本质是一个特殊的计数器，若处理器没有在规定的时间内对计数器进行清零，则计数器会发生溢出，从而引发相应的中断，对系统进行重启。从看门狗角度看，处理器未按时清零导致计数器溢出等价于没有在规定时间内给出"结果"，可以视为一种超时失效。在大型主机系统或高可用集群系统中，多采用心跳检测（heart beat detection）技术判断一个子系统或节点是否失效。心跳检测的本质与看门狗类似，系统需要在规定的时间发送特定的信号；否则，系统会被视为已经宕机或其中运行的关键服务已经发生失效。而在 TCP 进行网络传输过程中，若没有在指定的时间内收到对方的数据或接收确认，即视为本次传输失败，发送方将重新发送数据。

为了更加明确、直观地阐释正确输出（未失效）、值域失效、超时失效三者的关系，将它们在时间轴上进行表示，如图 4.17 所示。

在 T^* 的左侧，即未超过规定时间，可能输出正确结果，也可能发生值域失效；在 T^* 的右侧，即超过规定时间，必然属于超时失效。

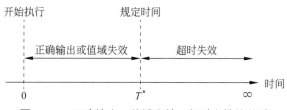

图 4.17 正确输出、值域失效、超时失效的关系

2. 网络化软件系统故障传播分析

下面分别对网络化软件系统中的组件(以下简称网络化组件)的执行过程和组件间数据传输过程中的故障传播进行分析,进而定义组件和网络数据传输过程的可靠性参数。

与传统的本地化软件中的组件相同,网络化组件中一样会存在设计缺陷和编码错误,当它们被触发时便在组件的内部引发了错误。就组件本身而言,不同的错误可能引发组件终止运行,也可能不影响组件的继续运行。如果组件继续运行,在后续的运算过程中,该错误有可能被屏蔽,也有可能在故障传播的过程中导致组件终止运行。若错误没有被屏蔽,也没有导致组件停止运行,当错误到达组件接口时则导致该组件输出的值域失效。网络化组件输出的值域错误结果未必导致整个系统的失效,可能在后续其他组件中被屏蔽,只有当值域错误传播到系统接口时才会引发系统失效。具体来说,在网络化组件的运行过程中,考虑以下 5 种情况的故障传播:

(1) 在一个网络化组件运行过程中,由于内部的故障而产生了错误,进而导致该网络化组件的运行时间超过了规定时间的上限。从外部观察,该组件发生了超时失效,此时认为该网络化组件无法完成设计时所规定的功能(无法给出运行结果)。在一个软件系统中,需要各个组件相互协作才能完成设计中规定的功能,当其中一个组件无法给出结果时,将导致系统无法继续运行。因此,当网络化软件系统中的一个组件发生超时失效时,将直接导致整个系统失效。

(2) 在一个网络化组件运行过程中,由于内部的故障而产生了错误,但该错误并没有导致组件终止运行,组件在规定的时间内给出了运行结果,只是输出结果的值域不正确。此时,该网络化组件发生了值域失效(数据错误)。尽管网络化组件给出了错误的结果,但整个系统依然可以继续运行,值域错误的输出结果将被传递给与该失效组件有直接交互关系的后续组件。

(3) 当前面的组件产生了含有值域错误的输出结果(数据错误)时,后续组件不得不以错误的输入开始运行。在组件的执行过程中,该错误可能被组件中的逻辑运算、比较运算等操作屏蔽,使网络化组件最终交付正确的输出结果。

(4) 当网络化组件以含有值域错误的输入开始运行时,其接收的错误输入可能导致该组件在运行过程中产生死锁、死循环或崩溃等问题,从而导致该网络化组件无法在规定的时间内输出结果,从而引发该组件的超时失效。当系统中的某个组件无法给出结果时,必然导致系统无法继续运行而直接引发系统失效。

(5) 当网络化组件以含有值域错误的输入开始运行时,在运行的过程中,其接收的错误既没有被各种运算和操作屏蔽,也没有导致该组件出现死循环或崩溃等问题引发运行时间超时，最终该网络化组件在规定的时间内输出了运行结果，但结果的内容依然不正确（值域不正确），即值域错误被组件传递给后续其他组件。

在上面的讨论中，将网络化组件的运行分为组件接收正确输入和组件接收（值域）错误输入两大类进行分析，并给出了5种细分的情况：前两种情况默认网络化组件从正确的输入开始运行的情形，后3种情况是网络化组件从错误的输入开始运行的情形。下面对这些情况下网络化组件的可靠性参数进行定义，如图4.18所示，分为接收正确输入和接收（值域）错误输入两种情况分别进行定义。

（1）正确输入。对于一个网络化组件C_i，在其接收正确输入的运行过程中，由于多种原因可能在内部产生一个错误。该错误可能会引发死锁、死循环甚至程序崩溃，进而导致该网络化组件无法按时交付输出结果，从而产生超时失效，这种情况的概率记为$P_{\text{tep}}(C_i)$；该错误也可能不影响组件的运行时间，而只对组件内部的数据产生影响，最终导致该网络化组件输出错误的结果（值域不正确），这种情况的概率定义为$P_{\text{cep}}(C_i)$。此外，该网络化组件C_i在运行的过程中也可能输出正确的运行结果，这种情况的概率记为$P_{\text{cop}}(C_i)$。具体来说，组件交付正确的输出包含两种情况：一种是在组件内部发生了错误，但在到达组件接口之前被屏蔽了；另一种是在组件运行过程中根本没有发生错误。不论哪种情况，我们更关心的都是输出情况，无须深究组件内部的具体细节。根据上面的可靠性参数定义，显然有$P_{\text{cop}}(C_i) + P_{\text{tep}}(C_i) + P_{\text{cep}}(C_i) = 1$。

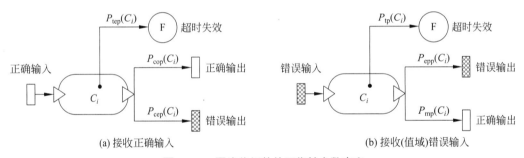

图 4.18 网络化组件的可靠性参数定义

（2）（值域）错误输入。对于一个网络化组件C_i，在接收（值域）错误输入的运行过程中，可能将接收的错误屏蔽，这种情况的概率记为$P_{\text{mp}}(C_i)$。组件接收的错误也有可能导致该组件出现超时失效，即在故障传播的过程中发生类型错误转换，这种情况的概率定义为$P_{\text{tp}}(C_i)$。此外，组件接收的错误也有可能既没有被屏蔽也没有发生类型转换，而是经过故障传播后直接从组件的输出接口传播出去，这种情况的概率记为$P_{\text{epp}}(C_i)$。根据上面的可靠性参数定义，显然有$P_{\text{mp}}(C_i) + P_{\text{tp}}(C_i) + P_{\text{epp}}(C_i) = 1$。

3. 网络传输过程的故障传播

与传统的本地化软件相比，网络化软件系统最大的特点就是组件之间的交互通过Internet完成。由于Internet并非每时每刻均处于稳定状态，在数据传输过程中并不可靠，因此必须考虑网络化软件系统中组件之间网络传输可能对系统整体带来的影响。

对于现有的Internet协议架构及常见的应用方式而言，应用层的数据传输通常基于传输层的传输控制协议（Transmission Control Protocol，TCP）或用户数据报协议（User

Datagram Protocol，UDP）。TCP 是一种可靠的面向连接的传输协议，该协议本身具有握手连接、数据校验、确认窗口、重传策略等多种机制，能够在一定程度上保证将数据可靠地按顺序从源主机传输到目标主机。TCP 的缺点也是很明显的，由于面向连接和各种机制的存在，其开销较大，数据传输的实时性也较差。UDP 是一种无连接的传输协议，提供简单的、尽力而为的数据传输服务，并没有握手连接、数据校验、数据重传等诸多机制，因此其开销较小，发送数据效率高，但也不会对数据的可靠性和数据在目标主机的交付做出任何保障。

在网络化软件系统中，设计者可以根据组件之间数据传输的具体要求选择使用 TCP 还是 UDP。若选择前者，该协议自身会保证数据在传输过程中的正确性，因此在设计过程中无须考虑传输过程中的数据错误。但该协议只在一定程度上提供可靠的服务，当数据在传输过程中出错或超过一定时间未收到目标主机的确认时会自动进行重传，而重传不可能一直无限制地重复。如果 Internet 中出现了故障，数据将无法到达或无法在不出错的情况下到达目标主机，当重传超过一定的时间或次数后，TCP 也会停止传输。此时，组件之间的网络传输发生了超时失效。该失效导致网络组件的输出无法到达后续的组件，使得整个系统无法继续运行下去。如果网络组件之间的数据传输选择使用 UDP，需要设计者自行设计相关应用协议以保障数据的正确传输，至少加入数据校验、数据重传两种机制。数据校验保证后续组件接收到的数据与前面的组件输出的数据一致，当出现不一致的情况时需进行数据的重传。若后续组件未在规定的时间收到正确的数据，同样认为网络组件之间的网络传输发生了超时失效。因此，综合 TCP 自身的机制以及 UDP 的设计方法和习惯，可以认为网络组件之间的数据传输中不会导致数据错误，但可能因为在规定的时间内未收到正确的数据而产生超时失效，从而导致整个软件系统立即失效。

在网络化软件系统中，不仅组件是基本元素，组件之间的数据传输过程也是重要组成部分。这里将这些数据传输过程视为特殊的组件，并进行可靠性参数定义，如图 4.19 所示。

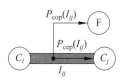

图 4.19 组件间的数据传输过程可靠性参数定义

对于网络化组件 C_i 与 C_j 之间的数据传输过程 I_{ij}，在一次组件间的数据传输过程中可能出现两种情况：一种情况是数据在规定的时间内从组件 C_i 出发，被数据传输过程 I_{ij} 正确传输给组件 C_j，这种情况的概率记为 $P_{\text{cop}}(I_{ij})$；另一种情况是数据传输过程 I_{ij} 没有在规定的时间内将组件 C_i 输出的数据交付给组件 C_j，即在数据传输的过程中发生了超时失效，这种情况的概率定义为 $P_{\text{cep}}(I_{ij})$。由于在数据的传输过程中只涉及这两种情况，显然有 $P_{\text{cop}}(I_{ij}) + P_{\text{cep}}(I_{ij}) = 1$。

❀ 4.3 习题

1. 软件缺陷产生的原因有哪些？

2. 从软件缺陷的概念出发，简述哪些情况属于软件缺陷。

3. 软件错误的特点有哪些？结合你的软件设计实践列举几种典型的软件设计错误表现模式。

4. 给出一些例子，解释软件失效、软件缺陷和软件故障。

5. 请给出软件失效机理的描述，并对软件失效机理的4个阶段进行比较。

6. IEEE 729—1983中对软件缺陷作了一个标准的定义。从这个定义可以看出软件缺陷的本质是什么？举例说明什么样的需求偏离导致了软件缺陷。

7. 什么是硬错误？什么是软错误？从故障传播的角度判断内存是否存在瓶颈的指标有哪些？

8. 产生软错误的因素有哪些？从软错误的发生过程简要说明软错误是如何损坏重要信息的。

9. 图4.20为某星载软件的模块信号模型，该模型有 n 个输入、m 个输出。其中，事件 A_i 表示输入 $input_i$ 发生错误；事件 B_j 表示输出 $output_j$ 发生错误，事件 E_{ij} 表示 $input_i$ 与 $output_j$ 的关系。在这个由多个组件串联的系统中，一个组件的输出即为后续组件的输入。

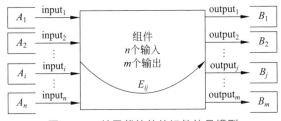

图 4.20 某星载软件的组件信号模型

（1）给出由输入 $input_1$ 至输出 $output_2$ 的错误传播率计算公式。

（2）若传播路径上有 n 个信号，给出由第1个信号至第 n 个信号的错误传播率。

10. 现阶段有很多网络化软件系统因忽略了故障传播问题而导致系统整体瘫痪，几乎所有的故障都会传播到整个系统中，使系统整体瘫痪。根据网络化软件故障传播的特点，给出解决上述问题的基本方法。

第5章 软件可靠性增长模型

本章学习目标

- 熟练掌握经典软件可靠性增长模型建模方法。
- 了解NHHP类软件可靠性增长模型。

本章先介绍4种经典软件可靠性增长模型建模方法,然后介绍NHHP类软件可靠性增长模型以及统一的SRGM框架模型。

第5章视频

❋ 5.1 经典软件可靠性增长模型

随着计算机和信息处理的广泛应用,计算机系统的软件可靠性问题越来越得到人们的关注。而复杂装备系统软件规模日益增大,复杂性日益增强,使其软件可靠性问题变得更为突出。所谓软件可靠性是指软件系统在规定环境下和给定时间内无故障运行的概率,是软件质量的一个重要组成部分。软件可靠性模型是软件可靠性评估与预测的核心。目前公开发表的软件可靠性模型已经有一百多种,但是由于它们假设不同、性能各异,因此,即使用它们估测同一软件,也可能得到存在巨大差异的预测结果。至今仍然没有一个既简单又广泛适用的软件可靠性模型。

准确建立软件可靠性模型并预测其可能的增长趋势,对于确定整个软件产品的可靠性至关重要。软件可靠性增长模型(Software Reliability Growth Model,SRGM)提供了与软件代码紧密相关的可靠性特征信息,例如剩余故障数量、累积检测或排除的故障数量等。SRGM在度量、预测、提高与保证软件可靠性上被广泛应用,同时,定量地对涵盖测试资源与成本管控和最优发布时间抉择等在内的软件开发活动提供重要决策支持,是可靠性工程研究领域的重要手段。

由于软件可靠性更多、更直接地源于开发人员在设计与编制程序过程中所带来的内在错误(error),在测试阶段中,大量测试计划的有效实施可促使这些错误引发故障(fault),当达到一定条件时,故障会引发系统失效(failure)。这样,SRGM通过对失效的检测能够促使开发人员回溯至代码的层面进行调试修改与排错,进而提高可靠性。同时,SRGM针对一段时间内的失效与排除故障数量可揭示出当前测试环境下可靠性随时间变动的规律。因此,多年来,研究人员在SRGM上积累的技术框架在可靠性过程综合管理上可有效确保软件可靠性得到持续提高,尤其是在测试阶段。同时,SRGM在测试资源分配、成本管控、发布策略上得到了应用上的广泛认可。

SRGM对软件可靠性研究形成了重要的理论支撑,对有效解决软件可靠性动态定量增长问题开辟了途径。在具体研究软件可靠性增长的突破点与线索上,SRGM以失效的观察和记录、故障的检测和排除为主线,采用微分建模的方法描述(累积检测/修复的)故障个数与软件可靠性间的数学关联,并据此指导测试策略的优化执行,以检测与排除更多的故障,提高软件可靠性。

5.1.1 JM模型

JM模型是由Z. Jelinski和P. Moranda于1972年提出的可靠性数学模型,该模型以一种简便和合乎直觉的方式表明如何根据软件缺陷的检测历程预计未来软件可靠性的行为。它包含了软件可靠性建模的若干典型和主要的假设,是最具代表性的早期软件可靠性马尔可夫过程的数学模型。随后的许多工作都是在它的基础上加以改进而提出的,因此,在这个意义上,JM模型可以视为软件可靠性研究领域的第一个里程碑。

1. 模型假设

JM模型有以下假设:

(1) 软件中固有的初始错误个数 N_0 为一个未知常数。

(2) 软件中的各个错误是相互独立的,每个错误导致系统发生失效的可能性大致相同,各次失效时间间隔也是相互独立的。

(3) 测试过程中错误一旦被检测出即被完全排除,每次排错只排除一个错误,排错时间可以忽略不计,在排错过程中不引入新的错误。

(4) 软件的失效率在每个失效间隔时间内是常数,其数值正比于软件中残留的错误数,比例系数为 ϕ。

(5) 软件的运行方式与预期的运行方式相似。

2. 模型形式

在给定 N_0 和 ϕ 的条件下,若记 X_i 表示第 $i-1$ 次故障时刻到第 i 次故障时刻间的时间,假定故障时间间隔 $X_1, X_2, \cdots, X_n$ 是相互独立的服从指数分布的随机变量。根据假设,在第一个错误被排除之后,失效率就由 $N_0 \phi$ 变为 $(N_0 - 1)\phi$,以此类推,则在第 i 个测试区间,其失效率函数为

$$z(x_i) = \phi[N_0 - (i-1)] \tag{5.1}$$

其中,x_i 为时间间隔 X_i 的取值。

在整个测试过程中,软件的失效率变化曲线如图5.1所示。

由假设知,在每两个错误之间只有唯一的失效率,则关于 X_i 的概率密度为

$$f(x_i) = \phi[N_0 - (i-1)] \exp\{-\phi[N_0 - (i-1)]x_i\} \tag{5.2}$$

其分布函数为

$$F(x_i) = \int_0^{x_i} f(x_i) \mathrm{d}x_i = 1 - \exp\{-\phi[N_0 - (i-1)]x_i\} \tag{5.3}$$

其可靠度函数为

$$R(x_i) = 1 - F(x_i) = \exp\{-\phi[N_0 - (i-1)]x_i\} \tag{5.4}$$

其平均失效时间间隔为

$$\text{MTBF} = E[X_i|X_1, X_2, \cdots, X_{i-1}] = \int_0^\infty R(x_i)\mathrm{d}x_i = \frac{1}{\phi(N_0 - (i-1))} \tag{5.5}$$

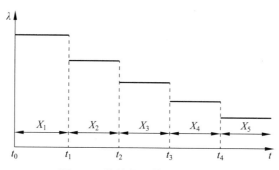

图 5.1 软件的失效率变化曲线

3. 参数估计

假定总共发生了 n 次失效，似然函数为

$$L(x_1, x_2, \cdots, x_n) = \prod_{i=1}^n f(x_i) = \prod_{i=1}^n \phi[N_0 - (i-1)]\exp\{-\phi[N_0 - (i-1)]x_i\} \tag{5.6}$$

对式 (5.6) 两边取对数，有

$$\begin{aligned}\ln L(x_1, x_2, \cdots, x_n) &= \sum_{i=1}^n \ln f(x_i) \\ &= \sum_{i=1}^n \{\ln(\phi[N_0 - (i-1)]) - \phi[N_0 - (i-1)]x_i\}\end{aligned} \tag{5.7}$$

则模型参数的最大似然估计值是以下方程组的解：

$$\begin{cases} \hat{\phi} = \dfrac{n}{\hat{N}_0(\sum\limits_{i=1}^n x_i) - \sum\limits_{i=1}^n (i-1)x_i} \\ \sum\limits_{i=1}^n \dfrac{1}{\hat{N}_0 - (i-1)} = \dfrac{n}{\hat{N}_0 - \left(1/\sum\limits_{i=1}^n x_i\right)\left(\sum\limits_{i=1}^n (i-1)x_i\right)} \end{cases} \tag{5.8}$$

对式 (5.8) 进行求解，则可以得出 $\hat{N}_0$、$\hat{\phi}$ 的值。

4. 应用案例

这里以美国海军战术数据系统（Naval Tactical Data System, NTDS）数据集为例，其数据集形式如表 5.1 所示。其中，前 26 个错误是在开发阶段发现的，第 27~31 个错误是在测试阶段发现的，在使用阶段发现了第 32 个错误，最后在再测试阶段发现了第 33、34 个错误。

将表 5.1 中的 n 和 x_i 代入式 (5.8) 中可得 $\hat{N}_0 = 31.7734 \approx 32$，$\hat{\phi}=0.006\,68$，即估计出软件共有 32 个错误。实际上，此软件各个阶段共有 34 个错误，可见计算结果与实际数据大致吻合。

表 5.1 NTDS 数据集形式

错误数	错误间隔时间	错误数	错误间隔时间	错误数	错误间隔时间
1	9	13	1	25	2
2	12	14	9	26	1
3	11	15	4	27	87
4	4	16	1	28	7
5	7	17	3	29	12
6	2	18	3	30	9
7	5	19	6	31	135
8	8	20	1	32	258
9	5	21	11	33	16
10	7	22	33	34	35
11	1	23	7		
12	6	24	91		

5.1.2 GO 模型

GO 模型是由 Goel 和 Okumoto 于 1979 年提出的,首次采用了非齐次泊松过程(NHPP)刻画软件的失效过程,属于 NHPP 有限错误模型,GO 模型也被称为软件错误查出的指数类增长模型。此后有很多新的模型是以它为基础提出的。

1. 模型假设

GO 模型有以下假设:

(1) 程序在同实际执行环境相差不大的条件下执行。

(2) 在软件测试过程中,所有检测到的故障是相互独立的。

(3) 测试未运行时的软件失效次数为 0;当测试进行时,软件失效次数服从均值为 $m(t)$ 的非齐次泊松过程。

(4) t 时刻累积检测到的故障数量 $m(t)$ 变化率与当前剩余的故障数量 $a-m(t)$ 成正比例,比例系数为 b。

(5) 每次只修正一个错误。当软件故障出现时,引发故障的错误被立即排除,并不会引入新的错误。

2. 模型形式

设 $N(t)$ 和 $m(t)$ 分别表示区间 $[0,t]$ 内的累积错误数和期望错误数,a 为软件中的初始故障数,b 为在 t 时刻每个错误的检出率,$b>0$,且有 $m(0)=0, m(+\infty)=a$。在 $[t, t+\Delta t]$ 内期望的错误发生数与时刻 t 时期望的剩余错误数成比例,于是有

$$m(t+\Delta t) - m(t) = b(a - m(t))\Delta t \tag{5.9}$$

令 $\Delta t \to 0$,则有

$$\frac{\mathrm{d}m(t)}{\mathrm{d}t} = b(a - m(t)) \tag{5.10}$$

利用边界条件可得GO模型的均值函数表达式：
$$m(t) = a(1 - e^{-bt}), \quad a > 0, b > 0 \tag{5.11}$$
易知GO模型的失效强度函数为
$$\lambda(t) = \frac{\mathrm{d}m(t)}{\mathrm{d}t} = abe^{-bt} \tag{5.12}$$
随机变量序列 $\{X_n, n = 1, 2, 3, \cdots\}$ 表示故障间隔时间，则 $S_n = \sum_{k=1}^{n} X_k \ (n = 1, 2, 3, \cdots)$ 表示第 n 个故障出现的时间，在给定 $S_{n-1} = s$ 的条件下，X_n 的条件可靠性函数（即软件可靠度）为
$$\begin{aligned} R_{X_n|S_{n-1}}(t|s) &= P(S_n - S_{n-1} > t | S_1, S_2, \cdots, S_{n-1}) \\ &= \exp\{-[m(t + S_{n-1}) - m(S_n)]\} \\ &= \exp\{-a[e^{-bs} - e^{-b(t+s)}]\} \end{aligned} \tag{5.13}$$

3. 模型参数估计

1）利用完全数据（故障间隔时间）估计模型参数

假设在软件测试过程中检测到的 N 个故障的时间 $S = (S_1, S_2, \cdots, S_N)$ 满足 $0 \leqslant S_1 \leqslant S_2 \leqslant \cdots \leqslant S_N$，则 S 的概率密度函数是在给定 S 的观测值 $s = (s_1, s_2, \cdots, s_N)$ 时关于 a、b 的似然函数：
$$L(s_1, s_2, \cdots, s_N; a, b) = \left(\prod_{k=1}^{N} abe^{-bs_k}\right) \exp[-a(1 - e^{-bs_N})] \tag{5.14}$$
对于给定故障发生时间的 $s = (s_1, s_2, \cdots, s_N)$，令
$$\frac{\partial \ln L(s_1, s_2, \cdots, s_N; a, b)}{\partial a} = \frac{\partial \ln L(s_1, s_2, \cdots, s_N; a, b)}{\partial b} = 0 \tag{5.15}$$
则有
$$\begin{cases} \dfrac{N}{\hat{a}} = 1 - e^{-\hat{b} s_N} \\ \dfrac{N}{\hat{b}} = \sum_{k=1}^{N} s_k + \hat{a} s_N e^{-\hat{b} s_N} \end{cases} \tag{5.16}$$
对式(5.16)进行求解，则可以得出 $\hat{a}$、$\hat{b}$ 的值。

2）利用不完全数据（累积故障数）估计模型参数

设在时刻 $t_k (k = 1, 2, \cdots, n)$ 查出的累积故障数为 y_k，则关于 a、b 的似然函数为
$$L = P\{N(t_1) = y_1, N(t_2) = y_2, \cdots, N(t_n) = y_n\} \tag{5.17}$$
$$= \prod_{k=1}^{n} \frac{[a(e^{-bt_{k-1}} - e^{-bt_k})]^{y_k - y_{k-1}}}{(y_k - y_{k-1})!} \exp\left(-a(1 - e^{-bt_n})\right) \tag{5.18}$$
其中 $t_0 = 0, y_0 = 0$。令 $\dfrac{\partial \ln L}{\partial a} = \dfrac{\partial \ln L}{\partial b} = 0$，则有
$$\begin{cases} \hat{a}(1 - e^{-\hat{b} t_n}) = y_n \\ \hat{a} t_n e^{-\hat{b} t_n} = \prod_{k=1}^{n} \dfrac{(y_k - y_{k-1})(t_k e^{-\hat{b} t_k} - t_{k-1} e^{-\hat{b} t_{k-1}})}{e^{-\hat{b} t_k} - e^{-\hat{b} t_{k-1}}} \end{cases} \tag{5.19}$$

对式(5.19)进行求解，则可以得出 $\hat{a}$、$\hat{b}$ 的值。

4. 应用案例

选取美国海军战术数据系统收集的故障数据集DS1，如表5.2所示。

表 5.2　DS1数据集

失效序号	失效时间	失效序号	失效时间	失效序号	失效时间	失效序号	失效时间
0	0	9	63	18	98	27	337
1	9	10	70	19	104	28	384
2	21	11	71	20	105	29	396
3	32	12	77	21	116	30	405
4	36	13	78	22	149	31	540
5	43	14	87	23	156	32	798
6	45	15	91	24	247	33	814
7	50	16	92	25	249	34	849
8	58	17	95	26	250		

对于DS1取前28个数据点拟合参数，后6个数据点用于验证模型，采用最大似然估计法估计出模型参数，得到两个参数的估计值：$\hat{a} = 33.9935$，$\hat{b} = 0.00579$。

5.1.3　MO模型

MO模型也称对数泊松执行时间模型，是另一类被广泛使用的软件可靠性增长模型，它是由Musa和Okumoto提出的。

MO模型把排错过程中的累积失效数作为时间函数，将其近似为一个非齐次泊松过程。该模型定义了一个随机过程 $\{N(t), t \geq 0\}$，它表示时刻 t 的累积失效数，其均值函数为 $m(t) = E[N(t)]$，其失效强度函数为 $\lambda(t) = \mathrm{d}m(t)/\mathrm{d}t$。

1. 模型假设

MO模型有以下假设：

（1）当 $t = 0$，$N(0) = 0$，即测试开始前，无失效发生。

（2）失效强度随着失效期望数的增加而呈指数递减，即 $\lambda(t) = \lambda_0 \mathrm{e}^{-\theta m(t)}$。其中，$\lambda_0 > 0$ 是初始失效强度，$\theta > 0$ 是失效强度递减幅度参数，$m(t)$ 为均值函数。

（3）当 Δt 足够小时，时间区间 $(t, t + \Delta t)$ 内发生一次及以上失效的可能性为 $\lambda(t)\Delta t + o(\Delta t)$。

（4）每个错误发生的机会相同，且严重等级相同，各失效之间相互独立。

（5）软件的运行方式与预期的运行方式相似。

MO模型是失效强度函数随失效发生而指数递减的非齐次泊松过程。失效强度函数随失效发生指数递减说明早期发现的缺陷比晚期发现的缺陷对失效强度函数的减小作用大。之所以称之为对数泊松模型，是因为期望的失效数是时间的对数函数。

2. 模型形式

由模型假设可知软件失效均值函数 $m(t)$ 和失效强度函数 $\lambda(t)$ 分别为

$$\cdots + 1) \tag{5.20}$$

$$\cdots \frac{\lambda_0}{\lambda_0 \theta t + 1} \tag{5.21}$$

定义 t_i  失效开始前的执行时间,则软件失效 $i-1$ 次后的可靠

$$\cdots \left[\frac{\cdots_{i-1}+1}{\cdots+t_{i-1})+1}\right]^{\frac{1}{\theta}} \tag{5.22}$$

t_{i-1} 时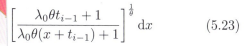

$$\cdots \left[\frac{\lambda_0 \theta t_{i-1}+1}{\lambda_0 \theta(x+t_{i-1})+1}\right]^{\frac{1}{\theta}} dx \tag{5.23}$$

3. 参数

MO 模型……过最大似然估计推导出下列方程:

$$\cdots \frac{n t_n}{\cdots 1)\ln(\beta_1 t_n+1)} = 0 \tag{5.24}$$

其中 $\beta_1 = \lambda_0 \cdots$

通过上……后利用公式 $m(t_n) = n$ 得到参数 θ 和 λ_0 的估计值:

$$\cdots + 1) \tag{5.25}$$

5.1.4 Inf……

1984 年,……该模型中,软件可靠性增长曲线呈 S 形,即开始增长比……

1. 模型

Inflection S 形模型有以下假设:

(1) 程序在同实际执行环境相差不大的条件下执行。
(2) 部分故障在其他故障被发现之前不会被发现。
(3) 任何时间内故障的发现率与当前软件中残留故障数成正比。
(4) 被隔离的故障可以被完全排除。
(5) 故障检测率是一个不变的常数。

2. 模型形式

由假设易知,

$$\frac{dm(t)}{dt} = b(t)(a(t) - m(t)) \tag{5.26}$$

其中,$b(t)$ 为故障检测率函数,$a(t)$ 为软件的总故障函数。

进一步假设故障检测率函数为 $b(t) = b/(1+\beta e^{-bt})$,其中,$b$ 与 β 分别表示故障检测率

因子与变点因子 (inflection factor)。由此可得

$$m(t) = \frac{a(1-e^{bt})}{1+\beta e^{-bt}} \tag{5.27}$$

其中，a 表示初始故障数。该模型的失效强度函数为

$$\lambda(t) = \frac{ab(1+\beta)e^{-bt}}{(1+\beta e^{-bt})^2} \tag{5.28}$$

3. 参数估计

Inflection S 形模型参数估计的方法和 GO 模型相同。

1）基于故障间隔时间进行参数估计

利用故障间隔时间进行参数估计的方程式如下：

$$\begin{cases} \hat{a} = \dfrac{N(1+e^{-\hat{b}S_N})}{1-e^{-\hat{b}S_N}} \\ \dfrac{NS_N e^{-\hat{b}S_N}(1+\hat{\beta})}{(1-e^{-\hat{b}S_N})(1+\hat{\beta}e^{-\hat{b}S_N})} = \dfrac{N}{\hat{b}} - \sum_{i=1}^{N} S_i + 2\sum_{i=1}^{N} \dfrac{\hat{\beta}S_i}{1+\hat{\beta}e^{-\hat{b}S_i}} \end{cases} \tag{5.29}$$

求解式 (5.29) 即得出各个参数的估计值。

2）基于累积故障数进行参数估计

利用累积故障数进行参数估计的方程式如下：

$$\begin{cases} \hat{a} = \dfrac{y_N(1+\hat{\beta}e^{-\hat{b}t_N})}{1-e^{-\hat{b}t_N}} \\ \dfrac{y_N t_N e^{-\hat{b}t_N}(1-\hat{\beta}+2\hat{\beta}e^{-\hat{b}t_N})}{(1-e^{-\hat{b}t_N})(1+\hat{\beta}e^{-\hat{b}t_N})} \\ = \sum_{k=1}^{N}(y_k - y_{k-1})\left(\dfrac{t_i e^{-\hat{b}t_i} - t_{i-1}e^{-\hat{b}t_{i-1}}}{e^{-\hat{b}t_i} - e^{-\hat{b}t_i}} + \dfrac{\hat{\beta}t_i e^{-b\hat{b}t_i}}{1+\hat{\beta}e^{-\hat{b}t_i}} + \dfrac{\hat{\beta}t_{i-1}e^{-\hat{b}t_{i-1}}}{1+\hat{\beta}e^{-\hat{b}t_{i-1}}}\right) \end{cases} \tag{5.30}$$

求解式 (5.30) 即得出各个参数的估计值。

❈ 5.2 NHHP 类软件可靠性增长模型

在软件测试过程中，随着故障不断被检测出来并被排除，软件可靠性持续获得增长，这为软件可靠性研究提供了有效的切入点。软件可靠性增长模型（SRGM）从软件失效的角度进行可靠性建模，采用以微分方程(组)为主的数学手段建立软件测试过程中的若干随机参量间的定量函数模型，这些随机参量包括测试时间、累积检测的失效或修复故障个数、测试工作量（Testing-Rffort, TE）等。基于求解获得的累积检测故障数量函数 $m(t)$ 可以获得测试阶段的软件可靠性。因此，建立能够准确描述真实随机测试过程的累积检测故障数量函数 $m(t)$ 成为 SRGM 研究的关键。

5.2.1 软件可靠性增长模型建模过程

面对自故障检测至排除的软件测试过程，基于不同的假设可以建立形式各异的数学模型，产生不同的结果。从软件可靠性建模流程角度看，不同 SRGM 的构建都可以用图 5.2 所

示的过程描述。

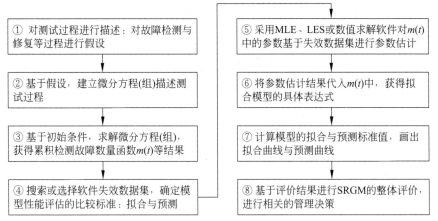

图 5.2 SRGM 建模过程

从图5.2可以看出,SRGM建模的机理是对测试过程中的各随机变量建立适当的数学模型,以指导测试资源的使用,以便在测试周期内提高软件可靠性。数学模型的有效性主要通过在真实的失效数据集上进行拟合与预测加以验证。由于对测试过程的认知存在差异性,因此,众多SRGM模型被提出。

SRGM主要通过指数型(exponential)或者S形模式描述软件失效现象,且本质上二者均是基于非齐次泊松过程(NHPP)的一种随机过程,由此衍生出多种SRGM。在这些模型中,NHPP类SRGM最具有吸引力,应用也最为广泛。现有的上百个NHPP类SRGM均基于以下假设:

(1)失效事件随机发生,测试人员与排错人员对失效的观察与故障的排除过程服从NHPP。

(2)设$\{N(t), t \geqslant 0\}$为随机计数过程,$N(t)$为$[0, t]$内测试人员累积检测的故障数量,且$E[N(t)] = m(t)$为均值函数,满足$m(0) = 0$。

利用NHPP的基本性质,可以得到

$$P[N(t) = k] = \frac{m(t) \times e^{-m(t)}}{k!}, \quad k = 0, 1, 2, \cdots \tag{5.31}$$

$$m(t) = \int_0^t \lambda(\tau) d\tau \tag{5.32}$$

测试阶段的软件可靠性可表示为

$$\begin{aligned} R(x|t) &= P[N(t+x) - N(t) = 0] \\ &= e^{-(m(t+x) - m(t))} \end{aligned} \tag{5.33}$$

若设$t(t \geqslant 0)$为上次失效发生的时刻,对于给定的时长$x(x > 0)$,则软件可靠性在$(t, t+x]$内可表示为式(5.33)。

这里,以经典的GO模型为例,其基本假设如下:

(1)软件失效过程服从NHPP。

(2)t时刻,累积检测到的故障数量$m(t)$的变化率与当前剩余的故障数量$a - m(t)$成正比，比例系数为 b。

由上述基本假设可得到下面的微分方程：

$$\frac{\mathrm{d}m(t)}{\mathrm{d}t} = b(a - m(t)) \tag{5.34}$$

其中，a 为软件中的总故障个数。在 $m(0) = 0$ 的初始条件下，可求得 $m(t) = a(1 - \mathrm{e}^{-bt})$。

SRGM 的关键是在某些假设条件下建立微分方程，求解得到 $m(t)$，而不同 SRGM 的差异直接体现在 $m(t)$ 上。由式 (5.33) 可以看出，$R(x|t)$ 是 $m(t)$ 的函数，因而软件可靠性随时间的增长完全取决于 $m(t)$。而 $m(t)$ 与真实失效个数的拟合与预测情况（即接近情况）是衡量 SRGM 性能优劣的根本标准。这样，获得特定测试环境下合适的 $m(t)$ 是 SRGM 研究的核心内容。

5.2.2 影响 SRGM 的关键参数因素分析

真实测试环境的不稳定直接导致了 SRGM 需要把实际的随机因素考虑进去，从关注失效个数的发现直至故障被排除的角度提高软件可靠性，是 SRGM 用于建模描述软件测试过程最主要的线索。SRGM 旨在探索软件测试过程中可靠性同与其直接相关的决定因素间的内在机理，即故障检测至排除过程对软件可靠性的定量影响关系，为提高可靠性、确定成本结构和软件最优发布等提供决策依据。

由 2.3 节可知，软件中总故障个数 $a(t)$ 和故障检测率 $b(t)$ 是影响 SRGM 的重要参数因素。另外，测试工作量（Testing Effort, TE）用测试工作量函数（Testing-Effort Function, TEF）表征，即 TEF 同样是影响 SRGM 的重要参数因素。

1. 建模描述排错目标——总故障个数

软件测试与排错人员希望将全部故障排除，获得高可靠性，但这并非易事，也不现实，主要原因如下：

（1）软件中总故障个数未知（虽可以假定为有限或无限个数），根本无法确定。

（2）在排错过程中因排错不彻底以及引入新故障等使得总故障个数会增加。

因而，设定 $a(t) = a$，忽略了排错中人为引入错误的事实。为此，设定 $a(t)$ 为 t 的某种增函数形式较为常见，将其归为表 5.3 中的 3 大类型。

表 5.3 软件中总故障个数 $a(t)$ 类型

类 型	软件中总故障个数 $a(t)$	概要分析
乐观类型 （有限故障）	$a(t) = c + a(1 - \mathrm{e}^{-t})$	总故障个数有限，当 $t \to +\infty$ 时 $\lim\limits_{t \to +\infty} a(t) = c + a$
悲观类型 （无限故障）	$a(t) = a\mathrm{e}^{\alpha t}$ $a(t) = a(1 + \alpha t)$ $a(t) = a(1 + \beta t)$	$a(t)$ 随测试时间 t 持续增长至无穷大
中间类型	$a(t) = a + \beta m(t)$ $a(t) = a\mathrm{e}^{\alpha W^*(t)}$	由于 $m(t)$ 与测试开销 $W^*(t)$ 通常为增函数，但存在有限增长的可能，故 $a(t)$ 增长也可能有限度

这里，有两点需要特别指出：

（1）悲观类型虽不易被接受，且根本无法在实际中验证，但其在拟合真实失效数据时较乐观类型表现好。这或许可解释为：对于实际软件，无法进行无限次的测试，因此软件中的故障个数无法准确估计。

（2）这些 $a(t)$ 考虑到了故障个数增加的情况，但直接导致其增加的原因正是排除故障过程，因而，$a(t)$ 的变化率应与累积修复的故障数量变化率成正比。

2. 测试环境描述能力——故障检测率 FDR

故障检测率（Fault Detection Rate, FDR）用于描述当前测试环境下故障被检测出的比率，其与整体测试策略（技术、工具、测试人员技能等）紧密相关。由于测试策略的多样性，使得 FDR 存在多种函数，且均为研究人员自行设定。

早期研究中认为 FDR 为常量，设定 $b(t) = b$。随着研究的深入，FDR 已呈现出多种函数形式，例如：

$$b(t) = b^2 t/(1 + bt)$$

$$b(t) = \frac{b}{1 + \beta e^{-bt}}$$

$$b(t) = bt^d + \delta\gamma(t)$$

$$b(t) = b\alpha\beta e^{-\beta t}(t)$$

$$b(t) = b\alpha\beta t e^{-\beta t^2/2}$$

鉴于 FDR 是测试环境的直接描述，因而测试环境的改变可借助 FDR 呈现。因而，当前在考虑变动点（Change-Point, CP）的 SRGM 研究中，多从建立 FDR 分段函数的形式实施。

3. 成本支持下的 SRGM 研究——考虑测试工作量

为实现预期发布，测试过程需要消耗测试资源作为保障。测试工作量函数 TEF 是对测试资源（如测试时间、测试用例数等）消耗的数学描述，表5.4列出了主要的测试工作量函数。

表 5.4　主要的测试工作量函数

模　型	公式化描述	说　明
Logistic TEF	$W_k(t) = \dfrac{W}{1 + Ae^{(-\alpha kt)}}$	最早被提出的 Logistic 类型的 TEF
Generalized logistic TEF	$W_k(t) = \dfrac{W}{\sqrt[k]{1 + Ae^{(-\alpha kt)}}}$	依据参数 k 设置的不同，$W_k(t)$ 存在多种形式。若 $k = 1$，则演变为 Logistic TEF 形式
	$W_{k,\beta}(t) = \dfrac{\sqrt[k]{\frac{k+1}{\beta}}}{\sqrt[k]{1 + Ae^{(-\alpha kt)}}} W$	若 $\beta = k + 1$，则 $W_{k,\beta}(t)$ 演变为上面的 $W_k(t)$
Deformable logistic TEF	$W(t) = \dfrac{e^{\alpha t} - v}{e^{\alpha t} + u} W$	初值不为0的改进 Logistic TEF
Weibull TEF	$W_k(t) = (1 - e^{-\beta t^\delta})^\theta W$ $W > 0, \beta > 0, \delta > 0, \theta > 0$	根据其中参数的不同设置，Weibull TEF 又可具体分为5种特定的类型
Log-Logistic TEF	$W_{ll}(t) = \dfrac{(\theta t)^\delta}{1 - (\theta t)^\delta} W$	初值不为0的 Log 型 Logistic TEF

5.2.3　统一的 SRGM 框架模型

不同的 SRGM 差异较大，难以辨识，统一建模方法的提出旨在屏蔽这些差异，采用框架技术是近年来软件可靠性研究的一个主题。按照对实际测试过程中的认识，当考虑到多种可能的测试环境时，这些SRGM在建模中主要涉及不完美排错、测试工作量、变动点等。事实上，不同SRGM的本质区别在于对测试阶段认识的差异上，具体表现为建立的微分方程（组）的不同。因此，一种趋势是建立相对统一的SRGM框架模型，使其能够涵盖多种现有的模型：

$$\begin{cases} \dfrac{\mathrm{d}m(t)}{\mathrm{d}t} = \dfrac{\mathrm{d}W(t)}{\mathrm{d}t}[b(t)(a(t)-c(t))] \\ \dfrac{\mathrm{d}a(t)}{\mathrm{d}t} = r(t)\dfrac{\mathrm{d}c(t)}{\mathrm{d}t} \\ \dfrac{\mathrm{d}c(t)}{\mathrm{d}t} = p(t)\dfrac{\mathrm{d}m(t)}{\mathrm{d}t} \end{cases} \tag{5.35}$$

该统一的SRGM框架模型的建立基于下面的假设条件：

（1）累积检测的故障数量$m(t)$变化率与当前测试工作量消耗率及故障检测率$b(t)$下剩余的故障数量成正比。

（2）故障引入率与修复过程中的修复率成比例，比例系数为$r(t)$。

（3）修复率与检测过程中的检测率成比例，比例系数为$p(t)$。

显然，由于对测试过程的认识差异直接决定了建立的微分方程（组）的不同，这样求得的$m(t)$等变量就会存在差异。式(5.35)可以涵盖现有多个SRGM，据此给出SRGM的一种分类。

在式(5.35)中，当不考虑第2子式与第3子式，忽略测试工作量，认为检测率$\mathrm{d}m(t)/\mathrm{d}t$与尚未检测到的故障数量成正比，且设定$b(t)$与$a(t)$均为常量，即$a(t)=a$，$b(t)=b$时，可以得到经典的GO模型：

$$\frac{\mathrm{d}m(t)}{\mathrm{d}t} = b(a - m(t)) \tag{5.36}$$

易见，GO模型忽略了测试中较多的实际因素，然而它是最早的SRGM，同时期的其他模型在建模上也较为粗糙。

1. 考虑实际因素的SRGM

若式(5.35)中不考虑第2子式与第3子式，忽略测试工作量，且认为检测率$\mathrm{d}m(t)/\mathrm{d}t$与尚未被检测到的故障数量$(a(t)-m(t))$成比例，可以得到典型的不完美排错（Imperfect Debugging, ID）模型——Pham模型，其建立的微分方程为

$$\frac{\mathrm{d}m(t)}{\mathrm{d}t} = b(t)[a(t) - m(t)] \tag{5.37}$$

该模型的提出者Pham认为，$a(t)=a(1+rt)$，即$a(t)$是测试时间t的线性增函数。这表明测试中会引入新故障，因而称该模型为不完美排错模型；$b(t) = \dfrac{b(1+\sigma)}{1+\sigma\mathrm{e}^{-b(1+\sigma)t}}$，其中，$\sigma$是反映测试人员技能的学习因子。

而当$a(t)=a$，$b(t)=b$时，式(5.37)演变为最早的GO模型。由于$a(t)$与$b(t)$可灵活设置，这样，式(5.37)是框架模型。例如，令$b(t) = b\left(\gamma + (1-\gamma)\dfrac{m(t)}{a}\right)$，其中，$\gamma$为弯曲因子，表示软件中不相关故障所占的比例。当$\gamma=1$时得到的$m(t)$即为指数型SRGM，其余情况得到的是S形模型。这种转化现象被称为柔韧性，通常框架模型都具有这种柔韧性。

2. 融合测试工作量的SRGM

故障检测与修复是在测试工作量的消耗下进行的,测试工作量可有效地描述软件开发过程中的工作剖面,因而SRGM中应考虑到测试工作量的存在。

这样,在式(5.37)的基础上,当考虑测试工作量时,可以得到下面被众多文献所采用的模型:

$$\frac{\mathrm{d}m(t)}{\mathrm{d}t}\frac{1}{w(t)} = b(t)\left[a - m(t)\right] \tag{5.38}$$

由于式(5.38)中考虑到了测试工作量,因而它能够将测试资源的影响纳入SRGM中。易知,由于 $W(t) = \int_0^t w(t)\mathrm{d}t$ 存在多种形式,式(5.38)也是一种框架模型。

3. 考虑不完美排错与测试工作量的SRGM

由于简化建模的需要,很多SRGM做了一些偏离实际的假设。若研究中的假设条件更加靠近真实的测试过程,则建立的SRGM可被称为不完美排错模型。若式(5.35)中不考虑第3个子式,且认为新故障引入率与检测率成正比,则得到Huang模型:

$$\begin{cases} \dfrac{\mathrm{d}m(t)}{\mathrm{d}t}\dfrac{1}{w(t)} = b(t)\left[a(t) - m(t)\right] \\ \dfrac{\mathrm{d}a(t)}{\mathrm{d}t} = r\dfrac{\mathrm{d}m(t)}{\mathrm{d}t} \end{cases} \tag{5.39}$$

这里,认为故障修复概率为100%,新故障会在检测过程中被引入。更进一步,在式(5.39)的基础上,设定故障检测率函数: $b(t) = b\left[h + (1-h)\dfrac{m(t)}{a(t)}\right]$,可得到Ahmad模型。

显然,建立的不完美排错模型越靠近真实的测试环境,则模型就越准确,但同时求解方法已开始过渡到复杂的非解析方法。

4. 考虑不完美排错、测试工作量和变动点的SRGM

与前面相比,这是一种较为全面的建模,不仅涉及不完美排错、测试工作量,还将测试环境的改变而引发的变动点融入SRGM中。受到多种因素的影响(运行环境、测试策略、失效密度以及资源分配等),软件失效分布并不均匀,这就是引入变动点的客观因素。这样,在式(5.35)中,若不考虑第2子式与第3子式,设定 $a(t) = a$,且从 $b(t)$ 的角度考虑变动点,则得到GLTECPM模型:

$$\begin{cases} \dfrac{\mathrm{d}m(t)}{\mathrm{d}t}\dfrac{1}{w(t)} = b(t)\left[a - m(t)\right] \\ b(t) = \begin{cases} b_1, & 0 \leqslant t \leqslant \tau \\ b_2, & t > \tau \end{cases} \end{cases} \tag{5.40}$$

其中, τ 是变动点。

相比之下,从 $W(t)$ 的角度可以考虑多个变动点,得到下面的模型:

$$\begin{cases} \dfrac{\mathrm{d}m(t)}{\mathrm{d}t}\dfrac{1}{w(t)} = b(t)\left[a - m(t)\right] \\ W(t) = \begin{cases} W\left(1 - \mathrm{e}^{-\beta_1 t}\right), & 0 \leqslant t \leqslant \tau_1 \\ W\left(1 - \mathrm{e}^{-\beta_1 \tau_1} + \mathrm{e}^{-\beta_2 \tau_1} - \mathrm{e}^{-\beta_2 t}\right), & \tau_1 < t \leqslant \tau_2 \\ \cdots \end{cases} \end{cases} \tag{5.41}$$

其中，被分段讨论的 $W(t)$ 为 Yamada 指数型 TEF：$W(t) = W(1 - \mathrm{e}^{-\beta t})$，当然也可以是其他类型的 TEF。

相比于测试用例作为故障移除周期单位的离散时间模型，上面的以时间 t 作为自变量的 SRGM 被统称为连续时间模型，且后者居多。

这些模型的提出，极大地丰富了 SRGM 的研究，在缺少安全性和可信性增长模型的情况下，使得 SRGM 成为唯一能够描述可靠性随时间提高的技术手段。这里有 3 点需要指出。

（1）当前，对不完美排错的认识主要停留在排错的不彻底和新故障的引入上。实际上，上述两种情况只是真实测试环境中很狭义的不完美，此外更多的是广义不完美。因而，不完美排错的概念与研究范畴理应进行更大的扩展。

（2）虽然这些模型最终求解得到的 $m(t)$ 形式各异，但均是基于对测试过程进行不同假设后建立方程求解的结果。从这个角度看，这种解析方法存在着一个固有的不足：数学方程只能在有限范围内进行建模，因为复杂模型既难以提出又难以求解，因而新的技术手段，例如仿真，就在此背景下应运而生。

（3）上述模型对测试过程的认识虽各有不同，但均只是局限在单纯的采用微分方程（组）建模并求解的范畴内。

❋ 5.3 习题

1. 简述软件可靠性建模的具体步骤。
2. 使用基于执行时间的模型（Musa）和 MO 模型对软件可靠性进行评估时，需要选取的参数是什么？
3. 对于如下微分方程：
$$\frac{\mathrm{d}m(t)}{\mathrm{d}t} = b(t)[a(t) - m(t)]$$
证明均值函数为
$$m(t) = \mathrm{e}^{-B(t)} \left[m_0 + \int_{t_0}^{t} a(\tau) b(\tau) \mathrm{e}^{B(\tau)} \mathrm{d}\tau \right] \tag{5.42}$$
初始条件为 $m(t_0) = m_0$，其中 $B(t) = \int_{t_0}^{t} b(\tau) \mathrm{d}\tau$，$t_0$ 为开始调试排错的时间。

4. 假设错误总数函数和错误检测率函数分别为
$$a(t) = \alpha_2(1 + \gamma t), \quad b(t) = \frac{b^2 t}{bt + 1}$$
试根据式 (5.42) 证明均值函数具有如下形式：
$$m(t) = \alpha_2(1 + \gamma t) - \frac{bt + 1}{\mathrm{e}^{bt}} - \frac{(1 + bt)\alpha_2 \gamma}{b\mathrm{e}^{bt}} \left[\ln(bt + 1) + 1 + \sum_{i=1}^{\infty} \frac{(bt + 1)^{i+1} - 1}{(i + 1)!(i + 1)} \right]$$

5. 假设故障总数函数和故障检测率函数分别为
$$a(t) = \alpha(1 + \gamma t)^2, \quad b(t) = \frac{\gamma^2 t}{\gamma t + 1}$$
根据式 (5.42) 证明均值函数具有如下形式：

$$m(t) = \alpha \left(\frac{1+\gamma t}{\gamma t}\right)(\gamma t e^{\gamma t} + 1 - e^{\gamma t})$$

6. 某实时指控系统的故障数据集如表5.5所示。

（1）根据所给数据，计算GO模型的参数a和b的最大似然估计。

（2）求均值函数$m(t)$和可靠度函数。

（3）在时间间隔$[10, 12]$内不会发生失效的概率是多少？

（4）选择另一个NHPP软件可靠性模型，并重做（1）～（3）。该模型与GO模型哪个好？解释原因并证明你的结论。

表 5.5 某实时指控系统的故障数据集

失效时间	失效数	累计失效数	失效时间	失效数	累计失效数
1	27	27	6	7	82
2	16	42	7	2	84
3	11	54	8	5	89
4	10	64	9	4	92
5	11	75	10	1	93

7. 假设随时间变化的故障总数函数和故障检测率函数分别为

$$a(t) = c + a(1 + e^{-\alpha t}), \quad b(t) = \frac{b}{1 + \beta e^{-bt}}$$

（1）根据式(5.42)给出其均值函数和可靠度函数。

（2）使用表5.1给出的NTDS数据集，并假设$t_0 = 149, m(149) = 22$，利用最大似然估计对参数a、b、c、α和β进行估计。

（3）利用最大似然估计的结果预测下一个失效的时间t_{23}。

8. 利用表5.1的NTDS数据集中的前25个失效数据。

（1）计算两个与不完美排错相关的软件可靠性增长模型的未知参数的最大似然估计。

（2）求出这两个软件可靠性增长模型的均值函数和可靠度函数。

（3）比较这两个软件可靠性增长模型的好坏，解释原因并证明你的结论。

第6章 数据驱动的软件可靠性模型

本章学习目标
- 了解数据驱动的软件可靠性模型框架。
- 熟练掌握基于时间序列的软件可靠性模型和基于智能算法的软件可靠性模型的建模方法。
- 了解常见的软件可靠性组合模型。

本章首先介绍数据驱动的软件可靠性模型框架,然后重点介绍基于时间序列的软件可靠性模型、基于智能算法的软件可靠性模型,最后介绍在实际应用分析中常见的4种软件可靠性组合模型。

第6章视频

❈ 6.1 数据驱动的软件可靠性模型框架

从20世纪70年代开始,人们在软件可靠性的建模、分析、评估、预测等方面开展了大量的研究,提出了各种软件可靠性模型。软件可靠性模型大体上可分为两类:解析模型(analytical model)和数据驱动的模型(data-driven model)。

解析模型即传统的软件可靠性增长模型,包括非齐次泊松过程模型、马尔可夫模型等。这类模型需要对软件内部错误及失效过程的特性做出很多假设,然后采用某种随机过程对其进行描述。例如,GO模型假设软件失效过程是一个非齐次泊松过程,并且每观察到一次软件失效,其对应的软件内部错误可以被准确地排除。JM模型则假设软件失效过程是一个马尔可夫过程,并且每个软件内部错误对软件失效率的贡献是相同的。各种解析模型所做的假设不尽相同,但这些假设都或多或少地与软件失效过程的实际情况不符,因此解析模型的适用性和准确性受到了较大的影响,并且在实际的工程应用中模型的选择比较困难。

在软件可靠性分析领域中,用于选择比较软件可靠性模型拟合或预测性能优劣的几种常用指标如下:

(1)均值绝对误差(Mean Absolute Error, MAE):

$$\text{MAE} = \frac{1}{n}\sum_{i=1}^{n}|y_i - y_i^{'}| \tag{6.1}$$

其中,y_i 和 $y_i^{'}$ 分别为观测值和预测值。

(2)均值误差(Average Error, AE):

$$\text{AE} = \frac{1}{n}\sum_{i=1}^{n}\left|\frac{y_i - y_i'}{y_i}\right| \times 100\% \tag{6.2}$$

（3）均方百分比误差（Mean Square Percentage Error, MSPE）：

$$\text{MSPE} = \frac{1}{n}\sqrt{\sum_{i=1}^{n}\left(\frac{y_i - y_i'}{y_i}\right)^2} \tag{6.3}$$

（4）均方根误差（Root Mean Square Error, RMSE）：

$$\text{RMSE} = \sqrt{\text{MSE}} = \sqrt{\frac{1}{n}\sum_{i=1}^{n}(y_i - y_i')^2} \tag{6.4}$$

（5）可决系数（R-square，R^2）：

$$R^2 = 1 - \frac{\sum_{i=1}^{n}(y_i - y_i')^2}{\sum_{i=1}^{n}(y_i - y_{\text{ave}})^2} \tag{6.5}$$

以上各式中，y_i 表示数据的实际值，y_i' 表示数据的预测值，y_{ave} 表示观测数据 y_i 的均值。显然，R^2 值越接近1，其他各项指标越小，则表明预测值与实际值越接近，模型拟合或预测性能越好。

针对解析模型的不足，近年来数据驱动的软件可靠性建模方法受到了越来越多的重视，一些专家学者业已提出了一些数据驱动的软件可靠性模型。这类模型通常不需要对软件的失效过程作任何假设，而只是基于观测到的软件失效数据，将其视为一个时间序列进行建模与分析，并对软件将来的失效行为进行预测。由于数据驱动的软件可靠性模型不对软件内部错误及失效过程作任何不符合实际的假设，因而其适用范围较传统的解析模型更广，并且不存在实际应用中的模型选择问题。数据驱动的软件可靠性模型包括基于失效数据驱动的软件可靠性模型和基于软件产品属性数据驱动的软件可靠性模型。其中，基于失效数据的软件可靠性模型又包括基于时间序列分析的模型和基于智能学习算法（如人工神经网络、支持向量机和深度学习算法）的软件可靠性模型等。

现有的数据驱动的软件可靠性建模和预测方法中，软件的失效过程可以视为一个时间序列，模型的输入是历史累积数据，即前期连续观测到的序列值，模型的输出为下一时刻预测的序列值。模型中时间序列的表达式为

$$x_i = f(x_{i-1}, x_{i-2}, \cdots, x_{i-w}) \tag{6.6}$$

其中，x_i 为第 i 时刻需要预测的软件失效次数、软件累积失效次数或失效间隔时间，$(x_{i-1}, x_{i-2}, \cdots, x_{i-w})$ 为一个由前期连续观测到的软件失效数据组成的向量，$f(\cdot)$ 为描述历史失效数据和未来失效数据关系的时序预测模型。在式(6.6)中，w 为向量的维度，即时序数据滑动窗口的大小，此滑动窗口大小是固定的。

数据驱动的软件可靠性建模和预测过程如图6.1所示。

一般数据驱动的软件可靠性模型包括训练过程、测试过程和预测过程3部分。假定已

经观测到了共 n 个时间点的软件失效数据,记录为 $\{x_i, i=1,2,\cdots,n\}$,通过这个时间序列,就可以建立数据驱动的软件可靠性模型。前面的 $n-d$ 个失效数据 $\{x_i, i=1,2,\cdots,n-d\}$,$d$ 的大小取决于模型使用者。训练好的模型通过剩余的 d 个时间序列点 $\{x_i, i=n-d+1, n-d+2,\cdots,n\}$ 进行测试。如果测试效果比较好,那么构建好的模型就可以用来对下一时刻软件失效数据进行预测。

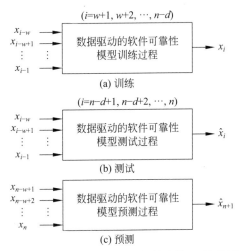

图 6.1 数据驱动的软件可靠性建模和预测过程

在模型的训练过程中,一个 w 维的向量 $(x_{i-w}, x_{i-w+1}, \cdots, x_{i-1})$ 作为模型的输入,x_i 作为模型的输出,形成了一个训练样本模式,如图6.1(a)所示。将滑动窗口右移,i 从 $w+1$ 到 $n-d$ 变化,共有 $n-d-w$ 个训练样本供模型使用,如表6.1所示。

表 6.1 模型中使用的训练样本

样本编号	模型输入	模型输出
$i=w+1$	$(x_1, x_2, \cdots, x_w)$	x_{w+1}
$i=w+2$	$(x_2, x_3, \cdots, x_{w+1})$	x_{w+2}
$\vdots$	$\vdots$	$\vdots$
$i=n-d$	$(x_{n-d-w}, x_{n-d-w+1}, \cdots, x_{n-d-1})$	x_{n-d}

可以看出,d 和 w 的大小决定了 $n-d-w$ 的值,模型训练的目的就是使模型能够更好地适应记录的失效数据,并且有更小的误差。在模型中,可使用均方根误差(RMSE)等检验模型训练的标准。

模型训练完以后,它就学习到了历史失效数据间的规律,然而,在使用前必须对其进行精确度度量。在模型测试阶段,w 维的向量 $(x_{i-w}, x_{i-w+1}, \cdots, x_{i-1})$ 作为模型输入,x_i 为通过模型预测的失效数据。如图6.1(b)所示。模型的性能可用预测均方根误差(RMSE)标准进行衡量。

如果RMSE达到了一个可接受的误差范围,则认为这个模型的预测效果不错。当建模成功后,对实际数据的预测如图 6.1(c) 所示。

可以看出,这类软件可靠性模型不对软件的失效过程作任何假设,而是基于观测到的软件失效数据，通过训练学习软件失效过程的内在规律，然后根据该规律对下一次软件失效做出预测。

6.2 基于时间序列的软件可靠性模型

将软件可靠性测试或者实际运行中得出的失效数据（故障间隔时间、故障次数等）视为一个时间序列，即为一组依赖于时刻 t 的随机变量序列。这些变量之间有一定的依存性和相关性，而且表现出一定的规律性，如果能根据这些失效数据建立尽可能合理的统计模型，就能用这些模型解释数据的规律性，利用已经得到的失效数据预测未来的数据，据此评估软件的可靠性。

6.2.1 基于ARIMA的可靠性模型

1. ARIMA基本理论

ARIMA全称为差分整合自回归移动平均模型（Autoregressive Integrated Moving Average Model），是由Box和Jenkins于20世纪70年代初提出的时间序列预测方法，又称为B-J模型，是非常流行的线性时间序列预测模型之一。

在ARIMA中，假设时间序列的将来值是过去的观测值和随机误差的线性函数。假设有一个离散的随机过程时间序列 $Y_t, t = 1, 2, \cdots, k$，那么ARIMA(p, d, q)的一般形式如下：

$$X_t = \varphi_1 X_{t-1} + \varphi_2 X_{t-2} + \cdots + \varphi_p X_{t-p} + \varepsilon_t - \theta_1 \varepsilon_{t-1} - \theta_2 \varepsilon_{t-2} - \cdots - \theta_q \varepsilon_{t-q}, t \in \mathbf{Z} \quad (6.7)$$

其中，X_t 是原始时间序列 Y_t 通过 d 阶差分得到的平稳序列，但每一次差分都会导致原数据信息的部分损失，因此要注意差分的次数，例如常用的一阶差分公式为 $X_t = Y_t - Y_{t-1}$；非负整数 p 为自回归阶数；$\varphi_i (i = 1, 2, \cdots, p)$ 为自回归系数；非负整数 q 为移动平均阶数；$\theta_i, (i = 1, 2 \cdots, q)$ 为移动平均系数；ε_t 独立同分布于均值为0、方差为 σ^2 的白噪声过程。ARIMA可分为以下3种：

（1）当 $q = 0$ 时，该模型为AR(p)过程：

$$X_t = \varphi_1 X_{t-1} + \varphi_2 X_{t-2} + \cdots + \varphi_p X_{t-p} + \varepsilon_t, t \in \mathbf{Z} \quad (6.8)$$

（2）当 $p = 0$ 时，该模型为MA(q)过程：

$$X_t = \varepsilon_t - \theta_1 \varepsilon_{t-1} - \theta_2 \varepsilon_{t-2} - \cdots \theta_q \varepsilon_{t-q}, t \in \mathbf{Z} \quad (6.9)$$

（3）当 $d = 0$ 时，该模型为ARMA(p, q)过程：

$$X_t = \varphi_1 X_{t-1} + \varphi_2 X_{t-2} + \cdots + \varphi_p X_{t-p} + \varepsilon_t - \theta_1 \varepsilon_{t-1} - \theta_2 \varepsilon_{t-2} - \cdots \theta_q \varepsilon_{t-q}, t \in \mathbf{Z} \quad (6.10)$$

ARIMA的建模过程包括平稳性检验、模型识别、参数估计和模型检验4个步骤，具体流程如图6.2所示。

（1）获取失效数据并进行预处理。收集软件测试或运行阶段的相关失效数据序列，记为 $\{Y_1, Y_2, \cdots, Y_t\}$。利用游程检验法判断该序列是否为平稳序列。如为非平稳序列，用差分的方法，即 $Y'_{t-1} = Y_t - Y_{t-1}$，对序列进行平稳化预处理，对每次差分后的数据进行游程检验，直到差分所得数据可以通过平稳性检验，记为 d 次差分，得到新的平稳序列 $\{X_1, X_2, \cdots, X_{l-d}\}$。

取前 N 组（或全部）数据作为观测数据，进行零均值化处理，即 $X'_t = X_t - \overline{X}$，得到一组预处理后的新序列 $\{X'_t\}$。

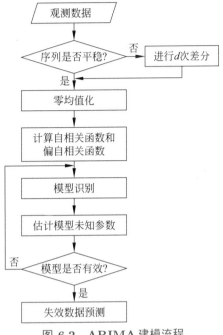

图 6.2 ARIMA 建模流程

（2）模型识别。通过计算预处理后的序列 $\{X'_t\}$ 的自相关函数（ACF）$\hat{\rho}_k$ 和偏自相关函数（PACF）$\hat{\varphi}_{kk}$ 进行模型识别。具体的计算公式为

$$\hat{\rho}_k = \frac{\sum_{t=1}^{N-k} X'_{t+k} X'_t}{\sum_{t=1}^{N} X'^2_t} \tag{6.11}$$

$$\begin{cases} \hat{\varphi}_{11} = \hat{\rho}_1 \\ \hat{\varphi}_{k+1,k+1} = (\hat{\rho}_{k+1} - \sum_{j=1}^{k} \hat{\rho}_{k+1-j} \hat{\varphi}_{kj})(1 - \sum_{j=1}^{k} \hat{\rho}_j \hat{\varphi}_{kj})^{-1} \\ \hat{\varphi}_{k+1,j} = \hat{\varphi}_{kj} - \hat{\varphi}_{k+1,k+1} \hat{\varphi}_{k,k+1-j}, j = 1, 2, \cdots, k \end{cases} \tag{6.12}$$

根据上述计算结果，并依据表 6.2 的模型识别原则，可以确定 $\{X'_t\}$ 符合的模型，这个阶段通常会得到一个或多个候选模型。

表 6.2 模型识别原则

序列分类	ACF	PACF
AR(p)	拖尾	p 步截尾
MA(q)	q 步截尾	拖尾
ARMA(p,q)	拖尾	拖尾

假设存在正整数 k，当 $k < q$ 时，系数不显著为 0；而当 $k > q$ 时，系数显著为 0，则称

系数在 q 步截尾。若系数并没有截尾,但在指数的控制下收敛到 0,称为拖尾。表6.2表明,AR(p) 模型的 ACF 拖尾,PACF 在 p 步截尾;MA(q) 模型的 ACF 在 q 步截尾,PACF 拖尾;若得到的 ACF 和 PACF 都为拖尾,则此模型为 ARMA(p,q) 模型。

(3) 参数估计。在上述模型识别的基础上,利用样本矩估计法、最小二乘法、最大似然估计法等对候选模型中的未知参数进行求解,即对自回归系数、滑动平均系数以及白噪声方差进行估计,得出 $\hat{\varphi}_1, \hat{\varphi}_2, \cdots, \hat{\varphi}_p, \hat{\theta}_1, \hat{\theta}_2, \cdots, \hat{\theta}_q, \hat{\sigma}^2$。

一般利用赤迟信息准则(Akaike Information Criterion,AIC)和施瓦兹准(Schwarz Criterion, SC)评判所得模型的优劣,即能够使得 AIC 值和 SC 值达到最小的模型为最优拟合模型。

(4) 模型检验。首先要检验建立的模型是否能满足平稳性和可逆性,既要求下面两式的根在单位圆外:

$$\varphi(B) = 1 - \sum_{j=1}^{p} \varphi_j B^j = 0 \tag{6.13}$$

$$\theta(B) = 1 - \sum_{j=1}^{q} \theta_j B^j = 0 \tag{6.14}$$

再进一步判断上述模型的残差序列是否为白噪声:

$$X'_t = \hat{\varphi}_1 X'_{t-1} + \cdots + \hat{\varphi}_p X'_{t-p} + \varepsilon_t - \hat{\theta}_1 \varepsilon_{t-1} - \cdots - \hat{\theta}_q \varepsilon_{t-q} \tag{6.15}$$

如果是,则模型通过检验。

(5) 失效数据预测。根据上述预测模型,依据一步预测的方法对 $\{X'\}$ 进行预测,并考虑前面进行的 d 次差分,还原为失效数据 $\{Y_t\}$ 的预测结果。

2. 案例分析

选取某装备软件的失效数据进行分析和预测。取前 160 组数据建立模型,并用后面的 10 组数据对模型进行预测验证。该装备软件原始数据的时间序列如图6.3所示,是有关故障发生数和故障间隔时间的失效数据。

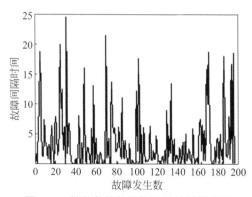

图 6.3 某装备软件原始数据的时间序列

从图6.3中可以看出,数据服从随机分布,但为非平稳序列。尝试进行一次差分,对数据进行平稳化处理。对进行一次差分后的数据进行游程检验,$|Z| = 0.19 \leqslant 1.96$,满足条件,故接受数据具有平稳性的原假设。可得出故障间隔时间等于1,并将数据进行零均值

化。下面进一步确定 ARMA(p,q) 模型。

计算零均值化后序列的自相关函数（ACF）和偏自相关函数（PACF），结果如图 6.4 所示，其中上下两条线为置信区间（$\pm 1.96/\sqrt{N}$）。由图 6.4 可以看出，$0 \leqslant p \leqslant 4, 0 \leqslant q \leqslant 3$。尝试建立 ARMA($p,q$) 模型。

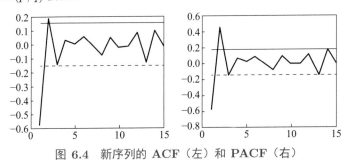

图 6.4　新序列的 ACF（左）和 PACF（右）

对 p、q 可能的组合进行参数估计并利用 AIC 准则进行定阶，同时对估计出的参数进行平稳性和可逆性检验，可以初步确定满足要求的最佳模型为 ARMA(1, 1) 模型，即

$$X'_t = -0.3114 X'_{t-1} + \varepsilon_t - 0.6966 \varepsilon_{t-1} \tag{6.16}$$

式 (6.16) 中，$\{\varepsilon_t\}$ 为白噪声，其分布为 N(0, 0.9689)。

对已经通过平稳性和可逆性检验的模型进行白噪声检验（$6 \leqslant m \leqslant 12$），检验结果如图 6.5 所示。

由图 6.5 给出的检验结果可以看出，对应于上面 m 的值，都有 $\chi^2(m) < \lambda_{0.005}(m)$，可以通过白噪声检验，模型合理。

根据式 (6.16) 对后 10 组数据进行预测，预测结果如图 6.6 所示。

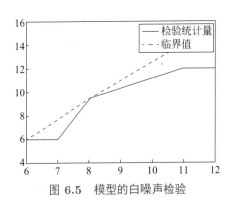

图 6.5　模型的白噪声检验

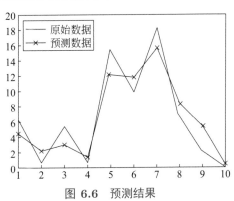

图 6.6　预测结果

由图 6.6 可以看出，预测数据与原始数据很接近，说明该模型能够较好地预测失效数据变化的趋势，可以为软件可靠性的预测和定量评估提供依据。

6.2.2　基于灰色理论的可靠性模型

1. 灰色系统建模基本理论

灰色模型是利用较少的或不确切的表示灰色系统行为特征的原始数据序列进行生成变换后建立的用于描述灰色系统内部事物连续变化过程的模型。灰色模型通过累加操作

(AGO)的方法对无规则的原始数据进行处理，从而弱化原始数据的随机性和波动性，生成有规则的准指数规律的数据，然后对这些生成的数据进行建模、预测。常用的灰色模型主要是经典的一阶GM(1,1)模型。

GM(1,1)模型由一个单变量的一阶微分方程构成：

$$\frac{dX_1}{dt} + aX_1 = b \tag{6.17}$$

其中，a、b为待定的参数，X_1为原始数据序列X_0的累加生成值。式(6.17)也被称为时间响应函数。设X_0为原始数据的n元序列，即$X_0 = [x_0(1), x_0(2), \cdots, x_0(n)]$，一次累加后得到一次累加(1-AGO)序列：

$$X_1 = [x_1(1), x_1(2), \cdots, x_1(n)] \tag{6.18}$$

其中，$x_1(k) = \sum_{i=1}^{k} x_0(i), k = 1, 2, \cdots, n$。

令Z_1为X_1的紧邻均值生成序列：

$$Z_1 = [z_1(2), z_1(3), \cdots, z_1(n)] \tag{6.19}$$

其中，$z_1(k) = \frac{1}{2}(x_1(k) + x_1(k-1)), k = 2, 3, \cdots, n$。

若$\hat{a} = [a, b]^T$为待定参数列，记

$$\boldsymbol{Y} = \begin{bmatrix} x_0(2) \\ x_0(3) \\ \vdots \\ x_0(n) \end{bmatrix}, \quad \boldsymbol{B} = \begin{bmatrix} -z_1(2) & 1 \\ -z_1(3) & 1 \\ \vdots & \vdots \\ -z_1(n) & 1 \end{bmatrix} \tag{6.20}$$

则在式(6.17)中由差分代替微分，可得GM(1,1)模型的最小二乘估计参数列：

$$\hat{a} = [a, b]^T = (\boldsymbol{B}^T \boldsymbol{B})^{-1} \boldsymbol{B}^T \boldsymbol{Y} \tag{6.21}$$

由以上条件可以得到时间响应函数的解：

$$\hat{x}_1(k+1) = \left(x_0(1) - \frac{b}{a}\right) e^{-ak} + \frac{b}{a}, \quad k = 1, 2, \cdots, n \tag{6.22}$$

又由$\hat{x}_0(k+1) = \hat{x}_1(k+1) - \hat{x}_1(k)$，可得

$$\hat{x}_0(k+1) = (1 - e^a)\left(x_0(1) - \frac{b}{a}\right) e^{-ak}, \quad k = 1, 2, \cdots, n \tag{6.23}$$

令$k = 1, 2, \cdots, n$，由式(6.23)可得到GM(1,1)模型的预测值：

$$\hat{x}^{(0)} = (\hat{x}^{(0)}(1), \hat{x}^{(0)}(2), \cdots, \hat{x}^{(0)}(n)) \tag{6.24}$$

得到参数值后，需要对模型进行精度检验。相应的残差序列为

$$\varepsilon^{(0)} = (\varepsilon(1), \varepsilon(2), \cdots, \varepsilon(n)) \tag{6.25}$$

$$= (x^{(0)}(1) - \hat{x}^{(0)}(1), x^{(0)}(2) - \hat{x}^{(0)}(2), \cdots, x^{(0)}(n) - \hat{x}^{(0)}(n)) \tag{6.26}$$

经过上述生成与建模的过程之后，为分析预测模型的有效性，使用残差检验法进行残

差检验，以了解预测值和实际值间的残差：

$$\alpha = \frac{1}{n}\sum_{k=1}^{n}\frac{x^{(0)}(k)-\hat{x}^{(0)}(k)}{x^{(0)}(k)} \tag{6.27}$$

若 α 平均精度大于 0.01，则代表此模型的预测效果良好。

2. 基于GM的软件可靠性模型

软件失效间隔时间分别为 $x_1, x_2, \cdots, x_n$，失效时刻分别为 $t_1, t_2, \cdots, t_n$，其中 $x_i = t_i - t_{i-1}, i = 1, 2, \cdots, n, t_0 = 0$。建模时使用失效时刻作为输入的序列，即 $t_1, t_2, \cdots, t_n$，得出结果后再还原回 x_i。绝大部分系统对信息的记忆功能是极为有限的，旧的信息对系统发展的作用将随着时间的推移而不断减小。在可靠性测试中，早期数据对预测未来行为的作用很小，尤其是在可修复故障的条件下，近期的失效时间数据更能反映软件系统的特性。而且由于GM本身具有根据少量数据即可进行预测的特点，因此取最近的 m 个数据点作为参与运算的输入。鉴于GM一般应用，m 取值为 $7 \sim 14$。

对该序列进行一次累加生成（1-AGO）后，即可进行参数估计。这里主要考查该模型的短期预测能力（下一步预测能力），即，给定直到 x_n 的失效数据，使用模型预测 x_{n+1}。

为说明该模型的有效性，这里采用美国海军战术数据系统(NTDS)失效数据集(表5.1)。由于NTDS数据数量较少，在使用GM运算时选取最近的7组（$m = 7$）数据进行下一步预测。同时，对每一步预测都要计算相对误差，得到5组值，如表6.3所示，可见，每步建模模拟精度都小于0.10，精度为3级，可以用来预测。

表 6.3 NTDS下一步预测相对误差

m	α_1	α_2	α_3	α_4	α_5	$\bar{\alpha}$
$m=7$	0.0844	0.0743	0.0712	0.0543	0.0576	0.068 36
$m=9$	0.0803	0.0662	0.0648	0.0781	0.0832	0.074 52

分别对JM模型、GO模型、MO模型进行计算，得到第 $27 \sim 31$ 个失效数据的模型计算值以及均方误差（AE），如表6.4所示。

表 6.4 NTDS数据预测结果

失效编号	模型				
	GM($m=7$)	GM($m=9$)	JM	GO	MO
27	67.5691	67.1329	28.4400	29.3200	22.8100
28	61.1801	69.6244	34.8700	31.6200	37.9600
29	63.0292	63.0309	45.0500	34.1000	49.9800
30	14.2001	28.7061	63.6300	36.7800	53.6200
31	20.6027	10.6997	108.2900	39.6800	56.5200
AE	1.3388	1.7880	2.4388	1.4796	2.2632

❖ 6.3 基于智能算法的软件可靠性模型

近年来，智能算法已经广泛应用于软件可靠性建模、评价和预测中。常见的智能算法主要包括BP神经网络、支持向量回归、核函数以及深度学习算法等。

6.3.1 基于BP神经网络的软件可靠性模型

神经网络具有自组织、自适应、自学习等特点，并且能充分逼近任意复杂的非线性关系，因而在模式识别、信号处理、自动控制、知识工程等方面得到了广泛的应用。在软件可靠性建模领域，也有学者提出了基于BP神经网络的软件可靠性模型。

1. BP神经网络算法

BP(Back Propagation, 反向传播)神经网络算法是神经网络中应用较为广泛的一种，是在1986年由Rumelhart和McCelland领导的科学研究小组提出的基于按误差逆传播算法训练的多层前馈网络，最常用的结构是三层BP神经网络。BP神经网络通过记忆功能存储大量的输入输出关系，并不需要事前确定该输入输出关系的数学计算模型。当有同样性质的输入变量输入时，BP神经网络会利用已经存在的对应关系自动得出输出的值。

BP神经网络通过使用梯度下降算法不断地训练，不断地将训练误差结果前向（即反向）反馈，不断地调整影响输入输出关系的网络单元的权值和阈值，直到误差在可以接受的范围之内，该对应关系就会存储在网络中，凭借存在的记忆对再次输入的变量计算出精确的输出值，因此BP神经网络也称为多层前馈型网络。

BP神经网络以记忆映射关系代替复杂数学计算模型的优点受到各领域研究者的重视。BP神经网络最重要的特点是误差反向传播，它能够将网络计算的误差实时前向反馈，通过分析已知的数据，预测或评估未来结果，整个过程不断自动调整内部神经元权值，而无须调整外部结构。

BP神经网络的基本结构包括输入层、输出层和隐含层。BP神经网络结构灵活多样，既可以一入多出，又可以多入多出，可以根据实际需要灵活应用。其基本模型如图6.7所示。

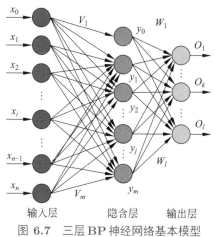

图 6.7 三层BP神经网络基本模型

BP算法是一种基于δ学习规则的神经网络学习算法，其核心操作是通过预测数据误差的反向传播不断修正网络权值和阈值，以实现模型快速收敛。

定义输入层输入向量为$\boldsymbol{X} = (x_1, x_2, \cdots, x_n)^{\mathrm{T}}$，隐含层输出向量为$\boldsymbol{Y} = (y_1, y_2, \cdots, y_m)^{\mathrm{T}}$，输出层输出向量为$\boldsymbol{O} = (O_1, O_2, \cdots, O_m)^{\mathrm{T}}$，期望输出指标向量为$\boldsymbol{d} = (d_1, d_2, \cdots, d_m)^{\mathrm{T}}$。

对于隐含层，其激活函数一般选用单极性/双极性 Sigmoid 函数：

$$f(x) = \frac{1}{1+e^{-x}} \quad \text{或} \quad f(x) = \frac{1-e^{-x}}{1+e^{-x}} \tag{6.28}$$

对于输出层，选用线性函数（pureline 传递函数），即 $y = x$。

目标函数取实际输出值与期望输出值的误差函数：

$$E = \frac{1}{2}(\boldsymbol{d} - \boldsymbol{O})^2 = \frac{1}{2}\sum_{i=1}^{l}(d_i - O_i)^2 \tag{6.29}$$

$$= \frac{1}{2}\sum_{k=1}^{l}(d_k - f(\text{net}_k))^2 = \frac{1}{2}\sum_{k=1}^{l}\left[d_k - f\left(\sum_{j=1}^{m}w_{jk}y_j\right)\right]^2 \tag{6.30}$$

$$= \frac{1}{2}\sum_{k=1}^{l}\left\{d_k - f\left[\sum_{j=0}^{m}w_{jk}f(\text{net}_j)\right]\right\}^2 \tag{6.31}$$

$$= \frac{1}{2}\sum_{k=1}^{l}\left\{d_k - f\left[\sum_{j=0}^{m}w_{jk}f\left(\sum_{i=0}^{m}v_{ij}x_i\right)\right]\right\}^2 \tag{6.32}$$

BP 算法改变权值的规则如下：

$$\Delta w_{ij} = \eta(d_k - o_k)o_k(1 - o_k)y_j \tag{6.33}$$

$$\Delta v_{ij} = \eta\left(\sum_{k=1}^{l}(d_k - o_k)o_k(1 - o_k)w_{jk}\right)y_j(1 - y_j)x_i \tag{6.34}$$

其中，η 为网络学习效率。

输入层输入的是影响评估目标的多个指标；隐含层是调整输入与输出之间关系的桥梁，通过不断地调整神经元的权值和阈值，使输出的误差函数在理想的范围之内；输出层输出的是评估指标的最终评估值。输入信号正向输入，误差信号反向传播，隐含层不断调整各神经元的阈值和权值，这一过程反复进行，直到网络达到预期的输出效果，网络训练结束。当有类似的输入变量输入时，网络会运用已经存储的记忆对样本进行预测或结果修正。

BP 神经网络在训练过程中通过误差反向传播的方式，将网络实际计算误差与设定的期望误差不断比较，对各个神经元权值和阈值不断进行调整。期望误差的设定是网络训练标准的基本要求，训练过程中反向传播的是网络实际计算误差和期望误差之间的比较结果，结果达到了设定的要求，网络训练就会结束；否则，就不断重复训练过程，直到满足设定的要求。

BP 神经网络的训练过程如图 6.8 所示。

步骤 1：网络初始化，设定网络的学习效率、误差精度、初始权值和阈值、训练精度等初始参数。

步骤 2：设置隐含层节点数，批量输入明确输入输出关系的训练样本，并实时记录误差函数。

步骤 3：计算输出结果的误差，并与设定的期望误差进行比较。

步骤 4：通过反向传播的方式不断调整神经元的权值和阈值。

步骤5：若输出误差小于设定的误差值，则网络训练结束；否则，将计算的误差反向传播，返回步骤4。

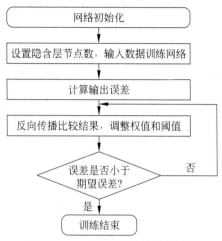

图 6.8　BP 神经网络的训练过程

BP 神经网络结束训练的条件是输出误差小于设定的期望误差值。误差值越小，表明越精确；否则会不断地调整神经元的权值和阈值，直到输出结果满足条件。期望误差的设定并非越小越好，还要综合考虑网络的收敛速度。期望误差的设定对网络收敛速度有较大影响，因此在实际应用中要根据具体情况进行调整。

2. 基于 BP 神经网络的软件可靠性模型

由图 6.1 可知，运用 BP 神经网络进行软件可靠性预测时，基于实际观测到的 n 个失效时间点数据 $\{x_i, i=1,2,\cdots,n\}$，就可以建立基于 BP 神经网络的软件可靠性模型。通常采用如下3个步骤进行：首先，通过最前面的 $n-d$ 个失效数据 $\{x_i, i=1,2,\cdots,n-d\}$ 训练模型，d 的大小取决于模型使用者；然后，对训练好的模型通过剩余的 d 个时间序列点 $\{x_i, i=n-d+1, n-d+2,\cdots,n\}$ 进行测试；最后，如果测试效果比较好，那么构建好的模型就可以用来对下一时刻的软件失效数据进行预测。下面对某液压控制软件进行可靠性分析。首先对该液压控制软件的 75 次故障时间进行了统计，表 6.5 中列出了前 45 次软件失效的数据。

基于 BP 神经网络的软件可靠性模型可表示为

$$x_t = f(x_{t-1}, x_{t-2}, \cdots, x_{t-d}, t) \tag{6.35}$$

对故障数据进行如下处理：以第 t 次故障之前的第 $t-1, t-2, \cdots, t-d$ 次故障时间数据作为输入，即以 d 个故障时间数据 $x_{t-1}, x_{t-2}, \cdots, x_{t-d}$ 作为输入；以第 t 次失效时间数据 x_t 作为输出变量。依据工程的实际经验，当 $d=5$ 时能达到较好的预测效果。

根据上述失效数据处理以及 BP 神经网络的要求，将表 6.5 的数据转换为 45 对基于 BP 神经网络的软件可靠性模型的训练样本，如表 6.6 所示。

取前 35 个训练样本对基于 BP 神经网络的软件可靠性模型进行训练，训练达到一定精度后停止训练。输入层共有 6 个节点；有两个隐含层，第一个隐含层有 500 个节点，第二个隐含层有 300 个节点；输出层有 1 个节点。

表 6.5 某液压控制软件前 45 次失效的数据

失效序号	失效时间	失效序号	失效时间	失效序号	失效时间	失效序号	失效时间
1	500	13	2010	25	3290	37	3830
2	800	14	2100	26	3320	38	3855
3	1000	15	2150	27	3350	39	3876
4	1100	16	2230	28	3430	40	3896
5	1210	17	2350	29	3480	41	3908
6	1320	18	2470	30	3495	42	3920
7	1390	19	2500	31	3540	43	3950
8	1500	20	3000	32	3560	44	3975
9	1630	21	3050	33	3720	45	3982
10	1700	22	3110	34	3750		
11	1890	23	3170	35	3795		
12	1960	24	3230	36	3810		

表 6.6 基于 BP 神经网络的软件可靠性模型训练样本

训练样本号	输入					输出
	x_{t-5}	x_{t-4}	x_{t-3}	x_{t-2}	x_{t-1}	x_t
1	500	800	1000	1100	1210	1320
2	800	1000	1100	1210	1320	1390
⋮	⋮	⋮	⋮	⋮	⋮	⋮
40	3896	3908	3920	3950	3975	3982

为了检验网络训练的效果,将表6.6中后5个训练样本输入网络,得到失效时间预测值,如表6.7所示。

表 6.7 基于 BP 神经网络的软件可靠性模型检验情况

训练样本号	输入					预测值	实际观测值
	x_{t-5}	x_{t-4}	x_{t-3}	x_{t-2}	x_{t-1}	$\hat{x}_t$	x_t
36	3810	3830	3855	3876	3896	3893.06	3908
37	3830	3855	3876	3896	3908	3917.43	3920
38	3855	3876	3896	3908	3920	3933.89	3950
39	3876	3896	3908	3920	3950	3950.71	3975
40	3896	3908	3920	3950	3975	3967.52	3982

从表6.7可以看出,预测值与实际观测值比较接近,但存在一定的误差,这主要是由于样本量较小。当样本量较大时,可较好地反映实际情况。

需要注意的是,这里采用原始的故障时间数据作为输入进行软件故障时间预测。但在很多实际应用中,为了直接预测出软件可靠性,会通过将软件故障时间转换为对应的可靠度数据,从而形成可靠度时序数据,然后利用BP神经网络进行软件可靠性预测。

6.3.2 基于支持向量回归的软件可靠性模型

支持向量机（Support Vector Machine, SVM）是在统计学习理论基础上发展起来的一种新的机器学习方法。支持向量机又称为支持向量网络，具有理论完备、适应性强、全局优化、训练时间短、泛化性能好等优点。支持向量机已在数据分类、回归估计、函数逼近等领域得到了成功的应用。在软件可靠性建模领域，也有学者做了有益的尝试。

1. 支持向量回归算法

支持向量机算法是针对二分类问题提出的，而支持向量回归（Support Vector Regression, SVR）是SVM中的一个重要的应用分支。SVR与SVM的区别在于，SVR的样本点最终只有一类，它所寻求的最优超平面不是SVM那样使两类或多类样本点分得"最开"，而是使所有的样本点距离超平面的总偏差最小。

给定一组数据 $\{(\boldsymbol{x}_1,y_1),(\boldsymbol{x}_2,y_2),\cdots,(\boldsymbol{x}_m,y_m)\}$，其中 $\boldsymbol{x}_i \in \mathbf{R}^d, y_i \in \mathbf{R}$，回归问题希望学习到一个模型：

$$f(\boldsymbol{x},\boldsymbol{w}) = \boldsymbol{w}^{\mathrm{T}}\boldsymbol{x} + b \tag{6.36}$$

使得 $f(\boldsymbol{x})$ 与 y 尽可能接近。

式(6.36)不能表示非线性问题。改进方法是引入非线性映射函数 $\varPhi(\boldsymbol{x})$，将输入空间映射到具有更高维度的特征空间。通过映射，$\varPhi(\boldsymbol{x})$ 可达到无穷多维，以使 f 接近任意非线性函数。无穷多维在实际计算过程中无法达到，事实上根本就不需要计算 $\varPhi(\boldsymbol{x})$，只需要计算两个 $\varPhi(\boldsymbol{x})$ 的内积 $\varPhi(\boldsymbol{x}^i)^{\mathrm{T}}\varPhi(\boldsymbol{x}^j)$ 即可。引入 $\varPhi(\boldsymbol{x})$ 后，线性方程(6.36)扩展为非线性方程：

$$f(\boldsymbol{x},\boldsymbol{w}) = \boldsymbol{w}^{\mathrm{T}}\varPhi(\boldsymbol{x}) + b \tag{6.37}$$

其中，$\boldsymbol{w}$ 为与向量 $\varPhi(\boldsymbol{x})$ 维度相同的权重向量。

传统的回归模型通常基于模型输出 $f(\boldsymbol{x},\boldsymbol{w})$ 与真实输出 y 之间的差别计算损失。当且仅当 $f(\boldsymbol{x},\boldsymbol{w})$ 与 y 完全相同时，损失才为0。基于SVR的模型与之不同，它假设能容忍 $f(\boldsymbol{x},\boldsymbol{w})$ 与 y 之间最多有 ε 的偏差，即仅当 $|f(\boldsymbol{x},\boldsymbol{w}) - y| > \varepsilon$ 时才计算损失。如图6.9所示，SVR相当于以 $f(\boldsymbol{x},\boldsymbol{w})$ 为中心构建了一个宽度为 ε 的间隔带。若训练样本落在此间隔带内，则被认为预测是正确的。

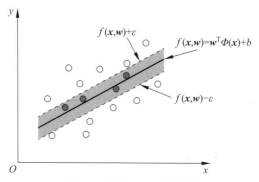

图 6.9 基于SVR的模型

SVR的损失函数由此被称为 ε 不敏感误差（ε-insensitive error），形如：

$$L(y, f(\boldsymbol{x}, \boldsymbol{w})) = \begin{cases} 0, & \text{如果 } |y - f(\boldsymbol{x}, \boldsymbol{w})| \leqslant \varepsilon \\ |y - f(\boldsymbol{x}, \boldsymbol{w})| - \varepsilon, & \text{否则} \end{cases} \tag{6.38}$$

本质上希望所有的模型输出 $f(\boldsymbol{x}, \boldsymbol{w})$ 都在 ε 的间隔带内，因而可以定义SVR的优化目标：

$$\min_{\boldsymbol{w}, b} \frac{1}{2} \|\boldsymbol{w}\|^2 \tag{6.39}$$

$$\text{s.t.} \quad |y_i - \boldsymbol{w}^{\mathrm{T}} \boldsymbol{\Phi}(\boldsymbol{x}_i) - b| \leqslant \varepsilon, \quad i = 1, 2, \cdots, m$$

可以为每个样本点引入松弛变量 $\xi > 0$，即允许一部分样本落到间隔带外，使得模型更加鲁棒。由于这里用的是绝对值，实际上是两个不等式，也就是说两边都需要松弛变量，定义为 $\xi_i^{(\mathrm{L})}$、$\xi_i^{(\mathrm{U})}$，于是优化目标变为

$$\min_{\boldsymbol{w}, b, \boldsymbol{\xi}^{(\mathrm{L})}, \boldsymbol{\xi}^{(\mathrm{U})}} \frac{1}{2} \|\boldsymbol{w}\|^2 + C \sum_{i=1}^{m} (\xi_i^{(\mathrm{L})} + \xi_i^{(\mathrm{U})}) \tag{6.40}$$

$$\text{s.t.} \quad -\varepsilon - \xi_i^{(\mathrm{L})} \leqslant y_i - \boldsymbol{w}^{\mathrm{T}} \boldsymbol{\Phi}(\boldsymbol{x}_i) - b \leqslant \varepsilon + \xi_i^{(\mathrm{U})} \tag{6.41}$$

$$\xi_i^{(\mathrm{L})} \geqslant 0, \ \xi_i^{(\mathrm{U})} \geqslant 0, \ i = 1, 2, \cdots, m \tag{6.42}$$

其中，C 和 ε 为参数。C 越大，意味着对离群点的惩罚就越大，最终就会有较少的点跨过间隔带边界，模型也会变得复杂；而 C 越小，就会有越多的点跨过间隔带边界，最终形成的模型较为平滑。而 ε 越大，则对离群点容忍度越高，最终的模型也会较为平滑，这个参数是SVR问题中独有的，SVM中没有这个参数。

对于式(6.40)，为每条约束引入拉格朗日乘子 $\mu_i^{(\mathrm{L})} \geqslant 0$，$\mu_i^{(\mathrm{U})} \geqslant 0$，$\alpha_i^{(\mathrm{L})} \geqslant 0$，$\alpha_i^{(\mathrm{U})} \geqslant 0$：

$$L(\boldsymbol{w}, b, \boldsymbol{\alpha}^{(\mathrm{L})}, \boldsymbol{\alpha}^{(\mathrm{U})}, \boldsymbol{\xi}^{(\mathrm{L})}, \boldsymbol{\xi}^{(\mathrm{U})}, \boldsymbol{\mu}^{(\mathrm{L})}, \boldsymbol{\mu}^{(\mathrm{U})})$$
$$= \frac{1}{2} \|\boldsymbol{w}\|^2 + C \sum_{i=1}^{m} (\xi_i^{(\mathrm{L})} + \xi_i^{(\mathrm{U})}) + \sum_{i=1}^{m} \alpha_i^{(\mathrm{L})} (-\varepsilon - \xi_i^{(\mathrm{L})} - y_i + \boldsymbol{w}^{\mathrm{T}} \boldsymbol{\Phi}(\boldsymbol{x}_i) + b)$$
$$+ \sum_{i=1}^{m} \alpha_i^{(\mathrm{U})} (y_i - \boldsymbol{w}^{\mathrm{T}} \boldsymbol{\Phi}(\boldsymbol{x}_i) - b - \varepsilon - \xi_i^{(\mathrm{U})}) - \sum_{i=1}^{m} \mu_i^{(\mathrm{L})} \xi_i^{(\mathrm{L})} - \sum_{i=1}^{m} \mu_i^{(\mathrm{U})} \xi_i^{(\mathrm{U})}$$

其对偶问题为

$$\max_{\boldsymbol{\alpha}, \boldsymbol{\mu}} \min_{\boldsymbol{w}, b, \boldsymbol{\xi}} L(\boldsymbol{w}, b, \boldsymbol{\alpha}^{(\mathrm{L})}, \boldsymbol{\alpha}^{(\mathrm{U})}, \boldsymbol{\xi}^{(\mathrm{L})}, \boldsymbol{\xi}^{(\mathrm{U})}, \boldsymbol{\mu}^{(\mathrm{L})}, \boldsymbol{\mu}^{(\mathrm{U})})$$

$$\text{s.t.} \quad \alpha_i^{(\mathrm{L})}, \alpha_i^{(\mathrm{U})} \geqslant 0, \quad i = 1, 2, \cdots, m \tag{6.43}$$

$$\mu_i^{(\mathrm{L})}, \mu_i^{(\mathrm{U})} \geqslant 0, \quad i = 1, 2, \cdots, m$$

式(6.43)对 $\boldsymbol{w}$、b、$\boldsymbol{\xi}^{(\mathrm{L})}$、$\boldsymbol{\xi}^{(\mathrm{U})}$ 求偏导为0可得

$$\frac{\partial L}{\partial \boldsymbol{w}} = \boldsymbol{0} \implies \boldsymbol{w} = \sum_{i=1}^{m} (\alpha_i^{(\mathrm{U})} - \alpha_i^{(\mathrm{L})}) \boldsymbol{\Phi}(\boldsymbol{x}_i)$$

$$\frac{\partial L}{\partial b} = 0 \implies \sum_{i=1}^{m} (\alpha_i^{(\mathrm{U})} - \alpha_i^{(\mathrm{L})}) = 0 \tag{6.44}$$

$$\frac{\partial L}{\partial \xi^{(\mathrm{L})}} = 0 \implies C - \alpha_i^{(\mathrm{L})} - \mu_i^{(\mathrm{L})} = 0$$

$$\frac{\partial L}{\partial \xi^{(\mathrm{U})}} = 0 \implies C - \alpha_i^{(\mathrm{U})} - \mu_i^{(\mathrm{U})} = 0$$

将式(6.44)代入式(6.43)，并考虑由式(6.44)得$C - \alpha_i = u_i \geqslant 0$，因而$0 \leqslant \alpha_i \leqslant C$，得到化简后的优化问题：

$$\begin{aligned}
\max_{\boldsymbol{\alpha}^{(\mathrm{L})}, \boldsymbol{\alpha}^{(\mathrm{U})}} \quad & \sum_{i=1}^{m} y_i(\alpha_i^{(\mathrm{U})} - \alpha_i^{(\mathrm{L})}) - \varepsilon(\alpha_i^{(\mathrm{U})} + \alpha_i^{(\mathrm{U})}) \\
& - \frac{1}{2} \sum_{i=1}^{m}\sum_{j=1}^{m} (\alpha_i^{(\mathrm{U})} - \alpha_i^{(\mathrm{L})})(\alpha_j^{(\mathrm{U})} - \alpha_j^{(\mathrm{L})}) K(\boldsymbol{x}_i, \boldsymbol{x}_j) \\
\text{s.t.} \quad & \sum_{i=1}^{m} (\alpha_i^{(\mathrm{U})} - \alpha_i^{(\mathrm{L})}) = 0 \\
& 0 \leqslant \alpha_i^{(\mathrm{L})}, \alpha_i^{(\mathrm{U})} \leqslant C, \quad i = 1, 2, \cdots, m
\end{aligned} \quad (6.45)$$

其中，$K(\boldsymbol{x}_i, \boldsymbol{x}_j) = \varPhi(\boldsymbol{x}_i)^{\mathrm{T}} \varPhi(\boldsymbol{x}_j)$为核函数。上述求最优解的过程需满足KKT条件，其中的互补松弛条件为

$$\alpha_i^{(\mathrm{L})}(\varepsilon + \xi_i^{(\mathrm{L})} + y_i - \boldsymbol{w}^{\mathrm{T}} \varPhi(\boldsymbol{x}_i) - b) = 0 \quad (6.46)$$

$$\alpha_i^{(\mathrm{U})}(\varepsilon + \xi_i^{(\mathrm{U})} - y_i + \boldsymbol{w}^{\mathrm{T}} \varPhi(\boldsymbol{x}_i) + b) = 0 \quad (6.47)$$

$$\mu_i^{(\mathrm{L})} \xi_i^{(\mathrm{L})} = (C - \alpha_i^{(\mathrm{L})}) \xi_i^{(\mathrm{L})} = 0 \quad (6.48)$$

$$\mu_i^{(\mathrm{U})} \xi_i^{(\mathrm{U})} = (C - \alpha_i^{(\mathrm{U})}) \xi_i^{(\mathrm{U})} = 0 \quad (6.49)$$

若样本在间隔带内，则$\xi_i = 0$，$|y_i - \boldsymbol{w}^{\mathrm{T}} \varPhi(\boldsymbol{x}) - b| < \varepsilon$，于是要让互补松弛成立，只有使$\alpha_i^{(\mathrm{L})} = 0$，$\alpha_i^{(\mathrm{U})} = 0$，则由式(6.44)得$\boldsymbol{w} = \boldsymbol{0}$，说明在间隔带内的样本都不是支持向量；而对于间隔带上或间隔带外的样本，相应的$\alpha_i^{(\mathrm{L})}$或$\alpha_i^{(\mathrm{U})}$才能取非零值。此外，一个样本不可能同时位于$f(\boldsymbol{x}, \boldsymbol{w})$的上方和下方，所以式(6.46)和式(6.47)式不能同时成立，因此$\alpha_i^{(\mathrm{L})}$和$\alpha_i^{(\mathrm{U})}$中至少有一个为0。

式(6.45)的优化问题同样可以使用二次规划或SMO算法求出$\boldsymbol{\alpha}$，继而根据式(6.44)求得模型参数$\boldsymbol{w} = \sum_{i=1}^{m}(\alpha_i^{(\mathrm{U})} - \alpha_i^{(\mathrm{L})})\varPhi(\boldsymbol{x}_i)$。而对于模型参数$b$来说，对于任意满足$0 < \alpha_i < C$的样本，由式(6.48)和式(6.49)可得$\xi_i = 0$，进而根据式(6.46)和式(6.47)有

$$b = \varepsilon + y_i - \boldsymbol{w}^{\mathrm{T}} \varPhi(\boldsymbol{x}_i) = \varepsilon + y_i - \sum_{j=1}^{m}(\alpha_j^{(\mathrm{U})} - \alpha_j^{(\mathrm{L})}) K(\boldsymbol{x}_j, \boldsymbol{x}_i) \quad (6.50)$$

则SVR最后的模型为

$$f(\boldsymbol{x}, \boldsymbol{w}) = \boldsymbol{w}^{\mathrm{T}} \varPhi(\boldsymbol{x}) + b = \sum_{i=1}^{m}(\alpha_i^{(\mathrm{U})} - \alpha_i^{(\mathrm{L})}) K(\boldsymbol{x}_i, \boldsymbol{x}) + b \quad (6.51)$$

根据KKT (Karush-Kuhn-Tucker)条件，在以上规划问题中，系数$\alpha_i^{(\mathrm{U})} - \alpha_i^{(\mathrm{L})}$中只有

一部分为非零值，与之对应的输入向量带有大于或等于 ε 的近似误差，它们被称为支持向量。图6.10给出了SVR的输出函数结构。

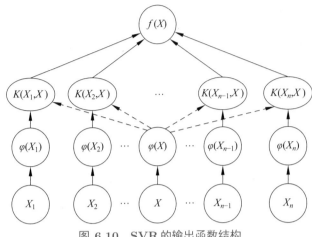

图 6.10 SVR 的输出函数结构

由此可得到支持向量回归(ε-SVR)算法，如算法6.1所示。

算法 6.1 ε-SVR算法

1. 设已知训练样本集 $\{\boldsymbol{x}_i, y_i, i = 1, 2, \cdots, l\}$，期望输出 $y_i \in \mathbf{R}, \boldsymbol{x}_i \in \mathbf{R}^d$。
2. 选择适当的参数 ε、C 和适当的核函数 $K(\boldsymbol{x}, \boldsymbol{x}')$，构造并求解式(6.45)给出的最优化问题，解得最优解 $\hat{\boldsymbol{\alpha}} = (\alpha_1^{(L)}, \alpha_1^{(U)}, \alpha_2^{(L)}, \alpha_2^{(U)}, \cdots, \alpha_l^{(L)}, \alpha_l^{(U)})^\mathrm{T}$。
3. 选择 $\hat{\boldsymbol{\alpha}}$ 的一个正分量 $0 < \alpha_j^{(L)} < C$，并据此计算 $\hat{b} = y_i - \sum_{j=1}^{m}(\alpha_j^{(U)} - \alpha_j^{(L)})K(\boldsymbol{x}_j, \boldsymbol{x}_i) + \varepsilon$；或选择 $\hat{\boldsymbol{\alpha}}$ 的一个正分量 $0 < \alpha_j^{(U)} < C$，并据此计算 $\hat{b} = y_i - \sum_{j=1}^{m}(\alpha_j^{(U)} - \alpha_j^{(L)})K(\boldsymbol{x}_j, \boldsymbol{x}_i) - \varepsilon$。
4. 构造线性回归函数 $f(\boldsymbol{x}, \boldsymbol{w}) = \sum_{i=1}^{m}(\alpha_i^{(U)} - \alpha_i^{(L)})K(\boldsymbol{x}_i, \boldsymbol{x}) + \hat{b}$。

不同的核函数可以生成不同的SVR模型，SVR中常用的核函数有线性核函数、多项式核函数、径向基核函数和Sigmoid核函数等。这里选择径向基核函数作为SVR的核函数，即

$$K(\boldsymbol{x}_i, \boldsymbol{x}) = \exp\left(\frac{\|\boldsymbol{x}_i - \boldsymbol{x}\|^2}{2\sigma^2}\right) \tag{6.52}$$

影响SVR模型的参数有惩罚因子C和核函数参数σ，惩罚因子C是对错分的样本的惩罚程度的控制，其值越大表示惩罚越重，但模型泛化能力也会同时降低。σ是核函数的宽度参数，表示对径向范围的控制。惩罚因子C和核函数宽度σ的选取对SVR模型至关重要，因此，要获得优秀的支持向量回归分析性能，需要选取合适的 C 和 σ。

2. 基于SVR的软件可靠性模型

基于SVR的软件可靠性模型如图6.11所示。

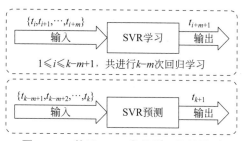

图 6.11 基于 SVR 的软件可靠性模型

假设已发生的软件失效时间为 $t_1, t_2, \cdots, t_n$，并假设失效时间 t_l 与在它之前发生的 m 次失效时间之间存在以下映射关系：

$$t_l = f(t_{l-m}, t_{l-m+1}, \cdots, t_{l-1}), l = m+1, m+2, \cdots, n, \cdots \tag{6.53}$$

则可靠性预测问题可转化为已知 $t_1, t_2, \cdots, t_n$ 情况下预测 t_{n+1}：在已知 $n-m$ 个观测 $(T_1, t_{m+1}), (T_2, t_{m+2}), \cdots, (T_{k-m}, t_k)$ 和第 $k-m+1$ 个输入 T_{k-m+1} 的情况下预测第 $k+m+1$ 个输出值 $\hat{t}_{n+1}$，其中，T_i 表示 m 维向量 $(t_i, t_{i+1}, \cdots, t_{m+i})$。同样，把 $(t_2, t_3, \cdots, t_n, \hat{t}_{n+1})$ 作为输入，则可以预测 $\hat{t}_{n+2}$，同理可得 $\hat{t}_{n+3}, \hat{t}_{n+4}, \cdots, \hat{t}_{n+d}, \cdots$。

在软件可靠性预测中，早期失效数据对预测未来失效数据作用较小，现时失效间隔数据能比很久之前观测的失效间隔数据更好地用于预测，m 的取值为 5~15，能得到相对较好的预测性能，一般 m 可取值为 8。

利用 SVR 算法进行软件可靠性预测时，一般采用一些元启发式算法，如遗传算法（Genetic Algorithm, GA）、粒子群优化（Particle Swarm Optimization, PSO）算法等，对 SVR 的参数进行优化，以提高算法的精度，这里采用 PSO 算法对 SRV 模型参数进行优化并进行软件可靠性预测，其流程如图 6.12 所示。

使用 PSO 算法进行 SVR 软件可靠性模型参数优化的主要思想是对核函数参数值运用 PSO 算法更新各个参数的值，从而得到最优化的核函数参数值，其步骤如图 6.12 中的虚线框所示，首先观测并记录软件失效时间序列数据集，选择合适的核函数并对软件失效数据进行归一化处理以方便 SVR 模型进行学习和预测；然后使用 PSO 算法结合 SVR 模型对归一化之后的软件失效数据进行学习并对核函数参数进行优化；接着使用优化参数后的 SVR 模型对新输入的软件失效数据进行预测，最后通过数据回放得到下一时间段软件失效时间的预测值。具体步骤如下：

（1）为便于 SVR 模型学习及预测，首先需要将软件失效时间序列数据转换到 $(0,1)$ 区间，这里使用归一化映射：

$$t' = \frac{0.8}{t_{\max} - t_{\min}} t + \left(0.9 - 0.8 \times \frac{t_{\max}}{t_{\max} - t_{\min}}\right) \tag{6.54}$$

（2）初始化参数设置，包括粒子种群规模 N、最大迭代次数、随机产生的粒子初始位置、惩罚因子 C 和核函数宽度 σ、粒子速度 v_i、个体最优位置 pbest_i 和全局最优位置 gbest。

（3）SVR 模型使用已观测到的软件失效时间序列数据 $t_1, t_2, \cdots, t_n$ 进行学习，计算不同核函数宽度下的适应度，适应度函数为

$$f = \frac{1}{n-8} \sum_{i=9}^{n} \left| \frac{\hat{t}_i' - t_i'}{t_i'} \right| \tag{6.55}$$

其中，$\hat{t}_i'$ 表示归一化后的软件失效时间预测值，t_i' 为归一化后的软件失效时间实测值。

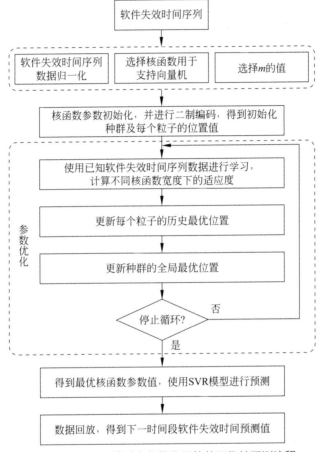

图 6.12 SVR 模型参数优化及软件可靠性预测流程

（4）更新个体最优位置和全局最优位置，具体如下：

① 将粒子的当前适应度值和粒子个体最优位置对应的适应度值进行比较，若前者优于后者，则进行替换。

② 若当前粒子的适应度值优于全局最优位置对应的适应度值，则用前者替换后者。

（5）更新每个粒子的速度和位置，具体如下：

$$\begin{cases} v_i = w \cdot v_i + c_1 r_1 (\text{pbest}_i - x_i) + c_2 r_2 (\text{gbest} - x_i) \\ x_i = x_i + v_i, i = 1, 2, \cdots, N \end{cases} \tag{6.56}$$

其中，pbest_i 表示粒子 i 的个体最优位置；gbest 表示粒子种群的全局最优位置；v_i 是粒子的速度；r_1、r_2 是 $(0,1)$ 区间的随机数；x_i 是粒子的当前位置；c_1、c_2 是学习因子，通常 $c_1 = c_2 = 2$。

（6）若达到最大迭代次数，则输出迭代得到的最优解 (C, σ)；否则返回步骤（3）。

（7）使用最优核函数参数情况下的 SVR 模型对下一时间段的归一化软件失效时间进行

预测，预测完成后使用映射

$$t = \frac{t' - 0.9}{0.8} \times (t_{\max} - t_{\min}) + t_{\max} \tag{6.57}$$

将数据回放，即可得到真实预测值。

需要指出的是，图6.12所示的算法对SVR模型参数的优化过程实际上是一个全值搜索的过程，因而算法的计算量较大。但是，由于一般情况下观测到的软件失效时间数据的数目是有限的（通常为100个以内），因此该算法在实际中是可行的。

❋ 6.4 软件可靠性组合模型

在当前软件可靠性模型中，各种预测方法都有其独特的信息特征和适用条件，还没有一种算法能在不同状况下、不同时刻都保持绝对良好的预测性能。在软件可靠性模型中，分析模型需要做一些假设，而且它们没有自适应性，在实际应用中有一些假设难以得到满足，因此该类分析模型的应用范围受到了限制。而基于数据驱动的智能分析模型在实际应用中，同样也存在局限，如神经网络易得到过拟合结果、支持向量机训练费时等。相关向量机是一种稀疏贝叶斯学习模型，不存在神经网络过拟合的缺陷，且训练速度快，具有支持向量机的泛化性能，因此被引入软件可靠性预测中，得到了更优的预测结果。如何把各种软件可靠性预测方法组合起来，综合利用各种预测方法的长处，使得预测方法在扩大适用范围的同时还能提高精度，成为改善预测技术的关键。

数据驱动的软件可靠性组合模型主要分为两类：一类是基于集成算法思想，针对同一数据集分别构建不同的软件可靠性模型，利用不同权重对这些模型进行组合，对系统可靠性进行评估；另一类则是基于数据序列分解的方法，将失效数据序列分解为不同特征的数据序列，根据其特点分别构建不同的预测分析模型，最后通过模型重构建立系统可靠性评估模型。

组合模型的权重分配问题是模型性能的关键影响因素之一，虽然组合模型已经被证明较单一模型有更好的性能表现，但是，如果权重没有设定好，组合权重的预测效果可能会适得其反。目前，关于组合模型的权重确定方法已经有很多，根据组合模型中的权重系数是否随着时间的推移而动态变化，可分为变权重组合模型和定权重组合模型。传统的组合模型权重确定方法有等权重法、均方误差倒数法等。

6.4.1 软件可靠性组合模型构建

软件可靠性组合预测就是基于检测出来的历史失效数据（该类数据既可以是单位时间内新增数据，也可以是累积数据），然后根据得到的历史失效数据使用多种单一预测模型对该软件未来失效数据变化趋势分别进行预测，然后为每一单一预测模型赋予一定的权重，建立组合模型并得到组合预测结果。其基本原理如图6.13所示。

由于软件在开发过程中受到开发技术、开发环境、开发人员等主客观多方面的影响，在开发出来后其可靠性存在着较大的不确定性，其失效数据的变化也呈现出较强的不确定性、非线性等特点，单一的非线性预测模型不能有效地捕捉软件失效数据未来的变化趋势。为此引入各种加权组合预测模型对其变化趋势进行预测，同时使组合模型的权重具有时变特征，以增强单一预测模型的适用性。

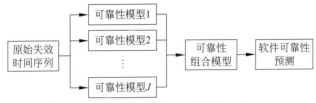

图 6.13 软件可靠性组合预测基本原理

一般地，假定在软件测试中检测到的软件失效时间序列表示为 $\{x_t\}, t=1,2,\cdots,N$，用 J 个软件可靠性模型（一般称为基本模型）预测得到的拟合结果序列表示为 $\{\hat{x}_t(j)\}, j=1,2,\cdots,J, t=1,2,\cdots,N$，利用第 j 个模型预测得到的 k 步软件可靠性预测值记为 $\{\hat{x}_{N+k}(j), j=1,2,\cdots,J\}$，将这 J 个模型进行组合，构建出软件可靠性组合模型，将通过组合模型得到软件的 k 步失效预测值记为 $\hat{x}_{N+k}$，则有

$$\hat{x}_{N+k} = \sum_{j=1}^{J} w_j \hat{x}_{N+k}(j), \quad k=1,2,\cdots K \tag{6.58}$$

式中，$w_j, j=1,2,\cdots,J$ 为第 j 个模型在最终组合模型预测值中所占的比重。一般要对其进行归一化处理，以保持组合模型的无偏性，归一化约束条件为

$$\sum_{j=1}^{J} w_j = 1 \tag{6.59}$$

构建组合模型的基本步骤如下：
（1）依据一定的原则和方法选择构建组合模型的基本模型。
（2）根据一定的规则构建组合模型。
（3）确定各个基本模型的权值。

影响组合模型效果的因素包括所选基本模型的种类与个数、模型参数估计方法与精度、权值确定策略等。

传统的软件可靠性组合权值确定方法主要包括等权重法、均方误差倒数法、方差倒数法、序列似然比权重法等，具体描述如下：

（1）等权重法。

等权重法是最为简单的权重确定方法。该方法将各基本模型同等对待，认为各基本模型对组合模型的贡献都一样，每个基本模型都具有相同的权重，即

$$w_j = \frac{1}{J}, \quad j=1,2,\cdots,J \tag{6.60}$$

如果对各基本模型都不太了解，使用该方法确定权重比较适当。

（2）均方误差倒数法。

均方误差倒数法对每个基本模型的权重采用式(6.61)确定：

$$w_j = \frac{D_j^{-1/2}}{\sum_{j=1}^{J} D_j^{-1/2}}, \quad j=1,2,\cdots,J \tag{6.61}$$

其中，$D_j = \sum_{t=1}^{N}(x_t - \hat{x}_t(j))^2$，为第 j 个模型的误差平方和。在此方法中，模型的误差平方和越小，其在组合模型中权重越大。

（3）方差倒数法。

方差倒数法确定的各个基本模型的权重公式如下：

$$w_j = \frac{D_j^{-1}}{\sum_{j=1}^{J} D_j^{-1}}, \quad j = 1, 2, \cdots, J \tag{6.62}$$

其中，$D_j = \sum_{t=1}^{N}(x_t - \hat{x}_t(j))^2$。

（4）序列似然比权重法。

序列似然比权重法在给出基本模型选取方法的基础上，采用序列似然比确定各基本模型的权值，使得权值可以做到动态调整。具体描述如下：

假设 $x_1, x_2, \cdots, x_{t-1}$ 是已知的软件系统发生故障时刻，x_t 是第 t 次故障发生时刻，这些故障发生时刻服从一个特定但未知的分布。故障率函数为 $f_t(x)$。$\hat{f}_t(x)$ 是对 $f_t(x)$ 的预测估计，它是基于前 $t-1$ 个故障数据得到的，则序列似然值为 $\mathrm{PL}_t = \prod_{i=1}^{t-1} \hat{f}_i(x_i)$。

基于序列似然比权重法确定的第 j 个基本模型在预测第 j 个故障时的权重 $w_j(t)$ 为

$$w_j(t) = \frac{\mathrm{PL}_t^j}{\sum_{i=1}^{J} \mathrm{PL}_t^j} \tag{6.63}$$

其中，PL_t^j 为第 j 个基本模型的序列似然值，$\mathrm{PL}_t^j = \prod_{i=1}^{t-1} \hat{f}_t(x_i)$。

6.4.2 基于时间序列分解与重构的软件可靠性混合模型

基于数据驱动的思想，将时间序列分解与重构的建模方法引入软件可靠性建模分析中，构建出基于时间序列分解与重构的软件可靠性组合模型。常见的时间序列分解方法主要包括残差序列、经验模态分解、奇异谱分解与小波分解等方法，通过这些方法对原始的时间序列进行分解，使得这些原本非平稳、非线性和含噪声较多的序列演变成分解后的相对容易建模和预测的序列，再利用经典可靠性模型或数据驱动的软件可靠性模型进行建模和预测，对软件可靠性水平进行评估。

1. 基于残差序列的软件可靠性模型

在诸多的软件可靠性模型中，有的适用于线性关系较强的数据集，而有的处理非线性关系较强的数据集效果则更好。在实际情况下，有时难以分别出数据的线性关系和非线性关系的强弱。基于残差序列的软件可靠性模型通过相关的模型将原始数据中的线性关系和非线性关系抽取出来，先通过 ARIMA 模型对失效时间序列建立适当的线性模型，然后使用 SVR 模型对残差序列进行非线性建模，拟合失效时间序列中的非线性部分，最后将两种预测流整合重构,得到整体预测结果。

基于残差序列的软件可靠性建模流程如图6.14所示。

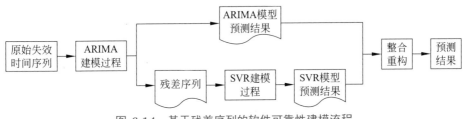

图 6.14 基于残差序列的软件可靠性建模流程

基于残差序列的软件可靠性模型采用适用于处理线性特征数据的ARIMA模型和适用于非线性特征数据的SVR模型,建立非参数化的ARIMA-SVR软件可靠性模型。ARIMA-SVR模型可表示为

$$y_t = L_t + N_t \tag{6.64}$$

其中,y_t为原始失效时间序列在时刻t的值,L_t为模型的线性部分,N_t为模型的非线性部分。

使用ARIMA模型得到的残差$r_t = y_t - \hat{L}_t$,其中$\hat{L}_t$为ARIMA模型的估计值,r_t为SVR模型建模时的输入数据,可表示为

$$r_t = f(r_{t-1}, r_{t-2}, \cdots, r_{t-n}) + \varepsilon_t \tag{6.65}$$

其中,$f(r_{t-1}, r_{t-2}, \cdots, r_{t-n})$表示由SVR模型得到的非线性隐式函数,$\varepsilon_t$表示误差项。那么,基于残差序列的软件可靠性模型的预测表达式可表示为

$$\hat{y}_t = \hat{L}_t + \hat{N}_t \tag{6.66}$$

其中,$\hat{y}_t$表示最终预测结果,$\hat{L}_t$表示ARIMA模型的预测结果,$\hat{N}_t$表示SVR模型的预测结果。

2. 基于经验模态分解的软件可靠性模型

首先利用经验模态分解的方法提取出能描述软件失效行为的具有不同特征的子序列,然后结合支持向量回归和灰色预测理论对上述子序列进行预测,最后将得到的若干子序列预测结果进行重构,得出最终的预测结果。

1)经验模态分解

经验模态分解(Empirical Mode Decomposition, EMD)是黄锷(N. E. Huang)等人于1998年提出的一种新型自适应信号时频处理方法,它的优点是不会运用任何已经定义好的函数作为基底,而是根据待分析的信号自适应地生成固有模态函数。该方法可以用于分析非线性、非平稳的信号序列,具有很高的信噪比和良好的时频聚焦性,特别适用于非线性非平稳信号的分析处理。

经验模态分解是将信号分解成一些固有模态函数(Intrinsic Mode Function, IMF)分量,使得各IMF分量是窄带信号,即IMF分量必须满足下面两个条件:在整个信号长度上,极值点和过零点的数目必须相等或者至多只相差一个;在任意时刻,由极大值点定义的上包络线和由极小值点定义的下包络线的平均值为0,即信号的上下包络线关于时间轴对称。简单地说,就是将一个复杂信号分解成多个简单信号的过程。同小波变换相比,EMD方法

完全根据信号数据本身确定需要分解出多少个IMF，因此更具有自适应性。

EMD方法是建立在如下假设基础上的：

（1）信号至少有两个极值点，一个极大值和一个极小值。

（2）特征时间尺度通过两个极值点之间的时间定义。

（3）若数据缺乏极值点，但有形变点，则可通过数据微分一次或几次获得极值点，然后再通过积分获得分解结果。

EMD的目的是将一个信号$f(t)$分解为N个固有模态函数（IMF）和一个残差（residual）。其中，每个IMF需要满足以下两个条件：

（1）在整个数据范围内，局部极值点和过零点的数目必须相等，或者相差数目最多为1。

（2）在任意时刻，局部最大值的包络（上包络线）和局部最小值的包络（下包络线）的平均值必须为0。

EMD的实现过程主要包括如下5步：

第一步：寻找信号全部极值点，通过3次样条曲线将局部极大值点连成上包络线，将局部极小值点连成下包络线。上下包络线包含所有的数据点。

第二步：由上包络线和下包络线的平均值$m_1(t)$，得出

$$h_1(t) = x(t) - m_1(t)$$

若$h_1(t)$满足IMF的条件，则可认为$h_1(t)$是$x(t)$的第一个IMF分量。

第三步：若$h_1(t)$不符合IMF条件，则将$h_1(t)$作为原始数据，重复第一、二步，得到上下包络线的均值$m_2(t)$，通过计算$h_2(t) = h_1(t) - m_2(t)$判断$h_2(t)$是否满足IMF分量的必备条件，若不满足，重复这一过程k次，直到满足条件，得到$h_k(t) = h_{k-1}(t) - m_k(t)$。第一个IMF表示如下：

$$c_1(t) = h_k(t)$$

停止条件可以用标准差（SD）控制（SD也称筛分门限值，一般取值为$0.2 \sim 0.3$），小于门限值时才停止，这样得到的第一个满足条件的$h(t)$就是第一个IMF。

标准差的求法如下：

$$\text{SD} = \frac{\sum\limits_{t=0}^{r}(h_{k-1}(t) - h_k(t))^2}{\sum\limits_{t=0}^{T} h_{k-1}^2(t)} \tag{6.67}$$

第四步：将$c_1(t)$从信号$x(t)$中分离，得到

$$r_1(t) = x(t) - c_1(t)$$

将$r_1(t)$作为原始信号，重复上述3个步骤，循环n次，得到第二个IMF分量$c_2(t)$……直到第n个IMF分量，则会得出

$$\begin{cases} r_2(t) = r_1(t) - c_2(t) \\ \vdots \\ r_n(t) = r_{n-1}(t) - c_n(t) \end{cases}$$

第五步：当 $r_n(t)$ 变成单调函数后，剩余的 $r_n(t)$ 成为残余分量。所有 IMF 分量和残余分量之和为原始信号 $x(t)$：

$$x(t) = \sum_{i=1}^{n} c_i(t) + r_n(t)$$

EMD 算法实现描述如算法 6.2 所示。

算法 6.2 EMD 算法

---

1. 初始化：$r_0 = x(t)$，$i = 1$。
2. 得到第 i 个 IMF。
   (a) 初始化：$h_0 = r_{i-1}(t)$，$j = 1$；
   (b) 找出 $h_{j-1}(t)$ 的局部极值点；
   (c) 对 $h_{j-1}(t)$ 的极大和极小值点分别进行 3 次样条曲线插值，形成上下包络线；
   (d) 计算上下包络线的平均值 $m_{j-1}(t)$；
   (e) $h_j(t) = h_{j-1}(t) - m_{j-1}(t)$；
   (f) 若 $h_j(t)$ 是 IMF，则 $\mathrm{imf}_i(t) = h_j(t)$；否则，$j = j + 1$，转到 (b)。
3. $r_i(t) = r_{i-1}(t) - \mathrm{imf}_i(t)$。
4. 如果 $r_i(t)$ 极值点数仍多于两个，则 $i = i + 1$，转到步骤 2；否则，分解结束。

非平稳的失效数据序列经过 EMD 以后，各 IMF 分量都基本趋于平稳，这对预测是有利的。而且每一 IMF 分量都是对软件失效样本数据特征的一种真实反映，通过对失效数据序列的各个特征分别进行预测处理，然后再对各预测结果分量进行重构，就可以得到更加理想的预测效果。

2）基于 EMD 方法的软件可靠性模型

EMD 能够将原始软件可靠性数据序列分解为 IMF 分量和剩余分量（余项）两部分，前一部分描绘原始失效数据序列随时间的波动趋势，后一部分反映了失效时间数据的总体走向。SVR 在处理非线性可分问题上具有很大的优势，且具有很好的泛化能力，目前已被广泛地应用于回归问题上，可适用于 IMF 部分的处理。GM 模型用于描述灰色系统内部事务连续变化的过程，通过累加操作弱化原始数据的随机性和波动性，因此特别适合线性或者波动性不大的系统，适用于对剩余分量部分的建模和预测。

根据上述内容，在实验中首先利用 EMD 方法对软件失效时间进行预处理，提取能描述软件失效特征的不同特征数据序列，然后结合 SVR 模型和灰色模型对预处理数据进行预测，最后将得到的预测结果进行重构，得出最终的预测结果。混合模型 EMD-SVR&GM 的流程如图 6.15 所示。

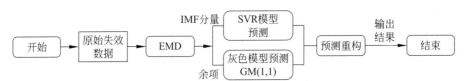

图 6.15 混合模型 EMD-SVR&GM 的流程

3）实例分析

以表5.1中给出的NTDS数据集为例，利用EMD方法对NTDS数据集进行处理，得到的分解出的6个模态函数IMF0~IMF5和残差$r5$，如图6.16所示。

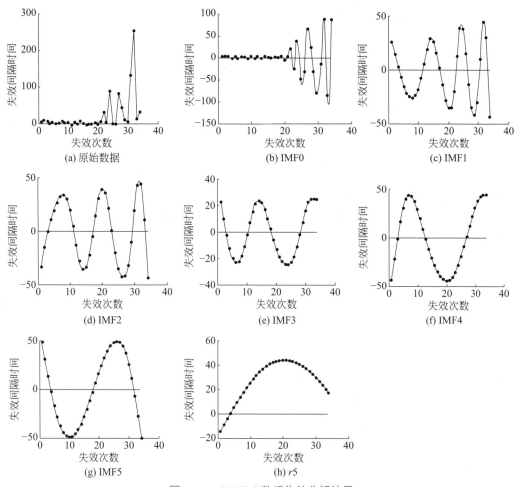

图 6.16　NTDS 数据集的分解结果

针对NTDS数据集，分别采用SVR模型与灰色模型GM（1,1）进行预测，同混合预测模型（SVR&GM）进行比较，图6.17给出了3个模型在NTDS数据集上的拟合及预测效果。

由图6.17可以看出，前20次失效时间间隔的拟合中，3个模型拟合及预测效果比较接近；但当数据出现较大波动时，SVR&GM模型表现出了更好的拟合及预测效果。

3. 基于奇异谱分析的软件可靠性模型

奇异谱分析（Singular Spectrum Analysis, SSA）是一类典型的时间序列分析技术，它根据观测到的时间序列构造出轨迹矩阵，并对轨迹矩阵进行分解、重构，从而提取出代表原时间序列不同成分的信号，如长期趋势信号、周期信号、噪声信号等，从而对时间序列的结构进行分析，并可进一步进行预测。基于奇异谱分析的软件可靠性预测模型使用奇异谱分析技术对软件可靠性数据序列进行分解，得到能够反映出原始数据序列相关特性的重构序列，再结合软件可靠性领域中比较经典的预测模型对这些重构序列进行建模和预测，最后整合这些子序列的预测结果，得到最终的预测结果。

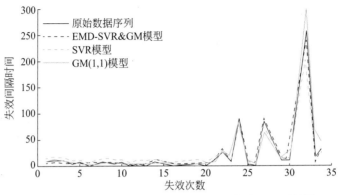

图 6.17　3 个模型在 NTDS 数据集上的拟合及预测效果

1）奇异谱分析的基本思想

奇异谱分析的基本思想是将观测到的一维时间序列数据 $Y_T = (y_1, y_2, \cdots, y_T)$ 转换为其轨迹矩阵：

$$\boldsymbol{X} = (x_{ij})_{i,j=1}^{L,K} = \begin{bmatrix} y_1 & y_2 & \cdots & y_K \\ y_2 & y_3 & \cdots & y_{K+1} \\ \vdots & \vdots & \ddots & \vdots \\ y_L & y_{L+1} & \cdots & y_T \end{bmatrix} \tag{6.68}$$

其中，L 为选取的窗口长度，$K = T - L + 1$。计算 $\boldsymbol{XX}^\mathrm{T}$ 并对其进行奇异值分解（Singular Value Decomposition, SVD），从而得到其 L 个特征值 $\lambda_1 \geqslant \lambda_2 \geqslant \cdots \geqslant \lambda_L \geqslant 0$ 及其相应的特征向量，将每一个特征值所代表的信号进行分析组合，重构出新的时间序列。

2）奇异值分解

奇异值分解作为矩阵分析与计算中的一项强大技术，在诸多领域得到了广泛的应用。奇异值分解理论的出现在很大程度上简化了矩阵运算，使得许多在计算中出现的矩阵往往以其奇异值分解结果代替，极大地减轻了工作量。此外，奇异值分解还能揭示矩阵计算的一个重要方面——矩阵几何结构。

给定矩阵 $\boldsymbol{A} \in \mathbf{R}^{m \times n}$，若存在正交矩阵 $\boldsymbol{U} = [u_1, u_2, \cdots, u_m] \in \mathbf{R}^{m \times m}$ 和正交矩阵 $\boldsymbol{V} = [v_1, v_2, \cdots, v_n] \in \mathbf{R}^{n \times n}$，使得

$$\boldsymbol{U}^\mathrm{T} \boldsymbol{A} \boldsymbol{V} = \boldsymbol{\Sigma} = \mathrm{diag}(\sqrt{\lambda_1}, \sqrt{\lambda_2}, \cdots, \sqrt{\lambda_p}) = \begin{bmatrix} \sqrt{\lambda_1} & & & \\ & \sqrt{\lambda_2} & & \\ & & \ddots & \\ & & & \sqrt{\lambda_p} \end{bmatrix} \tag{6.69}$$

即

$$\boldsymbol{A} = \boldsymbol{U} \boldsymbol{\Sigma} \boldsymbol{V}^\mathrm{T} \tag{6.70}$$

其中，$p = \min(m,n)$，V 是 $n \times n$ 的正交阵，U 是 $m \times m$ 的正交阵，Σ 是 $m \times n$ 的对角阵，$\sqrt{\lambda_1} \geqslant \sqrt{\lambda_2} \geqslant \cdots \geqslant \sqrt{\lambda_p}$ 称为 A 的奇异值，列向量 u_i、v_i 分别称为对应奇异值 $\sqrt{\lambda_i}$ 的左右奇异向量，且它们同时满足 $A^T v_i = \sqrt{\lambda_i} u_i, A^T u_i = \sqrt{\lambda_i} v_i$ $(i = 1, 2, \cdots, p)$。式(6.70)称为矩阵 A 的奇异值分解。

矩阵 $A \in \mathbf{R}^{m \times n}$ 经过奇异值分解后，可得到相应的奇异值 $\sqrt{\lambda_i}(i = 1, 2, \cdots, p)$ 序列，则该序列与原始数据矩阵 A 之间存在如下关系：

$$||A||_F^2 = \sum_{i=1}^{p} \lambda_i, \quad ||A||_2 = \sqrt{\lambda_i} \tag{6.71}$$

式(6.71)表明，矩阵度量特征同矩阵奇异值之间显然存在着密切联系，通过奇异值 $\sqrt{\lambda_i}$ 的简单运算就能获取矩阵 A 的 Frobenius 范数与二范数。

对于矩阵 $A \in \mathbf{R}^{m \times n}$ 的奇异值分解具有如下结论：

若奇异值序列满足 $\sqrt{\lambda_1} \geqslant \sqrt{\lambda_2} \geqslant \cdots \geqslant \sqrt{\lambda_r} \geqslant \sqrt{\lambda_{r+1}} = \sqrt{\lambda_{r+2}} = \cdots = \sqrt{\lambda_p} = 0$，则矩阵 A 的秩为 r，且

$$A = \sum_{i=1}^{r} \sqrt{\lambda_i} u_i v_i^T = U_r \Sigma_r V_r \tag{6.72}$$

其中，$U_r = [u_1, u_2, \cdots, u_r]$，$V_r = [v_1, v_2, \cdots, v_r]$，$\Sigma_r = \mathrm{diag}(\sqrt{\lambda_1}, \sqrt{\lambda_2}, \cdots, \sqrt{\lambda_r})$。

上面的结论一方面较为深刻地揭示了矩阵 A 的潜在结构，另一方面又能对矩阵的秩进行合理的处理。由式(6.71)知，矩阵 A 经奇异值分解处理后，变换成系列秩为 1 的矩阵成分之和，同时它还指出了秩为 r 的矩阵实质上可以理解为 r 个秩为 1 的矩阵之和，从而实现了将向量组相关性问题向矩阵奇异值序列中非零值个数问题的转化。

而在实际应用中，矩阵秩的问题往往较为复杂。由于基础数据往往来源于调查统计结果或一定误差范围内的检测数据，常常致使原始降秩矩阵的所有奇异值非零。对此，可采用奇异值分解技术，对矩阵奇异值大小加以考虑，根据实际需要进行取舍，最终确定矩阵的有效秩，即，能够以定量的方法考察近似秩的问题，解决一定秩条件下的矩阵逼近问题。对于某些奇异值，若选择性地舍弃，所得新矩阵与原始矩阵是比较接近的。

奇异值 $\sqrt{\lambda_i}$ 跟特征值类似，在矩阵 Σ 中也从大到小排列，而且 $\sqrt{\lambda_i}$ 的减少特别快，在很多情况下，前 10% 甚至 1% 的奇异值之和就占了全部奇异值之和的 99% 以上，因此可以用前 r 个奇异值近似描述矩阵，即

$$A_{m \times n} = U_{m \times r} \Sigma_{r \times r} V_{r \times n}^T \tag{6.73}$$

其中，r 是一个远小于 m、n 的数，等式右边的 3 个矩阵相乘的结果将是一个接近 X 的矩阵。这里，r 越接近 n，则相乘的结果就越接近 X，这样就能够很方便地从降秩矩阵序列中获取原始矩阵 A 的最佳近似矩阵。

3）奇异谱分析过程

给定长度为 T 的非零实值时间序列 $Y = (y_1, y_2, \cdots, y_T)$，奇异谱分析的目标是将其分解成多个时间序列之和，以达到识别原始序列成分（如趋势、周期或准周期、噪声等）的目的。奇异谱分析过程可分成嵌入操作、奇异值分解、分组操作、重构操作 4 个步骤，下面详细介绍 SSA 算法的具体过程。

步骤1：嵌入操作（embedding）。

选择适当的窗口长度 $L(2 \leqslant L \leqslant T)$，将观测到的一维时间序列数据转换为多维序列 $(X_1, X_2, \cdots, X_K), X_i = (y_i, y_{i+1}, \cdots, y_{i+L-1}), K = T - L + 1$，得到轨迹矩阵 $\boldsymbol{X} = (X_1, X_2, \cdots, X_K) = (x_{ij})_{i,j=1}^{L,K}$。这里 L 的选取不宜超过整个数据长度的 1/3。如果可根据经验大致确定数据的周期特征，则 L 的选取最好为周期的整数倍。

步骤2：奇异值分解。

对轨迹矩阵 $\boldsymbol{X}$ 进行奇异值分解。假定 $\boldsymbol{S} = \boldsymbol{X}\boldsymbol{X}^{\mathrm{T}}, \lambda_1, \lambda_2, \cdots, \lambda_r (\lambda_1 \geqslant \lambda_2 \geqslant \cdots \geqslant \lambda_r \geqslant 0)$ 为 $\boldsymbol{S}$ 的特征值，相对的特征向量标准正交系统为 $\boldsymbol{U}_1, \boldsymbol{U}_2, \cdots, \boldsymbol{U}_r$，设 d 为最大特征值对应的下标，它也等于矩阵 $\boldsymbol{X}$ 的秩，即 $d = \max(i, \lambda_i > 0) = \mathrm{rank}(X)$。如果定义 $\boldsymbol{V}_i = \boldsymbol{X}^{\mathrm{T}}\boldsymbol{U}_i/\sqrt{\lambda_i}$ $(i = 1, 2, \cdots, d)$，则轨迹矩阵 $\boldsymbol{X}$ 的奇异值分解可表示为如下扩展式：

$$\boldsymbol{X} = \boldsymbol{E}_1 + \boldsymbol{E}_2 + \cdots + \boldsymbol{E}_d \tag{6.74}$$

其中，$\boldsymbol{E}_i = \sqrt{\lambda_i}\boldsymbol{U}_i\boldsymbol{V}_i^{\mathrm{T}}$，$\boldsymbol{X}_i$ 的秩为1，故其为初等矩阵，$\boldsymbol{U}_i$ 和 $\boldsymbol{V}_i$ 分别表示轨迹矩阵的左右特征向量，$\sqrt{\lambda_i}(i = 1, 2, \cdots, d)$ 为矩阵 $\boldsymbol{X}$ 的奇异值，集合 $\{\sqrt{\lambda_i}\}$ 称为矩阵 $\boldsymbol{X}$ 的谱，$\sqrt{\lambda_i}$、$\boldsymbol{U}_i$（经验因子或正交函数）和 $\boldsymbol{V}_i$（主成分）共同形成矩阵 $\boldsymbol{X}$ 的第 i 个三重特征向量 $(\sqrt{\lambda_i}, \boldsymbol{U}_i, \boldsymbol{V}_i)$。

当矩阵 $\sum_{i=1}^{r} \boldsymbol{E}_i$ 能够最佳近似轨迹阵 $\boldsymbol{X}$，即使得 $||\boldsymbol{X} - \boldsymbol{X}^{(r)}||$ 最小时，奇异值分解最优，其中 $\boldsymbol{X}^{(r)}$ 是秩为 $r(r < d)$ 的 $\boldsymbol{E}_i$ 阵。考虑到 $||\boldsymbol{X}||^2 = \sum_{i=1}^{d} \lambda_i, ||\boldsymbol{E}_i||^2 = \lambda_i (i = 1, 2, \cdots, d)$，可以通过 $\lambda_i / \sum_{i=1}^{d} \lambda_i$ 衡量 $\boldsymbol{E}_i$ 对式 (6.74) 的贡献率，一般前 $r \geqslant 0$ 个量的贡献率为 $\sum_{i=1}^{r} \lambda_i / \sum_{i=1}^{d} \lambda_i$。

步骤3：分组操作（grouping）。

分组是指将式 (6.74) 中的 $\boldsymbol{E}_i$ 分成若干互不连接的组，即将索引集合 $\{1, 2, \cdots, d\}$ 分成 $I_1, I_2, \cdots, I_m$，且 $I_i = \{i_1, i_2, \cdots, i_p\}(1 \leqslant i \leqslant m)$ 可将第 I_i 个分组对应的矩阵表示为

$$\boldsymbol{X}_{I_i} = \boldsymbol{E}_{i_1} + \boldsymbol{E}_{i_2} + \cdots + \boldsymbol{E}_{i_p} \tag{6.75}$$

因此轨迹矩阵 $\boldsymbol{X}$ 可表示为

$$\boldsymbol{X} = \boldsymbol{X}_{I_1} + \boldsymbol{X}_{I_2} + \cdots + \boldsymbol{X}_{I_m} \tag{6.76}$$

得到 $I_1, I_2, \cdots, I_m$ 的过程又称特征环分组。每个分组 $\boldsymbol{X}_{I_i}$ 对整体 $\boldsymbol{X}$ 的贡献率为 $\sum_{i \in I_i} \lambda_i / \sum_{i=1}^{d} \lambda_i$。显然，第一个分组 $\boldsymbol{X}_{I_1}$ 的贡献度最大。选择前 r 个特征环（从大到小排列），使它们的贡献率之和大于给定的阈值，如90%。

步骤4：重构操作。

将矩阵 $\boldsymbol{X}_{I_i}$ 转换成其所对应的时间序列数据，每一组数据代表原序列的某一运动特征，如长期趋势、季节性趋势、噪声信号等。这一步实现将分组阶段确定的分组或需要选定的分组叠加式 (6.76) 转换成长度为 T 的序列，即对矩阵 $\boldsymbol{X}_{I_i}$ 的所有反对角线元素逐条求平均值，具体如下：

假定 $\boldsymbol{X}_{I_i} = (x_{ij})_{i,j=1}^{L,K}$ 为 $L \times K$ 的矩阵，$L^* = \min(L, K), K^* = \max(L, K), T = L +$

$K-1$,且当 $L < K$ 时 $x_{ij}^* = x_{ij}$,否则 $x_{ij}^* = x_{ji}$。例如,对于以下的 5×3 矩阵:

$$\boldsymbol{X} = \begin{bmatrix} 1 & 2 & 3 \\ 4 & 5 & 6 \\ 7 & 8 & 9 \\ 10 & 11 & 12 \\ 13 & 14 & 15 \end{bmatrix} \tag{6.77}$$

总共有 $5+3-1=7$ 条反对角线,如图6.18所示。

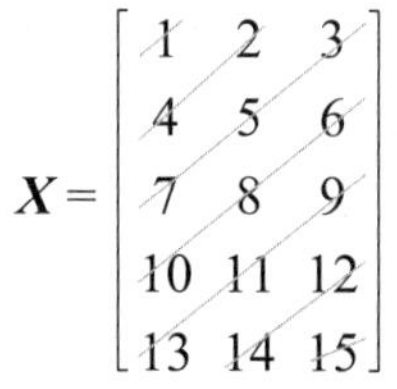

$$\boldsymbol{X} = \begin{bmatrix} 1 & 2 & 3 \\ 4 & 5 & 6 \\ 7 & 8 & 9 \\ 10 & 11 & 12 \\ 13 & 14 & 15 \end{bmatrix}$$

图 6.18 7条反对角线

分组所对应的重构序列记为 $\mathrm{RC} = (\mathrm{rc}_1, \mathrm{rc}_2, \cdots, \mathrm{rc}_T)$ 可通过式(6.78)计算获得:

$$\mathrm{rc}_k = \begin{cases} \frac{1}{k+1} \sum\limits_{m=1}^{k+1} x_{m,k-m+2}^*, & 1 \leqslant k \leqslant L^* \\ \frac{1}{L^*} \sum\limits_{m=1}^{L^*} x_{m,k-m+2}^*, & L^* \leqslant k \leqslant K^* \\ \frac{1}{T-k} \sum\limits_{m=k-K^*+2}^{k-K^*+1} x_{m,k-m+2}^*, & K^* \leqslant k \leqslant T \end{cases} \tag{6.78}$$

通过对式(6.78)进行对角化可以得到重构后的数据序列。从图6.18可知,最后的计算结果为一个长度为7的序列 $\{\mathrm{rc}_1, \mathrm{rc}_2, \cdots, \mathrm{rc}_7\}$。具体计算如下:

$k = 1$ 时,$i + j = k + 1 = 2$,将满足该等式的 (i, j) 组合构成的集合记为 S_k,于是有 $S_1 = \{(1,1)\}$,只有一个,所以

$$\mathrm{rc}_1 = x_{1,1} = 1$$

$k = 2$ 时,$i + j = k + 1 = 3$,于是有 $S_2 = \{(1,2), (2,1)\}$,有2个,所以

$$\mathrm{rc}_2 = \frac{1}{2}(x_{1,2} + x_{2,1}) = \frac{1}{2}(2 + 4) = 3$$

$k = 3$ 时,$i + j = k + 1 = 4$,于是有 $S_3 = \{(1,3), (2,2), (3,1)\}$,有3个,所以

$$\mathrm{rc}_3 = \frac{1}{3}(x_{1,3} + x_{2,2} + x_{3,1}) = \frac{1}{3}(3 + 5 + 7) = 5$$

$k = 4$ 时,$i + j = k + 1 = 5$,于是有 $S_4 = \{(2,3), (3,2), (4,1)\}$,有3个,所以

$$\mathrm{rc}_4 = \frac{1}{3}(x_{2,3} + x_{3,2} + x_{4,1}) = \frac{1}{3}(6 + 8 + 10) = 8$$

$k = 5$ 时,$i + j = k + 1 = 6$,于是有 $S_5 = \{(3,3), (4,2), (5,1)\}$,有3个,所以

$$\mathrm{rc}_5 = \frac{1}{3}(x_{3,3} + x_{4,2} + x_{5,1}) = \frac{1}{3}(9 + 11 + 13) = 11$$

$k = 6$ 时，$i + j = k + 1 = 7$，于是有 $S_6 = \{(4,3),(5,2)\}$，有 2 个，所以

$$\mathrm{rc}_6 = \frac{1}{2}(x_{4,3} + x_{5,2}) = \frac{1}{2}(12 + 14) = 13$$

$k = 7$ 时，$i + j = k + 1 = 8$，于是有 $S_7 = \{(5,3)\}$，有 1 个，所以

$$\mathrm{rc}_7 = x_{5,3} = 15$$

于是最后得到的序列为

$$\mathrm{RC} = [\mathrm{rc}_1, \mathrm{rc}_2, \cdots, \mathrm{rc}_7]^\mathrm{T} = [1, 3, 5, 8, 11, 13, 15]^\mathrm{T}$$

对于分组 $\{I_1, I_2, \cdots, I_m\}$，每组的矩阵 $\boldsymbol{X}_{I_j}$ 都进行反对角线均值化处理，对应都得到一个长度为 $T = L + K - 1$ 的序列 $\mathrm{RC}(j) = (\mathrm{rc}_1^{(j)}, \mathrm{rc}_2^{(j)}, \cdots, \mathrm{rc}_T^{(j)})$，$j = 1, 2, \cdots, m$，将这 m 个向量相加，就得到原时间序列 $Y = (y_1, y_2, \cdots, y_T)$ 的重构值，即

$$y_i = \sum_{j=1}^{m} \mathrm{rc}_i^{(j)}, \quad i = 1, 2, \cdots, T \tag{6.79}$$

步骤5：预测。

SSA模型的线性周期公式（Linear Recurrent Relation, LRR）为

$$y_{T-i} = \sum_{k=1}^{L-1} a_k y_{T-i-k}, \quad 0 \leqslant i \leqslant T - L, a_k \neq 0 \tag{6.80}$$

其中，$a_1, a_2, \cdots, a_{L-1}$ 为自回归系数，根据奇异值分解获得的特征值计算得到。LRR可直接当作预测公式使用。

假设 $T = 10, L = 5, K = 6, 0 \leqslant i \leqslant 5$，则有如下递推公式：

$$y_{10} = \sum_{k=1}^{4} a_k y_{10-k} = a_1 y_9 + a_2 y_8 + a_3 y_7 + a_4 y_6 \tag{6.81}$$

$$y_9 = \sum_{k=1}^{4} a_k y_{9-k} = a_1 y_8 + a_2 y_7 + a_3 y_6 + a_4 y_5 \tag{6.82}$$

$$\vdots \tag{6.83}$$

$$y_5 = \sum_{k=1}^{4} a_k y_{5-k} = a_1 y_4 + a_2 y_3 + a_3 y_2 + a_4 y_1 \tag{6.84}$$

在SSA中涉及两个待定的参数，一个为代表轨迹矩阵 $\boldsymbol{X}$ 主体部分特征环的个数 r，另一个为窗口长度 L。一般来说，选出的 r 个特征环要能够保证它们的贡献度大于一个阈值，如 90%；剩余的噪声部分的特征环贡献度应较小。通常窗口长度 L 为 $T/2$，但如果时间序列包括一个整数周期 t，可将 L 定义为 t 的整数倍。在奇异谱分析中，当窗口长度 L 过小时，则会导致每个重构序列的震荡性较强，而又不利于建模和预测，因此，为了选择一个合适的窗口长度，实际应用中常在 $[\sqrt{T}, T/2]$ 区间内依据如下两条规则进行选择：

（1）保证得到的重构序列的贡献度小于 1% 的个数不超过 1。

（2）为了最大限度地满足SSA默认窗口长度的要求，要使窗口长度尽可能大。

4）基于奇异谱分解的软件可靠性模型

SSA模型将原始的数据序列分解成若干能够反映原始数据特征的序列。在这些序列中，方差贡献度最大的序列具有较为良好的平滑性，而GM模型处理平滑性数据方面具有很好的性能，在平滑的剩余分量上的拟合及预测能力能够得到很充分的体现。剩余的震荡序列具有一定的平稳性，因此比较适合采用ARIMA模型。基于此提出一种结合SSA模型、GM模型和ARIMA模型的一种新的混合软件可靠预测模型：SSA-GM&ARIMA。该模型能够挖掘出数据中的线性和非线性特征，使得模型具有一定的通用性。

SSA-GM&ARIMA模型流程如图6.19所示。

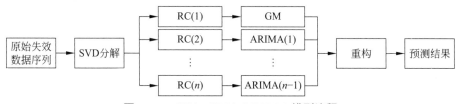

图 6.19　SSA-GM&ARIMA模型流程

步骤1：对由原始数据构成的轨迹矩阵进行奇异值分解，然后获得若干分组。

步骤2：对每个分组进行汉克尔化（hankelization），记RC(i)（$i = 1, 2, \cdots, m$，m为分组总数）为对第i个分组进行汉克尔化后得到的重构序列。使用GM模型对RC(1)进行建模，剩余的RC(i)（$i = 2, 3, \cdots, m$）使用ARIMA模型进行建模并进行预测。

步骤3：对步骤2中获得的预测数据进行重构，就可得到最终的可靠性预测结果。

5）实例分析

这里依然以表5.1中的NTDS数据集为例进行分析。NTDS数据集中含有34个失效数据，利用前27个数据进行建模，即对前27个数据进行分解。按照常规的SSA算法可知，窗口长度$L = 13$时，贡献度小于1%的个数超过1，所以根据实际应用中的窗口选择准则可令$L = \sqrt{27} \approx 5$。重构序列的方差贡献度如表6.8所示。

表 6.8　重构序列的方差贡献度（$L = 5$）

重构序列	贡献度/%	累计贡献度/%
1	53.6061	53.6061
2	21.4712	75.0773
3	18.2415	93.3188
4	6.0517	99.3705
5	0.6295	100.0000

由表6.8可得，前4个重构序列的方差贡献度之和可达99%以上，贡献度小于1%的序列只有第5个，$L = 5$符合要求，为了更清晰地描述重构序列和原始数据序列的关系，下面给出了5个重构序列，如图6.20所示。

从图6.20中可以看出，RC1的走向除了极个别的数据点有小幅度下降外，其他数据点基本呈现出一种上升趋势，这对于GM模型是有利的。重构分量RC2~RC5围绕着0值上下波动，呈现出较为平稳的走势，因此也有利于ARIMA模型的运用。从这两方面来看，针对奇异谱分析技术给出的两个与之结合的模型都能够充分利用各自的优势，因此这个混合模型也是符合实际要求的。分别利用ARIMA、GM(1,1)和SSA-GM&ARIMA模型的预测结果如表6.9所示。

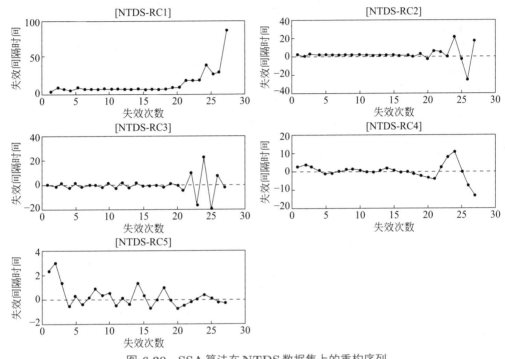

图 6.20　SSA算法在NTDS数据集上的重构序列

表 6.9　3种模型的预测结果

失效次数	失效间隔时间	ARIMA	GM(1,1)	SSA-GM&ARIMA
28	47	19.35	65.2	38.48
29	12	9.01	39.15	19.69
30	9	9.53	41.69	21.11
31	135	102.03	113.0	128.38
32	258	218.11	300.0	228.70
33	16	29.34	63.20	4.93
34	35	25.54	43.60	42.34

4. 基于小波变换的软件可靠性模型

1）小波变换基础理论

小波可以简单地描述为一种函数，这种函数在有限时间范围内变化，并且平均值为0。这种定性的描述意味着小波具有两种性质：①具有有限的持续时间和突变的频率、振幅；②在有限时间范围内平均值为0。典型的小波函数有Harra小波、Moret小波、Mexican Hat小波、Meyer小波等。

小波变换的含义是把某一被称为小波基的函数平移τ后，再在不同尺度a下与待分析信号$f(t)$做内积，即

$$\mathrm{WT}_f(a,\tau) = \frac{1}{\sqrt{a}} \int_{-\infty}^{\infty} f(t)\Psi(\frac{t-\tau}{a})\mathrm{d}t \qquad (6.85)$$

其中，$\mathrm{WT}_f(a,\tau)$称为小波变换系数；$a>0$称为尺度因子，用于控制小波函数的伸缩；平移量τ控制小波函数的平移，其值可正可负。a和τ都是连续的变量，故小波变换又称为连续小波变换(Continue Wavelet Transform, CWT)。尺度因子a对应于频率（反比），平移量τ对应于时间，在不同尺度下小波的持续时间随值的加大而增宽，幅度则与$\sqrt{a}$反比减少，但波的形状保持不变。

如果$\Psi(t)$的傅里叶变换$\Psi(\omega)$满足条件：

$$C_\Psi = \int_R \frac{|\Psi(\omega)|^2}{\omega} \mathrm{d}\omega < +\infty \qquad (6.86)$$

则积分核（核函数/变换核）$\Psi(t)$称为小波基函数或小波母函数。式(6.86)称为可容许性条件。

式(6.85)表明：任意一个信号均可表示为不同频率的小波的线性叠加。小波分析是把一个信号分解成将原始小波经过平移和伸缩之后的一系列小波，因此小波同样可以用于表示一些函数的基函数。

通过小波知识可以看出，小波变换进行的是积分变换，在进行变换时可以实现函数的平移和伸缩。因此，小波变换体现的是信号在时域和频域之间的转换。此种变换在分析信号时可以获取信号的局部信息。如果使用的小波基函数满足式(6.86)，那么这个函数变换就有相反的变换过程，小波变换的逆变换为

$$f(t) = \frac{1}{C_\Psi} \int_0^{+\infty} \frac{1}{a^2} \mathrm{d}a \int_{-\infty}^{+\infty} \mathrm{WT}_f(a,\tau) \frac{1}{\sqrt{a}} \Psi\left(\frac{t-\tau}{a}\right) \mathrm{d}\tau \qquad (6.87)$$

小波变换是直接把傅里叶变换的基变换为小波基——将无限长的三角函数基变换为有限长的会衰减的小波基。这样不仅能够获取频率，还可以定位到时间。

连续小波变换主要用于理论分析。在实际应用中，音频信号和视频信号都是经过采样后得到的离散数据，因此离散小波变换（Discrete Wavelet Transform, DWT）更适合对离散信号进行处理。

离散小波都是针对连续的平移与伸缩因子的，而非针对时间变量t的。连续小波变换中的尺度因子a和平移量τ的离散化具体如下：

（1）a的离散化。一般情况下，通过对a作幂级数的离散，令$a = a_0^m, m = 0, \pm1, \pm2, \cdots$，这时对应的小波函数为$a_0^{-\frac{j}{2}}\Psi(a_0^{-j}(t-\tau)), j = 0, 1, 2, \cdots$。

（2）τ的离散化。如果$j=0, a=2^0=1$，相应的小波函数表示为$\Psi_{a,\tau}(t) = \Psi(t-\tau)$，再对$\tau$在时间轴上作均匀的离散取值，这种情况是特殊的离散取值情况。根据通信原理中的采样定理可知，如果采样频率大于或等于频率通带的两倍，那么采样后的信号仍然具有完整性。当满足这一情况时，每增加一个单位，尺度就扩大一倍，相应的频率就减半，可见可以做到降低采样频率而不丢失信息。在尺度j下，由于$\Psi(a_0^{-j}t)$的宽度是$\Psi(t)$的a_0^j倍，所以，采样间隔也扩大为a_0^j倍。

由此，离散小波函数 $\Psi_{a_0^j, k\tau_0}$ 可定义为如下形式：

$$\Psi_{a_0^j, k\tau_0} = a_0^{-\frac{j}{2}} \Psi\left(a_0^{-j}(t - ka_0^j\tau_0)\right) \tag{6.88}$$

$$= a_0^{-\frac{j}{2}} \Psi\left(a_0^{-j}t - k\tau_0\right) \quad j, k \in \mathbf{Z} \tag{6.89}$$

而离散化小波变换系数则可表示为

$$\mathrm{WT}_f(a_0^j, k\tau_0) = \int f(t) \Psi_{a_0^j, k\tau_0}(t) \mathrm{d}t \quad j = 0, 1, \cdots, k \in \mathbf{Z} \tag{6.90}$$

其重构公式为

$$f(t) = C \sum_{-\infty}^{+\infty} \sum_{-\infty}^{+\infty} \mathrm{WT}_f(a_0^j, k\tau_0) \Psi_{j,k}(t) \tag{6.91}$$

C 是一个与信号无关的常数，然而，怎样选择 a_0 和 τ_0 才能保证重构信号的精度呢？显然，网格点应尽可能密，即 a_0 和 τ_0 尽可能地小。网格点越稀疏，使用的小波函数 $\Psi_{j,k}(t)$ 和离散小波系数 $C_{j,k}$ 就越少，信号重构的精确度也就会越低。

一般情况下，都使用具有变焦功能的动态采样网格。在信号处理中常见的是二进制采样网格，即 $a_0 = 2, \tau_0 = 1$。也就是说只对尺度因子 a 作离散处理，而 τ 不作离散处理。此时的尺度因子为 2^j，平移参数为 $2^j k$，得到的相应小波函数为

$$\Psi_{j,k}(t) = 2^{-\frac{j}{2}} \Psi(2^{-j}t - k) \quad j, k \in \mathbf{Z} \tag{6.92}$$

一般称这种小波为二进小波，它处于连续小波和离散小波之间。二进小波只对尺度因子作离散处理，在时域仍是连续的，因此，二进小波变换同连续小波变换一样具有时移共变性质，这种性质是离散小波变换所不具备的。这体现出了二进小波的变焦功能，减小值可以观察信号细节，增大值可以观察信号的粗略内容。二进小波变换在检测信号的奇异性和图像处理中都具有重要的作用。当二进小波满足小波基函数的可容许性条件时，才可用作小波基函数。

2）小波分解算法

从数学的角度理解，在小波变换中，一个位于希尔伯特空间中的函数可以分解成一个尺度函数和一个小波函数，其中，尺度函数对应原始函数中的低频部分，小波函数对应原始函数中的高频部分。通过尺度函数可以构建对原始信号的低通滤波器，通过小波函数可以构建对原始信号的高通滤波器。

从信号处理的角度理解，在小波变换中，信号可通过信号滤波器分解为高频分量（高频子带）和低频分量（低频子带），高频子带又称为细节（detailed）子带，低频子带又称为近似（approximate）子带。细节子带是由输入信号通过高通滤波器后再进行下采样得到的，近似子带是由输入信号通过低通滤波器后再进行下采样得到的。小波变换是这样一个过程（图6.21）：首先将原始信号作为输入信号，通过一组正交的小波基分解成高频部分和低频部分；然后将得到的低频部分作为输入信号，又进行小波分解，得到下一级的高频部分和低频部分……随着小波分解的级数增加，其在频域上的分辨率就越来越高。这就是多分辨率分析（Multi-Resolution Analysis, MRA）。

离散小波变换在逐级分解时，由尺度函数所张成的空间为

$$V_i = s^{\frac{i}{2}} \phi(s^i x - k), \quad i, k \in \mathbf{Z} \tag{6.93}$$

其中，V_i 为第 i 级的尺度函数所张成的空间，s^i 为尺度变量，k 为平移变量。$\phi(x)$ 为产生 $\pi_k^i(x)$ 一族尺度函数的父函数，又称父小波。式 (6.93) 中的 $s^{\frac{i}{2}}$ 是归一化因子。

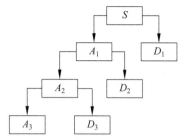

图 **6.21** 小波变换的分解过程

离散小波变换在逐级分解时，由小波函数所张成的空间为

$$W_i = s^{\frac{i}{2}} \psi(s^i x - k), \quad i, k \in \mathbf{Z} \tag{6.94}$$

其中，W_i 为第 i 级的小波函数所张成的空间，s^i 为尺度变量，k 为平移变量。ψ 为产生 $\psi_k^i = \psi(s^i x - k)$ 一族小波函数的母函数，又称母小波。式 (6.94) 中的 $s^{\frac{i}{2}}$ 是归一化因子。

W_i 是 V_i 关于 V_{i+1} 的正交空间补集，两者存在以下关系：

$$V_{i+1} = V_i \oplus W_i \tag{6.95}$$

根据该关系，可以递归展开，得到

$$V_i = W_{i-1} \oplus W_{i-1} \oplus \cdots \oplus W_0 \oplus V_0 \tag{6.96}$$

由式 (6.96) 可知，分解级数越多，信号在时域和频域上的分辨率就越高，包含的信息也就越多。V_i 中的任一函数 f_i 可分解为以下形式：

$$f_i = w_{i-1} + w_{i-2} + \cdots + w_0 + f_0 \tag{6.97}$$

其中，w_l 为 W_l 中的函数，$0 \leqslant l \leqslant i-1$，$f_0$ 为 V_0 中的函数。

在小波变换中，若令尺度因子为 2^i，即对尺度按幂级数作离散化，同时对平移保持连续变化，则此类小波变换称为二进小波变换（dyadic wavelet transform）。

记 h_k 为低通滤波器，g_k 为高通滤波器，定义为

$$h_k(x) = \frac{x_k + x_{k+1}}{2}, \quad g_k = \frac{x_k - x_{k+1}}{2} \tag{6.98}$$

则在二进小波变换中，各级小波分解时相邻级数的尺度函数之间满足以下关系：

$$\Phi_{i-1} = \sum_{k \in \mathbf{Z}} h_k \Phi_i(t-k), \Phi_i(t-k) = \Phi_{i-1}(2t-k) \tag{6.99}$$

$$\Phi(l) = \sum_{k \in \mathbf{Z}} h_k \Phi(2t-k) \tag{6.100}$$

相邻级数的小波函数和尺度函数之间满足以下关系：

$$\Psi_{i-1}(t) = \sum_{k \in \mathbf{Z}} g_k \Phi_i(t-k), \Phi_i(t-k) = \Phi_{i-1}(2t-k) \tag{6.101}$$

由此可得

$$\Psi(t) = \sum_{k \in \mathbf{Z}} g_k \Phi(2t - k) \qquad (6.102)$$

其中，Φ_i 为第 i 级的尺度函数，Φ_{i-1} 为第 $i-1$ 级的尺度函数，Ψ_{i-1} 为第 $i-1$ 级的小波函数。

3）基于小波变换的软件可靠性模型

由小波变换理论可知，随着变换尺度的增加，在最大分解尺度级别上的逼近序列（即低频尺度序列）具有非常好的平稳性，它不仅数值近似原始序列，而且与原始序列具有大致相同的变化趋势。根据小波变换的特性，变换尺度扩大一倍，系统序列相应的小波变换序列数据就减少一半。由于各个尺度上新序列的尺度不相同，因此不同序列邻近的两个数据的采样间隔也不同。为建模和预测方便，可以对各个新序列进行插值，使之与原时间序列有相同的长度和采样间隔，最后对插值后的尺度变换序列使用ARIMA模型（或BP神经网络模型、灰色模型GM）进行预测分析，并对处理后的结果进行重构，得到相应的预测结果。基于小波变换的基本预测模型如图6.22所示。

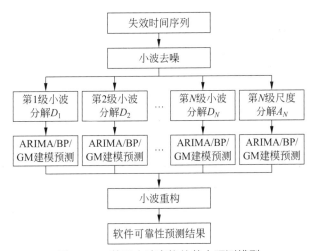

图 6.22 基于小波变换的基本预测模型

基于小波变换的软件可靠性预测主要包括4个阶段：第1阶段是小波去噪，目的是消除时间序列中的噪声；第2阶段是小波分解，其主要目的是得到时间序列在各个变换域中的高频尺度序列和低频尺度序列；第3阶段是利用ARIMA模型、BP神经网络模型或GM模型建模和预测各个变换域的高频尺度序列和最后的低频尺度序列；第4阶段的主要目的是利用小波重构技术将各个变换域中的预测序列叠加求和，产生系统短期失效时间的预测。

利用小波分解进行失效时间序列预测分析应用时，一般对失效时间序列进行小波分解，每一层分解的结果是上次分解得到的低频信号再分解成高频和低频两部分。如此经过 N 层分解后，软件失效时间序列 X 被分解为 $X = D_1 + D_2 + \cdots + D_N + A_N$，其中，$D_1, D_2, \cdots, D_N$ 分别为第一层、第二层到第 N 层分解得到的高频信号，A_N 为第 N 层分解得到的低频信号。然后对 $D_1, D_2, \cdots, D_N$ 和 A_N 利用回归分析算法分别进行预测分析，最后进行小波重构，实现对软件失效时间序列的预测。基于小波变换的软件可靠性预测算法如算法6.3 所示。

算法 6.3 基于小波变换的软件可靠性预测算法

1. 对原始失效数据序列进行小波分解，得到各层小波系数。
2. 对各层小波系数分别建立数据驱动的软件可靠性模型（如ARIMA模型、BP神经网络模型或GM模型等），对各层小波系数进行预测。
3. 用得到的预测小波系数重构数据。

❋ 6.5 习题

1. 数据驱动的软件可靠性建模的基本原理是什么？
2. 采用表5.1给出的NTDS数据集分别利用人工神经网络、支持向量机和极限学习机模型进行可靠性分析，并对这3种软件可靠性模型基于25次失效数据的预测均方误差加以比较。
3. 当下软件失效数据集包含的失效数据量较少，在神经网络模型，尤其是深度学习模型上应用的效果十分不理想。为解决这个问题，一般采用仿真方法模拟生成软件失效数据或数据升采样提升数据频度，扩充数据量。根据表6.10给出的136个实时控制系统失效数据分别进行失效数据模拟生成和数据升采样，并通过算法实现软件失效数据扩充。
4. 利用LSTM算法对表6.10中的失效数据进行软件可靠性建模，进一步利用LSTM算法分别对模拟方法生成的失效数据集和利用升采样方法得到的失效数据集进行软件可靠性建模，并比较这两种方法的MSE和R^2，说明不同情况下的建模精度。
5. 利用组合算法对表6.10中的失效数据编程实现软件可靠性建模，进一步利用组合算法分别对模拟方法生成的失效数据集和利用升采样方法得到的失效数据集进行软件可靠性建模，并比较各种组合算法的预测精度。
6. 利用时间序列分解算法对表6.10中的失效数据编程实现可靠性建模，进一步利用时间序列分解算法分别对模拟方法生成的失效数据集和利用升采样方法得到的失效数据集进行可靠性建模，并比较各个时间序列分解算法的预测精度。

表 6.10 实时控制系统失效数据（Lyu,1996）

序号	失效时间	序号	失效时间	序号	失效时间	序号	失效时间	序号	失效时间
1	3	10	15	19	26	28	1146	37	176
2	30	11	138	20	114	29	600	38	58
3	113	12	50	21	325	30	15	39	457
4	81	13	77	22	55	31	36	40	300
5	115	14	24	23	242	32	4	41	97
6	9	15	108	24	68	33	0	42	263
7	2	16	88	25	422	34	8	43	452
8	91	17	670	26	7180	35	227	44	255
9	112	18	120	27	10	36	65	45	197

续表

序号	失效时间	序号	失效时间	序号	失效时间	序号	失效时间	序号	失效时间
46	193	65	1222	84	1064	103	108	122	482
47	6	66	543	85	1783	104	0	123	5509
48	79	67	10	86	860	105	3110	124	100
49	816	68	16	87	983	106	1247	125	10
50	1351	69	529	88	707	107	943	126	1071
51	148	70	379	89	33	108	700	127	371
52	21	71	44	90	868	109	875	128	790
53	233	72	129	91	724	110	245	129	6150
54	134	73	810	92	2323	111	729	130	3321
55	357	74	290	93	2930	112	1897	131	1045
56	193	75	300	94	1461	113	447	132	648
57	236	76	529	95	843	114	386	133	5485
58	31	77	281	96	12	115	446	134	1160
59	369	78	160	97	261	116	122	135	1864
60	748	79	828	98	1800	117	990	136	4116
61	0	80	1011	99	865	118	948		
62	232	81	445	100	1435	119	1082		
63	330	82	296	101	30	120	22		
64	365	83	1775	102	143	121	75		

第 7 章 软件可靠性建模技术

本章学习目标
- 熟练掌握基于体系结构的软件可靠性建模分析方法。
- 了解面向服务的软件可靠性建模分析方法。
- 了解网络化软件可靠性建模分析方法。
- 了解云计算系统可靠性建模分析方法。

第7章视频

本章首先介绍基于体系结构的软件可靠性建模分析方法,包括基于马尔可夫链的组件化系统可靠性建模分析方法和基于 Petri 网的体系结构软件可靠性分析方法,然后介绍面向服务的软件可靠性建模分析方法,最后介绍网络化软件可靠性建模分析方法和云计算系统可靠性建模分析方法。

❖ 7.1 基于体系结构的软件可靠性建模分析

传统的软件可靠性评估模型主要应用于软件测试、验证或运行阶段,它将软件看作一个整体,仅仅考虑软件的输入和输出,而不考虑软件内部的结构,即黑盒测试方法。黑盒测试通过用户的操作剖面随机生成测试用例并执行,获得软件的失效信息,并对其进行数学建模,在检测出错误后立即修复,从而得到用于评估的可靠性增长模型。目前基于黑盒的软件可靠性评估技术已经比较成熟。但是,由于这些模型大都是基于失效数据的,需要在软件测试阶段进行,无法对软件设计阶段的错误进行预防。同时,这些模型必须通过长时间基于操作剖面的测试才可以得到足够多有意义的失效数据,势必会浪费大量的人力物力。

7.1.1 基于马尔可夫链的组件化系统可靠性建模分析

基于体系结构的开发是现代软件开发的重要途径,也是软件工程的要求。软件的体系结构与软件本身的质量和性能息息相关。并且实践表明,越早发现软件中存在的错误,花费的开销就会越小。软件的可靠性与组成软件的组件可靠性和组件结构相关,因此利用软件体系结构对软件的可靠性进行分析和评估是一种很有价值的方法。

传统的模型是可靠性增长模型(黑盒模型),将整个软件系统作为一个整体,仅对系统与外部的交互进行建模，而不考虑系统的内部结构。在基于组件的软件开发中，软件系统由不同的组件按照一定的体系结构组装而成，系统架构决定了各组件间的交互方式，是系统可靠性的一个重要因素，因此在进行可靠性建模时必须对系统架构进行分析。另外，基于系统架构信息，可以在软件生命周期的前期对系统可靠性进行预测，与只能在软件生命周期后期进行可靠性分析的黑盒模型相比，这无疑提高了开发效率，节约了开发成本。

1. Cheung模型

Cheung模型是一个面向用户的组件化系统可靠性分析模型，它使用组成系统的每个组件的可靠性以及用户使用剖面综合给出系统可靠性。Cheung模型基于以下两个假设：

（1）组件间的可靠性是相互独立的，这就意味着组件的失效不会产生相互的影响，某个组件的失效最终会导致系统的失效，而不必考虑组件失效之后系统的执行。

（2）组件间的控制转移可以建模为一个马尔可夫过程。也就是说，下一个组件执行的概率仅与当前组件相关，与历史执行信息无关。

Cheung模型使用状态图表示软件的行为：一个状态表示一个模块的执行，从一个状态到另一个状态的转移概率由软件操作剖面和模块可靠性计算得到。这样一来，软件的可靠性就可以由状态的执行顺序和各个独立状态的可靠性决定。假设软件下一个状态（被执行的模块）只与当前的状态（被执行的模块）有关，与之前的执行顺序没有任何关系，整个状态图和状态转移过程就构成了一个离散时间马尔可夫过程。

假设软件中有 n 个模块，分别记为 $M_1, M_2, \cdots, M_n$，每一个模块对应状态图中的一个节点（即状态图中的一个状态）。对于其中任意的两个节点 M_i 和 M_j，有向边 (M_i, M_j) 表示软件控制流存在从模块 M_i 转移到模块 M_j 的可能性，用概率 P_{ij} 表示发生这种控制流转移的可能性。也就是说，当模块 M_i 执行完毕后，接下来执行模块 M_j 的概率是 P_{ij}。若状态图中不存在有向边 (M_i, M_j)，表示模块 M_i 执行完毕后下一个执行的模块不会是 M_j，此时 $P_{ij} = 0$。P_{ij} 可以通过实验统计获得，用 $t(i, j)$ 表示多次操作中控制流从模块 M_i 转移到模块 M_j 的平均次数，则 P_{ij} 可以表示为

$$P_{ij} = \frac{t(i,j)}{\sum_{k=1}^{n} t(i,k)} \tag{7.1}$$

需要注意的是，在状态图中 P_{ij} 并不是从状态 M_i 转移到状态 M_j 的转移概率。在软件运行过程中，只有模块 M_i 正确执行，控制流才有可能跳转到下一个模块 M_j。设 R_i 为状态 M_i 的可靠度，用 $P(i, j)$ 表示从状态 M_i 转移到状态 M_j 的转移概率，则

$$P(i, j) = R_i P_{ij} \tag{7.2}$$

不失一般性，假设软件有唯一的入口和出口，分别为 M_1 和 M_n。集合 $\{M_1, M_2, \cdots, M_n\}$ 是离散时间马尔可夫过程的状态集合，其中 M_1 是初始状态、M_n 是终止状态，$\boldsymbol{P} = [P(i,j)]_{n \times n}$

为状态转移矩阵：

$$\begin{array}{c} & \begin{array}{cccccc} M_1 & M_2 & \cdots & M_i & \cdots & M_{n-1} & M_n \end{array} \\ \begin{array}{c} M_1 \\ M_2 \\ \vdots \\ M_i \\ \vdots \\ M_{n-1} \\ M_n \end{array} & \left[\begin{array}{ccccccc} 0 & R_1 P_{12} & \cdots & R_1 P_{1i} & \cdots & R_i P_{1(n-1)} & R_1 P_{1n} \\ R_2 P_{21} & 0 & \cdots & R_2 P_{2i} & \cdots & R_2 P_{2(n-1)} & R_2 P_{2n} \\ \vdots & \vdots & \ddots & \vdots & \ddots & \vdots & \vdots \\ R_i P_{i1} & R_i P_{i2} & \cdots & 0 & \cdots & R_i P_{i(n-1)} & R_i P_{in} \\ \vdots & \vdots & \ddots & \vdots & \ddots & \vdots & \vdots \\ R_{n-1} P_{(n-1)1} & R_{n-1} P_{(n-1)2} & \cdots & R_{n-1} P_{(n-1)i} & \cdots & 0 & R_{n-1} P_{(n-1)n} \\ R_n P_{n1} & R_n P_{n2} & \cdots & R_n P_{ni} & \cdots & R_n P_{n(n-1)} & 0 \end{array}\right] \end{array}$$

记 $P^k(i,j)$ 表示经过 k 次转移从状态 M_i 到达状态 M_j 的概率，则经过 k 次转移从状态 M_i 到达状态 M_j 的可靠度 R_{ij}^k 可以表示为

$$R_{ij}^k = P^k(i,j) R_j \tag{7.3}$$

软件的可靠度是从初始状态 M_1 到达终止状态 M_n 的概率，发生转移的次数可能是 0 到正无穷（其中 0 是 $M_1 = M_n$ 的特例）。因此，软件的可靠度 R 可以表示为

$$\begin{aligned} R &= R_{1n}^0 + R_{1n}^1 + \cdots + R_{1n}^k + \cdots \\ &= \sum_{k=0}^{+\infty} R_{1n}^k = \sum_{k=0}^{\infty} (P^k(1,n) R_n) = R_n \sum_{k=0}^{\infty} P^k(1,n) \end{aligned} \tag{7.4}$$

设矩阵 $\boldsymbol{U} = [u(x,y)]$ 为

$$\boldsymbol{U} = \boldsymbol{I} + \boldsymbol{P} + \boldsymbol{P}^2 + \boldsymbol{P}^3 + \cdots = \sum_{k=0}^{\infty} \boldsymbol{P}^k \tag{7.5}$$

其中，$\boldsymbol{I}$ 为单位矩阵。由线性代数相关知识可以得到

$$\boldsymbol{U} = (\boldsymbol{I} - \boldsymbol{P})^{-1} \tag{7.6}$$

同时，显然可知

$$u(1,n) = \sum_{k=0}^{\infty} P^k(1,n) \tag{7.7}$$

将式 (7.7) 代入式 (7.4)，可得到软件可靠度：

$$R = u(1,n) R_n \tag{7.8}$$

综上，只要得到状态转移矩阵后，可以根据式 (7.7) 和式 (7.8) 得到软件的可靠度。

2. 基于用户操作剖面的组件可靠性计算

Cheung 模型中通过以 $R_i P_{ij}$ 构造的状态转移矩阵计算组件的可靠度。组件的转移概率 P_{ij} 由用户使用剖面给出，而对单个组件的可靠度 R_i 并没有具体的计算方法。

组件是一个不透明的功能实现，可单独生产、获取与部署，具有规范的接口，能够被

第三方组装，组件间可以相互作用并构成一个功能系统。由此可以看出组件化软件开发的两个特征。首先，组件的开发者与组件的实现者是相互分离的，组件的开发者不能预知组件具体的使用环境，组件的使用者无法明了组件的内部细节。而组件的可靠性是与组件的使用环境密切相关的，因此两者的分离为基于组件的软件可靠性分析预测带来了挑战。其次，组件通过一组规范的接口相互作用，构成一个功能系统，从使用者的角度看，组件提供给用户的服务通常以一组组件接口的形式给出，而组件的可靠性可以看作组件满足用户所需服务的能力。

基于以上分析可知，组件开发者在给出组件可靠度信息时，应分别给出组件提供的各服务接口的可靠度，而用户给出的使用剖面可设计为一个二级模型，分别刻画组件的概率迁移与组件的接口使用情况。这样，组件开发者在给出各接口可靠度时不必关心组件是如何使用的；而组件使用者可以根据组件开发者提供的组件接口的可靠度，结合自己的使用剖面计算出组件的可靠度。下面分别给出组件开发者的接口可靠度模型、用户使用剖面的接口使用模型以及概率迁移模型的定义。

定义（接口可靠度模型）　假设 P_{OC_i} 为组件 C_i 的服务接口集合，接口的可靠度定义为一个函数 $r(p_o)$，其中 $(p_o \in P_{OC_i}), 0 \leqslant r(p_o) \leqslant 1$。

定义（接口使用模型）　假设 P_{OC_i} 为组件 C_i 的服务接口集合，那么满足 $\sum_{p_o \in P_{OC_i}} m(p_o) = 1$ 的全函数 $m: P_{OC_i} \to P$ 就是组件 C_i 的一个接口使用模型，其中 $P = \{p | 0 \leqslant p \leqslant 1\}$ 为出现概率的论域。

定义（概率迁移模型）　组件的概率迁移定义为函数 $g: C \times C \to P$，其中 $P = \{p | 0 \leqslant p \leqslant 1\}$。$g(<C_i, C_j>)$ 表示组件从 C_i 迁移到 C_j 的概率。

图7.1给出了综合以上3个模型的组件化软件系统状态转移图。

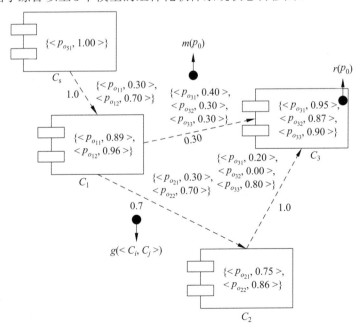

图 7.1　组件化软件系统状态转移图

在组件化软件系统状态转移图中引入了一个接口可靠度为1的初始组件C_s，此组件不提供任何功能，只负责确定系统的初始执行组件。组件C_s是引入的初始组件，没有其他组件迁移到此组件，因此不具有接口使用模型。组件C_i的可靠度可以计算为

$$R_i = \sum_{p_o \in P_{O_{C_i}}} r(P_o) m(P_o) \tag{7.9}$$

而Cheung模型中的组件转移概率P_{ij}即为$g(<C_i, C_j>)$。

3. 基于系统架构的可靠性分析

软件体系结构是一个设计，它包括建立系统中的各元素（组件和连接件）的描述、元素之间的交互、指导装配的范例和对范例的约束。按这一思想，并考虑到组件和连接件定义的一致性，下面给出软件体系结构的抽象关系的递归定义。

定义 SA= (C, L)是一个软件体系结构（Software Architecture），$C = (C_1, C_2, \cdots, C_n)$是SA中组件的集合，$L = (L_1, L_2, \cdots, L_k)$是连接件的集合，$C$和$L$是有限集，即$n$和$k$为任意有界自然数。其中：

（1）$C \cap L = \varnothing, C \cup L \neq \varnothing$。

（2）$C, L \subseteq A, C_i \times L_j \times \cdots \times L_y \times C_k \subseteq A$，其中，$A$为$C$和$L$之间存在关系的边的集合，$i$、$j$、$y$、$k$为有界自然数。

（3）$A \subseteq \{(C \times L) \cup (L \times C)\}$，其中×为笛卡儿积运算符，表示组件与连接件之间的关系。

一般组件是软件功能的承载部件，而连接件是负责完成组件间信息交换和行为的专用部件。可见，连接件的功能是实现组件之间的行为连动或转动以及信息交换。因此，组件和连接件在实现系统功能上并不存在共同点，所以，条件（1）中定义组件与连接件的交为空。如果将连接件看成特殊类型的组件，它与普通意义上的组件的差别主要是在构成系统或SA时的作用不同。这里，把组件和连接件统称为SA的元素，记作E。条件（2）说明组件、连接件构成一个体系结构，组件经有限次连接后是一个体系结构。由此定义可得软件体系结构有以下3个性质：封闭性（envelopment）、层次性（hierarchy）和可扩充性（expansibility）。

要对由若干组件构成的系统进行可靠性分析预测，通过结构分解建立其可靠性模型是十分重要的一步。经过多年的发展，目前在硬件系统可靠性的研究领域已有多种可靠性模型被提出，并在工程实践中得到广泛的应用。根据硬件系统可靠性模型可以推导出串联型和并联型两种典型的SA可靠性模型。

（1）串联型SA可靠性模型。设SA由n个元素组成，某项功能必须经过这n个元素连续处理才能完成，也就是说，如果当且仅当n个元素全部正常工作时系统才正常工作，任意一个元素失效都将导致整个系统的失效，则称SA是由n个元素组成的串联型SA可靠性模型。该模型如图7.2所示。

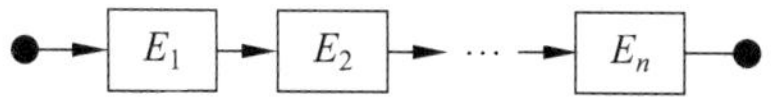

图 7.2 串联型SA可靠性模型

为了便于计算，把每个元素都看成一个子系统，则上述串联型SA可靠性模型可以看成

n 个子系统组成的一个串联系统。设第 i 个子系统的寿命为 X_i,在时间 t 的可靠度为 $R_i(t)$,且 $X_1, X_2, \cdots, X_n$ 相互独立,并设系统寿命为 X_s,其在时间 t 时的可靠度为 $R_s(t)$,则

$$R_s(t) = P(X_s > t) = P\{\min(X_1, X_2, \cdots, X_n) > t\} \tag{7.10}$$

$$= P(X_1 > t, X_2 > t, \cdots, X_n > t) \tag{7.11}$$

$$= \prod_{i=1}^{n} P(X_i > t) = \prod_{i=1}^{n} R_i(t) \tag{7.12}$$

(2)并联型 SA 可靠性模型。设 SA 由 n 个元素组成,某项功能只要经过某一元素的处理就能完成,也就是说,只要任一元素 E_i 正常工作,系统就可以正常工作,则称 SA 是由 n 个元素组成的并联型 SA 可靠性模型。该模型如图 7.3 所示。

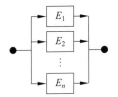

图 7.3 并联型 SA 可靠性模型

在此,把每一个元素看成一个子系统,例如 E_1 可以看成子系统 S_1,同样可设第 i 个子系统的寿命为 X_i,在时间 t 的可靠度为 $R_i(t)$,且 $X_1, X_2, \cdots, X_n$ 相互独立,并设系统寿命为 X_s,其在时间 t 时的可靠度为 $R_s(t)$,则

$$R_s(t) = P(X_s > t) = P\{\max(X_1, X_2, \cdots, X_n) > t\} \tag{7.13}$$

$$= 1 - P\{\max(X_1, X_2, \cdots, X_n) \leqslant t\} \tag{7.14}$$

$$= 1 - P(X_1 \leqslant t, X_2 \leqslant t, \cdots, X_n \leqslant t) \tag{7.15}$$

$$= 1 - \prod_{i=1}^{n}(1 - P(X_i > t)) = 1 - \prod_{i=1}^{n}(1 - R_i(t)) \tag{7.16}$$

对于其他复杂的 SA 可靠度的计算可采用递归的方法:每次依据串联或并联的形式对系统进行逐级分解,直至分解所得的每一部分均只含有单一的串联或并联形式为止,再利用上述的串联型或并联型 SA 可靠度的计算方法逐级回溯,最终计算得出整个 SA 的可靠度。

Cheung 提出的基于离散时间马尔可夫链进行可靠性建模的方法适合处理顺序、分支、循环等结构。顺序结构是组件按特定的顺序依次执行;分支结构根据分支判断条件将系统的执行按概率划分为两条顺序执行路径;循环结构可以转化为多个分支结构的重复执行。从这种意义上讲,上述 3 种结构同属于串行结构。

这里针对非单一串行结构的异构架构,采用从异构架构视图到同构状态视图的转换方法,并给出并行结构、容错结构、调用返回结构 3 种异构架构视图转换为同构状态视图时系统的可靠度计算公式。

(1)并行结构。该结构描述的是并行环境下多个组件同时运行的情形。对于一组并发执行的组件,其前驱组件将控制转移给它们的概率是相同的,它们将控制转移给其后继组

件的概率也是相同的，因此在从架构视图到状态视图的转换过程中，将并行执行的一组组件建模为一个状态，隐藏组件的并发执行特征。并行执行的组件的可靠性是相互独立的，只有一组并行执行的组件全部正确执行时，才认为这一组并行组件是可靠的。一组并行组件的统一状态的可靠度按式(7.17)计算：

$$R_\text{s} = \prod_{1\leqslant j\leqslant m} R_j \tag{7.17}$$

其中，m 表示并行结构中并行组件的数量，R_j 表示每个并行组件的可靠度。

（2）容错结构。该结构是提高软件可靠性的重要方法，它提供了在部分组件失效的情况下系统仍能正确执行的能力。容错结构一般包括主组件和备份组件。备份组件的作用是当主组件失效时替代主组件，完成主组件的功能。因此一组容错结构组件中只要有一个能正确执行，系统就能正常运行，这也是容错结构与并行结构的区别之处。

容错结构的架构视图转换为状态视图的方法与并行结构类似，也是将一组容错组件建模为一个统一状态，只是容错结构中统一状态可靠度的计算方法与并行结构不同，其计算公式为

$$R_\text{s} = 1 - \left(1 - \prod_{1\leqslant j\leqslant m} R_j\right) \tag{7.18}$$

其中，m 表示容错组件的数量，R_j 表示每个容错组件的可靠度。

（3）调用返回结构。该结构是程序设计语言中常用的一种结构，但是这种结构不能直接用来对系统可靠性进行建模分析。Parnas给出了原因：当 X 调用 Y 时，X 的可靠性依赖于 Y 的正确执行，这不满足进行可靠性建模时组件的可靠性独立性假设。Parnas将组件间的独立性关系称为 INV(X,Y)，X 仅将控制权转移给 Y，但并不关心 Y 的执行。在前面介绍的串行结构、并行结构、容错结构均属于这种关系。将组件间的调用返回关系称为 USES(X,Y)，在这种结构下不能直接进行可靠度的计算，而必须将其转换为 INV(X,Y) 关系。将 X 按调用前与调用后划分为 X_1 及 X_2 两个子组件，这样 USES(X,Y) 就转换为 INV(X_1,Y) 与 INV(Y,X_2) 的顺序结构。设 X 的可靠度是 R_1，Y 的可靠度是 R_2，X 调用 Y 的次数为 k，那么将架构视图中具有调用关系的 X 和 Y 两个组件转换为状态视图中的一个状态，其可靠度计算公式为

$$R_\text{s} = R_1 R_2^k, \quad k \in (0, +\infty) \tag{7.19}$$

基于此模型进行可靠性预测，按以下步骤进行：

（1）组件开发者给出单个组件每个接口的可靠度。

（2）组件评测人员根据用户使用剖面中的接口，使用剖面计算出每个组件在系统应用环境下的可靠度。

（3）组件评测人员将组件开发者提供的异构架构的软件架构视图转换为同构的状态视图，并计算出转换后各状态的可靠度。

（4）根据状态视图构造状态转移矩阵，该矩阵中的每一项为 $R_i P_{ij}$，其中，R_i 为组件在系统应用环境下的可靠度，P_{ij} 是用户使用剖面中相应的组件转移概率。

（5）按照Cheung模型的计算方法，得到整个组件系统的可靠度。

7.1.2 基于Petri网的体系结构软件可靠性建模分析

1. 基于Petri网的体系结构模型

1）Petri网基本概念

Petri网（Petri Net, PN）是C. A. Petri博士于1962年提出的，是一种用于系统描述和分析的数学工具。Petri网作为分析离散事件动态系统的有力工具被广泛应用于计算机网络、协议工程以及并行和并发计算等研究领域。

Petri网是一种网状信息流模型，其中包括库所（Place）和变迁（Transition）两种节点，并且用有向弧连接起来，在以库所和变迁为节点的有向二分图的基础上加上表示状态信息的令牌（token），并按一定的引发规则使得事件驱动状态发生演变，从而反映系统的动态运行过程。Petri网不仅仅是一种可以用网状图形表示的数学对象，它的本质是现实中存在的物理模型。通过Petri网描述的异步并发现象反映了事物间的依赖关系。下面是有关Petri网的一些基本概念。

定义（Petri网结构） 给定三元组 $N = (P, T, F)$，该三元组是Petri网结构，当且仅当以下条件成立：

(1) $P \cup T \neq \varnothing$。

(2) $P \cap T = \varnothing$。

(3) $F \subseteq (P \times T) \cup (T \times P)$（×为笛卡儿积运算符）。

(4) $\mathrm{dom}(F) \cup \mathrm{cod}(F) = P \cup T$。

其中，P 和 T 分别称为 N 的库所集合和变迁集合；F 为有向边集合，它是由元素 P 和 T 组成的有序偶集合，表示网的流（Flow）关系；$\mathrm{dom}(F) = \{x | \exists y : (x, y) \in F\}$ 和 $\mathrm{cod}(F) = \{y | \exists x : (x, y) \in F\}$ 分别为 F 的定义域和值域，集合 $X = P \cup T$ 是Petri网元素的集合。

在Petri网结构中，库所表示条件、资源、等待队列和信道等，一般用圆圈（○）表示；变迁表示事件、动作、语句执行和消息发送/接受等，一般用方块（□）表示。通常在Petri网的图形表示中，用带黑点的圆圈（⊙）表示标记。一个变迁（事件）有一定数量的输入和输出库所，分别代表事件的前置条件和后置条件，库所中的令牌代表可以使用的资源数量或数据。典型的Petri网结构如图7.4所示。

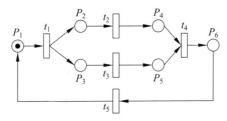

图 7.4 典型的Petri网结构

在图7.4所示的Petri网结构中，库所集合 $P = \{P_1, P_2, \cdots, P_6\}$，变迁集合 $T = \{t_1, t_2, \cdots, t_5\}$，流关系 $F = \{(P_1, t_1), (t_1, P_2), (t_1, P_3), (P_2, t_2), (P_3, t_3), (t_2, P_4), (t_3, P_5), (P_4, t_4), (P_5, t_4), (t_4, P_6), (P_6, t_5), (t_5, P_1)\}$。

定义（前集和后集） 对于一个Perti网结构 $N = (P, T, F)$，设 $x \in (P \cup T)$，令 $^\bullet x =$

$\{y|\exists y:(y,x)\in F\}$；$x^{\bullet}=\{y|\exists y:(x,y)\in F\}$，则称 $^{\bullet}x$ 为 x 的前集或输入集，$x^{\bullet}$ 为 x 的后集或输出集。

Petri 网除了具有以上静态结构外，还包括描述动态机制的行为。这一特征是通过允许库所中包含令牌实现的。

定义（普通 Petri 网） 普通 Petri 网形式上定义为一个四元组 $PN=(P,T,F,M_0)=(N,M_0)$，其中：

（1）$N=(P,T,F)$ 是一个 Petri 网结构。

（2）$M:P\to\mathbf{Z}$(非负整数集合)是库所集合上的标识(marking)向量。对于任一库所 $p\in P$，以 $M(p)$ 表示标识向量 M 中库所 p 对应的分量，称为库所 p 上的标识或者令牌数目。M_0 是初始标识向量。

在 Petri 网的图形表示中，标识或令牌用库所中的黑点或数字表示，同一库所中多个标识代表同一类完全等价的个体。标识向量表示令牌在库所中的分布。在含有令牌的 Petri 网中，依据迁移的使能(enable)条件，可以使得使能的迁移引发(fire)或实施，迁移的引发（实施）会依据引发规则实现令牌的移动，不断变化的令牌重新分布就描述了系统的动态变化。

- 迁移的使能条件：对于 Petri 网 $PN=(P,T,F,M)$，如果 $\forall p_1,p_1\in{}^{\bullet}t\Rightarrow M(p_1)\geqslant 1$，则称 t 在 M 使能，记为 $M[t>$。

- 迁移的引发规则：对于 Petri 网 $PN=(P,T,F,M)$，任何在 M 使能的迁移 t 都将引发，迁移 t 的引发使得库所中令牌重新分布，从而将标识向量 M 变成新标识向量 M'，并称 M' 为 M 的后继标识向量，记为 $M[t>M'$。

可达性是 Petri 网最基本的动态性质，其余各种性质都要通过可达性定义。

定义（可达性） 设 $PN=(P,T;F,M_0)$ 为一个 Petri 网，如果存在 $t\in T$，使 $M_0[t>M'$，则称 M' 为从 M_0 直接可达的。

如果存在变迁序列 $t_1,t_2,\cdots,t_k$ 和标识向量序列 $M_1,M_2,\cdots,M_k$，使得

$$M_0[t_1>M_1,M_1[t_2>M_2,\cdots,M_{k-1}[t_k>M_k \tag{7.20}$$

则称 M_k 为从 M_0 可达的。

从 M_0 可达的一切标识向量的集合记为 $R(M_0)$，即 $R(M_0)$ 为系统运行过程中可能出现的全部状态的集合。约定 $M\in R(M_0)$。如果记变迁序列 $t_1,t_2,\cdots,t_k$ 为 σ，则式(7.20) 也可记为 $M_0[\sigma>M_k$。

定义（可达标识集） 设 $PN=(P,T,F,M_0)$ 为一个 Petri 网，M_0 为初始标识向量。PN 的可达标识集 $R(M_0)$ 定义为满足下面两个条件的最小集合：

（1）$M_0\in R(M_0)$。

（2）若 $M\in R(M_0)$，且存在 $t\in T$，使得 $M[t>M'$，则 $M'\in R(M_0)$。

在此，对软件体系结构（SA）模型进行抽象，构建基于 SA 的 Petri 网模型（SAPN），采用库所表示 SA 中的组件，用变迁表示连接件，则 SA 中的一个组件经过连接件与其他组件进行交互就可以看成 Petri 网中由一个库所到另一个库所的一个变迁过程。

易知，在 $SA=(C,L)$ 中，若用 C 表示 Petri 网的库所集合 P，用 L 表示 Petri 网的变迁集合 T，构造 $PN=(N,M_0)$，其中 $N=(P,T,F)$ 为一个 SA 网，F 是 P 与 T 之间存在关系

的边的集合，M_0 表示 SA 的初始标记向量，则 PN 是一个 Petri 网。

定义（加权 SAPN） 加权 SAPN 是一个八元序偶 $(P,T,H,S,E_N,P_T,R_E,R_T)$，其中 P 为库所集合，T 为变迁集合，全函数 $H:T \to P \times P$，$S \subseteq P$ 为起始库所集合，$E_N \subseteq P$ 为终止库所集合，P_T 为变迁概率集合，R_E 为组件和连接件的可靠性度量域，$R_C,R_L \subseteq R_E$，R_T 为迁移过程的可靠性度量域，通常集合 $P_T,R_E,R_T \subseteq [0,1]$。

在加权 SAPN= $(P,T,H,S,E_N,P_T,R_E,R_T)$ 上，若路径 PW= $p_0 t_1 p_1 t_2 p_2 \cdots t_i p_i \cdots t_n p_n$ 满足以下条件：

(1) $\forall 0 \leqslant i \leqslant n, p_i \in P$。

(2) $\forall 0 \leqslant i \leqslant n, t_i \in T$。

(3) $e_0 \in S, c_n \in P$。

(4) $1 \leqslant i \leqslant n, H(t_i) = <p_i, p_j>$。

则称该路径为加权 SAPN 的一个运行。

在基于 SA 的可靠性建模中，一般把组件和连接件作为黑盒看待，因此必须有一个评估软件组件和连接件可靠性的方法，下面定义可靠度函数。

定义（可靠度函数） 设 Interface(C) 表示 SA 中组件 C 的接口数，设 Interface(L) 表示 SA 中连接件 L 的接口数，则 SA 中组件和连接件的可靠度分别为

$$R_C = 1 - \alpha_i \text{Interface}(C) \triangleq f(C), \quad R_L = 1 - \beta_i \text{Interface}(L) \triangleq g(L) \tag{7.21}$$

其中系数 α_i、β_i 可以通过测试多个有不同接口的不同组件和连接件得出。迁移过程的可靠度 R_T 由组件与连接件之间的耦合程度决定。耦合度越低，则迁移过程的可靠度越高；反之，则迁移过程的可靠度越低。

2）基于 SAPN 的可靠性建模

根据上述定义，假设起始组件为附加组件，它不做任何动作，可靠度为 100%，则评估 SAPN 可靠性的步骤如下。

步骤 1：根据 SA 模型建立加权 SAPN 模型。

步骤 2：根据加权 SAPN 模型的迁移概率生成测试路径 PW，若在加权 SAPN 模型中存在循环测试路径，则该路径不重复计算，并求出测试路径 PW 的迁移概率。在加权 SAPN 模型中，测试路径就是运行，可以通过广度优先搜索（Breadth First Search，BFS）算法求出从初始点到终止点的测试路径，测试路径 PW 的迁移概率可以计算如下：

$$P_{\text{PW}} = \prod_{i=1}^{n} P_n \tag{7.22}$$

其中，P_n 表示迁移 t_n 发生的概率。

步骤 3：计算测试路径 PW 的可靠度。

假设测试路径 PW 为 $p_0 t_1 p_1 t_2 p_2 \cdots t_i p_i \cdots t_n p_n$，那么该测试路径可靠度可以计算如下：

$$R_{\text{PW}} = \prod_{i=1}^{n} R_{C_i} R_{L_i} R_{t_i} \tag{7.23}$$

$$= \prod_{i=1}^{n} (1 - \alpha_i \text{Interface}(C_i)) \prod_{i=1}^{n} (1 - \text{Interface}(L_j)) R_{t_i} \tag{7.24}$$

其中，R_{C_i} 是 SA 中组件 C_i 的可靠度，R_{L_i} 是 SA 中组件 L_i 的可靠度，R_{t_i} 为迁移过程 t_i 的可靠度。

步骤4：计算SA的可靠度。

$$R_{\mathrm{SA}} = \frac{\sum_{i=1}^{k} R_{\mathrm{PW}_i} P_{\mathrm{PW}_i}}{\sum_{i=1}^{k} P_{\mathrm{PW}_i}} \tag{7.25}$$

式(7.25)中的 P_{PW_i} 表示沿路径 PW_i 的迁移概率，由于在测试路径的可靠度估计上加入了迁移过程的可靠度，所以通过上述计算方法得出的SA可靠度是一个系统动态运行时的可靠度，能够很好地反映系统运行状态下软件体系结构的可靠性。

3）实例分析

下面以某客机维修排故专家系统为例，基于Petri网对其体系结构的可靠性进行分析评估。该系统的软件体系结构如图7.5所示。

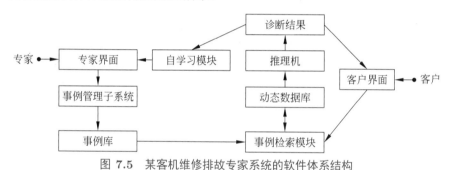

图 7.5 某客机维修排故专家系统的软件体系结构

在该系统的SA模型中，系统总体功能实现首先由专家开始，专家界面与该系统进行交互，通过一系列功能模块的共同协作完成对客机故障的分析，最后将处理结果传输给客户。

利用SA模型对该系统进行抽象描述。假设该系统功能的起始点为S，客户为系统功能的终止点，记为EN，专家界面、事例库管理子系统、事例库、事例检索模块、动态数据库、推理机、诊断结果、自学习模块、客户界面等组件分别记作 $C_1, C_2, \cdots, C_9$，它们之间的连接件分别记作 $L_1, L_2, \cdots, L_8$，诊断结果、事例检索模块与客户界面之间的连接件分别记作 L_9, L_{10}。

假设系统的组件、连接件和迁移过程的可靠度为已知，迁移概率为已知。那么该SA模型的可靠性可以通过对SA用加权SAPN模型进行建模，利用BFS算法寻找运行路径，计算各个运行路径的可靠度，最后求出整个SA的可靠度。其具体分析评估可以按以下步骤进行：

步骤1：对图7.5的SA模型用加权SAPN模型进行建模，其加权SAPN模型如7.6所示。

步骤2：根据加权SAPN模型的迁移概率生成测试路径。利用BFS算法可计算出从S到EN的路径。

(1) PW_1: $S \to C_1 \to T_1 \to C_2 \to T_2 \to C_3 \to T_3 \to C_4 \to T_{10} \to C_9 \to \mathrm{EN}$。

(2) PW_2: $S \to C_1 \to T_1 \to C_2 \to T_2 \to C_3 \to T_3 \to C_4 \to T_4 \to C_5 \to T_5 \to C_6 \to$

$T_6 \to C_7 \to T_9 \to C_9 \to \text{EN}$。

（3）PW_3：$\text{S} \to C_1 \to T_1 \to C_2 \to T_2 \to C_3 \to T_3 \to C_4 \to T_4 \to C_5 \to T_5 \to C_6 \to T_6 \to C_7 \to T_7 \to C_8 \to T_8 \to C_2 \to T_2 \to C_3 \to T_3 \to C_4 \to T_{10} \to C_9 \to \text{EN}$。

（4）PW_4：$\text{S} \to C_1 \to T_1 \to C_2 \to T_2 \to C_3 \to T_3 \to C_4 \to T_4 \to C_5 \to T_5 \to C_6 \to T_6 \to C_7 \to T_7 \to C_8 \to T_8 \to C_2 \to T_2 \to C_3 \to T_3 \to C_4 \to T_4 \to C_5 \to T_5 \to C_6 \to T_6 \to C_7 \to T_9 \to C_9 \to \text{EN}$。

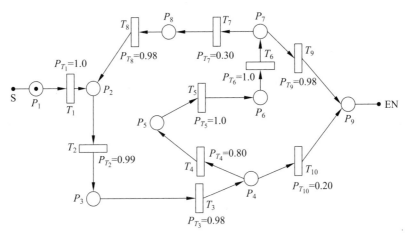

图 7.6 某客机维修排故专家系统的加权 SAPN 模型

总共有 4 条测试路径。其迁移概率分别为

$P_{\text{PW}_1} = P_{T_1} \times P_{T_2} \times P_{T_3} \times P_{T_{10}} = 0.194$

$P_{\text{PW}_2} = P_{T_1} \times P_{T_2} \times P_{T_3} \times P_{T_4} \times P_{T_5} \times P_{T_6} \times P_{T_9} = 0.760$

$P_{\text{PW}_3} = P_{T_1} \times P_{T_2} \times P_{T_3} \times P_{T_4} \times P_{T_5} \times P_{T_6} \times P_{T_7} \times P_{T_8} \times P_{T_2} \times P_{T_3} \times P_{T_{10}} = 0.044$

$P_{\text{PW}_4} = P_{T_1} \times P_{T_2} \times P_{T_3} \times P_{T_4} \times P_{T_5} \times P_{T_6} \times P_{T_7} \times P_{T_8} \times P_{T_2} \times P_{T_3} \times P_{T_4} \times P_{T_5} \times P_{T_6} \times P_{T_9} = 0.174$

步骤 3：根据 BFS 算法求出的测试路径，计算测试路径的可靠度。假设从组件 C_1 到 C_9 的可靠度依次为

$R_C = \{1, 0.99, 0.98, 1, 0.99, 0.99, 1, 0.98, 1\}$

连接件 L_1 到 L_{10} 的可靠度依次为

$R_L = \{0.99, 1, 1, 0.98, 1, 0.99, 0.99, 1, 0.98, 1\}$

迁移过程 T_1 到 T_{10} 的可靠度依次为

$R_T = \{1, 0.99, 1, 0.98, 0.99, 1, 0.98, 0.98, 0.99, 1\}$

则各条测试路径的可靠度分别为

$$R_{\text{PW}_1} = (R_{C_1} R_{C_2} R_{C_3} R_{C_4} R_{C_9}) \\ \times (R_{L_1} R_{L_2} R_{L_3} R_{L_{10}}) \\ \times (R_{T_1} R_{T_2} R_{T_3} R_{T_{10}}) = 0.951$$

$$R_{\text{PW}_2} = (R_{C_1}R_{C_2}R_{C_3}R_{C_4}R_{C_5}R_{C_6}R_{C_7}R_{C_9})$$
$$\times (R_{L_1}R_{L_2}R_{L_3}R_{C_4}R_{C_5}R_{C_6}R_{L_9})$$
$$\times (R_{T_1}R_{T_2}R_{T_3}R_{T_4}R_{T_5}R_{T_6}R_{T_9}) = 0.851$$
$$R_{\text{PW}_3} = (R_{C_1}R_{C_2}R_{C_3}R_{C_4}R_{C_5}R_{C_6}R_{C_7}R_{C_8}R_{C_2}R_{C_3}R_{C_4}R_{C_9})$$
$$\times (R_{L_1}R_{L_2}R_{L_3}R_{C_4}R_{L_5}R_{L_6}R_{L_7}R_{L_8}R_{L_2}R_{L_3}R_{L_{10}})$$
$$\times (R_{T_1}R_{T_2}R_{T_3}R_{T_4}R_{T_5}R_{T_6}R_{T_7}R_{T_8}R_{T_2}R_{T_3}R_{T_{10}}) = 0.785$$
$$R_{\text{PW}_4} = (R_{C_1}R_{C_2}R_{C_3}R_{C_4}R_{C_5}R_{C_6}R_{C_7}R_{C_8}R_{C_2}R_{C_3}R_{C_4}R_{C_5}R_{C_6}R_{C_7}R_{C_9})$$
$$\times (R_{L_1}R_{L_2}R_{L_3}R_{L_4}R_{L_5}R_{C_6}R_{L_7}R_{L_8}R_{L_2}R_{L_3}R_{T_4}R_{T_5}R_{T_6}R_{T_9})$$
$$\times (R_{T_1}R_{T_2}R_{T_3}R_{T_4}R_{T_5}R_{T_6}R_{T_7}R_{T_8}R_{T_2}R_{T_3}R_{T_4}R_{T_5}R_{T_6}R_{T_7}) = 0.703$$

步骤4：将上述计算结果代入式(7.26)，计算该系统SA的可靠度：

$$R_{\text{SA}} = \frac{\sum_{i=1}^{4} R_{\text{PW}_i} P_{\text{PW}_i}}{\sum_{i=1}^{4} P_{\text{PW}_i}} = 0.833 \tag{7.26}$$

通过上述计算可知，整个系统SA的可靠度不小于可靠度最小的运行路径，不大于可靠度最大的运行路径。这说明系统的SA的可靠度不仅与SA中的各个组件和连接件的可靠度有关，还与系统运行时的测试路径、路径的迁移概率和迁移过程的可靠度相关，即系统的可靠度与系统的SA架构有密切的关系，好的SA架构能够大幅提高软件可靠度。

2. 基于随机Petri网的体系结构软件可靠性模型

1）随机Petri网的基本概念

Petri网是一个描述系统动态运行的模型，系统中某个事件的发生通常用一个变迁表示，软件的运行需要一定的运行时间，因此将变迁与随机的指数分布引发的延时联系起来是合情合理的。在Molloy提出的随机Petri网中，变迁的延时被规定为服从指数分布，通过对P/T（库所/变迁）系统的每个变迁关联一个引发速率（firing rate），得到的模型就是随机Petri网（Stochastic Petri Net, SPN）。

定义（P/T系统） P/T系统是在Petri网的基础上进行扩展定义得到的，它是一个六元组 $N = (P, T, F, K, W, \boldsymbol{M})$，除了需要满足Petri网的4个条件，它的其他3个元素的定义如下：

（1）$K: P \to \{1, 2, 3, \cdots\}$ 称为容量函数。

（2）$W: F \to \{1, 2, 3, \cdots\}$ 称为权函数。

（3）$\boldsymbol{M}: P \to \{0, 1, 2, 3, \cdots\}$ 是 N 的一个标识向量，且满足条件 $\forall p \in P: M(p) \leqslant K(p)$。

随机Petri网是一类变迁发生的延时为随机变量的延时Petri网，在每个变迁的可引发或实施与引发之间联系一个随机的延时，变迁在获得系统资源后不会立即引发，而是设置一个定时器对随机延时计时，当定时器时间变为0时变迁才会引发。根据延时随机变量的性质可以将随机Petri网分为离散随机Petri网和连续随机Petri网。一般假设离散随机变量服从几何分布，连续随机变量服从负指数分布，然后通过引入排队论和马尔可夫过程理论方法进行求解。

定义（连续时间随机Petri网） 连续时间随机Petri网表示为(Σ, λ)，其中$\Sigma = (S, T, F, W, \boldsymbol{M}_0)$是一个P/T系统，$\lambda = (\lambda_1, \lambda_2, \cdots, \lambda_n)$是变迁的平均引发速率集合。其中，$\lambda_i$是变迁$t_i \in T$的平均引发速率，表示在可引发的情况下单位时间内平均引发次数。

特别地，有时引发速率可能依赖于标识，是标识的函数。例如，在一个变迁表示多个任务或进程并发执行时，变迁t_i的平均引发速率就与任务个数(或进程个数)成正比。平均引发速率的倒数$\tau_i = 1/\lambda_i$称为变迁的平均引发延时或平均服务时间。

在连续时间随机Petri网中，一个变迁从可引发到引发需要延时，即从一个变迁t变成可引发的时刻到它引发时刻之间被看成一个连续随机变量X_t(取正整数值)，且服从于一个分布函数：$F_t(x) = P\{X_t \leqslant x\}$。在Molloy提出的连续时间随机Petri网中，将与每个变迁$t \in T$相关的分布函数定义成一个指数分布函数：$F_t(x) = 1 - e^{-\lambda_t x}$。其中实参数$\lambda_t > 0$是变迁$t$的平均引发速率，变量$x \geqslant 0$。从而有

（1）两个变迁在同一时刻引发的概率为0。

（2）随机Petri网的可达图同构于一个齐次马尔可夫链，因而可用马尔可夫过程求解。

同构马尔可夫链的获得方法是：求出随机Petri网的可达图，将其每条弧上标注的实施变迁t_i换成其平均引发速率λ_i(或与标识相关λ_i的函数)，即可得马尔可夫链。

指数分布是满足马尔可夫特性的连续随机变量的唯一分布函数。因此，要想把马尔可夫随机过程应用于随机Petri网的可达图，每个变迁的延时服从指数分布是充要条件。

与P/T系统情形一样，如果对同一个网设置不同的初始标识，就会得到不同的可达图。在随机Petri网中，就会得到不同的马尔可夫链。一般情况下，系统模型的初始标识中的标记设置得越多，马尔可夫链就越大。

在P/T系统有一个标识向量$\boldsymbol{M}$的情况下，如果有几个可引发的变迁，它们的集合记为H，H中的任意一个变迁都是可能的，而且它们的引发概率相同。在随机Petri网中，H中的任意一个变迁的引发都是可能的，但是它们的引发概率可有不同，假定$t_i \in H$，则t_i引发的可能性$P(\boldsymbol{M}[t_i >)$为

$$P(\boldsymbol{M}[t_i >) = \frac{\lambda_i}{\sum\limits_{t_k \in H} \lambda_k} \tag{7.27}$$

假设存在一个与随机Petri网同构的连续时间马尔可夫链，其中随机Petri网的可达标识向量集$R(\boldsymbol{M}_0)$内有n个元素，则对应的马尔可夫链的状态空间内存在n种状态。把这些状态用序号表示，马尔可夫链的状态空间可以写作$I = \{1, 2, \cdots, n\}$，其中$W = \{1, 2, \cdots, k\}$表示系统的正常工作状态，$F = \{k+1, k+2, \cdots, n\}$表示系统的失效状态。

令$X(t)$表示系统在t时刻所处的状态，$p_i(t) = P(X(t) = i)$表示系统在t时刻处于状态i的概率，则系统在t时刻状态概率分布可以用向量$\boldsymbol{P}(t) = [p_1(t), p_2(t), \cdots, p_n(t)]$表示。对于齐次马尔可夫链，它的转移概率不依赖于时间t，而只与转移发生所需的时间间隔s有关，因此，齐次马尔可夫链的状态转移概率可以表示为$p_{ij}(s) = P(X(t+s) = j | X(t) = i)$。

利用离散时间马尔可夫链的思想解决连续时间马尔可夫链的稳态概率计算问题。考虑

在一个充分小的时间间隔 Δt 内,从状态 i 一步转移到状态 j 的转移概率表示为

$$p_{ij}(\Delta t) = P(X(t+\Delta t) = j | X(t) = i) = q_{ij}\Delta t + o(\Delta t) \tag{7.28}$$

其中,$o(\Delta t)$ 是 Δt 的高阶无穷小量,则有 $\lim\limits_{\Delta t \to 0} \dfrac{o(\Delta t)}{\Delta t} = 0$。常参数 q_{ij} 表示从状态 i 到状态 j 的转换率,则系统停留在状态 i 的时间服从参数为 q_{ij} 的指数分布。参照离散时间的做法,可以得到如下形式的转移概率矩阵:

$$\boldsymbol{Q} = \begin{bmatrix} 1 - \Delta t \sum_{j=2}^{n} q_{1j} & q_{12}\Delta t & \cdots & q_{1n}\Delta t \\ q_{21}\Delta t & 1 - \Delta t \sum_{j=1,j\neq 2}^{n} q_{2j} & \cdots & q_{2n}\Delta t \\ \vdots & \vdots & \ddots & \vdots \end{bmatrix} \tag{7.29}$$

与离散时间情况相同,表示连续时间马尔可夫链的基本矩阵方程如下:

$$\boldsymbol{P}(t+\Delta t) = \boldsymbol{P}(t)\boldsymbol{Q} \tag{7.30}$$

矩阵方程的第一组形式如下:

$$p_1(t+\Delta t) = \left[1 - \Delta t \sum_{j=2}^{n} q_{1j}\right] p_1(t) + q_{21}p_2(t)\Delta t + \cdots + q_{n1}p_n(t)\Delta t \tag{7.31}$$

等式两边都减去 $p_1(t)$,然后同时除以 Δt 后得到

$$\frac{\mathrm{d}p_1(t)}{\mathrm{d}t} = -\sum_{j=2}^{n} q_{1j}p_1(t) + q_{21}p_2(t) + \cdots + q_{n1}p_n(t) \tag{7.32}$$

同理,对于矩阵方程的其他组也能够得到上述形式的结果,将其写成矩阵形式,则有

$$\frac{\mathrm{d}\boldsymbol{P}(t)}{\mathrm{d}t} = \boldsymbol{P}(t)\boldsymbol{Q}^* \tag{7.33}$$

其中,

$$\boldsymbol{Q}^* = \begin{bmatrix} -\sum_{j=2}^{n} q_{1j} & q_{12} & \cdots & q_{1n} \\ q_{21} & -\sum_{j=1,j\neq 2}^{n} q_{2j} & \cdots & q_{2q} \\ \vdots & \vdots & \ddots & \vdots \end{bmatrix} \tag{7.34}$$

式 (7.34) 是状态概率分布 $p_i(t), i = 1, 2, \cdots, n, t \geq 0$ 的一阶线性微分方程组,矩阵 $\boldsymbol{Q}^*$ 中的非对角线元素由系统的转换率构成,而对角线元素可以写作 $q_{ii} = -\sum\limits_{j=1,j\neq i}^{n} q_{ij}$。在下文中将 $\boldsymbol{Q}^*$ 简写为 $\boldsymbol{Q}$。

假设马尔可夫链的初始分布为 $\boldsymbol{P}(0) = [p_1(0), p_2(0), \cdots, p_n(0)] = \boldsymbol{C}$,通过解如下方程组可以得到系统的瞬时状态概率分布 $\boldsymbol{P}(t)$ 和瞬时可靠度:

$$\begin{cases} \boldsymbol{P}'(t) = \boldsymbol{P}(t)\boldsymbol{Q} \\ \boldsymbol{P}(0) = \boldsymbol{C} \end{cases} \tag{7.35}$$

此方程的解为

$$P(t) = P(0)e^{Qt} = P(0)\sum_{n=0}^{+\infty}\frac{t^n}{n!}Q^n \tag{7.36}$$

用上述方法求解 $P(t)$ 难度较大，需要将矩阵 Q 化为约当标准型。因此采取拉普拉斯（Laplace）变换求解线性微分方程组。将状态概率 $p_i(t), i=1,2,\cdots,n, t\geqslant 0$ 的拉普拉斯变换记为 $\widetilde{p}_t(s)$，定义 $\widetilde{p}_t(s) = L[p_i(t)] = \int_0^\infty e^{-st}p_i(t)\mathrm{d}t$，那么 $p_i(t)$ 一阶时间导数的拉普拉斯变换为

$$L\left(\frac{\mathrm{d}p_i(t)}{\mathrm{d}t}\right) = s\widetilde{p}_t(s)p_i(0), \quad i=1,2,\cdots,n \tag{7.37}$$

由此得到连续时间马尔可夫链的拉普拉斯变换基本方程式：

$$s\widetilde{p}_t(s) - C = \widetilde{p}_t(s) - Q \tag{7.38}$$

$$\widetilde{p}_t(s) = C[sI - Q]^{-1} \tag{7.39}$$

由式 (7.39) 求得 $\widetilde{p}_t(s)$ 后，再进行拉普拉斯逆变换就能够重新得到瞬时状态概率分布向量 $P(t)$。

具有遍历性的齐次马尔可夫链存在稳定状态概率分布 $\Pi = (\pi_1, \pi_2, \cdots, \pi_n)$，而且 Π 是瞬时状态概率分布的极限值。

$$\lim_{t\to\infty}p_i'(t) = 0, \quad \lim_{t\to\infty}p_i(t) = \pi_i, \quad \Pi = \lim_{t\to\infty}P(t) \tag{7.40}$$

对方程 $P'(t) = P(t)Q$ 等号两边求极限后带入式 (7.40)，可以得到以下方程组：

$$\begin{cases}\Pi Q = 0 \\ \sum_{i=1}^{n}\pi_i = 1\end{cases} \tag{7.41}$$

解以上方程组就能够得到稳定状态概率分布 π。

2) 基于随机 Petri 网的可靠性建模

在评估软件可靠性时，将系统状态的发展变化过程作为一个马尔可夫过程进行分析。首先，根据需求分析的结果，以系统随机 Petri 网的标识 M_i 为节点，变迁 t_j 为弧构成随机 Petri 网的可达图，并结合可达图确定系统的状态标识集及其子集，即系统的失效状态集。然后，将得到的随机 Petri 网转换为与其同构的连续时间马尔可夫链。最后基于马尔可夫链的瞬时或平稳状态分布对软件可靠性进行分析。

对马尔可夫链中各个可达状态标识进行分析。令 $P[M_i](t) = x_i(t)$ 表示系统在任意时刻 t 处于某状态的概率，即每个可达状态标识的瞬时状态概率；以 $P[M_i] = y_i$ 表示马尔可夫链中各个可达状态标识的平稳分布，$Y = (y_1, y_2, \cdots, y_n)$，根据马尔可夫链的遍历性得到以下方程组：

$$\begin{cases}(x_1'(t), x_2'(t), \cdots, x_n'(t)) = (x_1(t), x_2(t), \cdots, x_n(t))Q \\ \sum_{i=1}^{n}x_i(t) = 1\end{cases} \tag{7.42}$$

$$\begin{cases} \boldsymbol{YQ} = 0 \\ \sum_{i=1}^{n} y_i(t) = 1 \end{cases} \tag{7.43}$$

分别解式 (7.42) 和式 (7.43),即得到每个可达状态标识的瞬时状态概率和稳态概率。

根据失效状态集中失效状态的瞬时状态概率和稳态概率得软件系统失效的概率,从而得到系统的瞬时可靠度:

$$R(t) = 1 - \sum_{i=1}^{n} P[\boldsymbol{M}_i](t) \tag{7.44}$$

其中,$P[\boldsymbol{M}_i](t)$ 为失效状态集中的元素。

根据得到的系统随机 Petri 网模型和马尔可夫链以及可靠度确定系统其他相关的可靠性指标。例如,可求解出系统的瞬时有效度 $A(t)$(产品在规定使用条件下,在某时刻 t 具有规定功能的概率)、稳态有效度(当时间 $t \to \infty$ 时,瞬时有效度的极限值,即 $A(+\infty) = \lim_{t \to \infty} A(t)$)。易知,当工作时间和维修时间服从指数分布时,稳态有效度为 $A = \dfrac{\mu}{\mu + \lambda}$。

3)实例分析

下面以一个作战准备阶段制订作战计划应用可靠性建模分析为例,在 P/T 系统模型基础上增加一个平均引发速率集 λ 构建对应的随机 Petri 网,进行建模分析。

(1)给出系统的随机 Petri 网模型,如图 7.7 所示,其时间变迁的引发速率集合为 $\lambda = \{2, 1, 1, 3, 2\}$。

在该模型中,t_0 为受领任务;t_1 为理解任务,领会意图;t_2 为查明情况,判断态势;t_3 为战前侦察;t_4 为下定决心,制订计划。

(2)根据已知随机 Petri 网模型的可达标识向量集 $R(\boldsymbol{M}_0)$ 同构出具有对应状态空间的马尔可夫链,如图 7.8 所示。其状态表如表 7.1 所示。

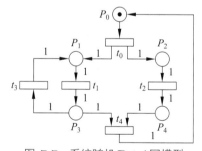

图 7.7 系统随机 Petri 网模型

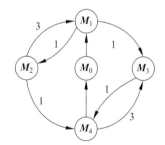

图 7.8 模型的马尔可夫链

表 7.1 马尔可夫链的状态表

可达标识向量	P_0	P_1	P_2	P_3	P_4
$\boldsymbol{M}_0$	1	0	0	0	0
$\boldsymbol{M}_1$	0	1	1	0	0
$\boldsymbol{M}_2$	0	0	1	1	0
$\boldsymbol{M}_3$	0	1	0	0	1
$\boldsymbol{M}_4$	0	0	0	1	1

（3）基于连续时间马尔可夫链的稳定状态概率进行系统性能分析。首先要得到马尔可夫链的状态转移概率矩阵 $\boldsymbol{A} = [q_{ij}], 1 \leqslant i, j \leqslant n$，根据前面描述的稳态概率计算原理，可以归纳出各元素的获取方式：

$$q_{ij} = \begin{cases} \lambda_k, & \text{若} i \neq j \text{且存在} t_k \in T \text{使得} \boldsymbol{M}_i[t_k > \boldsymbol{M}_j \\ 0, & \text{若} i \neq j \text{且不存在} t_k \in T \text{使得} \boldsymbol{M}_i[t_k > \boldsymbol{M}_j \\ -\sum_{\boldsymbol{M}_i[t_k>} \lambda_k, & \text{若} i = j \end{cases} \quad (7.45)$$

状态转移概率矩阵 $\boldsymbol{A}$ 的非对角线元素 q_{ij} 的获取方式为：当状态 $\boldsymbol{M}_i$ 与状态 $\boldsymbol{M}_j$ 之间有一条有向弧相互连接时，弧上标注的引发速率即为 q_{ij}；若两个状态间不存在有向弧相互连接时，令 $q_{ij} = 0$。$\boldsymbol{A}$ 的对角线元素 q_{ij} 为从状态 $\boldsymbol{M}_i$ 输出的各条有向弧上标注的引发速率之和的负值。

具有遍历性的齐次马尔可夫链存在稳定状态概率分布 $\pi = (\pi_0, \pi_2, \cdots, \pi_n)$。求解如下矩阵方程组，即可求得各可达标识的稳态概率 $P(\boldsymbol{M}_i) = \pi_i (0 \leqslant i \leqslant n)$。

$$\begin{cases} \pi \boldsymbol{A} = 0 \\ \sum_{i=0}^{n} \pi_i = 1 \end{cases} \quad (7.46)$$

根据图7.8，具体求解过程如下：

$$\boldsymbol{A} = \begin{bmatrix} -2 & 2 & 0 & 0 & 0 \\ 0 & -2 & 1 & 1 & 0 \\ 0 & 3 & -4 & 0 & 1 \\ 0 & 0 & 0 & -1 & 1 \\ 2 & 0 & 0 & 3 & 5 \end{bmatrix} \Rightarrow \begin{cases} 2\pi_0 = 2\pi_4 \\ 2\pi_1 = 3\pi_2 + 2\pi_0 \\ 4\pi_2 = \pi_1 \\ \pi_3 = \pi_1 + 3\pi_4 \\ 5\pi_4 = \pi_2 + \pi_3 \\ \pi_0 + \pi_1 + \pi_2 + \pi_3 + \pi_4 = 1 \end{cases} \quad (7.47)$$

解式(7.47)中的方程组，得

$$\begin{cases} P(\boldsymbol{M}_0) = \pi_0 = 0.1163 \\ P(\boldsymbol{M}_1) = \pi_1 = 0.1860 \\ P(\boldsymbol{M}_2) = \pi_2 = 0.0465 \\ P(\boldsymbol{M}_3) = \pi_3 = 0.5349 \\ P(\boldsymbol{M}_4) = \pi_4 = 0.1163 \end{cases} \quad (7.48)$$

从状态转移概率矩阵 $\boldsymbol{A}$ 可以看出，非对角线元素代表离开目前状态时变迁的引发速率，那么对角线元素的意义自然就是驻留目前状态的速率，故每个可达标识 $\boldsymbol{M}_i \in R(\boldsymbol{M}_0)$ 的驻留时间是一个服从参数 $-1/q_{ii}$ 的指数分布随机变量，因此可达标识的平均驻留时间为

$$\tau(\boldsymbol{M}_i) = (-q_{ii})^{-1} = \left(\sum_{t_j \in H} \lambda_j \right)^{-1} \quad (7.49)$$

其中，H 是在状态 $\boldsymbol{M}_i$ 时可引发的变迁集合。由此可以得到

$$\begin{cases} \tau(\boldsymbol{M}_0) = (\lambda_0)^{-1} = 0.5 \\ \tau(\boldsymbol{M}_1) = (\lambda_1 + \lambda_2)^{-1} = 0.5 \\ \tau(\boldsymbol{M}_2) = (\lambda_2 + \lambda_3)^{-1} = 0.25 \\ \tau(\boldsymbol{M}_3) = (\lambda_1)^{-1} = 1 \\ \tau(\boldsymbol{M}_4) = (\lambda_3 + \lambda_4)^{-1} = 0.2 \end{cases} \tag{7.50}$$

系统达到稳定状态后，每个可达标识中包含若干拥有令牌的库所，这些库所能够代表系统目前的运行状态，它们的出现概率可以表示为

$$P(M(P) = i) = \sum_j P(M_j(P) = i) \tag{7.51}$$

由系统的稳态概率和表7.1可得库所的出现概率：

$$P(M(P_0) = 0) = 0.8837, \quad P(M(P_0) = 1) = 0.1163 \tag{7.52}$$

$$P(M(P_1) = 0) = 0.2791, \quad P(M(P_1) = 1) = 0.7209 \tag{7.53}$$

$$P(M(P_2) = 0) = 0.7675, \quad P(M(P_2) = 1) = 0.2325 \tag{7.54}$$

$$P(M(P_3) = 0) = 0.8372, \quad P(M(P_3) = 1) = 0.1628 \tag{7.55}$$

$$P(M(P_4) = 0) = 0.3488, \quad P(M(P_4) = 1) = 0.6512 \tag{7.56}$$

在某可达状态 $\boldsymbol{M}$ 下，可同时引发的变迁的集合为 H。在P/T系统中，H 中的任何一个变迁的引发都是等可能的。但在随机Petri网中，H 中的每一个变迁都有可能引发，具有最短延时的变迁获得最大的引发概率。定量地说，每个变迁的引发概率由式(7.57)决定：

$$P(\boldsymbol{M}[t_i >) = \frac{\lambda_i}{\sum_{t_k \in H} \lambda_k} \tag{7.57}$$

因此，在稳态情况下，各变迁的使用概率可以表示为

$$P(t_i) = \sum_j P(\boldsymbol{M}_j) \cdot P(\boldsymbol{M}[t_i >) \tag{7.58}$$

由此，可以得到变迁的使用概率矩阵 $\boldsymbol{A}$ 和各变迁的使用概率：

$$\begin{array}{c} \quad\quad\quad t_0 \;\; t_1 \;\;\; t_2 \;\;\; t_3 \;\; t_4 \\ \begin{matrix} \boldsymbol{M}_0 \\ \boldsymbol{M}_1 \\ \boldsymbol{M}_2 \\ \boldsymbol{M}_3 \\ \boldsymbol{M}_4 \end{matrix} \begin{bmatrix} 1 & 0 & 0 & 0 & 0 \\ 0 & 0.5 & 0.5 & 0 & 0 \\ 0 & 0 & 0.25 & 0.75 & 0 \\ 0 & 1 & 0 & 0 & 0 \\ 0 & 0 & 0 & 0.6 & 0.4 \end{bmatrix} \end{array} \tag{7.59}$$

由此可得

$$\begin{cases} P(t_0) = P(\boldsymbol{M}_0) = \pi_0 = 0.1163 \\ P(t_1) = 0.5P(\boldsymbol{M}_1) + P(\boldsymbol{M}_3) = 0.6279 \\ P(t_2) = 0.5P(\boldsymbol{M}_1) + 0.25P(\boldsymbol{M}_2) = 0.104\,625 \\ P(t_3) = 0.75P(\boldsymbol{M}_3) + 0.6P(\boldsymbol{M}_4) = 0.104\,655 \\ P(t_4) = 0.4P(\boldsymbol{M}_4) = 0.046\,52 \end{cases} \quad (7.60)$$

显然有 $\sum_{i=1}^{n} P(t_i) = 1$，并且可以看出变迁 t_1 具有最大的使用概率，因此保证该变迁的可靠性对系统的可靠性会有很大提高。

3. 广义随机 Petri 网嵌入式软件可靠性模型

1) 广义随机 Petri 网基本概念

定义（广义随机 Petri 网） 广义随机 Petri 网（Generalized SPN, GSPN）可用 P/T 系统 $(P, T; F, K, W, \boldsymbol{M}, \lambda)$ 描述，其中的 T 被划分为两个子集：时间变迁集 T_t 和瞬时变迁集 T_i，即 $T = T_t \cup T_i, T_t \cap T_i = \varnothing$。时间变迁的执行要考虑时间，瞬时变迁的执行时间则可忽略不计。在 GSPN 中，每个时间变迁的执行时间服从指数分布，即 $\forall x \in T_t : F_t(x) = 1 - e^{-\lambda_t x}$，其中，实参 $\lambda_t > 0$ 是时间变迁平均执行速率。

软件体系结构都是以组件为基础的，因此，在进行 Petri 网建模时，将库所看作组件的集合，将库所之间的转移看作每个组件运行状态的转移，当组件获得 CPU 和内存等系统资源时，即视为获得令牌。对于变迁，可以按照广义随机 Petri 网的定义将变迁分为瞬时变迁和时间变迁。可以将一些选择状态看作瞬时变迁，其所花费的系统时间可以忽略不计；而对于时间变迁，一般为需要获得系统资源（如 CPU、内存等）运行一定时间的变迁，可将其看作上一组件的运行时间。瞬时变迁用黑线表示，时间变迁用矩形框表示，如图 7.9 所示。

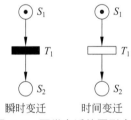

图 7.9 两类变迁的图形表示

使用引入了瞬时变迁和时间变迁的广义随机 Petri 网可以很好地描述选择、并行等结构。对于选择结构，组件可以分成两个瞬时变迁，因为组件的选择不需要占用太多的系统资源，可以看作瞬时变迁。对于选择结构中的瞬时变迁，为变迁赋予该组件运行的概率，选择结构后只有一个组件可以获得令牌。选择结构的 Petri 网表示如图 7.10 所示。

对于并行结构，可以使用两个时间变迁进行描述，两个组件都可以获得令牌。并行结构的 Petri 网表示如图 7.11 所示。

广义随机 Petri 网的稳定状态概率的求解思路是分析与广义随机 Petri 网同构的嵌入式

马尔可夫链，目前有两种求解思路：第一种是删除广义随机Petri网模型中的瞬时变迁，将其等价化简为随机Petri网模型，然后利用上述方法进行求解；第二种是分析与广义随机Petri网同构的嵌入式马尔可夫链EMC。后一种思路的具体分析方法有两个：

（1）考虑消失状态和实存状态驻留时间数量级的巨大差异，从而在嵌入式马尔可夫链中忽略消失状态，仅在压缩的EMC中求解实存状态的稳态分布概率。

（2）利用随机离散有穷状态马尔可夫过程理论进行求解。

这里只介绍第二种思路的第一个方法的结论性公式推导过程。

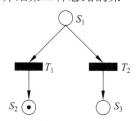
图 7.10 选择结构的Petri网表示

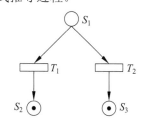
图 7.11 并行结构的Petri网表示

先将广义随机Petri网的可达标识向量集$R(M_0)$分为两个互斥子集S_1和S_2。其中，S_1包含的标识既不能由瞬时变迁引发得到，也不能由瞬时变迁引发得到；S_2包含剩下的所有标识。然后，将S_2分成几个子集$S_{2i}(i=1,2,\cdots,l)$和S_{2T}。每一个子集S_{2i}包含一个仅能使时间变迁可引发的标识或在瞬时变迁引发下几个可回归的标识，而S_{2T}包含瞬时变迁引发下的消失状态标识。求下列矩阵$\boldsymbol{K}'$和$\boldsymbol{K}''$，假定$|S|=n,|S_1|=k$，$\boldsymbol{K}'$是$(n-k)\times l$矩阵，$\boldsymbol{K}''$是$l\times(n-k)$矩阵。

$$\boldsymbol{K}' = \begin{bmatrix} 1 & & & \\ & 1 & & \\ & & \ddots & \\ & & & 1 \\ \boldsymbol{d}_1 & \boldsymbol{d}_2 & \cdots & \boldsymbol{d}_l \end{bmatrix} \quad \boldsymbol{K}'' = \begin{bmatrix} \boldsymbol{W}_1^{\mathrm{T}} & & & \\ & \boldsymbol{W}_2^{\mathrm{T}} & & \\ & & \ddots & \\ & & & \boldsymbol{W}_l^{\mathrm{T}} \end{bmatrix} \tag{7.61}$$

其中，$\boldsymbol{K}'$中的$\boldsymbol{d}_i$是转移概率向量，表示从S_{2T}中的状态到S_{2i}中的状态的转移概率。$\boldsymbol{W}_i$是具有状态空间S_{2i}的马尔可夫链的稳定状态概率向量。

压缩状态下的分块转移概率矩阵如下：

$$\boldsymbol{A}' = \begin{bmatrix} \boldsymbol{A}'' & \boldsymbol{B}''\boldsymbol{K}' \\ \boldsymbol{K}''\boldsymbol{C}'' & \boldsymbol{K}''\boldsymbol{D}''\boldsymbol{K}' \end{bmatrix} \tag{7.62}$$

其中，$\boldsymbol{A}''$是一个$k\times k$矩阵，其非对角元素表示S_1中各标识间的转移速率，其对角元素为$\boldsymbol{A}''$每行元素与$\boldsymbol{B}''$对应行元素之和的负值；$\boldsymbol{B}''$是$k\times(n-k)$矩阵，其中的元素表示S_1中的标识与S_2中的标识间的转移速率；$\boldsymbol{D}''$是$(n-k)\times(n-k)$矩阵，其非对角元素为S_2中各标识之间的转移速率；$\boldsymbol{C}''$是$(n-k)\times k$矩阵，其非对角元素表示从S_2中回归到S_1的标识的转移速率，其对角元素为$\boldsymbol{D}''$每行元素与$\boldsymbol{C}''$对应行元素之和的负值。

令$\boldsymbol{Y}=(P(M_{s1}),\cdots,P(M_{sk}),P(M_{21}),\cdots,P(M_{2l}))$表示压缩状态的稳态概率向量，

则有

$$\begin{cases} \boldsymbol{Y}\boldsymbol{A}' = 0 \\ P(M_{s1}) + \cdots + P(M_{sk}) + P(M_{21}) + \cdots + P(M_{2l}) = 1 \end{cases} \tag{7.63}$$

其中，$M_{si} \in S_i, 1 \leqslant i \leqslant k$ 且 $M_{2i} = S_{2i}, 1 \leqslant i \leqslant l$。

若 S_{2i} 中包含 j 个标识，则有

$$\begin{bmatrix} P(\boldsymbol{M}_1^i) \\ P(\boldsymbol{M}_2^i) \\ \vdots \\ P(\boldsymbol{M}_j^i) \end{bmatrix} = \boldsymbol{W}_i^{\mathrm{T}} P(M_{2i}), \quad 1 \leqslant i \leqslant l \tag{7.64}$$

由式 (7.64) 可以得到在瞬时变迁引发下几个可回归的标识集合中每个标识的稳态概率。

2）实例分析

现有如图 7.12 所示的广义随机 Petri 网模型，其中变迁集合 T 可以分为时间变迁 $T_t = \{t_0, t_1, t_2\}$ 和瞬时变迁 $T_i = \{t_3, t_4, t_5, t_6\}$，时间变迁的引发速率集合为 $\lambda = \{r_0, r_1, r_2\}$，同时可引发的瞬时变迁 t_5 和 t_6 的开关分布为 $S(5)$ 和 $S(6)$。

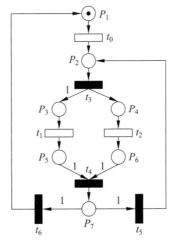

图 7.12　广义随机 Petri 网模型

由图 7.12 可得系统运行的可达状态，如表 7.2 所示。

将可达标识集 $R(\boldsymbol{M}_0)$ 分类：$S_1 = \{\boldsymbol{M}_4, \boldsymbol{M}_5\}, S_2 = \{\boldsymbol{M}_1, \boldsymbol{M}_2, \boldsymbol{M}_3, \boldsymbol{M}_6, \boldsymbol{M}_7\}$。可达标识图如图 7.13 所示。

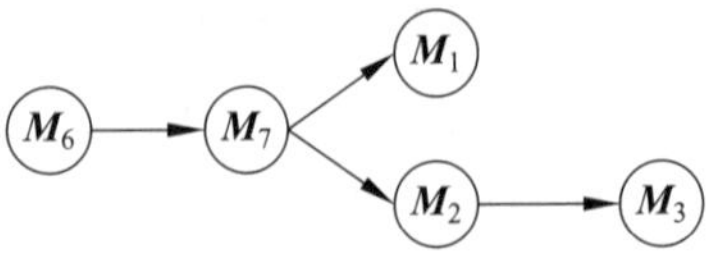

图 7.13　可达标识图

可以得到两个遍历（ergodic）状态 M_1 和 M_3，因此 S_2 进一步划分为

$$S_{21} = \{\boldsymbol{M}_3\}, \quad S_{22} = \{\boldsymbol{M}_1\}, \quad S_{2T} = \{\boldsymbol{M}_2, \boldsymbol{M}_6, \boldsymbol{M}_7\}$$

表 7.2 可达状态

可达标识	P_1	P_2	P_3	P_4	P_5	P_6	P_7
M_1	1	0	0	0	0	0	0
M_2	0	1	1	0	0	0	0
M_3	0	0	1	1	0	0	0
M_4	0	0	0	1	0	0	1
M_5	0	0	1	0	0	1	0
M_6	0	0	0	0	1	1	0
M_7	0	0	1	0	0	0	1

S_{2T} 是消失状态集合。由 $\boldsymbol{d}_1^{\mathrm{T}} = [1 \quad S(5) \quad S(6)]$ 和 $\boldsymbol{d}_2^{\mathrm{T}} = [0 \quad S(6) \quad S(6)]$ 可得 $\boldsymbol{K}'$ 和 $\boldsymbol{K}''$ 如下：

$$\boldsymbol{K}' = \begin{bmatrix} 1 & 0 \\ 0 & 1 \\ 1 & 0 \\ S(5) & S(6) \\ S(6) & S(6) \end{bmatrix}, \quad \boldsymbol{K}'' = \begin{bmatrix} 1 & 0 & 0 & 0 & 0 \\ 0 & 1 & 0 & 0 & 0 \end{bmatrix} \tag{7.65}$$

最后得到压缩的状态转移矩阵 $\boldsymbol{A}'$：

$$\boldsymbol{A}' = \begin{bmatrix} \boldsymbol{A}'' & \boldsymbol{B}''\boldsymbol{K}' \\ \boldsymbol{K}''\boldsymbol{C}'' & \boldsymbol{K}''\boldsymbol{D}''\boldsymbol{K}' \end{bmatrix} = \begin{bmatrix} -r_2 & 0 & S(5)r_2 & S(6)r_2 \\ 0 & -r_1 & S(5)r_1 & S(6)r_1 \\ r_1 & r_2 & -(r_1+r_2) & 0 \\ 0 & 0 & r_0 & -r_0 \end{bmatrix} \tag{7.66}$$

令 $\boldsymbol{Y} = (P(\boldsymbol{M}_4), P(\boldsymbol{M}_5), P(\boldsymbol{M}_3), P(\boldsymbol{M}_1))$，则有

$$\begin{cases} \boldsymbol{Y}\boldsymbol{A}' = 0 \\ P(\boldsymbol{M}_4) + P(\boldsymbol{M}_5) + P(\boldsymbol{M}_3) + P(\boldsymbol{M}_1) = 1 \end{cases} \tag{7.67}$$

通过解此方程组可以求得实存状态的稳态概率。

广义随机 Petri 网模型中存在实存状态和消失状态，由于瞬时变迁引发时间可忽略不计，因此在消失状态不存在驻留现象，只有实存状态具有平均驻留时间，其计算方法与在随机 Petri 网中相同：

$$\begin{cases} \tau(\boldsymbol{M}_1) = (r_0)^{-1} \\ \tau(\boldsymbol{M}_3) = (r_1+r_2)^{-1} \\ \tau(\boldsymbol{M}_4) = (r_2)^{-1} \\ \tau(\boldsymbol{M}_5) = (r_1)^{-1} \end{cases} \tag{7.68}$$

在广义随机Petri网模型中，系统达到稳定状态后，每个实存状态中包含若干拥有令牌的库所，这些库所中有一部分是由瞬时变迁引进的无意义的库所，例如上例中的P_2、P_5、P_6和P_7，它们仅保证系统结构的完备性，而对系统性能指标不产生影响，因此，不需要考虑这部分库所的出现概率。剩余有意义的库所的出现概率计算方法与在随机Petri网中相同：

$$\begin{cases} P[M(P_1) = 1] = P(\boldsymbol{M}_1) \\ P[M(P_3) = 1] = P(\boldsymbol{M}_3) + P(\boldsymbol{M}_5) \\ P[M(P_4) = 1] = P(\boldsymbol{M}_3) + P(\boldsymbol{M}_4) \end{cases} \tag{7.69}$$

与广义随机Petri网中存在的无意义库所不同，模型中所有的瞬时变迁和时间变迁都是有实际意义的，它们代表改变系统状态的具有具体功能的连接件，因此应该考虑每一个变迁的存在对系统性能的影响。由于消失状态的稳态概率为0，很难直接得到其中瞬时变迁的使用概率，所以考虑引入一种除去消失状态的变迁融合方法，利用符号 $\otimes$ 表示变迁融合，则表达式 $t^* = t_i \otimes t_j \otimes t_k$ 表示变迁 t_i、t_j、t_k 依次引发，因此 t^* 可以看作一个融合变迁。上面的广义随机Petri网模型的状态转移概率图如图7.14所示。

除去消失状态的状态转移图如图7.15所示。

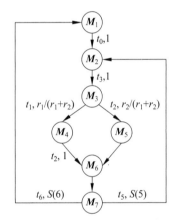

图 7.14 广义随机Petri网模型的状态转移概率图

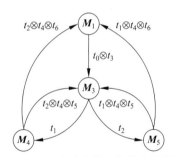

图 7.15 除去消失状态的状态转移图

参照图7.15，可以得到各融合变迁的使用概率：

$$\begin{cases} P(t_1) = r_1/(r_1 + r_2)P(\boldsymbol{M}_3) \\ P(t_2) = r_2/(r_1 + r_2)P(\boldsymbol{M}_3) \\ P(t_0 \otimes t_3) = P(\boldsymbol{M}_1) \\ P(t_1 \otimes t_4 \otimes t_5) = S(5)P(\boldsymbol{M}_5) \\ P(t_1 \otimes t_4 \otimes t_6) = S(6)P(\boldsymbol{M}_5) \\ P(t_2 \otimes t_4 \otimes t_5) = S(5)P(\boldsymbol{M}_4) \\ P(t_2 \otimes t_4 \otimes t_6) = S(6)P(\boldsymbol{M}_4) \end{cases} \tag{7.70}$$

通过以上步骤求得广义随机Petri网模型的各项性能指标后，依然是参照基于随机Petri网的组件软件可靠性分析方法，构建一种基于广义随机Petri网的软件可靠性模型，在保证组件和接口可靠度的前提下，可以得到软件可靠度的表示：

$$R(S) = R(C) \times R(I) = \left[\sum_i R(\boldsymbol{M}_i)P(\boldsymbol{M}_i)\right] \times \left[\sum_k R(t_k)P(t_k)\right] \quad (7.71)$$

式(7.71)中，系统组件可靠度$R(C)$中的运行状态$\boldsymbol{M}_i$在这里是指拥有稳态概率的实存状态，并且影响该运行状态可靠度$R(\boldsymbol{M}_i)$的组件只是那些有意义的库所，不考虑无意义组件的可靠度；接口可靠度$R(I)$中可能包含融合变迁，融合变迁的可靠度计算方法如下：

$$R(t_i \otimes t_j \otimes t_k) = R(t_i) \times R(t_j) \times R(t_k) \quad (7.72)$$

这样，通过式(7.71)可计算出软件可靠度$R(S)$。

❋ 7.2 面向服务的软件可靠性建模分析

7.2.1 面向服务架构的软件可靠性模型

面向服务架构（SOA）一般被看作一个组件模型，SOA将系统中的不同组件通过确定的接口/协议进行组装集成，通过业务需求驱动的流程编排进行服务的动态组合，通过服务总线进行服务的管理和远程调用，进而实现特定的任务，SOA在更高的层次上实现了软件复用和封装。

SOA是新一代的软件架构思想，同面向对象、模型驱动设计方式的出现一样，给软件测试和可靠性评价带来了新挑战。随着面向服务架构新技术的推广和应用，SOA软件的质量备受关注，可靠性作为服务质量的一个重要属性逐渐成为研究热点。如何根据需求界定服务的可靠性、如何对服务的可靠性数据进行量化处理、如何对服务组合进行可靠性评价等挑战性问题仍然急需解决。

SOA软件是一种特殊的系统，传统的软件可靠性评价方法和模型在一定程度上能够应用于这种新型架构。其中的原子服务是对软件模块的一种封装，依然能够采用传统的软件可靠性模型。然而，SOA软件的服务通常分散分布，彼此之间采用一定的消息传递机制进行通信，具有高复用性。服务的动态组合通过将简单服务按照业务流程进行编排实现。单个原子服务可能并不是同一个开发者开发的，而是由不同的服务提供者提供的。服务信息只能通过服务的WSDL（Web Services Description Language, Web服务描述语言）文件获取，而WSDL文件对服务的描述信息相对简单，这些特点最终导致SOA软件不适合采用传统软件可靠性模型。

Web服务的可靠性应该既包括软件可用性的非功能性度量，也包括服务的功能性信息是否满足用户需求的度量。服务的可靠性信息还包括服务的容错性、时效性、互操作性等，然而，用户可能不关心或完全无法获取这些可靠性信息。借鉴已有的服务可靠性度量方法，结合服务可靠性的定义，从测试者的角度出发，将服务可靠性定位为两方面的属性：功能性属（Functional Property, FP）和非功能属性（Non-Functional Property, NFP）。功能属性通过软件的正确性度量，而非功能属性通过软件的可用性度量。服务可靠性可以进一步定位为服务请求者根据需求在具有相同功能属性却具有不同非功能属性的候选服务中选取并正确执行所需服务的概率。

1. SOA 软件功能属性可靠性模型分析

SOA 软件的功能属性的提高是一个不断排错的可靠性增长过程,现有的软件可靠性增长模型多数基于排除缺陷的同时不会引入新缺陷的假设。但由于软件复杂性与人为因素的干扰,这种假设条件通常不成立。软件可靠性增长模型中较重要的为非齐次泊松过程(NHPP)模型,其中应用较广泛的是 GO 模型。但是,GO 模型也存在类似的问题,其假设错误的发现和排除过程也过于理想化,而且未考虑测试过程中各种复杂因素对可靠性的影响,不符合实际应用,在简化可靠性模型的同时,也导致模型的应用性较差,评估结果的可信度不足。因此,在 SOA 软件的功能属性验证过程中,必须在可靠性建模过程中充分考虑假设条件的合理性。实际执行测试时,测试人员所发现的故障数会随着时间的推移呈逐渐下降的趋势,且越到后期越难发现故障。另外,开发人员在解决故障的过程中引入新的故障是必然的结果,所以软件的故障总数也会不断增加。

在 SOA 软件服务功能属性可靠性模型中,将期望故障数、故障检测率、软件预期故障数相关联,将测试覆盖率与不完美排错这两种重要的影响因素相结合。假设 SOA 软件的实际运行剖面和可靠性测试执行剖面相同,软件的故障检测过程服从非齐次泊松过程,且软件中的初始错误个数 N_0 为固定不变的常数,一次排除一个错误,某些错误在其他错误被排除之前不可能被查出。随着测试工作的深入,软件错误被逐渐发现和排除,剩余错误的数量和类别随之变化,因此可以将错误排除率看作测试时间的函数。排错过程中会引入新的错误,错误引入率随测试的进行发生变化,也可以看作测试时间的函数。通过以上分析,基于非理想排错过程的可靠性模型的改进假设条件如下:

(1)软件错误检出率与剩余错误数成正比,是随时间变化的函数,记为 $D(t), 0 < D(t) \leqslant 1$。

(2)错误引入率与已经检出的错误数成正比,是随时间变化的函数,记为 $I(t), 0 < I(t) \leqslant 1$。

(3)软件的每次失效都是由一个软件错误引起的,当失效发生后,错误排除需要时间,错误排除率表示为随时间变化的函数,记为 $\varphi(t), 0 < \varphi(t) \leqslant 1$。

(4)累积错误数 $[N(t), t \leqslant 0]$ 的期望函数 $m(t) = E[N(t)]$ 是一个独立的单调递增函数,且 $N(0) = 0$,服从泊松分布,且 $\lim_{t \to \infty} N(t) = A$,其中 A 为 N_0 和新引入的错误数之和。

假设泊松分布的期望函数为 $m(t)$,依据假设条件(1),可得软件可靠性建模方程:

$$\frac{\mathrm{d}m(t)}{\mathrm{d}t} = D(t)(Z(t) - \tau(t)) \tag{7.73}$$

其中,$\tau(t)$ 为软件运行至 t 时刻已解决的错误数;故障检出率 $D(t)$ 为错误排除率 $\varphi(t)$、错误引入率 $I(t)$ 之差与测试覆盖率 $C(t)$ 的乘积,即

$$D(t) = C(t)(\varphi(t) - I(t)) \tag{7.74}$$

依据假设条件(2),软件运行至 t 时刻的期望错误数 $Z(t)$ 可表示为故障引入率 $I(t)$、故障排除数 $\tau(t)$ 的乘积与初始故障数 N_0 之和,即

$$Z(t) = N_0 + I(t)\tau(t) \tag{7.75}$$

其中,$\tau(0) = 0, Z(0) = N_0$。

依据假设条件（3），假设单位时间内故障排除数与单位时间内期望发现的故障数成正比，比率为故障排除率 $\varphi(t)$，可得

$$\frac{\mathrm{d}\tau(t)}{\mathrm{d}t} = \varphi(t)\frac{\mathrm{d}m(t)}{\mathrm{d}t} \tag{7.76}$$

依据假设条件（4），可以得累积故障数为 n 时的分布概率：

$$P\{N(t)=n\} = \frac{(m(t))^n}{n!}\exp(-m(t)), \quad n=0,1,2,\cdots \tag{7.77}$$

用 $m(t)$ 表示在 t 时刻发现的累积故障数，初始故障数为 N_0，$\tau(t)$ 为 t 时刻累计排除的故障数，求解方程组可测期望故障数 $m(t)$。模型的正确性验证可以采用最小二乘估计和最大似然估计的方法，通过 MSE 度量模型的拟合效果，MSE 越小，拟合效果越好。

2. SOA 软件非功能属性可靠性模型分析

服务过程可以分为服务发布、服务发现、服务绑定、服务执行 4 个步骤，服务的可用与否与服务的整个生命周期都紧密相关。然而，服务过程的任何一步出现错误，都会引起服务的失效，进而导致服务的不可用。

1）服务发布阶段的可靠性模型

服务可以看作一个功能的封装，一般较常见的是用 Web 服务描述语言（WSDL）定义服务接口和接口绑定信息。服务接口信息包括服务对应的操作及其输入参数、输出参数和容错处理信息。服务接口绑定信息定义服务使用者与提供者进行信息交互的方式，以及服务的请求格式和响应格式，还可以定义一组前提条件、后置条件或服务质量的描述。服务发布时可能出现服务描述格式的错误或描述的内容与功能不一致，这些错误将导致后续整个流程中服务匹配错误。服务描述错误出现的概率大小与服务提供者的业务水平有着直接关系。假设在给定的时间区间 $[0,t]$ 内，服务提供者共发布 N 个服务，其中匹配错误的服务个数为 n，则该服务发布的可靠度 R_{Pub} 可以表示为

$$R_{\mathrm{Pub}} = 1 - \frac{n}{N} \tag{7.78}$$

2）服务发现阶段的可靠性模型

当服务请求者需要调用某个服务时，首先提交服务请求，统一描述、发现和集成协议（Universal Description, Discovery and Integration, UDDI）根据请求者提交的服务请求在已发布服务列表中查找满足需求的服务，此过程中可能由于请求服务的描述错误或服务的请求超时等原因，导致找到一个错误的服务，或者请求失败（未找到服务）。服务描述错误引起的失效与服务发布阶段错误相同，属于同一类错误，在此不重复考虑。UDDI 对于服务请求按照一定的处理等待机制进行排序处理，一般采用优先级高者先服务或先到先服务，当发起的服务请求较多时，如果 UDDI 正在处理某个请求，处于忙碌状态，那么，后续的请求将会形成一个等待队列。此时，如果请求服务等待的时间超过设定的阈值，则发生超时失效，导致查找失败，引起服务发现错误。单位时间内成功发现的服务数符合泊松分布的特点，则参数为 λ 的泊松分布记为 $\xi \sim \pi(\lambda)$。服务发现的可靠度可以表示为

$$R_{\mathrm{Dis}} = P\{\xi=k\} = \frac{\lambda^k}{k!}\mathrm{e}^{-\lambda}, \quad k=0,1,2,\cdots \tag{7.79}$$

3）服务绑定阶段的可靠性模型

UDDI 在查找完服务请求描述后，向服务请求者返回检索到的服务的描述信息，将抽象的服务需求绑定某个具体服务。在绑定过程中，可能出现由于接口地址或安全协议等问题引起的绑定失效。假设服务绑定失效的概率为 P_{SX}，UDDI 查找返回的满足查询要求的服务列表个数为 N，其中第 i 个服务发生绑定失效的概率为 $P_{\text{Bind},i}$，则服务绑定的可靠度可以表示为

$$R_{\text{Bind}} = \prod_{i=1}^{N}(1 - P_{\text{Bind},i}) \times (1 - P_{\text{SX}}) \tag{7.80}$$

$$= (1 - P_{\text{SX}}) \times \prod_{i=1}^{N}(1 - P_{\text{Bind},i}) \tag{7.81}$$

4）服务执行阶段的可靠性模型

服务执行过程中调用的各个服务通过网络进行调度和通信，在服务调度的过程中，需要考虑网络脆弱性对服务执行可靠性的影响，网络拥塞或者不同带宽引起的服务信息通信失败或者通信错误等情况都会导致整个服务的可靠性较低，因此在服务执行阶段，网络可靠性是服务可靠性的一个重要影响因素。假设网络连接失效服从泊松分布，使用 i、j 表示网络中相互连接的两个节点，使用 $L(i,j)$ 表示网络的连接，$D(i,j)$ 表示节点间的传输信息量，$S(i,j)$ 表示带宽，则两个网络节点间传输信息耗时 $T(i,j) = D(i,j)/S(i,j)$。由此，网络连接 $L(i,j)$ 的可靠度 R_{Link} 为

$$R_{\text{Link}} = \exp(-\lambda_{i,j} T(i,j)) \tag{7.82}$$

其中，$\lambda_{i,j}$ 为节点 i 和 j 之间网络连接的失效率。

通过上面的分析，根据服务属性对服务的可靠性进行建模，将可用性可靠度分为请求阶段的可靠度和执行阶段的可靠度，请求阶段可进一步分为服务发布阶段、服务发现阶段和服务绑定阶段，对 4 个阶段分别进行评估，最后综合得出一个值，提供给用户，进行服务选择的参考。服务的可用性可靠度模型如下：

$$R_{\text{U}} = R_{\text{Pub}} \times R_{\text{Dis}} \times R_{\text{Bind}} \times R_{\text{Link}} \tag{7.83}$$

其中，R_{Pub} 为服务发布阶段可靠度，R_{Dis} 为服务发现阶段可靠度，R_{Bind} 为服务绑定阶段可靠度，R_{Link} 为服务执行阶段可靠度。

5）SOA 软件可靠性模型

由上面的分析可知，服务的可靠性可以分为功能属性可靠性和非功能属性可靠性，将服务可靠性定义为正确性、容错性、测试性、可达性以及互用性的综合表现，那么服务可靠性可以定义为一个服务被正确执行的概率，即服务的准确性和服务的可用性的集成：

$$R_{\text{S}} = R_{\text{A}} \times R_{\text{U}} \tag{7.84}$$

其中，R_{S} 为服务的整体可靠度，R_{A} 为服务的准确性可靠度，R_{U} 为服务的可用性可靠度。

根据软件非功能属性的描述，给出服务可用性可靠度模型：

$$R_{\text{U}} = \left(1 - \frac{n}{N}\right) \times \frac{\lambda^k}{k!} e^{-\lambda} \times (1 - R_{\text{Sec}}) \prod_{i=1}^{N}(1 - R_{i,\text{Bind}}) \times e^{-\lambda_{i,j} T(i,j)} \tag{7.85}$$

整理可得

$$R_\mathrm{U} = \prod_{i=1}^{N}(1-R_{i,\mathrm{Bind}})\mathrm{e}^{-\lambda_{i,j}T(i,j)}\left(\frac{\lambda^k}{k!}\mathrm{e}^{-\lambda} - \frac{n\lambda^k}{Nk!}\mathrm{e}^{-\lambda} - \frac{R_\mathrm{Sec}\lambda^k}{k!}\mathrm{e}^{-\lambda} + \frac{nR_\mathrm{Sec}\lambda^k}{Nk!}\mathrm{e}^{-\lambda}\right) \quad (7.86)$$

其中，N 为服务总数；n 表示服务描述不全或不匹配的服务个数；$T(i,j)$ 为节点 i 和 j 之间的传输速率，$T(i,j) = D(i,j)/S(i,j)$，$D(i,j)$ 为两个节点之间传输的信息量，$S(i,j)$ 为传输信息所用的时间；$R_{i,\mathrm{Bind}}$ 为第 i 个服务发生绑定失效的概率；R_Sec 为其他问题（如协议使用）引起的服务绑定失效率；$\lambda_{i,j}$ 为节点 i 和 j 之间网络连接的失效率。

结合服务功能属性的可靠性分析，根据 NHPP 的性质，服务的准确性可靠度模型为

$$R_{x|t} = P\{N(t+x) - N(t) = 0\} = \mathrm{e}^{m(t)-m(t+x)} \quad (7.87)$$

将服务的功能属性可靠性和非功能属性可靠性有效集成，可得单个服务的可靠性度量模型：

$$\begin{aligned}R_\mathrm{S} &= R_\mathrm{U} \times R_{x|t} \\ &= \prod_{i=1}^{N}(1-R_{i,\mathrm{Bind}})\mathrm{e}^{-\lambda_{i,j}T(i,j)}\left(\frac{\lambda^k}{k!} - \frac{n\lambda^k}{Nk!} - \frac{R_\mathrm{Sec}\lambda^k}{k!} + \frac{nR_\mathrm{Sec}\lambda^k}{Nk!}\right)\mathrm{e}^{-\lambda} \times \mathrm{e}^{m(t)-m(t+x)}\end{aligned}$$

假定网络环境满足服务信息的正常传输，在服务通信的过程中不会出现网络拥塞或者带宽受限引起服务失效的问题，则单个服务的可靠性度量模型为

$$R_\mathrm{S} = \prod_{i=1}^{N}(1-R_{i,\mathrm{Bind}})\left(\frac{\lambda^k}{k!} - \frac{n\lambda^k}{Nk!} - \frac{R_\mathrm{Sec}\lambda^k}{k!} + \frac{nR_\mathrm{Sec}\lambda^k}{Nk!}\right)\mathrm{e}^{-\lambda} \times \mathrm{e}^{m(t)-m(t+x)} \quad (7.88)$$

7.2.2 数据驱动的 SOA 软件可靠性建模分析

SOA 软件是在传统基于组件的体系结构和分布式计算基础之上产生的，因而可以借鉴基于体系结构的软件可靠性建模方法。然而，SOA 软件动态与协同的新特性却决定了其可靠性建模与评估过程也必然也是动态与协同的，并且将贯穿于软件的整个生命周期。这就要求可靠性评估方法必须能适应以下 3 方面变化：① 服务组合的成分服务可以动态组装和重组；② 服务组合的工作流支持动态重构；③ 服务与服务组合协同工作，其使用剖面随需而变。为适应上述 3 方面变化，构建以在线获取的测试及监测数据为驱动的 SOA 软件可靠性动态建模与在线评估方法。其基础是一种自底向上构建的 3 层模型，包括单个服务的可靠性度量模型、基于马尔可夫链的服务池容错模型和同样基于马尔可夫链的服务组合使用模型。

1. 可靠性动态评估框架

为适应动态评估，首先需要对 SOA 软件的原有评估框架进行扩充，如图 7.16 所示。

图 7.16 所示的可靠性动态评估框架的主要步骤如下：

（1）可靠性动态建模模块依据应用模型（如描述服务组合的 OWL-S 文件）自动生成对应的可靠性模型。

（2）可靠性动态建模模块通知在线监测子系统需要截取和统计哪些关于使用剖面的指标。

（3）在线监测子系统基于服务组合工作流实时捕获被测系统的使用剖面（如服务的调用次数、时间、次序等）和相关服务质量（Quality of Service，QoS）数据，并监测系统的变化，这些信息均传送给可靠性数据在线收集模块，以驱动可靠性模型的自适应调整。

（4）同时，协同测试的相关结果也提交给可靠性数据在线收集模块进行统计。

（5）随着测试工作的进行，可靠性在线评估模块可以按照预定的实验设计要求、当前的可靠性模型构成以及实测到的可靠性数据完成模型求解和敏感性分析等评估工作。

（6）可靠性在线评估模块将结果实时反馈给应用构建器，作为服务组装、重组和系统重构的依据。

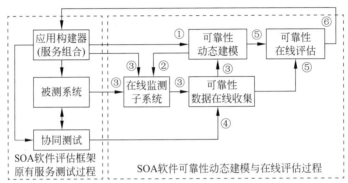

图 7.16　数据驱动的 SOA 软件可靠性动态评估框架

2. 可靠性动态建模与求解

以 Web 服务应用这种 SOA 软件当前最典型的实现形式为例，一个 SOA 应用系统即为最顶层的服务组合。图 7.17 显示了服务组合可靠性模型的层次结构，其中模型库的作用是支持重用或重构。

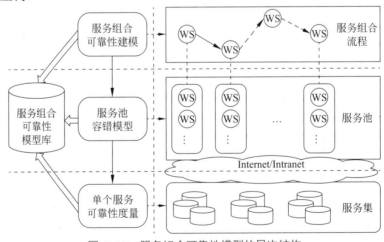

图 7.17　服务组合可靠性模型的层次结构

1）单个服务可靠性度量

可靠性首先是一个时间的概念，例如以无故障间隔时间（MTTF）作为可靠性指标。在数学描述上，通常将可靠度定义为服从指数分布：

$$R(t) = \mathrm{e}^{-\lambda t} \tag{7.89}$$

其中，$\lambda(\lambda \in [0,1])$ 为失效率，一般可取常数；t 表示连续运行的时间。而对于软件，t 变为离散的调用次数。若考虑多次调用的输入条件是近似随机的，则在一定的使用剖面下，由特定输入条件所触发的软件失效同样也可以认为是随机的。

(1) 服务的功能可靠性。

这是最基本的服务可靠性指标，由式 (7.89) 得

$$R_f = e^{-\lambda_f t} \tag{7.90}$$

传统软件的使用剖面相对稳定，所以对 λ 的常数假定在经过充分测试的前提下是合理的。但对于协同工作的服务而言，其功能失效率会随实际的使用环境发生变化，这也是采用数据驱动方法度量服务可靠性的原因之一，即 λ_f 必须由用户在线统计。

传统上，接口可靠性往往不被考虑，因为传统软件大多服务于特定目标，其接口固定且通常运行在本地或局域网内。然而，服务却支持动态绑定和远程调用，因此必须考虑可靠绑定和连接的问题。

(2) 服务的绑定可靠性。

由于 Web 服务通常仅依据数据类型匹配接口参数，可能发生错误绑定，但这种错误与调用次数无关。当引入本体约束服务之间的语义关系并依靠服务池机制预选服务时，可有效消除错误绑定的发生。为简单起见，这里假定服务绑定可靠度 $R_b = 1$。

(3) 服务的连接可靠性。

假设对服务的每次调用都是独立的，即调用前均需先进行连接，那么其连接可靠度（涵盖服务的可用性）可以看作调用次数 t 的函数，由式 (7.89) 得

$$R_c = e^{-\lambda_c t} \tag{7.91}$$

同理，λ_c 也需由用户根据在线监测数据动态统计。

综上所述，单个 Web 服务的可靠度 R_{ws} 或其失效率 λ_{ws} 可由式 (7.92) 进行度量：

$$R_{ws} = R_f R_c, \quad 或 \quad \lambda_{ws} = \lambda_f + \lambda_c \tag{7.92}$$

2) 基于马尔可夫链的服务池容错模型

引入服务池的概念代表 SOA 软件的服务动态绑定机制，即将服务组合中的成分服务变为抽象节点，而实际绑定的服务由各自附属的服务池提供，以此实现服务组合与具体服务解耦。所谓服务池，类似于缓冲队列，由满足相同规约的若干预选服务构成，并可按一定策略（如可靠性从高到低）排序以保证响应时间最快。服务池本质上是一种天然的多版本服务冗余容错机制，这正是 SOA 带来的优势。

(1) 模型定义。

若以服务池中某一服务获得调用作为一个状态，并假设服务失效是随机触发的，则在考虑对成分服务的多次调用时，发生在服务池中的服务替换过程（或称失效转移过程）就可以表示成一种无逗留（即自环）的离散时间马尔可夫链（Discrete Time Markov Chain，DTMC）。

设某一服务池包含 N 个服务，且不考虑更新；再设服务连接失效可立刻监测到，但若其返回结果错误却无法很快发现，则该容错模型如图 7.18 所示。

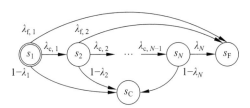

图 7.18 服务池容错的 DTMC 模型

在该模型中,状态集 S 包含 $N+2$ 个状态,$s_i(i \in [1, N])$ 代表第 i 个服务获得调用执行时的服务池状态,s_C 代表整个服务池运行成功终止,而 s_F 为失效终止;λ_i 是池中第 i 个服务的失效率,由式(7.92)得 $\lambda_i = \lambda_{f,i} + \lambda_{c,i}$。相关的一步状态转移矩阵 $\boldsymbol{P} = (p_{ij})_{n \times n}$,$p_{ij}$ 为状态 s_i 到 s_j 的一步转移概率,且 $\sum_{j=1}^{N+2} p_{ij} = 1$,可从图7.18中提取生成。

显然,这一模型是由服务池中备选服务的组成结构及其失效率数据所驱动的。

(2)模型求解。

采用稳态分析方法求解。设其稳态分布为 $\pi = (\pi_1, \pi_2, \cdots, \pi_N, \pi_C, \pi_F)$,则有 $\pi = \pi \boldsymbol{P}$,再联立全体稳态概率和为1的约束条件,可得如下方程组:

$$\begin{cases} \pi_j = \sum_{i=1}^{N+2} \pi_i p_{ij} \\ \sum_{i=1}^{N+2} \pi_i = 1 \end{cases} \quad (7.93)$$

求解式(7.93),则服务池的整体可靠度 R_{SP} 为

$$R_{SP} = \frac{\pi_C}{\pi_C + \pi_F} \quad (7.94)$$

同时,R_{SP} 即为相应成分服务的可靠度。再由式(7.89)(当 $t=1$ 时)可反推出服务池的整体失效率:

$$\lambda_{SP} = -\ln R_{SP} \quad (7.95)$$

显然,备选服务越多,R_{SP} 就会越高。如果服务的功能失效也能被监测到,那么通常一个服务池只要含有3个服务,它的 R_{SP} 就已经足够高了。

3)基于使用剖面的服务组合可靠性动态建模

(1)考虑基本构成。

从一个服务组合的体系结构看,它由成分服务及其组合逻辑(通常比较简单,可认为其失效率为0)构成。若将它们均视为组件,设有 N 个,并假定它们是串联的,那么任意组件的失效均导致整个服务组合失效,则其总体可靠度可表示为

$$R(t) = \prod_{i=1}^{N} R_i(t) = \exp\left(-\sum_{i=1}^{N} \lambda_i t\right) \quad (7.96)$$

(2)考虑使用剖面。

相同数量和种类的原子服务按照不同的组合顺序组合形成的服务组合所具有的功能也是不同的。目前服务组合有以下4种基本的组合结构:

① 顺序结构。按照原子服务的先后顺序执行队列中的服务，如图7.19(a)所示。假设顺序结构中包含 N 个原子服务，那么顺序结构的可靠度计算公式为

$$R_{\mathrm{S}} = \prod_{i=1}^{N} R_i(t_i) \tag{7.97}$$

其中，$R_i(t_i)$ 是原子服务 S_i 服务 t_i 时间的可靠度。

② 迭代结构。当逻辑条件满足规定的条件时就循环执行循环体内的原子服务，如图7.19(b)所示。N 表示循环执行的次数，则该组合模块的可靠度计算公式为

$$R_{\mathrm{L}} = (R_i(t_i))^N \tag{7.98}$$

③ 并列结构。该结构包含多个分支，执行下一个原子服务的条件是每一个分支上的原子服务必须都执行完毕，如图7.19(c)所示。假设 N 为并列结构的分支数目，那么并列结构的可靠度计算公式为

$$R_{\mathrm{P}} = \prod_{i=1}^{N} R_i(t_i) \tag{7.99}$$

④ 选择结构。该结构和并列结构类似，该结构也是多分支结构，但是执行下一个原子服务的条件是任意一个选择分支上的原子服务执行完毕，如图7.19(d)所示。假设 N 为分支数目，选择分支 S_i 执行概率为 p_i，那么其可靠度计算公式为

$$R_{\mathrm{X}} = \sum_{i=1}^{N} p_i R_i(t_i) \tag{7.100}$$

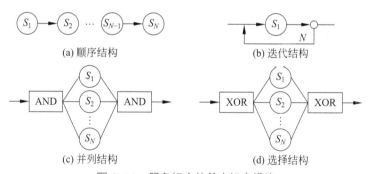

图 7.19　服务组合的基本组合模块

上面是服务组合中最基本的4种组合结构，往往现实中服务组合的逻辑组合结构要复杂得多。下面通过一个稍微复杂的组合实例对可靠度进行计算，其结构如图7.20所示。

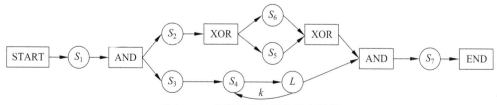

图 7.20　复杂结构的服务组合示例

图7.20包含了原子服务 $S_1 \sim S_7$。从总体上看整个服务组合分为3部分，分别为 S_1、并列结构和 S_7，其中并列结构中包括两个分支，分支　包含 S_2、S_6 和 S_5 组成的选择结构，分

支二包含 S_3、S_4 组成的循环结构。先计算每个原子服务的可靠度值，然后通过原子服务之间的组合求得整个服务组合的可靠度值：

$$R = R_1(t_1)R_2(t_2)[p_1R_4(t_4) + p_2R_5(t_5)]R_3(t_3)R_6^k(t_6)R_7(t_7) \quad (7.101)$$

（3）模型的定义和求解。

关于 t_i 的求取，可以采取穷尽测试的方法进行统计，但这样做代价大，且一旦服务组合发生重构就必须重新统计。比较好的做法是：先构建基于 DTMC 的服务组合使用模型（这种基于状态的建模方法比基于路径的方法更便于处理循环），用以描述其体系结构；然后，通过对在线监测数据的不断学习，实时求解稳态概率，以计算 t_i 值，并考查是否达到对服务组合使用剖面的覆盖率要求。

仍以原子服务的调用定义服务组合的状态，这里的服务组合使用剖面 DTMC 模型，它与服务池容错 DTMC 模型在定义和求解方法上是类似的。由于 OWL-S 所描述的服务组合模型是完全结构化的，即具有单入口和单出口，因此相应的 DTMC 模型也只有一个初态 s_1 和一个终态 s_N。而 s_N 的稳态概率 π_N 即可作为计算各组件 t_i 值的基准：

$$t_i = \frac{\pi_i}{\pi_N}, \quad i \in [1, N] \quad (7.102)$$

将各 t_i 代入相应的原子服务可靠性模型，利用整个服务组合可靠性模型可求得服务组合的总体可靠度。

❊ 7.3 网络化软件可靠性建模分析

在本节中，将网络化软件的系统模型转换为离散时间马尔可夫链（DTMC），列出详细的步骤，然后给出马尔可夫模型的求解步骤。

1. 基于离散时间马尔可夫链的网络化软件可靠性建模

与传统的本地软件一致，网络化软件可靠性不仅由系统内的网络化组件及组件之间网络数据传输过程的可靠性决定，还与它们的使用情况（各组件使用剖面）相关。一个软件可靠性不仅依赖于每个组件的可靠性，还受这些组件的使用情况影响。组件使用情况通常用使用剖面表示。

假设网络化软件中有 n 个组件，分别记为 $C_1, C_2, \cdots, C_n$，任意两个组件 C_i 和 C_j 之间的网络交互过程记为 I_{ij}。当网络组件 C_i 运行完毕后，系统运行组件 C_j 的概率定义为 P_{ij}，所有这样的概率组成的集合 $\{P_{ij}\}$ 称为组件的使用剖面，用于描述系统中各组件的使用情况。P_{ij} 可以根据系统的功能和设计进行预估，也可以在系统运行过程中进行统计，计算方法为

$$P_{ij} = \frac{\mathrm{frq}_{ij}}{\sum_{k=1}^{n} \mathrm{frq}_{ik}} \quad (7.103)$$

其中，frq_{ij} 是当组件 C_i 执行完毕后系统运行组件 C_j 的统计频率，如果组件 C_i 执行完毕后系统从未立刻运行过组件 C_j，则有 $\mathrm{frq}_{ij} = 0$，从而 $P_{ij} = 0$；n 为系统内网络化组件的数量。

由式（7.103）可知，除系统中最后一个组件外，其他任意的组件 C_j 均有 $\sum_j P_{ij} = 1$。

利用马尔可夫链建立系统可靠性模型。假设系统存在唯一的入口和唯一的出口，即系统从组件 C_1 开始运行，到组件 C_n 结束运行，将网络化软件的系统模型转换为离散时间马尔可夫链，具体的建模步骤如下：

步骤1：对于每个组件 C_i，添加两个状态 $C_C(i)$ 和 $C_E(i)$，分别表示组件接收正确输入和错误输入的执行过程。

步骤2：对于每个网络交互过程 I_{ij}，添加两个状态 $I_C(i,j)$ 和 $I_E(i,j)$，分别表示组件 C_i 产生正确输出和错误输出时数据从 C_i 传到 C_j 的过程。

步骤3：设置一个状态 T_E，表示因组件发生超时失效而引发的系统失效。

步骤4：设置两个状态 S_C 和 S_E，分别表示系统接收正确输入开始运行和接收错误输入开始运行。

步骤5：设置两个状态 E_C 和 E_E，分别表示系统结束运行时输出正确结果和系统结束运行时输出错误结果。

步骤6：状态 T_E、E_C 和 E_E 为吸收态，自转移概率为1。

步骤7：从状态 $I_C(i,j)$ 到 $C_C(j)$ 的转移概率为 $P_{\text{cop}}(I_{ij})$，从状态 $I_C(i,j)$ 到 T_E 的转移概率为 $P_{\text{tep}}(I_{ij})$。

步骤8：从状态 $I_E(i,j)$ 到 $C_E(j)$ 的转移概率为 $P_{\text{cop}}(I_{ij})$，从状态 $I_E(i,j)$ 到 T_E 的转移概率为 $P_{\text{tep}}(I_{ij})$。

步骤9：从状态 $C_C(i)$ 到 $I_C(i,j)$ 的转移概率为 $P_{ij}P_{\text{cop}}(C_i)$，从状态 $C_C(i)$ 到 $I_E(i,j)$ 的转移概率为 $P_{ij}P_{\text{cep}}(C_i)$；从状态 $C_E(i)$ 到 $I_E(i,j)$ 的转移概率为 $P_{ij}P_{\text{epp}}(C_i)$，从状态 $C_E(i)$ 到 $I_C(i,j)$ 的转移概率为 $P_{ij}P_{\text{mp}}(C_i)$。

步骤10：从状态 $C_C(i)$ 到 T_E 的转移概率为 $P_{\text{tep}}(C_i)$，从状态 $C_E(i)$ 到 T_E 的转移概率为 $P_{\text{tp}}(C_i)$。

步骤11：从状态 S_C 到 $C_C(1)$ 的转移概率为1，从状态 S_E 到 $C_E(1)$ 的转移概率也为1。

步骤12：从状态 $C_C(n)$ 到 E_C 的转移概率为 $P_{\text{cop}}(C_n)$，从状态 $C_C(n)$ 到 E_E 的转移概率为 $P_{\text{cep}}(C_n)$。

步骤13：从状态 $C_E(n)$ 到 E_E 的转移概率为 $P_{\text{epp}}(C_n)$，从状态 $C_E(n)$ 到 E_C 的转移概率为 $P_{\text{mp}}(C_n)$；

步骤14：从状态 $C_C(n)$ 到 T_E 的转移概率为 $P_{\text{tep}}(C_n)$，从状态 $C_E(n)$ 到 T_E 的转移概率为 $P_{\text{tp}}(C_n)$。

根据系统模型构建的马尔可夫模型如图7.21所示。

各状态之间的转移概率如表7.3所示。

在这个马尔可夫模型中，系统从状态 S_C 或 S_E 开始运行，进入3个吸收态 T_E、E_C、E_E 之一即运行结束。S_C 表示系统接收正确输入开始运行，S_E 表示系统接收错误输入开始运行，进入状态 T_E 表示某个组件或网络交互过程发生超时失效直接导致系统失效，进入状态 E_E 表示有数据错误最终传播到系统接口，进入状态 E_C 表示系统最终给出了正确的输出结果。

通常情况下，系统的可靠性定义为系统接收正确输入并给出正确输出结果的概率。对应于马尔可夫模型，系统可靠性等价于从状态 S_C 出发到达状态 E_C 的概率。

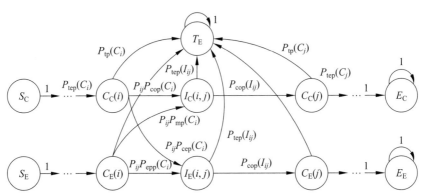

图 7.21 根据系统模型构建的马尔可夫模型

表 7.3 马尔可夫链的状态转移概率

起始状态	终止状态	转移概率	起始状态	终止状态	转移概率
S_C	$C_C(1)$	1	S_E	$C_E(1)$	1
$I_C(i,j)$	$C_C(j)$	$P_{cop}(I_{ij})$	$I_C(i,j)$	T_E	$P_{tep}(I_{ij})$
$I_E(i,j)$	$C_E(j)$	$P_{cop}(I_{ij})$	$I_E(i,j)$	T_E	$P_{tep}(I_{ij})$
$C_C(i)$	$I_C(i,j)$	$P_{ij}P_{cop}(C_i)$	$C_C(i)$	$I_E(i,j)$	$P_{ij}P_{cep}(C_i)$
$C_E(i)$	$I_E(i,j)$	$P_{ij}P_{epp}(C_i)$	$C_E(i)$	$I_C(i,j)$	$P_{ij}P_{mp}(C_i)$
$C_C(i)$	T_E	$P_{tep}(C_i)$	$C_E(i)$	T_E	$P_{tp}(C_i)$
$C_C(n)$	T_E	$P_{tep}(C_n)$	$C_E(n)$	T_E	$P_{tp}(C_n)$
$C_C(n)$	E_C	$P_{cop}(C_n)$	$C_C(n)$	E_E	$P_{cep}(C_n)$
$C_E(n)$	E_E	$P_{epp}(C_n)$	$C_E(n)$	E_C	$P_{mp}(C_n)$
E_C	E_C	1	E_E	E_E	1
T_E	T_E	1			

将马尔可夫模型的状态转移矩阵写成如下形式：

$$\boldsymbol{P} = \begin{bmatrix} \boldsymbol{Q} & \boldsymbol{T} \\ \boldsymbol{O} & \boldsymbol{I} \end{bmatrix} \tag{7.104}$$

其中，子阵 $\boldsymbol{Q}$ 为方阵，且不包含与模型中 3 个吸收态 E_C、E_E 和 T_E 相关的转移概率；子阵 $\boldsymbol{T}$ 表示从模型中其他状态到 3 个吸收态的一步转移概率，且 $\boldsymbol{T}$ 的 3 列从左到右分别表示 E_C、E_E 和 T_E；子阵 $\boldsymbol{I}$ 为 3×3 的单位矩阵；子阵 $\boldsymbol{O}$ 为零矩阵。

设 $\boldsymbol{V} = [v(x,y)] = (\boldsymbol{I} - \boldsymbol{Q})^{-1}\boldsymbol{T}$，则系统的可靠度为从状态 S_C 出发到 E_C 的概率：

$$R = v(1,1) \tag{7.105}$$

2. 实例分析

如图 7.22 所示，系统中有 5 个网络化组件，各组件之间的组成关系和组件的使用剖面如图 7.22 中标注所示。

组件接收正确输入时可靠性参数值如表 7.4 所示。

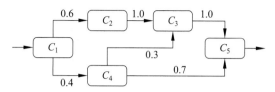

图 7.22　各组件之间的组成关系和组件的使用剖面

表 7.4　组件接收正确输入时可靠性参数值

组件	P_{cep}	P_{tep}	$P_{\text{cop}} = 1 - P_{\text{cep}} - P_{\text{tep}}$
C_1	0.000 101	0.000 413	0.999 486
C_2	0.000 289	0.000 516	0.999 195
C_3	0.000 373	0.000 534	0.999 093
C_4	0.000 297	0.000 503	0.999 201
C_5	0.000 434	0.000 554	0.999 012

组件接收错误输入时可靠性参数值如表7.5所示。

表 7.5　组件接收错误输入时可靠性参数值

组件	P_{epp}	P_{tp}	$P_{\text{mp}} = 1 - P_{\text{epp}} - P_{\text{tp}}$
C_1	0.999 607	0.000 128	0.000 265
C_2	0.999 349	0.000 139	0.000 512
C_3	0.999 218	0.000 144	0.000 638
C_4	0.999 401	0.000 135	0.000 464
C_5	0.999 153	0.000 191	0.000 656

网络交互过程的可靠性参数值如表7.6所示。

表 7.6　网络交互过程的可靠性参数值

组件	P_{tep}	$P_{\text{cop}} = 1 - P_{\text{tep}}$
I_{12}	0.009 586	0.990 414
I_{23}	0.000 538	0.999 462
I_{35}	0.012 154	0.987 846
I_{14}	0.001 306	0.998 694
I_{43}	0.011 739	0.988 261
I_{45}	0.001 271	0.998 729

根据软件系统的结构，建立对应的可靠性模型，将各组件的可靠性参数值、各网络交互过程的可靠性参数值以及使用剖面概率值代入模型中，计算得到系统的可靠度为0.980 086。

7.4　云计算系统可靠性建模分析

随着云计算越来越得到业界关注和普遍认同，云计算服务的可靠性问题日渐突出，基础架构与服务的可靠性是云计算的一个关键需求。云服务组合是实现云计算服务环境下资源共享与应用集成的主要手段，同时也是各个领域的普遍应用需求。云服务的异构性导致服务失效类型多种多样，已有的可靠性评估方法很难综合考虑各类服务失效情况，云服务的动态性使得静态的失效模型难以准确描述其实际运行状态，云服务系统的复杂性和分布性加剧了可靠性评估模型的设计难度。

传统的软件可靠性模型几乎都基于概率假设，认为软件可靠性行为可以用概率的方式加以解释。传统模型继承了硬件可靠性的基本概念，如故障强度（率）、平均故障时间、可靠度函数等，忽视了软件与硬件的本质差异，这使得传统模型只能适用或部分适用于特定的场合。在动态复杂的云服务环境中，云服务组合的层次性、可扩展性、动态自适应性、松耦合、虚拟化特性、分布特性等特点，使得云服务组合可靠性的研究受到了来自不同领域软件应用程序的规模、复杂度、难度及新颖性所带来的挑战。

7.4.1 云计算系统可靠性定义

保障云计算系统的可靠性对于系统向用户提供可靠的云计算服务具有至关重要的意义。本节首先给出云计算系统可靠性的定义，然后介绍可靠云计算系统的设计原则，最后详细描述影响云计算系统可靠性的主要因素。

云计算系统的可靠性可以衡量系统能够提供不中断的无故障服务的稳定程度。一般来说，可靠性可以定义为：在某种规定的条件下，系统能够在约定的时间范围内稳定提供无故障服务的能力。

如图7.23所示，云计算是一种面向服务的架构。

图 7.23 云计算系统的服务模型

客户端可以随时随地通过网络访问云计算系统提供的各种服务，如基础设施即服务（Infrastructure as a Service, IaaS）、平台即服务（Platform as a Service, PaaS）和软件即服务（Software as a Service, SaaS）。因此，云计算系统的可靠性与具体的服务模型密切相关。为了使云计算系统提供的服务更加可靠，每种服务模型的服务提供商都有责任保障服务的可靠性，并且各自的责任随着服务模型的不同而有所差异。例如，基础设施即服务层的服务提供商应当保证硬件设施一直处于稳定运行的状态，不会因为硬件故障而影响到运行在基础设施上的服务质量；软件即服务层的服务提供商则需要保证软件系统中不会存在严重的软件缺陷，避免软件故障影响到用户的服务体验。

7.4.2 影响云计算系统可靠性的因素

系统失效一般可以定义为系统不能按照约定的方式继续正常运行的事件。当系统偏离了正常功能时，就可以认为系统发生了故障。因此，系统中发生的故障是影响系统可靠性的主要因素。在云计算系统中，系统资源规模巨大，体系结构异常复杂，运行的服务数量众多，同时由于各层服务模型之间相互依赖，故障的发生相比于普通系统更加频繁。因而，故障是影响云计算系统可靠性的主要威胁。

在软件测试领域，失效是指软件在运行过程中出现的一种不希望或不可接受的可观察到的外部行为。故障是指软件在运行过程中出现的不希望或不可接受的内部状态，例如软件在执行过程中进入了错误的条件分支，软件便出现了故障。如果没有恰当的措施处理故障，此时软件将会出现失效。缺陷是指存在于软件的程序、数据或文档中的不希望或不可接受的差错，如代码错误。当软件在某个条件下出现软件故障时，便可以认为软件中存在缺陷。这里扩展软件测试中的故障定义，将使硬件、软件等组件或系统的行为发生失效的不正确状态称为故障。例如，内存因为读写老化使计算机系统不能正常工作，此时可以称系统中发生了内存故障。对云计算系统中故障的类型和起因进行概括和总结可以帮助计算机科学家和工程人员设计可扩展的算法，以可容错的方式部署基础设施和软件服务，这也有助于降低故障的修复代价，并使云计算系统提供更加可靠的服务。图7.24总结了介绍云计算系统中的常见故障及其发生的主要原因。

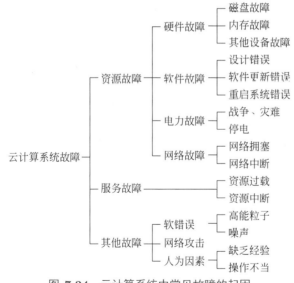

图7.24 云计算系统中常见故障的起因

基于故障的特征，云计算系统中的故障主要可以分为3种类型：资源故障、服务故障和其他故障。云计算系统中的资源故障是指物理资源进入了不正确状态，如硬件故障、软件错误、电源中断、网络中断等。资源故障既可以发生在客户端，也可以发生在服务提供商端。目前大部分容错工作主要集中在资源故障上。云计算系统中的服务故障是指服务提供商不能提供或用户不能获取满足服务等级协议（Service Level Agreement，SLA）中规定的服务质量的服务。在没有采取容错措施时，资源故障通常会导致服务故障，但在物理资源正常运行时，服务故障依然可能会发生。云计算系统中的其他故障一般是指一些无法预测的由自然或人为原因（如高能粒子、网络攻击和人员操作失误等）引起的故障。为了保证云计算服务的可靠性与可用性，理解故障发生的原因是非常重要的。

1. 资源故障

1）硬件故障

硬件故障是指由于硬件设施（如硬盘、内存等设备）不能正常工作导致的系统失效现象。在数据中心发生的所有故障中，大约50%的故障是由硬件引起的。随着数据中心的规模和使用时间的增加，硬盘故障的发生频率也在不断增长。据谷歌公司于2007年发布的报告称，硬盘驱动器和内存模块是修复最普遍的两个模块。研究表明，在硬件故障中，有78%的故障是由磁盘驱动器产生的，并且随着使用时间的增加，硬盘驱动器故障的发生次数呈指数级增长。因此，定期更换磁盘或使用磁盘冗余阵列可以显著降低磁盘故障发生概率，提高系统可靠性。

2）软件故障

随着云计算系统中的系统和软件变得日益复杂，软件故障已经成为系统崩溃的一个重要原因。软件故障主要来源于软件的设计错误、更新失败以及系统重启可能带来的功能失效等。在云计算系统中，大约有40%的服务会由于软件故障而被中断。2020年3月3日，微软公司位于美国东部的数据中心发生了服务中断，持续6小时，导致美国北部的客户无法使用Azure云服务。2022年1月8日，谷歌公司在美国俄勒冈州西1B地区的延迟超过了3小时，这次服务中断的原因是在软件定义网络（Software Defined Network，SDN）组件和检查点上执行的例行维护事件缺少配置信息。软件更新升级过程中的一个不可预期的错误也有可能引起整个系统崩溃。2022年8月9日，谷歌搜索、谷歌地图服务宕机，全球用户无法使用这些广泛使用的谷歌服务约1小时。中断的根本原因是软件更新出错，不仅终端用户无法访问谷歌搜索和谷歌地图，依赖谷歌软件功能的应用程序也在宕机期间停止工作。调查显示，大约20%的重启会由于数据不一致产生失败事件。当然，软件中存在的内存泄漏、不确定的线程、数据误操作、存储空间碎片化等原因也可能造成其他一些系统故障或系统性能下降。

3）电力故障

在云计算数据中心中，大约有33%的服务会由于电力故障而发生服务被迫中断的情况，这在自然灾害或战争时期很容易发生。据不完全统计，2020年以来已有十几起因电力故障引起的机房火灾、服务器长时间宕机大故障发生。2022年8月8日，位于美国爱荷华州康瑟尔布拉夫斯的谷歌数据中心发生电力事故，造成3人受伤以及多个地区的谷歌地图、谷歌搜索出现中断服务情况，有数据显示，该故障影响了全球40多个国家和地区至少1338台服务器，包括美国、澳大利亚、南非、肯尼亚、以色列、南美洲部分地区、欧洲和亚洲部分地区。2022年夏天，欧洲经历极端高温，7月16日，英国气温达到42℃，位于伦敦的谷歌云和甲骨文数据中心均因气温过高出现电力故障，导致系统宕机。电力故障的另一个主要原因是不间断电源系统发生故障，它造成大约25%的电力中断，单次故障会造成大约1000美元的损失。

4）网络故障

在分布式计算架构中，尤其在云计算系统中，所有的服务都由通信网络支撑，服务器之间所有的信息都经过网络进行交换和存储。底层网络的中断也可能导致云计算服务的中断。对一些基于云的实时应用来说，网络的性能通常起到了关键的作用。一个很小的网络拥塞就可能引起网络传输延迟，使得系统提供的服务违反服务等级协议。在所有的服务故障中，一部分故障是由网络连接中断引起的，并且网络服务的中断既有可能是由物理原因（如带宽）造成的，也有可能是逻辑原因（如加密）造成的。

2. 服务故障

在云计算系统中，无论是否发生资源故障，服务故障都有可能会发生。Dai等人的研究表明，服务故障的发生与提交作业所处的阶段（如作业的请求阶段和执行阶段）是密切相关的。在作业的请求阶段，用户提交的含有特定服务需求的作业都被保存在就绪队列中。在这个阶段中，资源过载（如服务请求的高峰时间）可能导致服务请求超时，此时用户无法访问服务。在这种情况下，虽然系统底层资源运行良好，但是它们不能处理全部的请求，从而导致服务故障的发生。在作业的执行阶段，作业会被提交给底层的物理资源，因而资源中断也会导致服务故障。

3. 其他故障

1）软错误

随着CMOS技术的持续发展和处理器电压的不断变化，软错误已经成为现代计算机系统的一个重要的关注点。由于高能粒子、噪声和硬件老化等原因，硬件电路中可能会发生瞬时故障和间歇式故障，这些故障会导致软错误的发生。随着软错误在整个系统中传播，它们可能表现为不同形式的系统失效现象，如错误的输出或系统崩溃。在云计算系统级别，这个问题会变得更加严重，尤其在由普通商业计算机构成的云计算系统中。研究人员已经发现了很多在云中或网格系统中运行科学计算任务产生很高故障率的情况。尽管不能完全避免系统中产生的软错误，但是系统设计人员可以通过故障预测以及容错措施消除软错误给服务带来的影响。

2）网络攻击

近年来，网络攻击成为数据中心故障发生率迅速增长的主要原因之一。根据Ponemon研究中心发布的报告称，2020年数据中心大约有11%的故障是由网络攻击造成的，这个比例在2021年增加到19%，2022年的比例为23%。由网络攻击造成的宕机平均损失为913 000美元。IBM公司针对网络安全的报告称，5%的网络威胁来自可以访问系统的人，如企业的内部员工。

3）人为因素

和网络攻击一样，人为因素在云计算系统的故障起因中也占据了非常大的比例(23%)，由人为因素引起的故障造成的平均损失为578美元。例如，2017年亚马逊公司的AWS云服务发生故障，由于人为的一项错误指令，比计划中更多的服务器被移除。此次事故发生在亚马逊公司S3存储服务上，持续了超过3.5小时，影响了客户的数据收发。研究表明，缺乏经验和操作失误是人为错误发生的主要原因，并且在云计算基础设施部署的早期，人为错误所占的比例非常大。因此,云计算系统的管理人员获取更多经验可以有助于降低人为错误发生的概率。

7.4.3 云计算系统的可靠性模型

在云计算环境中,服务提供商需要管理各式各样的资源组件,如处理器、内存模块、存储单元、网络交换机等。组件越多,云计算系统失效的可能性越大。服务提供商了解各种资源组件的失效特征,就可以更好地管理计算资源,使系统具备容错机制并提供高性能服务。实际应用中,可以从软件组件(包括进程、虚拟机和管理程序)失效、硬件组件(即服务器节点)失效以及组件失效之间的关联关系研究云计算系统的可靠性。

如图7.25所示,假设一个云计算资源系统由一个含有l个进程的应用程序和部署在k个服务器节点上的s个虚拟机构成,每个节点上运行着一个管理程序和不同数量的虚拟机。当任意一个硬件节点或软件组件失效时,系统也将失效。对于硬件节点失效情况,失效节点将被新节点替换并且系统将被重启;而对于软件组件失效的情况,虚拟机将被重启,然后系统继续运行。

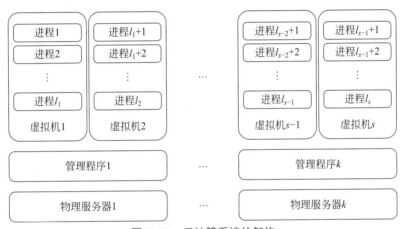

图 7.25 云计算系统的架构

将节点从第j个节点被替换或某个虚拟机由于失效而被重启后到节点首次发生故障所经历的时间称为节点的无故障时间(Time To Failure, TTF)。对系统中每个节点的失效特征有以下假设:

(1)每个节点的TTF服从威布尔分布。

(2)运行在某个虚拟机上的进程的TTF服从指数分布。

(3)节点首次失效会中断整个应用程序。

(4)节点失效后,失效节点将被新节点替换,然后系统会被重启运行。

对于含有$n(n = l + s + k)$个软件组件(进程l个、虚拟机s个和管理程序k个)的k节点系统,将系统的可靠度定义为系统在第j次重启后存活到时刻x的概率,并将其表示为$R_j(x)$。$R_j(x)$的值越大,系统的可靠度越高。由于系统中可能存在多种组件之间的失效组合,首先假设硬件失效和软件组件失效之间相互独立,然后考虑以下4种主要情况:

(1)如果硬件失效相互独立,软件组件失效也相互独立,则云计算系统的可靠度可以

表示为

$$R_j(x) = \overline{F}(x) = P(X_1 > x, X_2 > x, \cdots, X_{k+n} > x)$$
$$= \exp\left\{-\sum_{i=1}^{k} \lambda_i x_i' - \sum_{v=1}^{n} \gamma_v x\right\} \tag{7.106}$$

其中，X_i 表示组件 i 的存活时间；如果第 i 个节点在第 j 次重启时被替换，则 $x_i' = x^c$（常数 $c > 0$），否则 $x_i' = -t_{ij}^c + (t_{ij} + x)^c$；$\lambda_i$ 是组件 i 的失效率；γ_v 是与组件 v 相关的参数。需要注意的是，由于硬件失效独立性和软件组件失效独立性的存在，λ_i 和 γ_i 都不为 0。

(2) 如果硬件失效相互独立，而软件组件失效不相互独立，那么云计算系统的可靠度可以表示为

$$R_j(x) = \exp\left\{-\sum_{i=1}^{k} \lambda_i x_i' - \sum_{v=1}^{n} \gamma_v x - \sum_{\substack{v,w=1 \\ v<w}}^{n} \gamma_{v,w} x - \sum_{\substack{v,w,z=1 \\ v<w<z}}^{n} \gamma_{v,w,z} x \right.$$
$$\left. - \cdots - \lambda_{1,2,\cdots,n} x\right\} \tag{7.107}$$

其中，$\lambda_{i,j,\ldots}$ 是组件 $i, j, \cdots$ 的联合失效率，$\gamma_{i,j,\ldots}$ 是与组件 $i, j, \cdots$ 相关的联合参数。需要注意的是，由于硬件失效独立性的存在，λ_i 不为 0。

(3) 如果硬件失效不相互独立，而软件组件失效相互独立，那么云计算系统的可靠度可以表示为

$$R_j(x) = \exp\left\{-\sum_{i=1}^{k} \lambda_i x_i' - \sum_{\substack{i,s=1 \\ i<s}}^{k} \lambda_{i,s} \max\{x_i', x_s'\} - \sum_{\substack{i,s,l=1 \\ i<s<l}}^{k} \lambda_{i,s,l} \max\{x_i', x_s', x_l'\} \right.$$
$$\left. - \cdots - \lambda_{1,2,\cdots,k} \max\{x_1', x_2', \cdots, x_k'\} - \sum_{v=1}^{n} \gamma_v x\right\} \tag{7.108}$$

(4) 如果硬件失效和软件组件失效都不相互独立，那么云计算系统的可靠度可以表示为

$$R_j(x) = \exp\left\{-\sum_{i=1}^{k} \lambda_i x_i' - \sum_{\substack{i,s=1 \\ i<s}}^{k} \lambda_{i,s} \max\{x_i', x_s'\} - \sum_{\substack{i,s,l=1 \\ i<s<l}}^{k} \lambda_{i,s,l} \max\{x_i', x_s', x_l'\} - \cdots \right.$$
$$- \lambda_{1,2,\cdots,k} \max\{x_1', x_2', \cdots, x_k'\} - \sum_{v=1}^{n} \gamma_v x$$
$$\left. - \sum_{\substack{v,w,z=1 \\ v<w<z}}^{n} \gamma_{v,w,z} x - \cdots - \gamma_{1,2,\cdots,n} x\right\} \tag{7.109}$$

以上假设运行在 k 个物理服务器上的所有 n 个软件组件的失效模式都服从相同的概率分布，但是这在现实应用场景中是不符合实际的。云计算系统中存在新的软件组件和重用的软件组件，并且不同的软件组件是在不同的环境中被开发出来的，因此 n 个软件组件并不会服从相同的概率分布。

因此，一般假设云计算环境中的新组件会服从指数分布，这些新组件由于包含更多缺陷而更容易失效；而重用的或旧的软件组件依据它们的到达时间服从延迟的指数分布。

7.4.4 云服务系统的可靠性模型

当某个用户请求云服务时,云服务系统首先使用工作流描述云服务包含的子任务、子任务需要的数据资源以及资源之间的依赖关系,然后将各个子任务分布到各个可以访问数据资源的计算资源节点上。在云服务运行的过程中,存在各种各样因素会影响云服务的可靠性,具体包括请求队列溢出、请求超时、数据资源缺失、计算资源缺失、软件失效、数据库失效、硬件失效和网络失效。云服务可靠性被定义为在特定条件下云服务在用户指定的时间范围内顺利完成的概率。

因此,云服务能够顺利完成执行的条件为:用户的作业请求能及时被调度器处理,云服务的子任务能顺利完成,子任务请求的计算/数据资源可用,服务运行期间网络是通畅的。将服务的失效过程分为请求阶段失效和执行阶段失效。由于前一种失效发生在作业请求被成功分配到计算/数据资源之前,而后一种失效发生在作业请求被成功分配之后、子任务执行过程中,所以这两个阶段的失效可以是相互独立的。然而,每个阶段中的不同失效是相互关联的。因此,云服务可靠性建模可以分为请求阶段可靠性建模与执行阶段可靠性建模。

假设云服务系统中有 S 个同构服务器处理用户的请求,每个服务器处理单个请求的时间满足参数为 μ_r 的指数分布。在请求阶段,用户会为请求的服务设置一个约束时间,即从提交作业请求到作业完成时允许花在该服务上的时间。如果一个作业请求在约束时间之前没有被调度器服务,那么该请求将被丢弃,丢弃率表示为 μ_d;假设请求队列的容量为 N,作业请求的到达行为服从到达率为 λ_a 的泊松分布。因此,请求队列可以采用如图7.26所示的马尔可夫模型,其中状态 $n(n=0,1,\cdots,N)$ 表示请求队列中请求的数量。

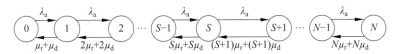

图 7.26 请求队列的马尔可夫模型

在图7.26中,从状态 S 到状态 $S+1$ 的转移概率为 λ_a。当队列处于状态 N 时,新到达的请求会使请求队列溢出,因此该请求将被丢弃并且队列依然处于状态 N。

请求阶段失效包括请求队列溢出和请求超时。请求队列溢出是指用户发出的请求数量大于请求队列的容量,请求队列不会溢出的概率为

$$R_{\text{overflow}} = \sum_{n=0}^{N-1} q_n \tag{7.110}$$

其中,$q_n(n=0,1,2,\cdots,N-1)$ 表示系统处于状态 n 的稳定概率,它可以通过 Chapman-Kolmogorov 方程计算出来。请求超时是指已被接受的请求在请求队列中等待服务的时间超过用户设置的约束时间 T_d。请求超时事件不会发生的概率为

$$P(t < T_d) = \int_0^{T_d} f_n(t) \mathrm{d}t \tag{7.111}$$

其中,$f_n(t)$ 表示处理完 n 个请求需要的等待时间的概率密度函数。

当 $n < S$ 时,新到达的请求不需要等待便可以立刻被云服务系统处理,所以此时请求

阶段的可靠度为 $\sum_{n=0}^{S-1} q_n$；当 $n \geqslant S$ 时，只在请求队列不溢出且队列中的请求不超时的情况下请求阶段才是可靠的，其可靠度 $\sum_{n=0}^{N-1} q_n \int_0^{T_d} f_n(t) \mathrm{d}t$。因此，请求阶段的可靠度为

$$R_{\text{request}} = \sum_{n=0}^{S-1} q_n + \sum_{n=0}^{N-1} q_n \int_0^{T_d} f_n(t) \mathrm{d}t \tag{7.112}$$

执行阶段失效包括数据资源缺失、计算资源缺失、软件失效、数据库失效、硬件失效和网络失效。执行阶段涉及3种类型的节点：硬件节点、软件节点和网络连接节点。与某个子任务相关联的所有元素（节点和链路）可以构成一个子任务生成树（Subtask Spanning Tree, SST），并且一个SST可以被视为由多个最小子任务生成树（Minimal Subtask Spanning Tree, MSST）组合而成，其中每个MSST表示顺利完成这个子任务的最小元素集合（任何一个元素失败都可能导致子任务失败）。假设第 i 个元素（element_i）的失效率为 λ，那么其可靠度为

$$R_{\text{element}_i} = \exp(-\lambda(\text{element}_i) \times T_{\text{w}}(\text{element}_i)) \tag{7.113}$$

其中，符号 $T_{\text{w}}(\text{element}_i)$ 表示云服务中第 i 个元素的工作时间。

软件节点的工作时间为软件程序在某台计算机上的运行时间，其与软件程序的工作量和处理器的处理能力相关；网络连接节点的工作时间为在某个网络连接上传输数据需要的时间，其与传输的数据量和网络带宽相关；硬件节点的工作时间为运行在某台计算机上所有软件程序的工作时间与连接该计算机的所有网络传输时间之和。类似于MSST，成功完成某个服务需要的所有元素集合可以表示为最小执行生成树（Minimal Execution Spanning Tree, MEST）。如果MEST中所有元素都执行成功，那么MEST便可以被视为可靠的MEST，其可靠度为

$$R_{\text{MEST}} = \prod_{i \in \text{MEST}} \exp(-\lambda(\text{element}_i) \times T_{\text{w}}(\text{element}_i)) \tag{7.114}$$

如果某个云服务有 N 个MEST，那么任意一个MEST的成功执行便意味着该云服务在执行阶段顺利完成。因此，执行阶段的可靠度为

$$R_{\text{execute}} = P\left(\bigcup_{i=1}^{N} \text{MEST}_i\right) \tag{7.115}$$

最终，如果云服务的请求阶段和执行阶段都是可靠的，那么该云服务便可以被认为成功执行结束。因此，云服务的可靠性 R_{service} 可以被计算为请求阶段和执行阶段可靠性的乘积：

$$R_{\text{service}} = R_{\text{request}} \times R_{\text{execute}} \tag{7.116}$$

在云服务系统运行过程的基础上，将云服务系统可靠性定义为云服务系统在给定的条件和规定时间内完成用户请求的能力。首先对云服务系统分阶段建模，包括用户服务请求达到云服务系统的任务请求阶段、调度系统对服务请求的子任务进行调度的调度阶段、子任务开始被执行到全部完成的执行阶段，然后建立云服务系统的可靠性模型。

如果使用 $R(t)$ 表示云服务系统的可靠度（即用户提交的服务请求能够被云服务系统在

指定的时间 t 内成功完成的概率），m 表示用户提交的服务请求在云服务系统中执行时被划分成子任务的个数，$P_{\mathrm{B}}^{(m)}$ 表示服务请求队列已满时用户的服务请求被阻塞的概率，$T_{\mathrm{SRT}}^{(m)}$ 表示用户请求从提交到最终执行完成的时间（即服务响应时间），那么云服务系统的可靠度可以表示为

$$R(t) = (1 - P_{\mathrm{B}}^{(m)}) \times P(T_{\mathrm{SRT}}^{(m)} < t) \tag{7.117}$$

❋ 7.5 习题

1. 系统可靠性框图如图 7.27 所示。其中 $\lambda_1 = 0.001/h, \lambda_2 = 0.002/h, \lambda_3 = 0.003/h, \mu_1 = \mu_2 = \mu_3 = 0.1/h$。

图 7.27 第 1 题系统可靠性框图

（1）用马尔可夫过程方法计算系统稳态有效度 A。
（2）用马尔可夫过程方法计算系统可靠度。

2. 3 个不同的可维修单元和一组维修人员组成 2/3 系统，转换开关完全可靠。
（1）画出系统状态转移图。
（2）给出系统状态转移矩阵。

3. 系统可靠性框图如图 7.28 所示。

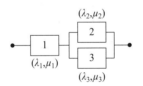

图 7.28 第 3 题系统可靠性框图

（1）画出系统状态转移图。
（2）给出系统状态转移矩阵。

4. 某系统子服务的 Petri 网可靠性模型如图 7.29 所示。

图 7.29 第 4 题某系统子服务的 Petri 网可靠性模型

其中库所 P_{c} 表示子服务处于正常运行的状态，P_{cf} 表示该部分失效运行的状态。
（1）计算各标识的稳定状态概率。
（2）假设变迁 t_{r} 和 t_{c} 的执行速率分别为 λ_{r} 和 λ_{c}，并分别服从指数分布，给出该子服务的可靠度计算表达式。

5. 某系统子服务的 Petri 网可靠性模型如图 7.30 所示。

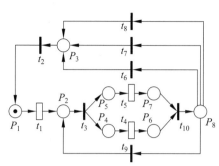

图 7.30　第 5 题某系统子服务的 Petri 网可靠性模型

（1）对所给 Petri 网进行简化。

（2）假设变迁 t_4 的执行概率为 $\mu = 0.5$，变迁 t_1、t_4、t_5 的执行速率分别为 $\lambda_{t_1} = 3\lambda$、$\lambda_{t_4} = \lambda_{t_5} = \lambda = 5 \times 10^{-4}/h$，计算子服务的可靠度。

6. 利用最大似然估计和最小二乘估计分别对式(7.77)给出的 SOA 软件服务功能属性可靠性模型进行参数估计。

7. 在云计算系统中，资源节点和通信链路间的失效都可能影响任务的执行。在任务执行的过程中，当资源节点失效时，任务的输出可能会受到影响。同样，当资源节点之间的链路发生失效时，云计算系统同样接收不到正确的反馈结果。假设：

（1）用户服务请求的到达是随机的，请求到达的时间间隔是独立同分布的随机变量，其概率密度函数的均值记为 a。

（2）用户服务请求到达云计算系统后将被划分为 $X(X > 1)$ 个子任务，其中 X 为随机变量，其分布为 $P(X = i) = g_i (i \geqslant 1)$，均值记为 $E(X) = g$。

（3）调度系统共有 $S(S \geqslant 1)$ 个调度器，各调度器的处理能力相同，结构相同，调度任务所需的时间是一个服从指数分布的随机变量 Y，均值为 $E(Y) = \mu_r$，这里采用的调度策略为先来先服务（First In First Out, FIFO）。

（4）云计算系统的任务队列容量为 N，且 $N \geqslant S$。

（5）计算节点的失效率是一个正的常数，其失效恢复时间是独立同分布的随机变量。

（6）通信链路的失效率是一个正的常数，其失效的恢复时间是独立同分布的随机变量。

（7）每一个计算节点在同一时刻只处理一个子任务。

根据云计算系统可靠性的定义给出云计算系统的可靠度函数 $R(t)$。

第8章 软件可靠性分析技术

本章学习目标
- 熟练掌握软件故障树分析技术。
- 了解软件失效模式与影响分析。

本章首先重点介绍软件故障树分析技术,包括基于故障树分析的定性和定量分析方法,然后介绍软件失效模式与影响分析。

第8章视频

8.1 软件故障树分析(SFTA)技术

故障树分析(Fault Tree Analysis, FTA)由贝尔实验室首先提出,是一种自顶向下的演绎故障分析方法,通过使用布尔逻辑组合一系列低级事件的方式分析软件系统的异常状态。故障树分析是一种典型的图形化的分析方法,在对可以导致系统故障的各类要素进行分析的基础上,用一些逻辑关系和图形对设备故障及系统进行分析和诊断,画出逻辑框图(即故障树),对可能发生的故障做出预测,分析故障发生的原因,计算发生的概率,同时对可能发生的故障采取相应措施进行预防,避免此类故障的发生。

使用故障树分析对软件系统进行分析时,首先要将系统最严重的失效情况作为故障树的顶事件,即主要分析目标,再根据系统结构对顶事件发生的原因逐步进行分析,找到系统中能够导致此失效的触发点,并且通过这些原因继续寻找,得到系统中最基本的一些触发失效的原因,在从底层对其失效概率进行计算,从而得出软件系统失效率的估计值。

故障树分析通过人为控制,可以对软件系统运行的各个环节进行分析,并且可以对软件运行时环境中的各种因素进行考虑。其主要的分析方法就是通过可能的故障研究系统发生故障的原因。这种方法可以将人为因素导致的系统失效率降到最低水平。

8.1.1 故障树基本概念

软件故障树分析(Software FTA, SFTA)是一种自上而下的软件可靠性分析方法。从软件系统最不希望发生的情况(称顶事件),尤其是涉及人员和设备安全等对可靠性产生重大影响的事件开始,逐级向下追查产生顶事件的诱因,直到底部最基本事件(称底事件),从而定位软件故障位置或其各种可能的组合方式或发生概率。

采用演绎法建立软件故障树时,首先选择要分析的顶事件作为软件故障树的根。其次,分析出现顶事件的直接原因并用适当的数学方法连接顶事件,作为故障树的节点,并以此类推,逐步分析,一直追溯到产生顶事件的全部底事件为止,这些底事件构成故障树的叶子节点。

再次,对画出的故障树逐步进行分析,识别出所有的最小割集,并对它们按重要性进行排序及定性比较,就完成了对故障树的定性分析。

最后,根据故障树分析的结果查出故障产生的根本原因,以便提高软件可靠性、强化安全性设计及指导软件测试。

1. 故障树分析法流程

故障树分析法的主要步骤如图8.1所示。

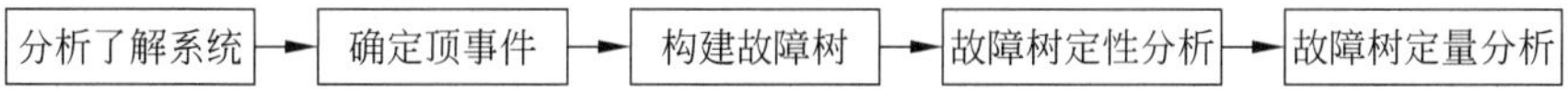

分析了解系统 → 确定顶事件 → 构建故障树 → 故障树定性分析 → 故障树定量分析

图 8.1 故障树分析法的主要步骤

(1)分析了解系统。首先要区分软件与人为因素给整个系统造成的影响,了解系统能够采用的不同状态模式及其与其他单元状态之间的对应关系,明确不同模式之间的互相转变。

(2)确定顶事件。完全了解系统和相关信息之后,把所有重要的故障事件逐一列出并区分主次,然后结合分析目的和故障判断依据确定此次分析的顶事件。

(3)构建故障树。将顶事件放在故障树最上端的相应符号中,然后把导致顶事件的所有直接原因事件列在第二排的相应符号中,包括操作故障、配置错误、平台故障等,结合系统中故障间的逻辑关系,采用合适的逻辑门将顶事件和上述直接原因事件相连接,按照这种方式,依照建树的原则依次逐级向下扩展,直至得到全部底事件为止。

(4)故障树定性分析。该步骤的关键是得出故障树的最小割集和最小径集。其中,最小割集代表系统危险性,最小径集代表系统可靠性,8.1.3节中将详述求解方法。

(5)故障树定量分析。该步骤主要是计算概率重要度,得到顶事件的发生概率。通过定量分析的结果可以了解故障对系统造成的危害。

2. 故障树分析法常用基本符号

故障树中经常用到的符号包括事件符号、转移符号以及逻辑门符号3类,经常能够使用到的包含下面这些:

1)事件符号

故障树分析法的主要事件有3种,分别是顶事件、底事件以及中间事件,如表8.1所示。

(1)顶事件。在故障树分析法中首先需要确定的以及最需要关注的结果事件称作顶事件,位于故障树的最上面,为分析的首要目的。

(2)底事件。在故障树分析法中,如果某一事件仅仅能够引起另外的事件出现,那么它就是底事件,位于故障树的最底端。

(3)中间事件。在故障树分析法中,处于顶事件与底事件之间的事件为中间事件。它既是当前逻辑门的输入事件,又是其他逻辑门的输出事件。

表 8.1 故障树分析法的事件

名　称	符　号	描　述
顶事件	□	由若干原因事件引起的失效事件，是不希望发生的显著影响系统技术性能、经济性、可靠性和安全性的故障事件，可由FMECA分析确定
中间事件	▭	故障树中除底事件和顶事件之外的所有事件
底事件	○	在故障树分析中无须探明其发生原因的基本事件
未探明事件	◇	原因不明的失效事件，原则上应进一步探明其原因，但暂时不必或者不能探明其原因的底事件
条件事件	⬭	与异或门配套使用的条件概率事件

2）转移符号

故障树分析法的转移符号如表8.2所示。

表 8.2 故障树分析法的转移符号

名　称	符　号	描　述
转向符号	△	在失效事件的转移中表示某处转入，通常与转此符号成对使用
转此符号	△	在失效事件的转移中表示某处转出，通常与转向符号成对使用

3）逻辑门符号

逻辑门的主要功能是为故障树分析法描述事件间的逻辑关系。常用的逻辑门包括与门、或门等，如表8.3所示。

表 8.3 故障树分析法的逻辑门

名　称	符　号	描　述
与门	(与门符号)	当输入端所有事件都发生时，输出事件发生
或门	(或门符号)	当输入端有一个或一个以上事件发生时，输出事件发生
顺序与门	(顺序与门符号)	当输入事件按照一定的顺序发生时，输出事件发生
表决门	r/n，B_1…B_n	设输入事件个数为n。当发生的输入事件个数大于或等于r时，输出事件发生
禁门	A，B	当输入事件同时发生时，输出事件发生
异或门	A，B_1，B_2	当单个输入事件发生时，输出事件发生
非门	A，B	输出事件与输入事件之间存在对立关系

8.1.2 故障树的构建与规范化

由于装备软件往往较为庞大复杂,如果通过对程序各条语句的逻辑关系逐条分析建立故障树,耗费成本巨大且绘制故障树非常困难,复杂的故障失效模式无法开展分析,因此以程序的各模块为事件绘制故障树,对可能造成系统故障的各模块组合方式进行分析。

1. 故障树构建

构建故障树的人员应对系统及其组成有充分的了解,一般由设计人员、使用维护人员、可靠性安全工程技术人员共同完成建树。构建故障树是为了利用建树的过程更彻底地认识系统,确定薄弱环节,这也是故障树定性分析与定量分析的基础。可通过系统的结构及功能剖析系统中最不希望产生的、明显导致系统故障的情形,明确分析的顶事件,然后构建故障树。建树是一个多次反复、逐步深入完善的过程。

建立故障树的根本原则如下:

(1) 对故障状况以及故障事件进行明确的定义。

(2) 对系统进行全面分析,在调查清楚故障的原因之后,明确故障树的顶事件,即最不希望产生的情形。

(3) 遵循系统原则,进一步明确故障树的建树范围。

(4) 需要说明各个矩形框里面应该放入的故障名称,与此同时应确保该说明是正确的。

(5) 在逐级分析矩形框中的故障事件时,如果故障事件由组件组成,则属于组件故障状态;反之,则故障事件属于系统故障状态。在分析过程中,要找到造成这种情形产生的最简单的而且是充分必要的直接原因,根据这种方式构建的故障树才能层次分明。

常用的建树方法为演绎法,其主要思路如下:

(1) 分析顶事件发生的直接原因,将顶事件作为逻辑门的输出事件,将所有引起顶事件发生的直接原因作为逻辑门的输入事件,根据它们之间的逻辑关系用适当的逻辑门连接起来。

(2) 对每一个中间事件用同样的方法逐层向下分析,直到所有的输入事件都不需要继续分析为止(此时故障机理或概率分布都是已知的)。

故障树的构建过程如下:

(1) 充分了解系统。包括系统的设计资源(如说明书、原理图、结构图)、试验资料(试验报告、试验记录等)、使用维护资料以及用户信息等。

(2) 选择顶事件。根据分析目的的不同,可考虑选择对系统技术性能、可靠性和安全性、经济性等影响显著的故障事件作为顶事件。例如,飞机起落架放不下来将直接危及飞机安全。当对起落架进行安全性分析时,可以选取飞机起落架放不下来这一顶事件进行故障树分析。

(3) 展开故障树。对于复杂系统,建树时按系统层次由上到下逐级展开。例如,飞机起落架放不下来这一事件的原因包括液压系统故障(如管路泄漏造成动力不足)、电磁控制系统故障、收放机构自身故障(上位锁故障、收放作动筒故障、连杆机构故障)。

飞机起落架放不下来事件的故障树如图8.2所示。

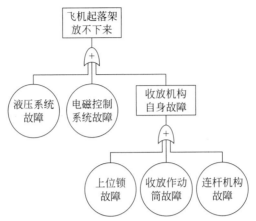

图 8.2 飞机起落架放不下来事件的故障树

建树过程中应注意以下事项:

(1) 明确建树边界条件。建树前应对分析做出合理的假设。应在 FHA 或 FMEA 的基础上将那些不重要的因素舍去,从而减小故障树的规模并突出重点。

(2) 故障树应严格定义,否则将难以得到正确的故障树。复杂系统的故障树往往由许多人共同完成,如定义不统一,将会构建出不一致的故障树。

(3) 应从上向下逐级建树,这样可以防止建树时发生事件的遗漏。

(4) 建树时不允许逻辑门之间直接相连。这样可以防止不对中间事件严格定义就仓促建树,从而避免难以进行评审或导致逻辑混乱使后续建模时出错等问题。

(5) 用直接事件代替间接事件,使事件具有明确的定义且便于进一步向下展开。

(6) 重视共因事件。共同的故障原因会引起不同的组件故障甚至不同的系统故障。共因事件对系统故障发生概率影响很大,建树时必须妥善处理共因事件。若某个故障事件是共因事件,则故障树的不同分支中出现该事件时必须使用同一事件符号。

2. 故障树的规范化

在对故障树进行分析之前,应首先对故障树进行规范化处理,使之成为规范化故障树,以便进行定性和定量分析。规范化故障树是指仅含有顶事件、中间事件、底事件以及与、或、非3种逻辑门的故障树。为此,需要对故障树中的特殊事件和特殊逻辑门进行处理和变换。

1) 特殊事件的规范化规则

对以下3类特殊事件要进行规范化处理:

(1) 未探明事件。根据未探明事件的重要性(如发生概率的大小、后果严重程度等)和数据的完备性,可以采取不同的处理方法:重要且数据完备的未探明事件当作底事件对待;不重要且数据不完备的未探明事件则删去;其他情况酌情决定。

(2) 开关事件。将其当作底事件。

(3) 条件事件。这类总是与逻辑门联系在一起,它的处理规则与逻辑门的等效变换规则联系在一起,需要结合具体的逻辑门进行处理。

2) 特殊逻辑门的规范化规则

（1）顺序与门变换为与门，其余输入不变，将顺序条件事件作为一个新的输入事件，输出不变，如图8.3 所示。

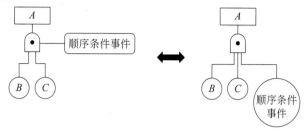

图 8.3　顺序与门变换规则

（2）表决门变换为或门和与门的组合，如图8.4所示。

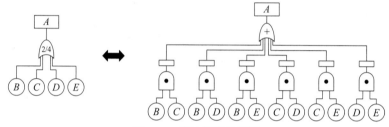

图 8.4　表决门变换规则

（3）异或门变换为或门、与门和非门的组合，如图8.5所示。

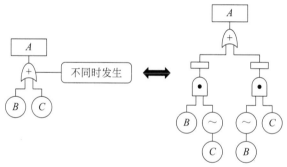

图 8.5　异或门变换规则

（4）禁门变换为与门，原输出事件不变，与门之下有两个输入，分别为原输入事件和禁止条件事件，如图8.6 所示。

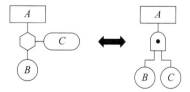

图 8.6　禁门变换规则

3．故障树的简化和模块化

故障树的简化和模块化并不是故障树分析的必要步骤。对故障树不进行简化和模块化，或简化和模块化不完全，并不会影响以后定性分析和定量分析的结果。然而，对故障树尽可能简化和模块化,可有效减小故障树的规模,从而减少分析工作量。

1)故障树的简化

在分析系统故障时,最初建立的故障树往往并不是最简的,可以对它进行简化。最经常采用的方法是借助逻辑代数的逻辑法则进行简化,为此,先介绍几个基本的逻辑关系和逻辑运算法则。

(1)基本逻辑关系。

两个变量的基本逻辑关系如表8.4所示。

表 8.4 两个变量的基本逻辑关系

逻辑关系	表达式	含义	其他描述方式
与	$X_1 \cdot X_2$	X_1 与 X_2 同时成立	$X_1 \wedge X_2, X_1 \cap X_2$
或	$X_1 + X_2$	X_1 与 X_2 至少有一个成立	$X_1 \vee X_2, X_1 \cup X_2$
非	$\overline{X_1}$	X_1 不成立	X_1^c, X_1'
蕴含	$X_1 \Rightarrow X_2$	X_1 成立必然导致 X_2 成立	$\overline{X_1} \wedge X_2, \overline{X_1} + X_2, X_1 \subset X_2$
同一	$X_1 \Leftrightarrow X_2$	X_1 与 X_2 同时成立或同时不成立	$X_1 X_2 + \overline{X_1 X_2}$

(2)逻辑运算法则和布尔代数法则。

常用的逻辑运算法则如表8.5所示。

表 8.5 常用的逻辑运算法则

X_1	X_2	$\overline{X_1}$	$\overline{X_2}$	$X_1 + X_2$	$X_1 \cdot X_2$	$X_1 \Rightarrow X_2$	$X_1 \Leftrightarrow X_2$
0	0	1	1	0	0	1	1
0	1	1	0	1	0	1	0
1	0	0	1	1	0	0	0
1	1	0	0	1	1	1	1

用相同的转移符号表示相同的子树,用相似的转移符号表示相似的子树。用布尔代数法则去掉明显多余的逻辑事件和逻辑门。常用的布尔代数法则如表8.6所示。

表 8.6 常用的布尔代数法则

法则	数学符号	工程符号
交换律	$X \cap Y = Y \cap X$ $X \cup Y = Y \cup X$	$X \cdot Y = Y \cdot X$ $X + Y = Y + X$
结合律	$X \cap (Y \cap X) = (X \cap Y) \cap Z$ $X \cup (Y \cup X) = (X \cup Y) \cup Z$	$X \cdot (Y \cdot Z) = (X \cdot Y) \cdot Z$ $X + (Y + Z) = (X + Y) + Z$
分配律	$X \cap (Y \cup X) = (X \cap Y) \cup (X \cap Z)$ $X \cup (Y \cap X) = (X \cup Y) \cap (X \cup Z)$	$X \cdot (Y + Z) = (X \cdot Y) + (X \cdot Z)$ $X + (Y \cdot Z) = (X + Y) \cdot (X + Z)$
幂等律	$X \cap X = X$ $X \cup X = X$	$X \cdot X = X$ $X + X = X$
吸收律	$X \cap (X \cup Y) = X$ $X \cup (X \cap Y) = X$	$X \cdot (X + Y) = X$ $X + (X \cdot Y) = X$

续表

法则	数学符号	工程符号
吸收律	$X \cap (X \cup Y) = X$ $X \cup (X \cap Y) = X$	$X \cdot (X + Y) = X$ $X + (X \cdot Y) = X$
互补法	$X \cap \overline{X} = \varnothing$ $X \cup \overline{X} = \Omega = 1$ $\overline{\overline{X}} = X$	$X \cdot \overline{X} = \varnothing$ $X + \overline{X} = \Omega = 1$ $\overline{\overline{X}} = X$
德摩根律	$\overline{(X \cap Y)} = \overline{X} \cup \overline{Y}$ $\overline{(X \cup Y)} = \overline{X} \cap \overline{Y}$	$\overline{(X \cdot Y)} = \overline{X} + \overline{Y}$ $\overline{(X + Y)} = \overline{X} \cdot \overline{Y}$
用 $\varnothing$ 和 Ω 计算	$\varnothing \cap X = \varnothing, \varnothing \cup X = X$ $\Omega \cap X = X, \Omega \cup X = \Omega$ $\overline{\varnothing} = \Omega, \overline{\Omega} = \varnothing$	$\varnothing \cdot X = \varnothing, \varnothing + X = X$ $\Omega \cdot X = X, \Omega + X = \Omega$ $\overline{\varnothing} = \Omega, \overline{\Omega} = \varnothing$
常用关系式	$X \cup (\overline{X} \cap Y) = X \cup Y$ $\overline{X} \cap (X \cup \overline{Y}) = \overline{X} \cap \overline{Y} = \overline{(X \cup Y)}$	$X + \overline{X} \cdot Y = X + Y$ $\overline{X} \cdot (X + \overline{Y}) = \overline{X} \cdot \overline{Y} = \overline{(X + Y)}$

故障树的简化原则及示例如表8.7所示。

表 8.7 故障树的简化原则及示例

简化原则	原故障树	简化故障树
结合律 I $(x_1 \cup x_2) \cup x_3 = x_1 \cup x_2 \cup x_3$		
结合律 II $(x_1 \cap x_2) \cap x_3 = x_1 \cap x_2 \cap x_3$		
分配律 I $(x_1 \cap x_2) \cup (x_1 \cap x_3) =$ $x_1 \cap (x_2 \cup x_3)$		
分配律 II $(x_1 \cup x_2) \cap (x_1 \cup x_3) =$ $x_1 \cup (x_2 \cap x_3)$		

2）故障树模块化

故障树中的模块定义为故障树中至少两个底事件的集合，向上可到达同一逻辑门，而且必须通过此逻辑门才能到达顶事件。

按模块的定义，找出故障树中尽可能大的模块，每个模块构成一棵子树，可单独地进行定性分析和定量分析，对每棵子树用一个等效的虚设底事件代替，将顶事件与各模块之间的关系转换为顶事件与底事件之间的关系，从而使原故障树得以简化。

3）故障树的结构函数

由表8.7中的故障树示例可以看出，由于故障树是由构成它的全部底事件的与、或等逻辑关系联结而成，因此可用结构函数这一数学工具给出故障树的数学表达式，以便对故障树作定性分析和定量计算。

系统故障称为故障树的顶事件，以符号 T 表示。系统各模块的故障称为底事件。假设 X_i 表示底事件的状态变量，底事件的状态有两种：发生时状态为 1，不发生时状态为 0，用公式表示为

$$X_i(t) = \begin{cases} 1, & \text{在} t \text{时刻底事件} i \text{发生} \\ 0, & \text{在} t \text{时刻底事件} i \text{不发生} \end{cases} \tag{8.1}$$

设顶事件为 $\phi(X)$，顶事件的状态有两种：发生时状态为 1，不发生时状态为 0，用结构函数表示为

$$\phi(X) = \begin{cases} 1, & \text{顶事件发生（系统故障）} \\ 0, & \text{顶事件不发生（系统正常）} \end{cases} \tag{8.2}$$

因为顶事件的状态完全取决于底事件 $X_i(i = 1, 2, \cdots, n)$ 的状态变量，所以称 $\phi(X)$ 或 $\phi(X_1, X_2, \cdots, X_n)$ 为故障树的结构函数。

逻辑与门的结构函数可表示为

$$\phi(X) = \prod_{i=1}^{n} X_i \tag{8.3}$$

逻辑或门的结构函数可表示为

$$\phi(X) = \sum_{i=1}^{n} X_i = 1 - \prod_{i=1}^{n} (1 - X_i) \tag{8.4}$$

结构函数用于有单调性的一类系统。设系统由 n 个模块组成，相应的结构函数为 $\phi(X)$。如果它的结构函数 $\phi(X)$ 满足以下两个条件，则称该系统为单调关联系统，简称关联系统。

（1）单调性，即 $\forall X \leqslant Y$，有 $\phi(X) \leqslant \phi(Y)$。这里 $X \leqslant Y$ 表示分量间有 $X_i \leqslant Y_i (i = 1, 2, \cdots, n)$。

（2）模块与系统的可靠性有关系，即对任意 $i(1 \leqslant i \leqslant n)$，存在 X 使

$$\phi(0_i, X) < \phi(1_i, X) \tag{8.5}$$

其中，$(0_i, X)$，$(1_i, X)$ 分别表示 X 中第 i 个分量取 0 或 1 时的状态向量，$\phi(0_i, X) = 0$，$\phi(1_i, X) = 1$。

直观地看，第一个条件，即结构函数的单调性，反映了用性能好的模块组成的系统比

用性能差的模块组成的系统的性能要好；第二个条件说明，每个模块对系统的可靠性都是有贡献的，因而在可靠性意义下都是不可少的。许多典型系统，如 $(k/n)(F)$ 系统、网络系统等，都是关联系统的特例。

8.1.3 基于故障树的可靠性分析

1. 故障树定性分析

故障树的定性分析重点包含计算并得出故障树的最小割集以及最小径集。这里的最小割集可以指代为系统危险性，最小径集可以指代为系统可靠性。每一个最小割集发生的同时也一定会导致顶事件的产生，与之对立的是，假设最小径集不发生，那么顶事件也必然就不会发生。因此，求解出的最小割集越多，系统也将越危险；求解出的最小径集越多，系统也将越可靠。

1）割集和最小割集

针对故障树模型的分析一般分为定性分析和定量分析。定性分析的主要目的是确定导致顶事件发生的所有故障模式集合，即最小割集；定量分析的主要目的是在已知最小割集发生概率的条件下计算顶事件发生概率和底事件重要度等定量指标。由于软件的功能模块不像硬件的元器件那样能明确给出失效概率，因此对软件故障树一般不进行定量分析。软件故障树分析最重要的意义在于根据分析结果找出导致软件故障的关键性因素，以指导软件可靠性设计及软件测试，对软件故障树进行定性分析已足以实现此目的。

割集是引起系统故障发生的一组底事件的集合，即一个割集代表了系统发生故障的一种可能性或一种故障模式。例如，一棵故障树的底事件集合为 $\{X_1, X_2, \cdots, X_n\}$。若有一个子集 $\{X_{i1}, X_{i2}, \cdots, X_{iK}\}$ 满足以下条件：

$$\{X_{i1}, X_{i2}, \cdots, X_{iK}\} \subset \{X_1, X_2, \cdots, X_n\} \tag{8.6}$$

则当 $X_{i1} = X_{i2} = \cdots = X_{iK} = 1$ 时，有 $\phi(X) = 1$，即，当该子集所包含的全部底事件均发生时，顶事件必然发生，则该子集就是割集，其割集数为 K。

软件可靠性分析中的割集是导致软件故障的一组底事件的集合，当这些事件同时发生时，顶事件必然发生。最小割集的含义是可以导致顶事件发生的最低限度的基本事件的集合。若除去某一割集里包含的任何一个底事件，就不再是割集，那么此割集为最小割集。当最小割集发生时，顶事件必然发生，最小割集代表了引起故障树顶事件发生的基本故障模式。通过对识别出的最小割集进行优化改进，能够在一定程度上降低系统潜在的风险。

（1）布尔代数法。

布尔代数法是由 Semanderes 于 1972 年提出的一种最小割集算法，其基本原理是：对给定的故障树，从最下一级中间事件开始。如果中间事件是以逻辑与门与底事件联系在一起的，可用式 (8.3) 的与门结构函数；如果中间事件是以逻辑或门与底事件联系在一起的，可用式 (8.4) 的或门结构函数。依次往上进行，直至顶事件，运算结束。在所得计算结果中，如有相同的底事件出现，就应用布尔代数法则加以简化。

以使用范围最广的布尔代数法为例，求解某一棵故障树的最小割集。首先列出故障树的布尔表达式，由故障树最顶层的输入事件出发，与门用逻辑乘体现，或门用逻辑加体现，然后利用下面一层的输入事件代替上面一层，以此类推，直至故障树内的所有事件全部表达完毕，最后会得到一些逻辑积的逻辑和，其中每一个逻辑积就表示一个割集。基本流程如下：

步骤1：从顶事件开始，用下一层输入事件代替上一层事件，与门使用逻辑乘代替，或门使用逻辑和代替。

步骤2：当事件全部替换为基本事件时，则替换停止。

步骤3：获取了很多逻辑积以及逻辑和。每一个逻辑积即为一个割集，但它不一定是最小割集。

步骤4：对所有割集进行比较，去掉其中包含其他割集的割集以及重复的割集，剩余割集的即为最小割集。

图8.7所示是一棵故障树图，用布尔代数法求解该故障树的最小割集。

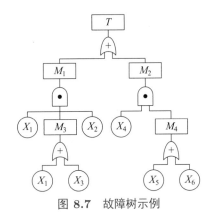

图 8.7 故障树示例

基本过程如下：

$$T = M_1 + M_2 \tag{8.7}$$

$$= X_1 X_2 M_3 + X_4 M_4 \tag{8.8}$$

$$= X_1 X_2 (X_1 + X_3) + X_4 (X_5 + X_6) \tag{8.9}$$

$$= X_1 X_2 + X_1 X_2 X_3 + X_4 X_5 + X_4 X_6 \tag{8.10}$$

$$= X_1 X_2 + X_4 X_5 + X_4 X_6 \tag{8.11}$$

故最小割集为$\{X_1, X_2\}$、$\{X_4, X_5\}$和$\{X_4, X_6\}$。

（2）下行法。

最小割集的求解方法一般分为上行法和下行法。基于下行法求解故障树的最小割集的基本算法如下：从故障树的顶事件开始逐层向下，若是或门则将其输入事件列入不同行，若是与门则将其输入事件列入同一行（只增加割集阶数，不增加割集个数），直到将所有底事件处理完毕，运用布尔代数法则中的结合律和分配律进行等价变换，得到最小割集的组合。

以某软件为例，通过分析系统逻辑结构，建立故障树模型，如图8.8所示。从系统不希望发生的故障事件——系统失效（顶事件T）开始，根据系统逻辑结构，自顶向下地通过分析寻找导致顶事件发生的所有可能的原因（中间事件 $M_1 \sim M_5$），逐层往下进行，直至得出所有基本事件（底事件 $X_1 \sim X_7$）。

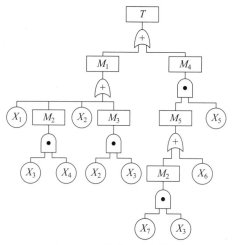

图 8.8 某软件故障树模型

如表8.8所示，对图8.8中故障树进行分析，从步骤1步到步骤2，下面为或门，所以在步骤2的位置换之以竖向的列串。从步骤2到步骤3时因下面为与门，所以横向并列，其他操作类似，直到第4步，求出此故障树的所有割集共6个，分别为 $\{X_1\}, \{X_3, X_4\}, \{X_2\}$，$\{X_2, X_3\}, \{X_7, X_3, X_5\}, \{X_5, X_6\}$。

表 8.8 下行法分析步骤

步骤1	步骤2	步骤3	步骤4	最小割集
M_1	X_1	X_1	X_1	X_1
	M_2	X_3, X_4	X_3, X_4	X_3, X_4
	X_2	X_2	X_2	X_2
	M_3	X_2, X_3	X_2, X_3	
M_4	M_5, X_5	M_2, X_5	X_7, X_3, X_5	X_3, X_5, X_7
		X_6, X_5	X_5, X_6	X_5, X_6

利用下行法简化以上割集，最终得到故障树的全部最小割集，共5个，分别为 $\{X_1\}$、$\{X_3, X_4\}$、$\{X_2\}$、$\{X_7, X_3, X_5\}$ 和 $\{X_5, X_6\}$。

对最小割集的定性分析应按照以下原则：
（1）最小割集的个数越少，整个软件系统越安全。
（2）阶数越小的最小割集对系统的影响越大，越容易使软件系统发生故障。
（3）低阶最小割集中的底事件比高阶最小割集中的底事件更重要。
（4）在阶数相同的情况下，在不同最小割集中重复出现次数越多的底事件越重要。

故障树的5个最小割集中，有两个一阶割集（$\{X_1\}$、$\{X_2\}$）、两个二阶割集（$\{X_3, X_4\}$、$\{X_5, X_6\}$）、一个三阶割集（$\{X_7, X_3, X_5\}$）。

利用最小割集可找出并消除单点故障，以指导系统的故障诊断和维修，对降低复杂系统潜在事故的风险具有重大意义。

2）径集与最小径集

径集是指在故障树中使顶事件（即危险事故）不发生的底事件集合，即一个径集代表了一个系统正常的可能性或模式。在故障树中，当所有底事件都不发生时，顶事件肯定不会发生。然而，顶事件不发生常常并不要求所有的底事件都不发生，而只要某些底事件不发生即可。这些不发生的底事件的集合称为径集，也称为通集或路集。

也就是说，径集中的底事件不出现（不输入）可以使顶事件不出现（不输出）。一棵故障树中包含若干径集。径集表示系统的安全性，说明使故障树得到安全的途径。某些底事件的集合不发生，则顶事件也不发生，把这组底事件的集合称为径集。最小径集是指使顶事件不发生的最低限度的底事件的集合。

求最小径集时，利用它与最小割集的对偶性，首先构建与故障树对偶的成功树，也就是把原来故障树的与门换成或门，把或门换成与门，把各类事件发生换成不发生。然后利用上面介绍的方法求出成功树的最小割集，经对偶变换后就是故障树的最小径集。

例如，对于如图8.9所示的故障树，求其最小径集，并构建用最小径集表示的等效故障树。

易知，图8.9所示的故障树可转化为如图8.10所示的成功树。

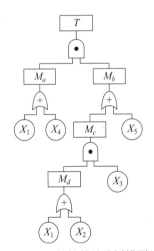

图 8.9 某软件故障树模型

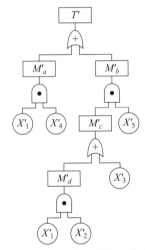

图 8.10 与故障树对偶的成功树

由成功树求最小径集：

$$T' = M'_a + M'_b \tag{8.12}$$

$$= X'_1 X'_4 + M'_c X'_5 \tag{8.13}$$

$$= X'_1 X'_4 + (M'_d + X'_3) X'_5 \tag{8.14}$$

$$= X'_1 X'_4 + (X'_1 X'_2 + X'_3) X'_5 \tag{8.15}$$

$$= X'_1 X'_4 + X'_1 X'_2 X'_5 + X'_3 X'_5 \tag{8.16}$$

$$(T')' = (X'_1 X'_4 + X'_1 X'_2 X'_5 + X'_3 X'_5)' \tag{8.17}$$

$$T = (X_1 + X_4)(X_1 + X_2 + X_5)(X_3 + X_5) \tag{8.18}$$

得到3个最小径集：$P_1 = \{X_1, X_4\}$、$P_2 = \{X_1, X_2, X_5\}$ 和 $P_3 = \{X_3, X_5\}$。用最小径集表示的等效故障树如图8.11所示。

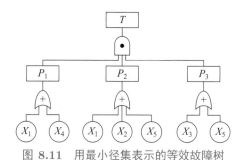

图 8.11 用最小径集表示的等效故障树

例如，用最小径集表示如下的结构函数：

$$T = X_1 X_3 + X_1 X_5 + X_2 X_3 X_4 + X_4 X_5 \tag{8.19}$$

最小径集为

$$K_1 = \{X_1, X_3\}, K_2 = \{X_1, X_5\}, K_3 = \{X_2, X_3, X_4\}, K_4 = \{X_4, X_5\}$$

最小径集表示的等效成功树如图8.12所示。

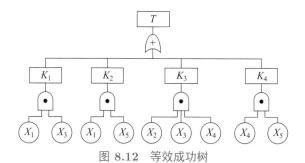

图 8.12 等效成功树

通过求出最小径集可以了解到要使顶事件不发生有几种可能的方案，从而为控制失效提供依据。一个最小径集中的底事件都不发生，就可使顶事件不发生。故障树中最小径集越多，系统就越安全。从用最小径集表示的等效成功可以看出，只要控制一个最小径集中的事件不发生，顶事件就不发生，所以可以根据最小径集选择控制失效的最佳方案。

2. 故障树的定量分析

故障树的定量分析是故障树分析的关键目标和主要环节，主要是为了评估以及计算系统顶事件和主要失效事件的可靠性特征量（即顶事件发生的概率、重要度等），从而确定主要失效事件对系统造成的影响程度，以此明确系统的薄弱环节，同时针对系统设计实施整改。系统可靠性的进一步评测需要把顶事件的发生概率与预计目标值进行比对，与此同时根据定量分析的结果进一步判断故障对系统可靠性造成的危害。

1) 顶事件概率计算

在故障树定量分析的过程中，首先需要明确底事件发生的概率以及最小割集的概率，然后需要根据底事件发生的概率求得顶事件发生的概率，以此进行风险评价，这个概率可以通过故障树的结构函数获得。

在进行定量计算的过程当中，通常情况下认为底事件是彼此独立的，顶事件与底事件只有两种状态，即正常状态以及故障状态。一般情况下，故障分布都假定为指数分布，为单调关联系统。

在进行概率求解的时候，假定独立事件是 X_i，那么逻辑或门（即和）事件的概率计算公式为

$$P(X_1 + X_2 + \cdots + X_n) = 1 - \prod_{i=1}^{n}[1 - P(X_i)] \tag{8.20}$$

逻辑与门（即积）事件概率的计算公式为

$$P(X_1 X_2 \cdots X_n) = \prod_{i=1}^{n} P(X_i) \tag{8.21}$$

引入的状态变量 X_i 是布尔变量，计算事件 X_i 可能产生的概率，即底事件以及顶事件在 $[0,t]$ 时间内发生的概率，也就是计算随机变量在 t 时刻的期望值：

$$E[X_i] = P\{X_i(t) = 1\} = F_i(t) \tag{8.22}$$

其中，$F_i(t)$ 表示在 $[0,t]$ 时间内故障发生的概率，即第 i 个部件的故障分布函数。

故障树中的顶事件与一个完整的系统故障是对应的，所以可以说故障树就是由全部可能导致这一事件发生的组件组成的。顶事件的发生概率能够根据最小割集求解，顶事件和最小割集之间利用或门进行逻辑上的连接，但是每一个底事件以及其所隶属的最小割集之间则是利用与门进行连接的。假设各个最小割集中没有重复的底事件，那么就可以首先求出各个最小割集的发生概率，然后再求出全部最小割集的和的概率，即可获取顶事件的发生概率。假设最小割集中存在重复的事件，那么可以先列出顶事件的结构函数，然后利用布尔代数消除各个概率积中的重复事件，最终计算出顶事件发生概率。

假设故障树的全部最小割集 $K_1, K_2, \cdots, K_N$ 已经求出，同时假设在一个很短的时间间隔中两个或者更多个最小割集同时产生的情况不需要考虑，并且每个最小割集中不存在重复的底事件，用 T 代表顶事件：

$$T = \phi(\overline{X}) = \bigcup_{i=1}^{N} K_i(t) \tag{8.23}$$

则可得顶事件的概率：

$$P(T) = P[\phi(\overline{X})] = P(K_1 \cup K_2 \cup \cdots \cup K_N) \tag{8.24}$$

例如，在如图8.13所示的故障树中，假定在 $t = 100$ 时各底事件故障发生的概率为

$$F_1(100) = F_2(100) = F_3(100) = 0.01$$

$$F_4(100) = F_5(100) = 0.02$$

$$F_6(100) = F_7(100) = F_8(100) = 0.03$$

易知，其最小割集为：$K_1 = \{X_1\}, K_2 = \{X_4, X_7\}, K_3 = \{X_5, X_7\}, K_4 = \{X_3\}, K_5 = \{X_6\}, K_6 = \{X_8\}, K_7 = \{X_2\}$。

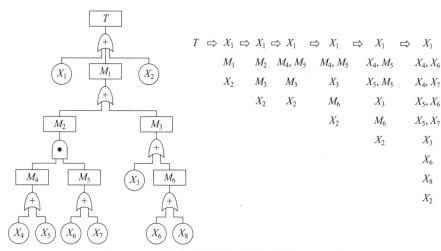

图 8.13 已知各底事件发生概率的故障树示例

由式 (8.24) 知, 顶事件发生的概率为

$$P(100) = F_S(100) = 1 - \prod_{i=1}^{7}[1 - P(K_i)]$$

$$\approx \sum_{i=1}^{7}\left[\prod_{i\in K_i} F_i(100)\right]$$

$$= F_1(100) + [F_4(100) \cdot F_7(100)] + [F_5(100) \cdot F_7(100)] + F_3(100)$$

$$+ F_6(100) + F_8(100) + F_2(100)$$

$$= 0.01 + (0.02 \times 0.03) + (0.02 \times 0.03) + 0.01 + 0.03 + 0.03 + 0.01$$

$$= 0.0912$$

例如,设故障树有两个最小割集,分别为 $K_1 = \{X_1, X_2\}$、$K_2 = \{X_2, X_3, X_4\}$,各底事件发生的概率分别为 $q_1 = 0.5$、$q_2 = 0.2$、$q_3 = 0.5$、$q_4 = 0.5$,求顶事件发生的概率。

由最小割集可知故障树如图 8.14 所示。

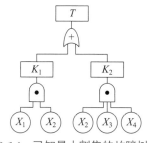

图 8.14 已知最小割集的故障树示例

则顶事件 T 发生的概率为

$$P(T) = 1 - [1 - P(K_1)][1 - P(K_2)] \tag{8.25}$$

$$= 1 - (1 - q_1 q_2)(1 - q_2 q_3 q_4) \tag{8.26}$$

$$= 0.145 \tag{8.27}$$

例如，设某故障树有两个最小径集，分别为 $P_1 = \{X_1, X_2\}$、$P_2 = \{X_2, X_3\}$，各底事件发生的概率分别为 $q_1 = 0.5$、$q_2 = 0.2$、$q_3 = 0.5$，求顶事件发生的概率。

由最小径集可知故障树如图8.15所示。

则顶事件 T 发生的概率为

$$P(T) = [1 - (1-q_1)(1-q_2)][1 - (1-q_2)(1-q_3)] \tag{8.28}$$

$$= 1 - (1-q_2)(1-q_3) - (1-q_1)(1-q_2) + (1-q_1)(1-q_2)^2(1-q_3) \tag{8.29}$$

$$= 0.36 \tag{8.30}$$

2）重要度分析

定量分析的另一个重要任务是计算重要度，一个子系统、组件或最小割集相对于顶事件的贡献称为重要度。由于设计的对象不同，要求不同，所以采用的重要度分析方法也不同，常用的重要度分析方法有结构重要度、概率重要度、关键重要度（相对重要度）等。在实际工程中，需要根据具体的情况对重要度分析方法进行选用。

（1）结构重要度。

结构重要度即从系统结构的角度求得的重要度。在故障树分析法中，能够利用最小割集与最小径集确定故障树的结构重要度。按照这种方式，不需要研究底事件的发生概率，只需要运用最小割集及最小径集，在故障树的结构这一方向上进行观察，从而确定该事件的结构重要度。通过计算所得的数值越大，它对于系统就越重要，就越需要重点关注它。

在系统处于固定状态的情形下，底事件 X_i 被看成变化对象的时候，此时剩下的事件保持原来不变的组合状态种数就是 2^{n-1}，在这些组合状态里面包含了应该为基本事件的变化组合，它们能够影响到顶事件的发生与否，由此可以给出结构重要度的定义。

定义 结构重要度 $I_\phi(i)$ 定义如下：

$$I_\phi(i) = \frac{1}{2^{n-1}} n_\phi(i) = \frac{1}{2^{n-1}} \sum_{2^{n-1}} [\phi(1_i, X) - \phi(0_i, X)] \tag{8.31}$$

其中，$[\phi(1_i, X) - \phi(0_i, X)]$ 为系统中第 i 个模块由正常状态（0）变为故障状态（1）而其他部件状态不变时系统结构函数的变化。

称 $I_\phi(i)$ 为结构重要度，是因为它与顶事件发生的概率毫无关系，仅取决于第 i 个模块在系统结构中所处的位置。

例如，对如图8.16所示的故障树，求各模块的结构重要度。

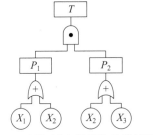

图 8.15 已知最小径集的故障树示例

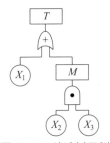

图 8.16 故障树示例

由图8.16可知，该系统共有3个模块，共有$2^3 = 8$种状态，即

$$\phi(0,0,0) = 0, \ \phi(0,0,1) = 0,$$
$$\phi(0,1,0) = 0, \ \phi(0,1,1) = 1,$$
$$\phi(1,0,0) = 1, \ \phi(1,0,1) = 1,$$
$$\phi(1,1,0) = 1, \ \phi(1,1,1) = 1$$

则有

$$n_\phi(1) = [\phi(1,0,0) - \phi(0,0,0)] + [\phi(1,0,1) - \phi(0,0,1)] + [\phi(1,1,0) - \phi(0,1,0)] = 3$$
$$n_\phi(2) = [\phi(0,1,1) - \phi(0,0,1)] = 1$$
$$n_\phi(3) = [\phi(0,1,1) - \phi(0,1,0)] = 1$$

所以，有

$$I_\phi(1) = \frac{1}{2^{3-1}} n_\phi(1) = \frac{3}{4}, \quad I_\phi(2) = I_\phi(3) = \frac{1}{4}$$

显然，模块1在系统结构中所占位置比模块2和模块3重要。

（2）概率重要度。

定义 系统模块i的概率重要度为

$$\Delta g_i(t) = \frac{\partial F_S(t)}{\partial F_i(t)} \tag{8.32}$$

其中，$\Delta g_i(t)$为第i个模块的概率重要度，$F_S(t)$为软件系统的不可靠度函数，$F_i(t)$为第i个模块的不可靠度函数。

从定义中可以看出，概率重要度的意义在于反映了第i个模块不可靠度变化引起系统不可靠度变化的程度。

以图8.16所示的故障树为例，已知：$\lambda_1 = 0.001, \lambda_2 = 0.002, \lambda_3 = 0.003, t = 100$，求各模块的概率重要度。

由图8.16可知，系统不可靠度函数为

$$F_S(t) = 1 - [1 - F_1(t)][1 - F_2(t)F_3(t)] \tag{8.33}$$

由式(8.32)知

$$\Delta g_1(100) = \frac{\partial F_S(t)}{\partial F_1(t)} = 1 - F_2(100)F_3(100)$$
$$= 1 - (1 - e^{-0.001 \times 100})(1 - e^{-0.003 \times 100}) = 0.953$$
$$\Delta g_2(100) = [1 - F_1(100)]F_3(100) = 0.2345$$
$$\Delta g_3(100) = [1 - F_1(100)]F_2(100) = 0.164$$

显然，第一个模块最重要。

（3）关键重要度。

定义 关键重要度是指第i个模块故障率变化所引起的系统故障概率的变化率，即

$$I_i^{CR}(t) = \frac{F_i(t)}{F_S(t)} \Delta g_i(t) \tag{8.34}$$

其中，$F_S(t)$ 为系统的不可靠度函数，$F_i(t)$ 为第 i 个模块的不可靠度函数，$\Delta g_i(t)$ 为第 i 个模块的概率重要度。

以图8.16所示的故障树为例，已知：$\lambda_1 = 0.001, \lambda_2 = 0.002, \lambda_3 = 0.003, t = 100$，求各模块的关键重要度。

易知

$$F_S(t) = 1 - [1 - F_1(t)][1 - F_2(t)F_3(t)]$$
$$= 1 - e^{-\lambda_1 t}[1 - (1 - e^{-\lambda_2 t})(1 - e^{-\lambda_3 t})] = 0.1374$$
$$F_1(t) = 1 - e^{-\lambda_1 t} = 0.0952$$
$$F_2(t) = 1 - e^{-\lambda_2 t} = 0.1813$$
$$F_3(t) = 1 - e^{-\lambda_3 t} = 0.2592$$

由此可计算出

$$I_1^{CR}(t) = \frac{F_1(t)}{F_S(t)}\Delta g_1(t) = 0.6603$$
$$I_2^{CR}(t) = \frac{F_2(t)}{F_S(t)}\Delta g_2(t) = 0.3106$$
$$I_3^{CR}(t) = \frac{F_3(t)}{F_S(t)}\Delta g_3(t) = 0.3094$$

显然，模块1比模块2和模块3重要得多。

8.2 软件失效模式与影响分析

SFMEA（Software Failure Modes and Effects Analysis，软件失效模式和影响分析）是在20世纪40年代由美国军方发展起来的，作为一种可靠性安全性分析技术用来确定系统和装备失效带来的影响，并被广泛应用到国防研究项目上。SFMEA是提高系统可靠性的重要方法，它分析系统中每一产品可能发生的故障模式及其对系统可能造成的所有影响，是一种自下而上归纳的系统可靠性分析，最底层的影响逐级向上传播，直到系统的最顶层。

SFMEA关心的重点是软件的单元和部件运行不正确带来的影响，它对软件的单元和部件进行失效假设，然后分析到系统一级，得出导致的后果。SFMEA的优势在于它从软件的失效入手，能够从反面提供更多的可靠性信息，并采取测试以外的方法改善软件的可靠性和安全性。SFMEA和SFTA的区别如表8.9所示。

表 8.9 SFMEA 和 SFTA 的区别

比较项	SFMEA	SFTA
分析方法	由系统的最底层分析潜在的失效模式及原因，自底向上分析对系统产生的影响，即由因到果	自顶向下的分析方法，从系统不希望发生的顶级事件开始，向下逐步追查导致顶级事件发生的原因，直到基本事件，即由果到因
分析对象	用于分析系统及其子系统所有可能的失效模式和原因	只分析顶层的故障事件
分析级别	分析的最底层单元可以是实现一定功能的模块	分析的最底层单元可以是程序的语句

将SFMEA和SFTA相结合,将是一种行之有效的软件可靠性分析方法。

8.2.1 软件失效的软划分

系统处于不同状态时,可能会发生多种不同类型的失效,这些失效对整个系统完成规定功能的影响程度千差万别,因而在研究处理措施时应按轻重缓急区别对待。当具体分析软件发生的某种失效的危害度(Criticality, Cr)时,必须考虑两个重要因素:失效发生的可能性(Possibility, Po)和失效对系统影响的严重度(Severity, Se)。不妨定义某种失效的危害度为

$$Cr = Se \times Po \tag{8.35}$$

显然,不同失效的危害性千差万别,当需要考虑多种失效时,则可针对具体系统建立相应的复杂模型。

1. 软件失效严重度等级定义

软件失效严重度等级就是对用户具有相同程度影响的失效集合,常见的分级标准包括对人员生命、成本和系统能力的影响。这些分级标准又包括很多子标准,不同的子标准对于不同的应用系统来说可能非常重要。例如,成本影响可能包括额外的运行成本、修复和恢复成本、现有或潜在业务机会的损失等子标准;系统能力影响可能包括关键数据损失、可恢复性和停机时间等子标准。对于可用性很重要的系统,导致更长时间停机的失效常常被分配更高的失效严重度等级。还需要注意的是,严重度可以随失效发生的时间而变化。

在定义要使用的失效严重度等级时,经验表明,最好的方法是集体讨论需要考虑的所有可能导致失效的因素,然后逐步确定最重要的失效因素。有些因素是客观存在的,但是很难度量,例如对公司声誉的影响,进而对市场份额产生的影响。

软件失效严重度等级的定义是一个非常重要也非常灵活的问题。由于软件系统的特殊性,对于不同软件的失效严重度等级可以有不同的定义。国防科学技术工业委员会于1997年发布的GJB/Z 102—1997《软件可靠性和安全性设计准则》中将软件失效的危险严重性等级分为4级,如表8.10所示。

表 8.10 软件失效的危险严重性等级

安全等级	失效的危险严重性等级	事故说明
A	I(灾难的)	人员死亡或系统报废
B	II(严重的)	人员严重受伤、严重职业病、系统严重损坏或任务失败
C	III(轻度的)	人员轻度受伤、轻度职业病、系统轻度损坏或任务受影响
D	IV(轻微的)	轻于III级的损伤,但任务不受影响

软件失效严重度可分为4个等级:致命的(Critical)、严重的(Serious)、一般的(Moderate)、轻微的(Cosmetic),如表8.11所示。

在实际使用时,用户可以根据不同的系统要求和不同的使用情况,灵活定义软件失效严重度等级。对于一般的民用软件,如果用表8.10对其失效的危险严重性等级进行定义,有

些地方不大实用,如它的最高级别的失效的危险严重性等级——灾难级是指失效造成了人员事故或伤亡,而民用软件最大的失效顶多是系统无法使用,需要重新设计和开发,也就是此系统报废,但不会造成人员上的伤亡,这个标准显然不适用于民用软件。表8.11的级别分类中,最高级别的严重度定义为必须重新安装才可使用。但在实际中,软件失效还有比此更为严重的,那就是系统报废。此外,它们的等级也不大适合一般民用软件的失效模式,比较粗略,这样分级带来下列问题:

表 8.11 软件失效严重度等级

严重度等级	描述	用户反馈
致命的	不能继续执行,不可恢复	必须重新安装方可使用
严重的	其结果有较大的错误,或性能有较明显的降级	只有当用户容许质量不高的结果时,该系统才可继续使用;否则应立即更换
一般的	继续运行,结果仅有少量错误	应予改正
轻微的	可以容许的失效,例如显示和打印方面的错误	应予以改正,但可留待方便的时候进行

(1)造成软件失效的严重度等级判断不准确。

软件失效的实际严重度与定义的不太相符合,可能处于一个区间内,例如软件失效的实际严重度比定义中的一般级别要严重一些,但比严重级别要轻微一些。

(2)造成软件失效在某些严重度等级上产生聚集,不利于对软件失效进行危害程度的分析。

使用SFMEA对软件进行可靠性分析的一个重要功能就是:通过对软件失效模式及其产生的影响进行分析,确定各种失效的危险程度,从而根据失效的危险程度采取相应的补救措施。如果失效模式在某些严重度等级上产生了聚集,就不能正确地反映这些失效的危害程度,影响补救措施的采取,从而影响对软件可靠性分析,影响系统可靠性的提高。

为了避免上述问题,结合一般民用软件开发和使用的实际情况,本书将软件失效严重度分为6个等级,如表8.12所示。当然,在使用时还可以根据实际情况进一步细化。

表 8.12 本书的软件失效严重度等级

严重度等级	描述	用户反馈
灾难的 (VI)	软件故障使系统出现了不可修复的缺陷,以后不能再继续使用	系统报废
致命的 (V)	软件故障使系统出现了大的错误,此时不能再继续执行其功能	重新安装或修复错误后重新安装方可使用
严重的 (IV)	软件故障使系统性能有了明显的下降,影响用户的正常使用	当用户容许不够精确的结果时,该系统可以继续使用;否则重新安装
一般的 (III)	软件故障造成系统功能部分缺陷,或输出结果出现部分错误	系统可以继续运行,但对错误应进行改正
轻微的 (II)	只出现了可以容许的小部分错误,如显示和打印方面的错误	系统继续运行,对错误可以留待方便的时候加以改正
无害的 (I)	软件故障对系统没有影响	系统正常运行

2. 软件失效模式概率等级定义

软件失效模式概率是指软件发生某种失效模式的概率，可以按这种指标评价SFMEA中确定的失效模式。通过对GJB 1391—1992《故障模式、影响及危害性分析》中的硬件失效模式概率等级定义进行研究和修改，将其应用于软件，得出软件失效模式概率等级，如表8.13所示。

表 8.13 软件失效模式概率等级

等级	描 述	说 明
A	经常发生	在软件运行期间，某一失效模式的发生概率大于软件在该期间总的失效概率的20%
B	有时发生	在软件运行期间，某一失效模式的发生概率大于软件在该期间总的失效概率的10%，但不超过20%
C	偶然发生	在软件运行期间，某一失效模式的发生概率大于软件在该期间总的失效概率的1%，但不超过10%
D	很少发生	在软件运行期间，某一失效模式的发生概率大于软件在该期间内总的失效概率的0.1%，但不超过1%
E	极少发生	在软件运行期间，某一失效模式的发生概率不超过软件在该期间内总的失效概率的0.1%

8.2.2 软件SFMEA分析方法

1. 失效模式与影响分析过程

失效模式与影响分析是SFMEA方法中最核心和最关键的一个环节，它包括失效模式分析、失效原因分析和失效影响分析3个过程，如图8.17所示。

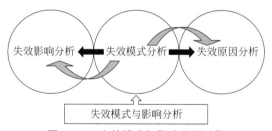

图 8.17 失效模式与影响分析过程

1）失效模式分析

对于系统级SFMEA，根据软件功能描述、失效判据要求，确定所有可能功能的失效模式；对于详细级SFMEA，根据模块中变量的类型特征，确定所有可能变量的失效模式。分析时需要注意以下事项：

（1）每个模块的每个失效模式是单一的，避免复合的失效模式，各个失效模式之间是互相独立的，彼此不相关。

（2）对失效模式的表达要正确且清楚，不要把被分析对象的外部输入错误作为失效模式，实际上这是输入模块的某种失效模式对被分析模块的失效影响，不是被分析模块本身发生的失效模式。

（3）不要把被分析对象内部的组成变量、算法的某种失效模式当作系统级分析对象的一种失效模式，其实这是详细级分析中变量的失效模式，而不是模块功能的失效模式。

2）失效原因分析

分析软件的失效原因时，应注意以下几点：

（1）软件失效原因首先在软件自身范围查找，大多数为开发过程中的设计缺陷。

（2）在软件自身范围查找完后，应考虑软件相邻结构层次的关系，在分析失效原因时，可在下一个或更深一个层次的失效模式中查找。

（3）当某个失效模式存在两个及以上失效原因时，要对每个原因进行独立分析；而当某个失效模式是由两个及以上的失效原因共同导致时，这些失效原因应该放在一起分析。

（4）失效模式一般是可观察到的失效表现形式，而失效模式直接原因或间接原因是设计缺陷、外部因素。失效原因的描述应该采用精确的工程术语表述。

3）失效影响分析

失效影响是失效模式导致的各种后果。分析时应注意以下事项：

（1）分析失效影响时，应明确层次间的传递关系，应把握程序模块之间的功能联系，而不是简单的结构关系。

（2）当同一模块具有许多功能时，必须考虑每种功能可能的失效模式。软件失效不仅包括功能失效，还包括性能失效。

（3）对于采用了冗余设计、备用工作方式设计或者故障检测与保护设计的软件，在SFMEA中应暂不考虑这些设计措施，而直接分析软件故障模式的最终影响。

2. 失效模式与影响分析方法

SFMEA是提高系统可靠性的重要方法，它分析系统中每一产品可能发生的故障模式及其对系统可能造成的所有影响，是一种自下而上归纳的系统可靠性分析，最底层的影响逐层向上传播，直到系统的最顶层。

SFMEA关心的重点是"如果软件的单元和部件运行不正确会带来什么样的影响"，它对软件的单元和部件进行失效假设，然后分析到系统一级，得出导致的后果。SFMEA的优势在于它从软件的失效入手，能够从反面提供更多的可靠性信息，并采取测试以外的方法改善软件的可靠性和安全性。一般根据产品的生命周期将SFMEA分为4个层次：系统级SFMEA、功能级SFMEA、接口级SFMEA和详细级SFMEA。SFMEA层次模型如图8.18所示。

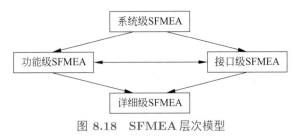

图 8.18　SFMEA 层次模型

1）系统级SFMEA方法

系统级SFMEA主要用来评价软件的体系结构，确保软件结构能够抵御失效带来的影响，降低软件风险。一般应该在软件项目开发中实施系统级 SFMEA，它的分析结果能够为功能级和接口级 SFMEA 提供指导依据。

在软件的需求分析阶段，通过仔细研究软件的需求规格说明书，识别软件需求规格说明书中规定的任务关键要求和失效的关键因素，并对任务关键要求和失效的关键因素进行重点分析。通过系统级 SFMEA 分析保证软件体系结构能够抵御软硬件失效带来的影响，降低软件风险。值得注意的是，系统级 SFMEA 需要在开发阶段的各个过程中不断地重复进行，后期还需要与详细级 SFMEA 同步进行，在这个过程中一定要充分考虑到 SFMEA 分析的成本和软件开发的成本。

当软件的原型结构设计完成并且每个软件模块的功能要求确定后，就可以开展系统级 SFMEA 工作。系统级 SFMEA 的目的是鉴定软件结构的安全性和鲁棒性，重点是从系统的角度分析软件各个子模块的输出和各个模块之间匹配的协调性。

根据相应的软件可靠性国家标准和国家军用标准，软件系统失效模式可以分为下面几类：①执行失败；②执行不完整；③输出错误；④时间不正确，即太早、太晚、太慢等。

系统级 SFMEA 方法包含危险分析以识别失效模式及其影响，评估消除或保护失效模式不发生的可行性。系统级 SFMEA 方法具体执行步骤如下。

步骤1：熟悉系统与软件使用工具指南以理解被分析系统。

步骤2：开发数据工具，开发 SFMEA 表格以存储数据并指导分析过程。

步骤3：定义分析规则与假设根据经验，确定分析过程中应明确的规则。

步骤4：开发失效模式描述，定义软件单元失效的方式并找出失效的原因。

步骤5：分析单个失效的系统影响，逐一检查软件单元并使用事前开发的 SFMEA 表格辅助分析。

步骤6：使用数据工具生成报告。

系统级 SFMEA 主要的活动有失效模式分析、失效原因分析、失效影响分析、严重度等级评估与改进措施分析。其中，失效模式分析是失效影响分析的前提，失效模式分析的质量直接决定了系统级 SFMEA 的质量。在传统软件的系统级 SFMEA 中，失效模式来源主要有以下3个：

（1）简单的失效模式类型指导。

（2）根据前期分析经验建立的失效模式库。

（3）分析人员的经验。

2）功能级 SFMEA 方法

功能级 SFMEA 用于分析软件中完成某一特定功能的模块，它把潜在的软件错误看成软件执行上的失效。一个软件具有多种功能，而每一种功能又可能具有多种失效模式，必须针对每一功能模块分别找出全部可能的失效模式。功能级 SFMEA 的目的是帮助软件设计者对影响软件功能的各种故障都进行周密考虑，有助于找出对系统有重大影响的故障模式并分析其影响程度，采取改进措施，也有助于设计者全面系统地了解各个软件模块之间的关联关系。功能级 SFMEA 能够发现软件内部流程设计潜在缺陷、模块间配合和交互过程中的问题，能够遍历各种缺陷对系统的所有影响，并发现需求规格说明书中没有明确但又必须明确的可靠性问题。

在进行功能级 SFMEA 时,通常可采用黑盒子方法,将各个软件模块看作一个内部代码未知的黑盒子,黑盒子的功能是已知的,然后对软件模块的失效模式进行定义和分类。根据相应的软件可靠性国家标准和国家军用标准,将功能失效模式分为以下几类:①输入错误;②输出错误;③错误的中断返回值(优先顺序、不能返回等);④优先级设置错误;⑤资源冲突。

分析过程中不仅应考虑软件功能实现的问题及其导致的处理过程失效,还应考虑其他环境因素导致的处理过程及输出结果失效,例如数据或消息交互过程中的通信故障、软件处理过程中的异常丢包、数据存储过程中的存储介质失效、人为误操作等。

功能级 SFMEA 的对象可以是一项处理流程,也可以是一系列处理流程;可以是纯软件过程,也可以是软硬件结合的过程。选择分析的重点是与业务处理相关、处理过程复杂的对象以及多进程多模块之间的交互等。

在进行分析之前,应先熟悉模块的架构、功能和处理流程,并对功能进行分解,划分出模块的功能流图。对软件流图中的每一个步骤,应列出其所有输出条件(能够执行该功能或到达该状态的所有先决条件),但不限于应用场景、用户操作、输入参数和传入的消息等。

此外,还应充分考虑软件流图中的每一个步骤的故障模式,判断其发生的可能性,并对故障模式的全面性和正确性进行评审。

3)接口级 SFMEA 方法

接口级 SFMEA 用于分析影响软件模块之间或者软件和系统硬件之间的失效。对于软件接口模型,可以利用基于行为的失效模式影响分析找出失效模式和影响,为失效模式的影响分析提供定性和定量的信息和数据。

接口级 SFMEA 的分析方法和步骤具体如下:

(1)对要分析的软件接口模型的失效模型进行定义和分类。

(2)对接口模型进行行为描述。

(3)对软件结构分解后的接口级元素进行失效模式与影响分析,采用表 8.14 这样的格式。

表 8.14 接口级 SFMEA 分析表

模块	功能	失效模式	原因	失效影响			严重度
				局部影响	上层影响	系统影响	

软件接口的失效模式可分为以下几种:

(1)模块的参数与模块接收的输入变量在单位上不一致。

(2)模块的参数与模块接收的输入变量在属性上不一致。

(3)模块的参数与模块接收的输入变量在数量上不一致。

(4)模块的参数与模块接收的输入变量在次序上不一致。

(5)传递给被调用模块的变量与该模块参数在单位上不一致。

(6)传递给被调用模块的变量与该模块参数在属性上不匹配。

（7）传递给被调用模块的变量与该模块参数在数量上不相同。

（8）传递给被调用模块的变量与该模块参数在次序上不一致。

（9）修改了只作为输入值的变量。

（10）全局变量在引用它们的各模块中有不同的定义。

4）详细级SFMEA方法

详细级SFMEA是在软件详细设计阶段后期进行的，其主要依据是软件详细设计说明书，它可以确定模块设计是否达到软件的安全性要求，识别具体的失效情况，确定失效的根本原因。详细级SFMEA针对每个模块推测每个变量和算法的失效模式，通过代码跟踪这些失效模式产生的影响，将得到的结果与软件风险分析相比较，从而识别出潜在的失效。

穷尽分析某模块的所有变量是没有必要的，也是不现实的，而且还使分析重点不够突出。在软件开发过程中，根据不同需要定义不同类型的变量，所以不同类型的变量有着不同的作用以及重要性。在详细级SFMEA中重点关注以下类型的变量：

（1）有多个函数调用的全局变量。这些变量如果发生失效，那么系统将会受到连锁影响，因此需要对这些全局变量进行深入分析。

（2）外部的参数变量。人工设置的参数合适与否直接影响着系统的运行。

（3）算法输出变量。对于软件，算法是重要组成部分，计算结果直接控制系统的动作，算法的失效模式将转化成计算出的相关变量的失效。

（4）软件接口变量，包括软件和软件之间（如函数调用、进程通信等）、软件和硬件之间（如设置数模转换端口到指定值）、硬件和软件之间（如软件读取温度传感器）、硬件和硬件之间的变量。硬件受到环境影响，在数据传输过程中会出现差错，硬件输入的变量是在实际中常常出现问题的变量。

常用的详细级SFMEA方法有以下3种。

（1）危险-原因-关键软件变量关系分析。

危险-原因-关键软件变量关系分析通过确定危险所对应的输入、输出变量值的对应范围标识、定位可能的软件缺陷，并在软件的可靠性和安全性设计中采取相应的措施，可采用表8.15这样的格式。

表 8.15 危险-原因-关键软件变量关系分析表

失效模式		关键软件变量			
危险	原因	变量1	变量2	...	变量n
危险1	原因1	对应值范围	对应值范围	...	对应值范围
	原因2	对应值范围	对应值范围	...	对应值范围
	...	...	...	...	...
危险2	原因1	对应值范围	对应值范围	...	对应值范围
	原因2	对应值范围	对应值范围	...	对应值范围
	...	...	...	...	...

（2）矩阵分析。

矩阵分析以软件的功能和逻辑为主要的分析对象，在软件的概要设计完成后开始，在以后的各开发周期反复地进行，分析结论用于指导设计和测试，达到将软件缺陷消灭在设计和测试阶段的目的，提高软件的可靠性和安全性。矩阵分析法可采用表8.16这样的格式。

表 8.16　矩阵分析表

执行逻辑和失效模式		关键软件变量			
		输出变量1	输出变量2	…	输出变量 n
执行逻辑1	失效模式1	输出值	输出值	…	输出值
	失效模式2	输出值	输出值	…	输出值
	…	…	…	…	…
执行逻辑2	失效模式1	输出值	输出值	…	输出值
	失效模式2	输出值	输出值	…	输出值
	…	…	…	…	…

（3）变量失效模式分析。

详细级SFMEA不仅要考虑软件本身的失效模式，例如赋值错误、变量调用错误等，还要考虑输入数据的错误，并根据具体开发语言和编译环境确定其失效模式。变量失效模式分析可采用表8.17的格式。

表 8.17　变量失效模式分析表

变量类型	失效模式	代码
布尔量	False（本应为True）	F
	True（本应为False）	T
数值量	太小	L
	太大	H
…	…	…

SFMEA实施标准对失效模式的分析给出了一个更为详细的列表，如表8.18所示。

从表8.18中可以看出，该标准将软件的失效模式分为通用的和详细的两类，详细失效模式又分为输入失效、输出失效、程序失效等。

表 8.18　SFMEA实施标准的软件失效模式类别及示例

类别		示例
通用失效模式		• 输入不符合要求 • 运行时不符合要求 • 输出不符合要求
详细失效模式	输入失效	• 未收到输入 • 收到错误输入 • 收到数据精度轻微超差 • 收到数据精度中度超差 • 收到数据精度严重超差 • 收到参数不完全或有遗漏

续表

类别		示例
详细失效模式	输出失效	• 输出项缺损或多余等 • 输出数据精度轻微超差 • 输出数据精度中度超差 • 输出数据精度严重超差 • 输出参数不完全或有遗漏 • 输出格式错误 • 输出打印字符不符合要求 • 输出拼写错误/语法错误
	程序失效	• 程序无法启动 • 程序运行中非正常中断 • 程序运行不能中止 • 程序不能退出 • 程序运行陷入死循环 • 程序运行对其他单元或环境产生有害影响 • 程序运行轻微超时 • 程序运行明显超时 • 程序运行严重超时
	未满足功能/性能要求的失效	• 未达到功能/性能的要求 • 不能满足用户对运行时间的要求 • 不能满足用户对数据处理量的要求 • 多用户系统不能满足用户数的要求
	其他失效	• 程序运行改变系统配置要求 • 程序运行改变其他程序数据 • 操作系统错误 • 硬件错误 • 整个系统错误 • 人为操作错误 • 接口故障 • I/O定时不准确导致数据丢失 • 整个系统错误 • 人为操作错误

在实际SFMEA分析中,由于软件系统功能是变化的,表8.18对失效模式分析的指导意义有限。实际应用时可依据软件功能的IPO(Input,Process,Output)对失效模式进行分类,以指导失效模式分析。在传统的SFMEA中,影响分析的依据比较模糊,没有严格按照软件功能实际执行逻辑分析失效模式影响的传递关系,而更多地凭借分析人员与开发人员的大致分析。

8.2.3 实例分析

为了检验上述分析方法的有效性,本节选择某刹车控制软件为对象,开展软件失效模式分析,构建完整的软件失效模式集合。该软件是某刹车控制系统核心控制软件,负责采集机轮速度传感器信号、刹车指令信号等信息,实现刹车功能、防滑功能、接地保护功能等,是保证系统安全起飞和着陆的关键软件。

1. 实例构建流程

首先，在分析软件需求规格说明书、软件设计说明书等文档的基础上，确定顶层论证目标。其次，选择合适的危险分析方法，结合本领域知识，识别软件相关系统危险，并分析对应软件安全关键功能。再次，利用SFMEA对软件安全关键功能模块进行失效模式分析，得到失效模式实例集。最后，分析软件详细设计说明书和源代码，获取软件针对上述失效模式的应对方法和处理措施等方面的证据。实例构建流程如图8.19所示。

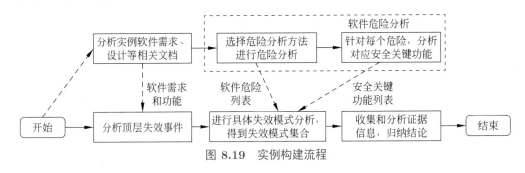

图 8.19　实例构建流程

2. 系统危险识别

下面主要分析与刹车控制软件相关的系统危险，即该软件导致和引发的系统危险。对于这种安全关键系统，首先进行系统初步危险识别（Preliminary Hazard Identification, PHI），以定义系统可能面临的危险，得到该应用领域中可知危险列表，这是进行系统中软件安全性分析的先决条件。接下来确定软件在导致这些危险中的潜在作用以及在控制或缓解这些危险中的潜在作用。

在与软件研制方充分沟通的基础上，利用功能危险评估法（Functional Hazard Assessment, FHA）进行分析，得到软件相关常见系统危险列表，以及软件对应安全关键功能。功能危险分析是通过对系统或分系统级（包括软件）可能出现的功能状态进行分析，以识别并评价系统中的潜在危险。FHA可以分析不同层级功能中的不能实现的功能、功能实现错误、功能实现偏差等故障，并评价它们可能带来的相关危险。对FHA表格进行裁剪得到表8.19。

表 8.19　常见危险及安全关键功能列表

危险名称	危险描述	软件安全关键功能
无法刹车减速	刹车功能失效，导致系统无法减速，冲出跑道，发生灾难性事故	• 刹车功能（包括正常刹车、自动刹车和止转刹车） • 切断阀控制功能 • 工作机判断功能
爆胎	飞行员操纵脚蹬踏板或者选择自动刹车，造成空中误刹车，带刹车着陆引起爆胎	• 接地保护功能 • 胎压监控功能
侧滑和跑偏	• 滑水现象导致机轮无法转起，滑行方向失去控制 • 某一抱死机轮失去抓地力，导致整机系统向一侧转向，甚至侧滑和摆尾	防滑功能（包括滑水保护功能、轮间保护功能）

除了上述安全关键功能外，系统及数据故障会激发上述3种故障，在下面的过程中同样予以考虑。

3. 失效模式分析

依据GJB 1391A—2006，应用SFMEA方法对软件安全关键功能进行失效模式分析，按照失效判据、相似产品、测试信息、使用信息和工程经验等方面确定软件产品所有可能的失效模式，包括失效模式产生条件、处理措施等。表8.20列出了部分失效模式。

4. 应用结果分析

通过功能危险分析法得到了软件相关危险列表。通过SFMEA进行了失效模式分析，论证该软件产品基本满足了软件可靠性安全性要求。该软件实现了刹车、防滑、接地保护等安全关键功能，对于这些功能的大部分失效模式给出了相应的处理和缓解措施，能够有效地应对主要系统级危险，极大地降低了相关安全风险。但在实例构建过程中，发现软件还存在一些安全隐患，例如一些失效模式缺少有效处理措施，集中在切断阀控制、防滑等功能异常输入、计时器检查和容错处理等方面，存在导致相应危险发生的风险。另外，该软件接口错误处理能力较为薄弱，由于与切断阀等外部部件大量交互，这方面的处理能力对软件可靠性和安全性至关重要。

8.3 习题

1. 用布尔代数法及最小割集法求出如图8.20所示的故障树的最小割集，并画出等效故障树。

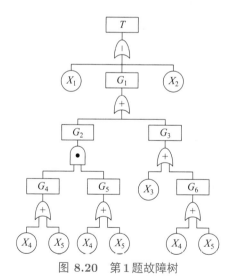

图 8.20　第 1 题故障树

2. 画出图8.21中各故障树的等效故障树。

3. 某企业欲研制一个控制系统，该控制系统对软件的可靠性要求很高，分配给软件的可靠性指标 $R \geqslant 0.99$。根据软件结构设计方案，软件由7个模块 $X_1, X_2, \cdots, X_7$ 组成，分别完成不同的控制功能。为了保证该控制系统能够满足系统可靠性指标，该企业建立了软件的故障树模型，如图8.22所示。

表 8.20 部分失效模式

安全关键功能	功能点	编号	失效模式	类型	产生条件及描述	处理措施	后果严重程度
刹车功能	刹车指令	101	刹车指令数值异常	数据类	(1) 刹车指令传感器故障 (2) 输入数据处理错误	对刹车指令进行限幅处理	严重
	自动刹车状态	102	自动刹车状态判断异常	运行类	(1) 自动刹车选择开关故障 (2) 输入数据处理错误 (3) 有异常输入	对自动刹车选择开关编码进行容错处理	严重
		103	自动刹车不可用	运行类	在着陆模式,起飞模式的激活阶段,可能出现因为飞行员操纵方向舵无意识踩刹车脚蹬	在这个阶段,踩刹车脚蹬不能解除自动刹车	严重
	综合输出	104	综合输出异常(包括无刹车信号状态下输出最大刹车电流)	运行类	(1) 失效 101~103 发生时导致综合信号输出异常 (2) D/A 转换程序故障	(1) 采用各失效对应的处理措施 (2) 检查 D/A 转换程序,保证其正确性	严重
	机轮速度计算	201	机轮速度计算错误	数值类	机轮速度输入值异常	对机轮速度每拍之间进行限幅滤波处理	严重
		202	判断飞机静态状态有误	运行类	计时器错误,导致判断速度最大值失败	对该计时器进行检查和容错处理	一般
		203	速度赋值给落架 SPI 通信错误	运行类	SPI 通信错误	延时发送	一般
		204	判断起落架处于地面或者空中状态有误	运行类	硬线轮载或总线轮载输入异常	对异常输入进行检查和容错处理	一般
防滑功能	基准速度计算	205	基准速度计算异常	数值类	参数初始化错误	对基准速度进行限幅处理	严重
		206	基准速度计算错误	数值类	(1) 条件判断有误 (2) 周期值错误	(1) 对判断式进行逻辑检查和异常处理 (2) 对周期值进行异常处理	严重
		207	轮间保护失效	运行类	条件判断有误,如<与>的错误	对判断式进行检查,对异常分支进行异常处理	严重
		208	低速防滑失效处理错误	运行类	条件判断有误,条件设置错误	对判断式进行逻辑检查和异常处理	严重

续表

安全关键功能	功能点	编号	失效模式	类型	产生条件及描述	处理措施	后果严重程度
防滑功能	防滑计算	209	防滑综合计算错误	数值类	计算数值超出正常范围	对防滑综合输出信号进行限幅处理	严重
		210	循环调用防滑模块出错	运行类	循环结束条件值设置错误，无法跳出循环	对循环结束判断式进行逻辑检查和异常分支处理	严重
胎压监控功能	胎压监控	301	爆胎数判断错误	运行类	(1) 胎压信号输入异常 (2) 爆胎数判断条件有误	(1) 对胎压信号输入进行异常检查和处理 (2) 对判断式进行逻辑检查和异常处理	严重
		302	循环判定解除某路防滑或者刹车出错	运行类	循环结束条件值设置错误，无法跳出循环	对循环结束判断式进行逻辑检查	一般
系统及数据	系统	401	程序死循环	运行类	板卡CPU出错	由看门狗程序将程序复位	严重
		402	程序跑飞	运行类	板卡CPU出错	由看门狗程序将程序复位	严重
	数据	403	关键数据丢失	数值类	瞬间掉电，受外界干扰	对关键数据进行备份	严重

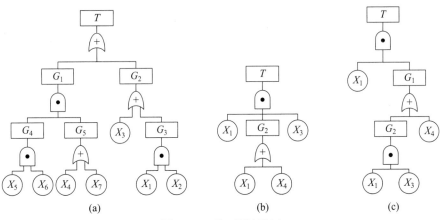

图 8.21 第 2 题故障树

项目组评价出每个模块的可靠性指标,同时在每个模块的设计与实现过程中采用了流程优化、结构优化、降低设计复杂度等方法提高软件模块的可靠性指标。软件开发完成后,项目组对软件进行了相应的可靠性测试,得到了各模块的失效概率,分别为:$F(X_1) = F(X_2) = 0.05, F(X_3) = 0.008, F(X_4) = 0.07, F(X_5) = F(X_6) = 0.05, F(X_7) = 0.08$。

(1) 给出图8.22所示的故障树的最小割集。

(2) 通过计算割集的失效概率近似计算整个软件的可靠性指标,计算结果是否表明软件已达到分配给它的可靠性指标?

4. 在如图8.23所示的故障树中,令其底事件 X_1、X_2、X_3、X_4 发生的概率分别为:$P_1 = 0.01, P_2 = 0.005, P_3 = 0.02, P_4 = 0.03$。

(1) 求顶事件发生的概率。

(2) 计算结构重要度。

(3) 计算概率重要度。

(4) 计算关键重要度。

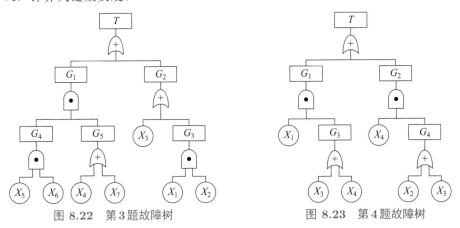

图 8.22 第 3 题故障树　　　　　图 8.23 第 4 题故障树

5. 系统可靠性框图如图8.24所示。

(1) 假设所有元件的平均寿命为2000h,服从指数分布,预测该系统工作100h的可靠度。

（2）画出相应的故障树并求最小割集。

（3）计算各底事件的结构重要度并给出分析结论。

6. 系统可靠性逻辑框图如图8.25所示。

（1）画出系统故障树。

（2）求系统最小割集。

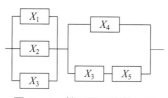
图 8.24　第 5 题可靠性框图

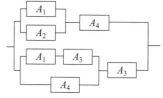
图 8.25　第 6 题可靠性框图

7. 什么是SFMEA？它有何作用？

8. SFMEA进行风险评估时包括哪3方面？给出这3方面所代表的含义。

第 9 章 软件可靠性设计方法

本章学习目标

- 熟练掌握常规软件可靠性设计方法。
- 了解嵌入式软件可靠性设计方法。
- 了解面向服务的软件系统和云计算系统可靠性设计方法。

本章首先介绍常规软件可靠性设计方法,然后介绍嵌入式软件的可靠性设计方法,最后介绍面向服务的软件系统和云计算系统可靠性设计方法。

第9章视频

❀ 9.1 常规软件可靠性设计

软件可靠性设计的实质是在常规软件设计中应用各种可靠性设计方法和技术,使程序设计在兼顾用户各种需求的同时全面满足软件的可靠性要求。在软件可靠性设计过程中,软件的可靠性设计应和软件的常规设计紧密地结合,贯穿于常规设计过程的始终。这里所指的设计是广义的设计,它包括从需求分析开始直到实现的全过程,其实质是在软件设计的全过程中一方面尽量减少缺陷,另一方面避免缺陷暴露,其目的是将可靠性设计应用到软件产品当中,设计出可靠的软件。

可靠性设计是为了在设计过程中挖掘和确定隐患或薄弱环节,并采取设计预防和设计改进措施有效地消除隐患或薄弱环节。定量计算和定性分析(例如SFMEA、FTA)等主要是评价产品现有的可靠性水平或找出薄弱环节。而要提高产品的可靠性,只有通过各种具体的可靠性设计方法实现。

软件可靠性设计的本质是在兼顾各种用户需求的前提下,在软件研制周期内使用各种方法满足软件的可靠性要求。这些方法分为避错设计、查错设计、纠错设计和容错设计。这4种设计方法应贯穿整个软件研制周期。软件可靠性设计中的避错、查错、纠错(错误恢复)和容错过程如图9.1所示。

避错设计体现了以预防为主的思想,适用于所有类型的软件,是软件可靠性设计的首要方法。避错设计必须贯彻软件工程化思想,采用合适的软件开发过程、开发方法及工具,采用软件避错设计原理,重点考虑抽象和逐步求精、模块化与信息隐藏、健壮性设计和形式化方法。

查错设计是指在程序中编写某些特殊功能的模块,用于检查和监视程序的运行过程。

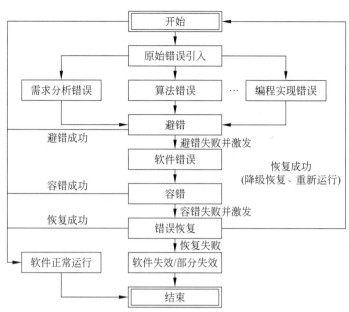

图 9.1 软件可靠性设计中的避错、查错、纠错和容错过程

纠错设计是指在程序中赋予程序自修改能力，减少错误所引发的影响。

容错设计是指让程序在错误被触发的情况下能够选择另一条执行路径完成工作，让系统能够正常运行。

9.1.1 软件避错设计

软件避错设计通过遵照严格的软件开发过程、方法及规范加以实现。软件工程化是软件避错设计的前提。

1. 基本设计原理

软件避错设计应遵循 7 个基本设计原理。

1）简单原理

简单的含义是软件结构简单、内部关系简单、逻辑表达简单、语句的表达形式简单等。简单原理要求对软件的需求进行全面和细致的分析，然后采用抽象与逐步求精、模块化与信息隐藏等方法对系统进行简化处理。

抽象与逐步求精是指将系统的总任务划分成一系列子任务。抽象包括过程抽象与数据抽象。过程抽象把完成一个特定功能的动作序列抽象为一个过程名和参数表，通过指定过程名和实际参数调用此过程。数据抽象把一个数据对象的定义（或描述）抽象为一个数据类型名，用此类型名可定义多个具有相同性质的数据对象。逐步求精的主要思想是针对某个功能的宏观描述用逐步求精的方法不断地分解，逐步确立过程细节，直至能够用程序设计语言描述的算法实现为止。

模块化是指在分解的同时将具有统一关键特征的处理项目归纳到同一类的任务中去，通过这样的处理划清任务之间、模块之间的界面、关系和职责。其优点是把复杂系统有效地简化了，而且有利于软件的分工与合作开发。模块的信息隐藏可以通过接口设计实现。一个模块仅提供有限个接口，执行模块的功能或与模块交流信息必须通过调用公共接口实现。在测试期间和以后的软件维护期间需要修改软件时，因为绝大多数数据和过程对于软件的其他部分而言是隐藏的，所以在修改时由于疏忽而引入的错误就不大可能传播到软件的其他部分，从而提高软件的质量。

2）同型原理

从软件的角度看，同型原理要求整个软件的结构形式统一，定义与说明统一，编程风格统一，以达到软件的一致性和规范化。该原理具体包括以下要求：

（1）需求分析人员应采用统一的需求建模方法，用同一的文字、图形或数学方法描述每一项功能特性，采用统一的需求文档模板及变更规范等。

（2）设计人员应采用统一的设计描述方法，遵守统一的设计文档模板。

（3）编程人员应采用统一的编程风格。例如，源程序的标识符应该按其功能取名；如果标识符使用缩写，那么缩写规则应该一致，并且应该为每个标识符加注释。

3）对称原理

对称原理要求大到整个系统的软件结构，小到程序中的逻辑控制、条件、状态和结果等的处理形式都要对称。例如，在程序中要经常判别控制逻辑的是与否、执行路径的通与不通、控制条件的满足与不满足、设备状态的正常/降级/故障、系统工作状态的正常与异常及处理结果的正确与错误等。同时，根据判别结果做出全面的处理，这类处理在形式上是对称的。根据对称原理，在软件需求、设计和编码阶段开展软件健壮性设计是非常重要的。例如：

（1）在功能需求分析阶段，要求当输入数据有范围要求时，不仅需要给出输入在范围之内的处理流程，而且需要给出输入在范围之外的处理流程。

（2）在设计阶段需要进行异常情况设计。

（3）编码时条件语句 if 与 else 一般是成对出现的。对于只有 if 分支而没有 else 分支的代码，应检查是否真的不需要 else 分支。switch 语句中每个 case 语句的结尾不要忘了加 break 以及最后的 default 语句。

4）层次原理

层次原理是指要求软件在形式上和结构上保持层次分明。从软件的角度看，软件的层次化和模块化设计方法，其本质就是将程序保持层次分明，同时也是简化系统的一种手段。

组织模块的重要准则是模块独立和信息隐藏。模块独立要求模块具有高内聚性以及低耦合性。内聚性从低到高有以下几种类型：偶然内聚、逻辑内聚、时间内聚、过程内聚、通信内聚、顺序内聚、功能内聚。耦合性从高到低有以下几种类型：内容耦合、公共耦合、控制耦合、标记耦合、数据耦合、非直接耦合。如果模块间必须存在耦合性时，尽量使用数据耦合，少用控制耦合，限制公共耦合的范围，避免使用内容耦合。

5）线性原理

线型原理是指程序结构最好是线性的（顺序结构），最多是矩形的（判断或者循环），避免交叉型的复杂结构。线性原理也是实施简化设计的一种手段。

（1）根据线性原理，函数中发生逆向调用是不允许的。goto 语句除非万不得已不能使用。

（2）根据线性原理，对 if、while、for 和 switch 等语句的使用要慎重。

6）易证原理

易证原理是指应保持程序在逻辑上容易证明。在应用方面，要采用软件工程的方法代替程序设计的技巧；在理论方面，要研究形式化数学推理在软件开发中的作用。

从软件的角度看，形式化方法主要应用于程序验证。形式化方法有其局限性，有效地使用这些方法需要专用工具的支持，对复杂的软件系统而言，目前使用这些技术是有困难的。当采用定量的数值说明非功能需求时，应考虑系统的定量要求是否合理以及是否能够验证。

7）健壮性及安全设计原理

在软件的需求中，软件健壮性是一种非功能性需求。健壮性是指软件在运行过程中不管遇到什么意外情况都能完成其功能的能力。通常，提高软件健壮性的主要措施如下：

（1）检查输入数据的数据类型，在人机界面设计过程中，采用枚举列表、操作提示等措施，防止操作失误。

（2）模块调用时检查参数的合法性，控制故障蔓延。

软件安全设计的目的是对软件进行保护，以防止意外的或者故意的访问、使用、修改、泄露或危险事故的发生。另外，软件安全设计也涉及对数据和程序在软件安装、维护、准备过程中的物理保护。在软件设计和编码时，重点要考虑下列几项：

（1）操作系统提供的系统调用和函数调用一般都提供返回时的例外信息。这些信息反映了调用执行时可能出现的一些情况，对这些情况要分别作妥当的处理。

（2）全面分析临界区，防止发生冲突。

（3）动态资源申请后应注意释放，避免只申请不释放，将资源耗尽后造成系统故障。

（4）对关键信息资源的使用采用最小权限原则。

（5）对于安全关键功能必须具有强数据类型，不得使用一位的逻辑 0 或 1 表示安全或危险状态，其判定条件不得依赖于全 0。

避错设计在软件开发的各个阶段都要进行。应以预防为主，随时发现随时修正。多从开发方法、工具等入手，及时交流和沟通，深入研究用户需求，对系统目标进行清晰和明确的分析，从高级别或逻辑系统设计到专门的部分逐级进行，每一阶段都单独交付和审查。该防错机制偏重于产生编译无误的程序及出错后能够终止、恢复或者重启任务。

2. 软件避错设计方法

在复杂软件系统开发过程中，各阶段采用不同的避错设计方法。

1）需求分析阶段的避错设计

软件设计的第一步是需求分析，设计上的错误会首先在需求分析阶段引入。软件研制周期中由于需求不明确、需求缺失等原因造成的损失比任何阶段造成的损失都更严重。因此，需求分析阶段的避错设计在保证软件质量和软件可靠性上意义重大。

需求分析的关键活动是说明软件应该完成什么样的工作，并将分析结果写入软件需求说明书，以此指导接下来的设计。在需求分析阶段，需深入分析客户需求，编写需求说明。需要在需求分析阶段完成的工作如下：

（1）分析及细化软件功能、性能、数据、接口和可靠性等要求，对每一项需求进行标识。

（2）确定软件开发环境和运行环境，所有需求分析工作必须以运行环境为基础进行。

（3）确定设计约束条件和设计准则。

（4）必须用确定的方法正确且恰当地定义软件的功能和性能等需求。当使用结构化的分析方法时，应采用数据流图、控制流图、状态转移图、处理说明与数据字典等方法表示有关功能和模块。

（5）功能需求的定义必须包括每项功能的目的、输入、处理和输出，并覆盖所有异常情况的处理要求和应急措施。

（6）应列出所有不希望发生的事件及其处理要求或措施。

（7）建立每项需求对软件研制任务书中相关要求的追踪矩阵。

（8）除设计上的特殊限制外，不描述设计或管理的细节。

避错设计在需求分析阶段对需求规格说明书的编制有以下要求：

（1）完整性。包括全部有意义的功能、性能、设计约束和外部接口方面的需求，对所有可能环境下的各种可能的输入数据均给予定义，对合法和非法输入数据的处理均做出规定。

（2）准确性。对软件需求的描述要准确无误，并保证每一项需求只有一种解释，不能有二义性。

（3）一致性。各项需求的描述不应矛盾，采用的概念、定义以及术语应统一化和标准化。

（4）可验证性。不使用不可测量的词，如不能用"通常""一般""基本"这类模糊的词语描述需求，保证描述的每一项需求都能通过检查判断是否满足。

（5）易修改性。文档的结构与描述应有条理，没有冗余，便于阅读和检查，易于修改。

（6）可追踪性。文档各条目应清晰，可追踪。

需求分析必须按照用户需求明确产品功能、进度安排、费用、性能指标等主要因素以指导软件设计。对于军用项目或可靠性要求高的项目，还需规定软件可靠性和软件安全性指标。可靠性指标往往与完成进度、费用、效率产生冲突，但对于军用软件来说，软件的可靠性仍然是放在第一位的。

2）概要设计阶段的避错设计

概要设计是根据需求分析的结果设计软件总体结构，划分并定义软件部件，以及各部件的数据接口、控制接口，设计全局数据库和数据结构。概要设计阶段要完成以下工作：

（1）制订至少两种概要设计的备选方案，考虑备选方案及相关优点，根据项目要求，选择最能满足项目成本、效益和风险等方面需求的概要设计解决方案。

（2）总体结构设计采用自顶向下的方法，逐项分解软件需求，确定概要设计的准则。

（3）根据项目需求，确定软件产品是自主开发还是购买或重用。

（4）标注主要的内部接口和所有的外部接口，定义接口设计准则，划分并定义软件部件，标识部件之间的接口。

（5）设计全局数据结构，给出所需的模型及采用的算法原理（算法逻辑模型），定义主要的重用方法和来源。

（6）设计各部件间的数据流和控制流关系。

（7）建立每个软件部件与每项软件需求的追踪关系，特别是每个安全关键软件部件与每项软件安全关键需求的追踪关系。

在概要设计阶段进行避错设计，首先要遵循可靠性设计原则，对关键部件进行标识，对关键功能的时间、吞吐量和空间进行分析。可以进行初步的软件部件级的故障树分析、软件故障模式及影响分析，并尽可能多地收集类似软件产品的故障模式和故障原因，进一步识别可能的失效模式及相关区域，进一步完善软件可靠性设计。在此阶段，系统结构图是整个概要设计的主要组成部分，为了防止出错，需对系统结构图进行以下避错处理：

（1）模块功能的完善化。某个完整的功能模块不仅应具有完成指定功能的能力，而且应具有告知任务完成进度或者状态以及无法完成既定要求的原因的能力。

（2）消除重复功能，改善软件结构。在得到初始的系统结构图之后，如果发现有几个模块有相似之处，可加以改进。

（3）将模块的作用范围限制在控制范围之内。如果一个判定的作用范围包含在这个判定所在模块的控制范围之内，则该结构是简单的；否则，它的结构是复杂的。

（4）尽可能减少高扇出结构。扇出过大，增加了系统结构图的复杂度；扇出过小，增加了模块接口的复杂度，而且增加了调用和返回的时间开销。

（5）避免或减少使用病态链接。应限制使用以下3种病态链接：

① 直接病态链接。即模块A直接从模块B内部取出某些数据，或者把某些数据直接送到模块B内部。

② 公共数据域病态链接。即模块A和模块B通过公共数据域或直接发送/接收数据，而不是通过它们的上级模块。

③ 通信模块链接。即模块A和模块B通过通信模块传送数据，但通信未经过上级模块。

（6）模块大小适中，通常规定其语句行数为50～100，最多不超过500行。

（7）设计功能可预测的模块。不论模块内部细节如何处理，均需保证该模块功能可预测，对于同一输入数据，输出总相同。

（8）在设计模块时，需要将一个模块的所有子模块设计完毕后才能进行另一个模块的子模块设计。

（9）在设计子模块时，应考虑模块的高内聚性、低耦合性等问题。

（10）如果出现了以下情况，就停止模块的功能分解：

① 当模块不能再细分为明显的子任务时。

② 当分解成用户提供的模块或程序库的子程序时。

③ 当模块的界面是输入输出设备传送的信息时。

④ 当模块不宜再分解时。

3）详细设计阶段的避错设计

在详细设计阶段，对软件概要设计中产生的部件进行细化设计，划分并定义软件单元，设计单元的内部细节，包括算法和数据结构，为编写源代码提供必要的说明。在详细设计阶段要完成以下工作：

（1）确定所有部件的功能及详细的接口信息。

（2）将软件概要设计产生的各个软件部件逐步细化，划分并定义软件单元。

（3）确定各单元之间的数据流和控制流，确定每个单元的输入、处理和输出。

（4）对各个单元进行过程描述，确定单元内的算法及数据结构。

（5）确定编程规范和编码风格。

（6）建立每个软件单元与每个软件部件和每项软件需求的追踪关系，特别是每个关键软件单元与每项软件关键需求的追踪关系。

在详细设计阶段进行的避错设计和概要设计阶段进行的避错设计基本相同，要使用的可靠性设计方法也基本相同，只是针对的是更细化的软件单元。

4）实现阶段的避错设计

在实现阶段进行以下避错设计：

（1）时间特性的余量设计。

（2）接口数据的防数据扰动设计。

（3）数据采集的防错处理、融合算法设计。

（4）异常分支、异常操作设计。

（5）看门狗设计。

（6）中断设计。

（7）防止操作人员误操作设计。

（8）对接口数据进行数据校验和边界保护。

在实现阶段实施以下软件可靠性编码准则：

（1）使用统一的编程规范，尽可能考虑使用编码准则进行编码。

（2）程序模块尽量使用单入口和单出口的控制结构。

（3）控制模块的扇出数，使高层模块有较高的扇出数，低层模块有较高的扇入数。扇出数一般应该控制在7个以内。

（4）提高模块内聚度、降低耦合度，以保持模块独立性。

（5）控制模块的圈复杂度，圈复杂度一般小于10。

（6）控制模块的代码规模，模块的代码一般不超过200行。

（7）提高模块的注释率，超过20%。

（8）尽量减少全局变量的使用。

在实现阶段尽可能采用软件重用技术，实现软件重用的最大化。不但要重用现有的软件，还要考虑为以后项目的重用作准备。软件重用包括以下几点：

（1）软件研制过程重用，包括开发规范、标准、管理方法等。

（2）软件组件的重用，包括软件文档、代码、数据和相关的所有产品（如测试程序等）。

（3）软件开发支持环境的重用，包括开发工具、仿真环境、系统综合环境和验证环境等。

（4）软件知识的重用，包括专业领域知识、具有专业经验的单位和团队等。

（5）重视软件开发工具的使用，包括建模开发工具、代码验证工具、测试工具等。

在实现阶段，要使实现的软件具有高可靠性，应尽可能使用编码准则进行编码，同时要重点关注对可靠性影响比较大的3个问题：变量使用、数据精度、程序多余物。

（1）变量使用。

使用的变量要有明确的初始化，避免使用默认的初始值。对循环处理过程的变量初始化要特别注意，避免一次处理完毕后进行下一次处理时误用上一次的残留值作为初始值。对于渐进状态的计数变量，当状态跳变时应注意重新初始化。

全局变量应加强数据结构化，对应用结构化设计方法的软件，应对全局变量进行分类分析，尽可能使用数据结构，具体如下：

① 与外部系统进行交换的数据变量应使用数据结构进行设计。

② 类似的过程数据变量例如多发导弹发射过程的相关变量，应使用数据结构进行设计。

③ 全局变量的数据结构设计是概要设计阶段的主要设计内容之一，在概要设计中应明确说明。

④ 数据结构化设计是软件结构化设计的重要组成部分，数据结构中包含的数据项总数应占所有全局数据项总数的50%以上。

全局变量的使用还要注意以下几点：

① 应依据软件的具体情况控制全局变量的数量。

② 禁止全局变量与局部变量同名。

③ 禁止将全局变量用于临时控制变量。

④ 全局变量表示的物理含义不能在使用过程中改变。

（2）数据精度。

数据精度从以下几方面考虑：

① 误差的控制不能只考虑绝对误差，还要考虑相对误差。

② 由于计算机计算时先对阶，若两数之差超出机器表示范围时，大数将"吃掉"小数，即将小数视为0。

③ 在进行除法计算时，若除数绝对值非常小，则可能对计算结果带来严重的影响，应采取处理措施。

④ 对计算精度有影响的计算在截取数据位时应考虑被截掉的位的四舍五入。C语言程序中对浮点数的整型转换函数int()或默认的整型转换是向下取整，而不是四舍五入。如果需要四舍五入，则应单独处理。

⑤ 禁止对浮点数进行相等与否的比较。由于计算机的舍入误差，浮点数的计算总是有微小误差的，因此浮点数的相等比较往往产生意想不到的结果。

（3）程序多余物。

程序多余物包括程序文件的多余物、程序代码的多余物。程序多余物应及予以清除。程序代码中的多余物可分为显式多余物和隐式多余物，显式多余物包括多余变量、多余模块、多余宏定义等，通常在静态分析中予以发现；隐式多余物包括多余的处理逻辑、多余的分支判断等，通常需要通过代码审查或结构测试予以发现。对出于可维护性和可扩展性考虑而保留的多余代码，应加上明确注释，并充分分析以保证对软件正常功能无影响。

另外，在界面设计中，对于需要用户输入的地方，尽量采用下拉列表框设计控件，这样可以避免用户直接输入，减少出错机会。如果必须使用编辑框，首先要设置编辑框的属性，如只允许输入数字、设定输入字符的长度限制等，对输入数据的有效性、合理性以及数据输入范围等采用自动避错措施。当出现非法操作时，程序以文字方式提示用户，同时高亮显示有错误输入的编辑框，允许用户重新输入。

同时，加强软件测试，在软件进行需求分析、架构设计、概要设计和详细设计之后，通过加强各阶段的软件测试可进一步提高软件可靠性。为最大限度地发现软件缺陷，提高软件的可靠性，要对软件进行尽可能完备的测试。每个阶段的测试都要制定测试大纲、测试细则、测试标准和测试规范，涵盖软件功能、软件性能、内外部接口、软件安装、软件运行环境及软件的扩展性等。测试要尽可能详尽，要强化输入测试，针对每个界面的输入要包括正常值、边界值、异常值测试用例，要进行充分的边界测试。

9.1.2 软件查错设计

在软件设计中，正确使用避错设计，虽然可以有效减少在设计中出现的逻辑错误，但是无法覆盖所有潜在错误。因此，需要软件自身具有一定的错误检测能力，即查错能力。软件查错设计是指在设计中赋予程序某些特殊的功能，使程序在运行中自动查找存在错误的一种设计方法。软件查错设计一般分为被动式错误检测和主动式错误检测两种。

被动式错误检测是在程序的若干位置设立检测点，等待错误或错误征兆出现。在程序的任何一个单元、模块设置特定的错误处理，根据错误出现时的不同特征定位错误位置。一旦检测到错误后，一定要尽快确定位置并查明原因，从而把错误的损害限定在一定范围内并且可以更容易排错。但是根据该方法对错误的判断可能与需要的正确结果并不完全一样，有可能导致漏判或错判，而且软件变得臃肿，对软件的逻辑结构造成一定影响。

主动式错误检测是主动对程序进行检测，主要实施方法是：对 ROM 中的代码进行检测和校验，定期查看 RAM 以保证其中数据正确，检测内存的正确性，对具有决定性的部分程序及逻辑功能进行典型校核，等等。因此，一般把主动式错误检测作为一个周期性任务执行，也可以作为一个较低优先级的常驻内存任务执行。

1. 被动式错误检测

被动式错误检测是在软件中插入检错程序，定期定点对软件运行中的输入数据、操作指令、关键信息（数值）和系统的各种状态进行合理性、逻辑性检查和再确认，目的是及时发现错误和确定出错位置。只有当错误征兆被传送到具有检查功能的位置时，被动式错误检测才能察觉到错误存在。被动式错误检测适用于软件中的各个层次，可用来检查单元自身、模块内部的错误以及单元与模块之间、模块之间的传递错误等。为了使被动式错误检测有效进行，需依照以下 3 个原则：

（1）相互怀疑原则。在设计一个软件模块时，假定其他模块均存在错误。每当一个软件模块接收一个数据时，无论这个数据来自系统之外还是其他模块的处理结果，首先都假设它是一个错误数据，并竭力去证实这个假设。

（2）立即检测原则。错误征兆出现之后，尽快查明并判断错误类型，立即检测并排错，以限制错误的扩散和蔓延，降低排错开销。

（3）分离原则。进行错误检测设计时，通常将自动错误检测模块与执行模块分离。

被动式错误检测为程序运行的监控提供了手段，但其有时会对系统的可靠性造成负面影响。被动式错误检测所建立的接受判断不可能完全与预期结果吻合，预期结果、实际运行结果以及接受判断之间会有差异。理想情况是：当实际运行结果和预期结果一致时，接受判断验收该运行；反之，则判断出错。但因为接受判断同样是设计人员设计出来的，因此同样存在不可靠因素。例如，预期结果和实际结果相同，但接受判断认为实际结果错误，因此判断为错误；或者预期结果和实际结果不符，但接受判断认为正确并接收。这类问题都是因为被动式错误检测技术的不完善导致的负面影响。同时，因被动式错误检测程序和系统内部程序形成了一个串联系统，从系统可靠性来说，这一连接方式也会导致系统可靠性降低。

被动式错误检测主要包括功能检测法、合理性检测法、基于监视定时器的检测法等。

1）功能检测法

功能检测法是指归纳出检查标准，对软件功能运行结果进行检查。一组输入数据经软件功能的变换得到一组输出结果，然后对这组输出结果进行检查，验证软件功能是否正确实现。功能检测法一般可以从以下几方面进行考虑：

（1）直接检测输出。软件功能的目的是为了实现规范要求，规范本身就蕴含着其结果必须满足的条件，用这些条件就可构成检查标准。例如，对于排序问题，测试标准是根据输出结果验证软件排序功能是否将所有数据按要求进行了排序。

（2）逆变换检测。一般来说，判断结果是否满足规范要求是一个程序的逆问题，如果这种变换是可逆的，可以通过逆变换进行验证检查。例如，要验证写操作的正确性，可以通过把刚写入的数据读出来，与原先的数据比较。又如，要验证两个矩阵积的输出结果的正确性，可以把结果矩阵与相应矩阵的逆矩阵相乘后与另一个矩阵比较。

（3）检查输出结果的允许范围。对于那些不可逆的变换，也可以通过确认输出结果的允许范围等进行测试。

2）合理性检测法

合理性检测法是以运算的结果是否合理为标准的一种检查方法，包括检查变量的取值范围、程序的预期状态、事件的顺序或系统必须遵从的其他关系。合理性检测和功能检测没有严格的区别。合理性检测通常建立在客观约束的基础上，可检查软件功能的输出结果，也可检查软件功能的输入数据；而功能检测主要检查数学和逻辑关系，只检查输出结果。合理性检测法一般可以从以下几方面进行考虑：

（1）检查每个数据的属性。例如，可以按照规定的属性进行检查，包括数据类型是否正确、数据长度是否在要求的范围内、是否可以为空、是否是关键字、数据格式是否符合规定要求、是否包含不合理的特殊字符串。例如，检查输入数据不为空，可以采用下面的方法：

```
function checkInput(char InputValue)
{
    if(InputValue.length==0)
    {
        alert('检索内容为空！');
        return false;
```

```
        }
    }
```

（2）为表格、记录和数据块设立识别标志，并用识别标志检查数据。

（3）检查所有多值数据的有效性。进行数值运算之前，应对数值运算的有效性进行检查，例如，平方根运算的数据不能为负数，除法的分母不能为0，等于比较运算数据不能为浮点类型，求反正弦、反余弦的数值应在[-1, 1]区间内。

3）基于监视定时器的检测法

监视定时器的目的是在时序上保证消息或命令的可靠到达以及避免进程阻塞。例如，系统向另一个设备发出查询命令并等待应答时，如果该设备由于故障而不能应答，发起方进程就可能一直在等待应答而造成阻塞。为了避免这种情况，发起方进程在发出命令后可以设置一个定时器，在定时器超时之前收到的应答为有效应答；否则认为发送失败，然后进行相应的处理或继续向下运行。

加入看门狗（watchdog）的目的是在一些程序潜在故障和外界恶劣环境干扰等因素导致系统死机而又无人干预情况下系统能自动恢复正常工作。看门狗是嵌入式系统的最后防线。看门狗分硬件看门狗和软件看门狗。硬件看门狗利用一个定时器电路，其定时输出连接到电路的复位段。系统正常运行时，程序在一定时间范围内对定时器清零（俗称"喂狗"），因此程序正常工作时，定时器总不能溢出，也就不能产生复位信号。如果程序出现故障，不在定时周期内复位看门狗，就使得看门狗定时器溢出，产生复位信号并重启系统。软件看门狗在原理上一样，只是将硬件电路中的定时器用处理器的内部定时器代替，可以简化硬件电路设计，但在可靠性方面不如硬件定时器。例如，系统内部定时器自身发生故障就无法检测到。

（1）设置看门狗定时器。

监视定时器俗称看门狗，是控制运行时间的一种有效方法。看门狗实际上是一种计时装置，当计时启动后，当累计时间到了规定值时触发到时中断（俗称"狗叫"）。看门狗在不需要时可以关闭。

在看门狗的设计中，首先要明确其目的：

- 要防止某段程序可能的死循环，则在此段程序前启动看门狗，在此段程序后关闭看门狗，在"狗叫"时进行超时异常处理。
- 要防止外来的信息长时间不来，则在开始等外来信息时启动看门狗，在接收到外来信息时关闭看门狗，在"狗叫"时进行超时异常处理。
- 要防止计算超时，则在开始计算时启动看门狗，在计算完毕后关闭看门狗，在"狗叫"时进行超时异常处理。

显然，不可能要求一个看门狗可以看管好所有的超时情况。

其次，不宜设计过多的看门狗，对看门狗的必要性要充分论证；

最后，当一个看门狗用于多个目的时，应保证计时对象在时间顺序上无重合时间段。

图9.2给出了看门狗原理图和复位逻辑图。

（2）避免潜在的死循环。

为了避免潜在的死循环，要求在等待外部信号量释放的过程中不允许长时间地等待。一一般采用记录循环等待次数或循环超时退出机制，使程序在限定周期或次数内无论结果如何都必须保证退出等待信号量。图9.3给出了应该避免采用的设计方法和建议采用的设计方法。

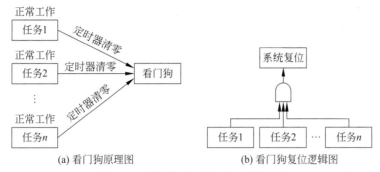

图 9.2　看门狗原理图和复位逻辑图

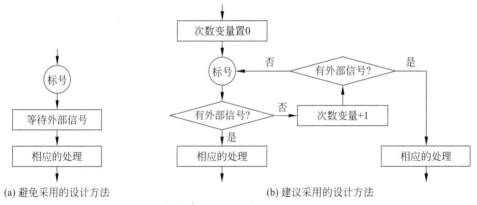

图 9.3　潜在的死循环及避免死循环的设计方法

例如，在实时监控程序的死循环检测中，由于实时错误检测的前提条件是在程序运行过程中需要进行检测的环节设置接受判断。若实际执行结果满足接受判断，则判定程序运行正常；若不满足接受判断条件，则判定程序运行出错。这种设计方式必然会给程序带来冗余。因此，在设计中应尽量将自动检测的代码集中在一起，建立一个专门的错误检测模块，这样可以提高模块的聚合度，减少耦合度。实时监控程序死循环检测如图9.4所示。

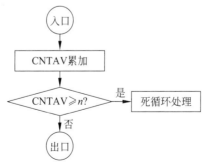

图 9.4　实时监控程序死循环检测

在图9.4中，CNTAV 为相邻两次有效值计算间隔时间，由定时器中断服务程序累加，在有效值计算程序终止时清零。

定时器中断服务程序是实时监控程序的基本部分，它提供系统的时间基准和各种计算功能。系统每隔 n 毫秒执行一次定时器中断服务程序，定时器中断服务程序的执行时间小于 n 毫秒。自检方法是在软件的适当位置开放中断，使计算机执行定时器中断服务程序的过程中可以响应另一个定时器的中断请求。如果有新的定时器中断，则说明定时器中断服务程序的执行时间大于 n 毫秒，软件发生故障；否则，软件运行正确。

2. 主动式错误检测

主动式错误检测是通过错误检测程序主动地对系统进行搜索，并指示搜索到的错误。采用被动式错误检测，只有当错误传递到该接受判断时才能进行判断；而主动式错误检测是设计一个能主动对系统进行错误查找的程序。

主动式错误检测一般是由检测监视器完成的。检测监视器可以进行周期性的活动，在规定时间或规定的时间间隔内进行一次检测；也可以在系统处于闲置或等待的状态时主动对系统进行检测。检测监视器是一个并行过程，对系统的有关数据进行主动扫描以发现错误。

检测的内容根据系统自身特征决定。一些大型的资源管理软件在长期运行过程中常常会因为软件错误造成系统资源的损失。特殊情况下，检测监视器可以进行系统的诊断试验，由检测监视器调用系统的某些功能，将结果与预期的输出进行比较，检查其执行时间是否超限。检测监视器还可以周期性地发送哑事务给系统，以保证系统处于可运行状态。

例如，操作系统中的存储管理模块具有向用户程序和操作系统的其他模块出借存储区的功能，然而，用户程序或其他模块的错误有时会造成被借出的存储区域不能返回存储管理模块，造成系统的性能逐渐下降。主动式错误检测能够及时发现这类问题。

常见的主动式错误检测技术主要包括软件在线自检技术和软件自测试方法两类，其中，

1）软件在线自检技术

采用软件在线自检技术常常基于如下几方面的考虑：

（1）故障后果。

（2）硬件检测不便或代价太高。

（3）软件容错难以实现或代价太高。

（4）有些故障只需要检测报警，不需要在线容错。

软件在线自检的对象是软件故障，不是软件错误和缺陷。软件在线自检是在硬件的支持下实现的，并假定硬件无故障。软件在线自检不应影响硬件及软件其余功能的实现。

实现软件在线自检时主要考虑如下几方面：

（1）故障模式。软件故障模式可能多种多样，一种模式可能最终表现为另一种模式，因此首先应考虑检测那些后果最严重的模式的故障。

（2）检测点设置。选定故障模式后，应考虑检测点的设置，检测点的设置应依据实际情况确定，通常设置于故障易于被激发的位置以及故障的传递通道中。

（3）时间延迟。故障检测有时间限制，如果时间延迟超过某一界限，故障便表现为失效。时间延迟是实现软件在线自检中极为重要的一个因素。

（4）实现技术。不同故障可使用不同的检测技术和方法，一种简单的实现技术是检测软件的执行时间，当执行时间超过规定时限时，便认为软件发生故障；另一种实现技术则是在程序开始执行时或执行过程中设置相应的标志，程序执行终结前检查标志以判定程序执行是否有误。

2）软件自测试方法

软件自测试方法是将硬件的机内测试（Build-In-Test，BIT）概念用于软件故障检测。软件自测试一般包括以下几方面：一是对ROM中的代码计算和校验，累加各存储单元数值并与校验和比较；二是检测RAM，以保证正确的读写操作，测试RAM的方法是读写各个内存单元，检查能否正确写入；三是对关键及重要的函数功能及逻辑功能进行校核。其程序实现伪代码示意如下：

```
TestROM()
{
    sum=0;
    for(i=0;i<MAXRAMSize;i++)
    {
        sum=sum+ram[i];
    }
    if(sum==CHECKSUM)
    {
        printf("ROM test OK!\n");
    }
    else
    {
        printf("ROM test ERROR!\n")
    }
}
```

软件自测试主要使用正面校验和反面校验两种方法。

- 正面校验测试软件将输入转化为输出的功能是否正确。在测试过程中，正面校验需要很大的测试工作量，几乎是一种穷举测试，因而在硬件测试中很少使用。对于软件，如果要求每一项都存在明确的接受指标，正面校验对于实现自动检测是非常有利的。

- 反面校验是将软件输出逆转化为输入，检查是否正确。

不论是正面校验还是反面校验，通常情形下都需要大量的工作才能做出比较全面的测试，这往往是难以做到的。在实际工程中通常采用有重点的校验。

3. 故障处理技术

查错设计必须解决的另一个问题是检测出错误之后的处置。就整个系统而言，检测出错误后的对策应该协调一致。当通过故障检测发现故障或表明处于故障状态之后，就需要进行故障处理。故障处理的策略在很大程度上与软件的用途、功能、结构计算法、重要程度等因素紧密相关。对于每个可识别的故障来说，有4类处理方式：改正、恢复、报告、立即停机。软件可以根据自身情况选择一种或几种故障处理方式。

1）改正

改正故障的前提是已经准确地找出软件故障的起因和部位，程序又有能力修改、剔除有故障的语句。对于外在故障，故障检测之后可以采用默认值或系统认为可接受的正确值进行替换；但如果是内在故障，没有人的参与几乎是不可能解决问题的，现阶段的做法主要是减少软件故障造成的有害影响，或将有害影响限制在一个较小的范围。

2) 恢复

故障恢复是系统处理检测到的可恢复故障（如瞬时故障）的重要环节，其作用是消除故障造成的影响，使系统恢复到某一正确状态，然后从这个正确的状态开始继续系统的运行。故障恢复一般有两种策略：向后恢复和向前恢复。向后恢复策略是把有故障的系统从当前故障状态卷回到以前的某一正确状态，然后从这一状态开始继续系统的运行，这种恢复方式是以建立恢复点为基础的。向前恢复策略是根据系统的故障特征，校正故障的系统状态，使系统正确运行下去的一种恢复方式，这种恢复方式不需要保存故障前的状态和信息，不需要卷回重运行，对于处理可预见的故障是很有效的。其缺点是算法复杂且不能采取措施消除故障或掩盖故障。

3) 报告

故障处理最简单的方式是向处理故障的模块报告问题，可以记录在一个外部文件中或向显示器输出故障信息。

4) 立即停机

当检测为不可修复故障时，系统无法继续运行或继续运行可能带来严重的后果，系统可以立即停机，待故障修复后再重新运行。

9.1.3 软件纠错设计

程序运行过程中，发现错误征兆后，人们自然期望软件具有自动纠错能力。错误纠正的前提是已经准确地检测到软件错误及其诱因并定位错误，程序有能力修改、剔除错误。然而，就目前的技术水平而言，在没有人参与的情况下，软件自动纠错非常困难。所以不能对软件的纠错功能提出超越现实的要求。实际上，现在能够做到的只限于减少软件错误所造成的危害，或者将其影响限制在一个给定的或较小的范围之内。

目前有很多纠错的方法，例如代码审查是在静态环境下对程序进行修改，但要在运行的程序中自动纠错，则先要进行纠错设计。

纠错设计是指在设计中赋予程序自我改正错误、降低错误危害程度的能力。纠错必先查错，改正错误的前提是已经准确地找出软件错误的起因和部位（故障检测与故障定位合称故障诊断），程序又有能力修改、剔除有错误的语句。只有先定位软件出错部位才能进行纠错，而定位软件错误及查错的工作量很大。当定位成功，则进行纠错，针对出错部位提出可以采用的方法和工具。查错和纠错是相辅相成的，只有这样，才能有效地提高软件可靠性。但纠错模块和查错模块都串联在整个软件系统中，所以这些模块本身也会降低软件可靠性。因此，在设计纠错模块时，必须注意将纠错模块、查错模块与程序本身在逻辑上隔离，减少耦合度，防止错误传递；而且对于纠错程序应时常审查其是否适合所检查的软件。因为能运行的程序错误基本上属于人为设计错误，所以纠错程序需要人经常介入其中，才能有较强的应变能力。

现阶段软件纠错设计仅限于减少软件错误造成的有害影响，或将有害影响限制在一个较小的范围。该方法要求首先找到软件错误的根源并进行准确的定位,同进程序有能力修改、剔除有错误的语句。目前可以采用故障隔离技术。

故障隔离技术是指在错误已发生且无法屏蔽的情况下,为防止系统停机,对错误部分进行隔离,使错误影响局部化,让系统在功能上降级运行。故障隔离技术需要使用检错程序和相应的处理程序,主要包括两方面工作:一是在发现重大错误,即将发生危险时,为防止造成更大的损失,强制系统停止运行,并把系统转入预先规定的安全状态;二是防止非法用户的侵入、操作人员的非法操作以及计算机病毒的侵害。

权限最小化原则是实现故障隔离的主要思想。为了限制故障的蔓延,要求对过程和数据加以严格的定义和限制。常规软件故障隔离设计中,主要采用如下方法:

(1) 不允许一个用户的应用程序引用或修改其他用户的应用程序或数据。

(2) 不允许一个应用程序引用或修改操作系统的编码及其内部数据。应用程序之间的通信或应用程序与操作系统之间的通信只能通过规定的接口,并在双方都同意的情况下才能进行。

(3) 保护应用程序及数据,使得它们不至于由于操作系统错误而引起偶然变更。

(4) 操作系统必须保护所有应用程序及数据,防止系统操作员或维护人员引起程序及数据的偶然变更。

(5) 应用程序不能中止操作系统的工作,不能诱发操作系统改变其他应用程序及数据。

(6) 当一个应用程序调用操作系统执行一种功能时,对所有参数都必须进行检查,应用程序不能在检查期间以及操作系统实际执行时改变这些参数。

(7) 操作系统运行时,不能受任何可能被应用程序直接访问的系统数据的影响。

(8) 应用程序不能避开操作系统直接使用由操作系统控制的硬件资源,应用程序也不能直接调用操作系统中仅供内部调用的各种功能。

(9) 操作系统内部的各种功能应相互隔离,防止一个功能中的错误影响其他功能及数据。

(10) 如果操作系统检测到内部错误,应尽量隔离这个错误对应用程序的影响,必要时可中止受到影响的应用程序的运行。

(11) 操作系统检测到应用程序中的错误时,应用程序应具有选择处理错误方式的能力,而不是只能被操作系统无条件地终止运行。

该机制偏重于在用户任务出错时隔离出错的任务,防止错误进一步扩大,尽量确保系统的其他任务运行正常。

9.1.4 软件容错设计

软件系统的一些缺陷是不可避免的,不同的使用模式和不同的操作方式导致有些软件错误不易被发现。在软件测试阶段和调试阶段能够发现和排除90%的软件错误和缺陷,但是由于软件的缺陷与软件的使用方式息息相关,不同的使用模式会有不同的操作剖面,不同的操作剖面会激发出不同的软件缺陷。如果有些操作剖面没有运行,则软件缺陷是不可能被发现的,避错技术和纠错技术不可能使软件完全正确。

容错是软件系统或计算机系统鲁棒性的特性。其基本思想是:当软件潜在的缺陷被激发时,将其对系统的影响控制到最低程度,使系统仍能完成主要任务。容错使得系统能在包含错误的前提下依然有能力向用户继续提供服务。软件容错关注的是使系统能够容忍软件开发完成后依然存在错误。系统运行时,这些软件错误可能会被发现,也可能不会被发现。一旦被发现,通过容错可以使得软件在缺陷存在的情况下能够正确运行。

容错的定义有很多,对于规定功能的软件,不同的定义均关注以下4方面:在一定程度上对自身故障具有屏蔽能力,在一定程度上能从故障状态自动恢复到正常状态,软件出现故障时能在一定程度上完成预期的功能,软件在一定程度上具有容错能力。虽然这4方面在描述上各有侧重,但是它们具有以下共同点:

(1)容错对象是由软件需求规格说明书定义的规定功能的软件,容错只是为了保证在软件缺陷导致故障时能维持这些功能。如果软件的设计是完全正确的,那么容错设计就是可有可无的。

(2)输入信息的构成极为复杂,为了实现容错需要增添资源,会使得软件更加复杂。容错的能力总是有限的,软件即使不会完全失效,也会出现功能受限或性能下降的情况。

(3)当软件由于自身缺陷而导致故障时,若其为容错软件,应能屏蔽这一故障并对其进行处理,以免造成软件失效。通常,这一功能是通过故障检测算法、故障恢复算法等并利用软件冗余备份实现的。

软件容错设计是指在设计中赋予程序某种特殊的功能,使程序在错误已被触发的情况下仍然具有正常运行能力。容错是软件可靠性设计的关键技术之一。

实现软件容错设计技术的关键思想是冗余,通过增加冗余资源获得高可靠性。任何一个计算系统都具有无形的时间资源、需要处理的信息资源和驻留在硬件上的软件配置项(结构资源)3个要素,因此在软件设计中能够被利用的软件冗余资源主要包括时间冗余、信息冗余和结构冗余3种。其中,时间冗余是通过软件指令的再执行实现冗余;信息冗余则是通过在信息中外加一部分信息码、将信息存放在多个内存单元或将信息进行备份等实现的;结构冗余是通过结构配置模块或软件配置项实现的,分为结构静态冗余、结构动态冗余和结构混合冗余。

按照使用的冗余资源,软件容错设计可分为时间容错设计(如指令重复执行和程序卷回等)、信息容错设计(如奇偶校验、CRC校验等)和结构容错设计(如 N-版本程序)。

1. 时间容错设计

所谓时间容错,就是不惜以牺牲时间为代价换取软件高可靠性,它通过软件指令的再执行诊断系统是否发生瞬时故障并排除瞬时故障的影响,其目是解决由于外界随机干扰造成的外在故障。时间容错是通过时间冗余的手段实现的。时间容错主要是基于"失败后重做"的思想,即重复执行相应的计算任务以实现检错与容错。时间容错有两种基本形式:指令重复执行和程序卷回(program roll back),其中,指令重复执行也包括程序(模块或子程序)重复执行。

- 指令重复执行。当应用软件系统检查出正在执行的指令出错误后,让当前指令重复执行 n 次($n \geqslant 3$),若故障是瞬时的干扰,在指令重复执行时间内,故障有可能不再复现,程序就可以继续往前执行下去。这时指令执行时间是正常时间的 n 倍。

- 程序（模块或子程序）重复执行。当应用软件系统检查出正在执行的程序出错误后，中断当前正在运行的软件，反复调用n次（$n \geqslant 3$）运行出错的程序（模块或子程序）。在反复调用过程中，若故障不再复现，程序就会继续从中断的地址执行。这时所需的运行时间比重复执行n条指令的时间要大得多。

例如，当I/O设备未就绪时进行查询和等待。指令重复执行的代码实现形式如下：

```
for (i=0, i<3, i++)
{
    …
    strData=ReadData(…);  //读入数据
    if(strData is True)
    {
        …                //exit for
    }
    …
}
```

对于重复执行不成功的情况，通常的处理办法是发出中断并转入错误处理程序、对程序进行复算、重新组合系统、放弃程序处理。

时间容错的另一种方法是程序回卷。当应用软件系统检查出正在执行的程序出错误后，便可进行程序卷回，返回到起始点或离故障点最近的预设恢复点重试。如果是瞬时故障，经过一次或几次重试后，系统必将恢复正常运行。程序卷回是一种后向恢复技术，是以事先建立恢复点为基础的，如图9.5所示。

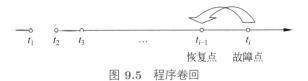

图 9.5　程序卷回

2. 信息容错设计

信息容错是在编码级上的一种容错方式，它在数据（信息）中外加一部分信息，以检查数据是否发生偏差，并在有偏差时纠正偏差，其目的是消除一些重要的数据通信的外在故障。在计算机系统中，信息常以编码形式表示，采用二进制的编码形式进行数据处理与传输，信息可能发生的偏差有数据在传输中发生的偏差、数据写入存储器或从存储器中读出时发生的偏差以及运算过程中发生的偏差。有以下3种信息容错方式：

1）附加冗余信息码

附加冗余信息码是指通过在数据中外加一部分冗余信息码以达到故障检测、故障屏蔽或容错的目的。冗余信息码使原来不相关的数据变为相关，同时这些冗余信息码还作为监督码与有关信息一起传递。

在接收端按发送端的编码规则相应地进行解码处理，附加的信息码就能自动检测出传输中产生的差错，并采取一定的纠错措施。一般而言，外加的信息码越多，其检错和纠错的能力就越强，但也不能无限制地增加。这种方式一般用于数据通信软件系统中，外加的信息常以编码的形式出现，称为检错码或纠错码，常用的有奇偶校验码、校验和、海明码、循环冗余校验码等。其中，循环冗余校验是最有效的冗余校验方法。一般在串行通信中采用奇偶校验码、校验和。对于容易受到外界干扰的重要信息也可以采用这种方法进行故障屏蔽，消除对软件的影响。例如，使用奇偶校验码可以实现数据容错，如表9.1所示。

表 9.1 奇偶校验码

原编码	奇校验	偶校验
0000	0000 1	0000 0
0010	0010 0	0010 1
1100	1100 1	1100 0
1010	1010 1	1010 0

利用奇偶校验码使安全关键数据与其他数据之间保持一定的海明距离，不会因个别位出错而引起系统故障。若发现安全关键数据有差错，应该能检测出来并返回到规定的状态，安全关键数据的决策判断绝不能完全依赖于全1或全0的输入，特别是来源于外部传感器的数据。例如，安全关键数据的位模式不得使用一位的逻辑1和0表示，建议使用4位或4位以上既非全0又非全1的独特模式表示。例如，可用4位模式0110表示系统的安全状态；用1001表示系统的高危状态；用其他模式表示系统状态出错，需要系统对其进行处理。

又如，在RS-232串行通信中，数据格式为

信息头	长度	信息体	编码	信息尾

其编码形式可采用校验和。当数据发送时，校验和随数据一起发送。数据发送前，发送方计算出其值，接收方接收到数据时也按同样的方法计算校验和。将接收方的计算结果与发送方发送的校验和比较，若相等则说明数据通信没有错误，否则说明数据通信有故障。

循环冗余校验主要用来检测或校验数据传输或者保存后可能出现的错误。该算法利用除法及余数的原理进行错误检测，对接收到的码组进行除法运算。如果除尽，则说明传输无误；否则表明传输出现差错。循环冗余校验还具有自动纠错能力。

2）增加存储备份

对随机存取存储器（RAM）中的程序和数据，应存储在3个或3个以上不同的地方，而访问这些程序和数据都通过表决的方式进行，以防止因数据的偶然性故障造成不可挽回的损失。这种方式一般用于软件中某些重要的程序和数据，如软件中某些关键标志，如点火、起飞、级间分离等信息。

3）日志和数据备份

建立软件系统运行日志和数据副本，涉及较完备的数据备份和系统重构机制，以便在出现修改或删除等严重误操作、硬盘损坏、人为或病毒破坏及遭遇灾害时能恢复或重构系统。

信息容错可提供故障的自检测、自定位、自纠错能力，其优点是不必增加过多的硬件或软件资源；缺点是增加了时间开销和存储开销，降低了系统在无故障情况下的运行效率。

3. 结构容错设计

结构容错的基本思想来源于硬件可靠性中的冗余技术，是通过结构冗余的手段实现的，目的是解决软件本身的设计缺陷引起的内在故障。

结构容错是基于软件相异性设计原理，利用冗余技术实现的。冗余实现方式包括相似余度（similar redundancy）和非相似余度（dissimilar redundancy）两种。其中，相似余度指构成容错计算机系统各个余度实体的设计和实现都是相同的；而非相似余度指使用不同的设计实现相同的功能，构成一个余度计算机系统，达到错的目的。

软件相异性设计原理的实现主要从如下几个方面进行：

- 需要采用相互独立的不同团队进行开发，需要使用不同的设计方法实现需求。例如，一个团队使用面向对象的方法进行设计，而另一个团队使用结构化方法进行设计。
- 需要使用不同的程序设计语言实现。例如，在3版本的系统，分别使用C++、Java和Python实现3个软件版本。
- 要求系统分别使用不同的开发工具，且在不同的开发环境中完成。
- 明确要求在实现的某些部分使用不同的算法。例如，同是解微分方程的初值问题，一个用Runge-Kuta方法，另一个用Adams方法。
- 程序测试的规范、方法、流程、组织，尽可能由相互独立的团队完成。
- 最终规范与最终设计、最终编程由不同的审核人员对照软件需求、软件规范、软件设计进行审核。

常用的软件结构容错方法有N-版本程序设计（N-Version Programming, NVP）技术和恢复块（Recovery Block, RB）技术，NVP与结构冗余的结构静态冗余相对应，RB与结构冗余的结构动态冗余相对应。将NVP和RB以不同的方式组合即可产生一致性恢复块（Consensus Recovery Block, CRB）、接受表决（Acceptance Voting, AV）、N-自检程序设计技术（N-Self-Checking, NSC），它们与结构冗余的结构混合冗余相对应。

1）NVP技术

NVP是由Elmendor提出并经Avinienis等完善与实现的一种静态容错技术，它使用多个不同软件版本，利用决策机制和前向恢复实现容错。NVP的基本原理是使用多种不同的算法或者设计思路实现相同的功能，最终的结果通过表决器决定，防止其中某一模块由于单点故障提供错误服务，以实现软件容错。

NVP从相同的执行目标出发，在程序的某重要算法处对程序进行多版本的编程，编译出多个相互独立并且具有相同功能的代码段，在程序执行的过程中，这些不同版本的程序分头执行，全部完成后，将结果送到程序中的表决器中，通过表决得到一个合理的输出结果。这种容错方法可以通过运算思路的不同解决每种算法中可能遇到的失效情况，它们之间的相互弥补使软件系统的容错性得到了提高，其特点是表决的成功率高，但需要解决计算范围和一题多解的问题。

具体来说，NVP从一个初始规范出发，N个设计组独立地开发N个功能等价的软件版本，在N个硬件通道的容错计算机上运行，从而避免软件设计共性故障。图9.6给出了NVP实现容错的基本结构。

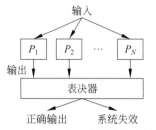

图 9.6 NVP 实现容错的基本结构

其中，对于同一个输入，由 N 个功能相同的软件版本（$P_1, P_2, \cdots, P_N$）分别在不同的处理机上同时进行运算，表决器对每个软件版本的输出结果进行表决。表决器的表决算法可以采用表决判定检测法，对操作结果实行多数表决或一致表决。如果 N 个软件版本的运行结果是一致的，则认为结果是正确的，这是一致表决；如果 N 个软件版本输出不尽相同，则按多数表决的方式判定结果的正确性，这是多数表决。

NVP 的优点是不需要验收测试，而是使用表决算法判断各软件版本的运行状态，算法相对简单，而且输出具有更好的实时性。其缺点是需要建立多计算机平台，需要研究多机之间的同步/异步关系，还需要建立多机之间的交叉通道数据通信。当一个软件版本的某一模块出现故障时，整个软件版本就可能被切换，导致系统余度降级。

2）RB 技术

RB 是最早的容错软件设计方法之一，是使用多版本程序实现软件容错的一种方法，它的恢复块主要由基本模块、替换模块组成。当一个模块运行结束时，通过验收测试程序对结果进行分析。如果验收测试程序判断其结果不能够被系统接受，整个块将进行卷回，返回第一个模块执行前的状态，并且选择其他候选模块执行，再反复地对结果进行分析。恢复块定义了程序运行中的一个可恢复区域，由卷回点、计算以及删除点组成，通过这 3 部分的工作，实现保存系统运行状态、运算数据、验收数据的功能，达到软件容错的目的。

RB 是一种动态的故障屏蔽技术，它选择一组操作作为容错设计单元，从而把普通程序块变成恢复块。一个恢复块包含若干功能相同、设计有差异的模块，每一时刻有一个模块处于运行状态，一旦该模块出现故障，则用替换模块替换，从而构成动态冗余，一般采用后向恢复策略。恢复块基本结构如图 9.7 所示。

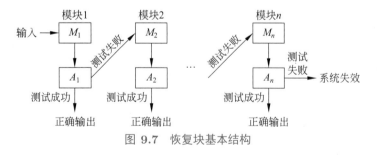

图 9.7 恢复块基本结构

首先运行模块 M_1，然后软件对结果 A_1 进行验收测试，如果通过测试，便将结果输出到后续模块；否则调用替换模块 M_2，并对 A_2 进行验收测试……直至调用第 n 个替换模块 M_n，并对 A_n 进行验收测试；在 n 个模块用完后仍未通过测试，便进行故障处理。

RB技术的核心是验收测试。验收测试可以按两种要求设计：

（1）检测程序执行结果与预期结果的偏离，这是一个较为严格的要求。

（2）检测和防止能触发安全事故的输出，这是一个较为宽松的要求。

RB结构中的替换模块也就是一种冗余的程序，一般可以利用下面3种方法进行设计：

（1）相同功能，独立设计。设计的每个模块以最佳的方式提供完全相同的功能，其相异性可利用对各模块采用不同开发人员、开发工具和方法保证。

（2）优先的全功能设计。每个模块执行相同的功能，但有严格的执行顺序。例如，替换模块可以是基本模块的未精炼的老版本，且在改进期间引入的故障没有对其造成破坏。

（3）功能降级设计。基本模块提供全部功能，但替换模块提供依次降级的功能，替换模块可能是基本模块的老版本（但在功能升级时没有受到破坏），也可能是为降低软件复杂性、减少执行时故障而降级的版本。

RB方法的优点是：可以在单处理机体系结构下实现，要求硬件资源较少，在实际的软件设计中一般只对软件中的关键模块进行冗余设计，可靠性设计的成本低，其表决成功率取决于验证测试程序的设计。其缺点是程序运行一个模块前的状态必须保存为一个数据结构，而且需要一直保持到这个模块输出通过验收测试之后，从而需要相当大的存储空间开销。

3）CRB技术

NVP技术主要在实时环境下使用，RB技术一般适用于实时性要求不高的应用场合。可以用适当的方法将NVP和RB技术结合起来，建立组合容错方法，从而克服各自的不足。

结合NVP和RB的混合系统称为CRB技术。如果NVP失效，系统以相同的模块恢复到RB（使用相同的模块结果，或者当怀疑发生瞬时失效时模块可以重新运行）。只有当NVP和RB都失效时系统才发生失效。CRB最初用来处理NVP失效后有多个正确输出的情况，因为RB合理的验收测试可以避免产生多个正确输出的情况。图9.8给出了一致性恢复块基本结构。

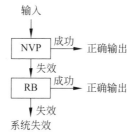

图 9.8　一致性恢复块基本结构

一致性恢复块可描述如下：输入经NVP处理后如果产生正确输出，则系统正常运行；如失效，则转入RB处理，RB对NVP的输出进行验收测试。同样，RB处理有两种结果：如果为正确输出，系统仍正常运行；否则，系统失效。

CRB技术的容错性能要高于NVP和RB技术，并且结合了它们各自的优点。但是，从空间和时间的开销来看，CRB技术的代价要大于NVP和RB技术。

4) AV 技术

AV 技术是 CRB 技术的逆向技术。在 AV 中，所有的模块都可以并行执行，每个模块的输出传递给一个接受测试。接受测试接受了这个输出，接下来就将之传给表决器。图9.9描述了接受表决基本结构。

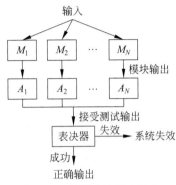

图 9.9　接受表决基本结构

表决器只注意那些通过接受测试的输出。当操作结果有 N 个时，到底取哪一个为最终结果，由表决算法决定。常见的表决算法可分为动态一致表决和动态多数表决两种算法。

- 动态一致表决。如果 N 个操作结果是相同的，则认为输出结果是正确的；否则认为输出结果是不正确的。
- 动态多数表决。当 N 个输出结果不尽相同时，当有多数相同时则认为输出结果是正确的；否则认为输出结果是不正确的。

5) NSC 技术

NSC 是 NVP 的变种，是利用程序冗余在执行过程中检测自身的行为。在 NSC 中，N 个模块成对执行（N 为偶数），可以比较来自一对模块的输出，若不同则被放弃。若每一对模块输出相同，则进入下一轮比较。图9.10给出了在 $N=4$ 时的 NSC 基本结构。

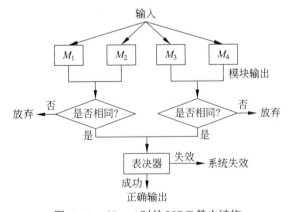

图 9.10　$N=4$ 时的 NSC 基本结构

6) 防卫式程序设计

防卫式程序设计在程序中包含错误检查代码和错误恢复代码，一旦错误发生，程序能撤销错误状态，恢复到一个已知的正确状态。防卫式程序设计的容错机制与传统容错技术的实现方法不同。

针对系统中存在的错误或者不一致性,防卫式程序设计的基本思想是:在系统代码中包含错误检查代码、错误恢复代码,这样,一旦发生错误,程序能撤销错误状态,恢复到一个已知正确的状态。也可以将其理解为备份恢复或者回滚功能,但是程序会自己发现错误并自动恢复,从而提高系统的可靠性和稳定性。防卫式程序设计原理如图9.11所示。

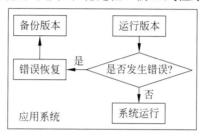

图 9.11 防卫式程序设计原理

防卫式程序设计实现策略包括故障检测、破坏估计和错误恢复3方面。

(1) 故障检测。

容错活动的第一步就是故障检测,包括故障判别准则制定和检测点设置两个基本活动。

- 故障判别准则制定。故障判别准则主要用于检查系统操作是否正常。
- 检测点设置。一种策略是将检测点设置得尽可能早,另一种策略是将检测点设置得尽可能晚。

防卫式程序设计中常见的故障检测方法有功能检测、合理性检测、基于监视定时器的检测和软件自测试等。

(2) 破坏估计。

故障从发生直到得以有效控制这段时间内可能被传播和蔓延,因此需要进行破坏估计,以便采取措施,进行故障处理和恢复。

破坏估计的任务是在变量可能已经遭到破坏的情况下判断破坏是否已发生,以及状态空间的哪些部分受到了错误的影响。破坏估计不仅要判定故障被检测出来之前已经造成的破坏,还要判定在故障被检测出来之后,在处理的延滞或恢复实施过程中无效信息在系统中传播的可能性以及因此导致的其他未被检测到的后续故障。

目前,对故障的破坏估计主要依靠系统设计人员故障可能引起的各种现象做出假设,并按破坏的严重程度加以分类。由现象逆推导致这些现象出现的破坏,然后根据相应的估计确定适当的反向恢复点。

(3) 错误恢复。

软件系统在运行过程中会由于软件运行环境故障、人员操作异常、软件自身错误等原因出现错误。在软件发生错误后尽快恢复、继续正常运行是软件可靠性设计考虑的重点。错误恢复包括前向恢复和后向恢复两种。

- 前向恢复即错误被检测出来后,仅对其结果进行预置处理,然后继续进程的运行,提供用户可以接受的服务。
- 后向恢复即错误被检测出来后,对软件进行重构,以备份替代错误部分,然后重新运行,提供正确服务。

后向恢复可能存在功能降级问题，采取恢复措施时，应考虑资源耗费和容错效果。错误恢复包括完全恢复、降级恢复和安全停机三个等级。

除此以外，记载错误也是错误恢复的重要辅助手段之一。

记载错误是将发生错误时的状态记录在一个外部文件上，然后让系统恢复运行，再由维护人员对记录进行深入的分析研究，常采用如下3种机制：

（1）日志机制。软件设计采用日志管理设计，提供安全日志、操作日志、登录日志等各种日志的实时记录、存储和备份功能。在软件发生故障后，可以通过日志记录查找故障原因，快速恢复软件。

（2）状态恢复机制。对一些重要的软件，如网络化装备系统总部级网络中心软件，采用双机热备份，在主用发生故障后，备用能迅速启用。

（3）数据恢复机制。采取自动保存、数据备份等手段，确保软件发生故障后，通过网络管理数据的可恢复性提高软件的可靠性。

❋ 9.2 嵌入式软件可靠性设计

嵌入式系统最早出现在20世纪60年代的武器控制系统之中，后来逐步用于军事指挥和通信。到了20世纪80年代，美军先进的武器系统基本都装备了嵌入式计算机。经过几十年的发展，如今的嵌入式系统已广泛应用在各国军队的武器控制、指挥控制、通信、野战指挥等专用设备上。

9.2.1 嵌入式软件的特点和相关设计准则

1. 嵌入式软件的特点

复杂装备系统中的嵌入式软件，如机载嵌入式控制软件，需要实现的功能复杂、接口类型多，具有如下特点：

（1）软硬件结合，功能、状态管理复杂。复杂装备系统通常由多个子系统组成，每个子系统由多个单元组成。例如，嵌入式控制软件作为整个系统的控制中心，完成接口管理、系统状态控制、数据加载、系统自检等功能，根据控制命令执行相应的流程控制，流程的启动、跳转，涉及的条件组合关系复杂。嵌入式软件需要在目标系统中运行，输入和输出均依赖目标系统实现，为提高软件可靠性，需要使用时间冗余等技术解决环境干扰、系统不稳定等问题。

（2）内核资源小，资源调度控制算法多样。嵌入式软件大部分目标系统为微处理器或单片机，资源有限，为确保软件可靠性，需要精简代码，优化内存管理，关注堆栈使用和释放情况。嵌入式软件控制的子系统类型多，在不同的场景下需要根据不同的调度策略进行资源分配，并对各种资源进行管理。

（3）专用性强。嵌入式软件一般用于各种终端设备，各设备自成子系统，完成其独立功能。可依据专业领域特性及基于该特性的软件可靠性要求，建立本地化的可靠性共性需求、共性设计库，减少重复开发，通过更多的应用和验证持续优化，从而使软件越来越可靠。

（4）实时性、可靠性要求高。在武器装备领域，随着智能化、综合一体化发展，对嵌入式软件的处理响应时间提出了更高的要求。军用电子设备大部分功能都依赖于软件实现，嵌入式软件往往关联目标系统性能要求，需要在解决环境干扰的前提下实现快速响应，和装备软件设计中的时间冗余技术相互矛盾，需要针对实际应用场景进行调整，实现最优化配置，达到功能、性能及可靠性要求。

（5）硬件接口、传输协议多样。嵌入式软件需要与不同的子系统进行数据交互，常用的硬件接口包括光纤总线、1553B 总线、Rapid I/O 总线、TCP/IP 网络接口、RS-422 串口、CAN 总线，各个硬件接口访问方式、数据传输协议存在差异。

2. 相关设计准则

实施软件工程化，是做好软件可靠性设计工作的前提，而健全的软件工程化组织机构是推进软件工程化工作的基本保证。目前国内大多数从事军用嵌入式软件研制的单位都按照 GJB 5000A—2008、GJB 2786A—2009 的标准建立了本地化的软件工程化体系，包含了全生命周期的软件工程过程以及软件项目管理、支持和过程管理过程，组织机构健全、职责清晰，研发流程科学合理，开发有章可循、有法可依。

从软件可靠性的角度看，还必须建立软件可靠性的设计准则，它是整个软件开发过程遵循的基本原则。在国家军用标准 GJB 5000B—2021 中，专门新增了"依据准则分析可靠性和安全性等质量特性需求"的要求，要求组织和项目必须建立可靠性和安全性的设计开发准则，也是为了进一步通过 GJB 5000A—2008 的推进提高软件的可靠性和安全性。

软件可靠性设计准则包含的内容较多，GJB/Z 102A—2012 有较为详细的描述。这里仅针对军用嵌入式软件设计中常用的准则进行介绍。

1）计算机系统的设计准则

对于嵌入式软件系统而言，有些功能既可通过软件实现也可通过硬件实现。为了提高系统的可靠性，在前期的方案阶段应进行决策分析。对具有高可靠性要求的功能，能用硬件实现的就不用软件实现。例如，紧急情况下的毁钥设计就是通过硬件触发的，而不是通过软件的控制实现的。

2）软件需求分析准则

在进行软件需求分析时，为了确保软件的可靠性，必须依据相关的准则进行分析，主要包括以下准则：完整性、一致性、可验证和可追踪。

（1）软件需求分析的完整性是指，在可靠性分析中，除了软件自身实现的功能、性能、接口、数据等基本需求外，还应对软件的适应性、安全性、设计约束等有关的需求进行充分分析，例如，软件对所有环境中的所有合法和非法输入数据的响应、各种异常、边界情况下的需求处理等。如果软件需求分析不完整，就会影响软件的可靠性。

（2）软件需求分析的一致性是指软件需求不存在相互矛盾的定义、描述或控制。例如，同一个算法的分析不能一处为相加；另一处为相乘；同一个检测不能一处为高电平有效，另一处为低电平有效。

（3）软件需求分析的可验证性是指一个软件的需求必须是可验证的。如果某个需求不能被验证，就应该与用户充分沟通，改写或删除该需求。例如，含有"正常运行""良好的用户接口""通常应发生"这类词句的需求是不可验证的，因为无法对"正常""良好""通常"等词给出确切定义。

（4）软件需求分析的可追踪性是指每一个功能性需求都有来源、被分析、被设计、被实现、被验证，每一个非功能性需求都被满足或被验证。软件代码中实现的需求没有多余的需求。一般通过软件需求跟踪矩阵验证可追踪性的满足情况。

3）软件可靠性设计准则

软件可靠性设计准则是保证软件可靠性的基础，且应该贯穿软件设计的始终。除了常规软件可靠性设计准则要始终贯彻外，还应该在软件的配置项划分、架构设计、详细设计等环节中贯彻针对嵌入式软件特点的可靠性设计准则，这些设计准则主要包括健壮性设计、接口设计、共享资源设计、中断设计和冗余设计。

9.2.2 嵌入式软件可靠性设计方法

1. 健壮性设计

软件健壮性是指当硬件环境（如计算机或显示器）发生故障或输入数据不合理、输入数据越限等非软件所能承受的情况发生时，软件仍能正常运行而不出现故障的能力，即软件不仅要在正确的运行环境和操作使用下正常运行，而且要对非正常运行环境和非正常操作使用具有免疫能力。

健壮性设计要求软件在运行过程中不管遇到什么意外情况都能完成任务。例如，在电源失效、加电检测、电子干扰、系统不稳定、接口故障、错误操作等情况下，软件应该有相应的处理机制，避免产生潜在的危险。

软件的健壮性设计包括环境冗余设计、非法输入提示、非正常运行环境检测和提示等设计。例如：

- 监控定时器（看门狗）的设计。确保微处理器或计算机具有处理程序超时或死循环故障的能力。
- 数据的合理性检测。使用每一个数据前要判定或确保数据是在合法的范围内，从而避免非法数据导致程序造成不可预知的后果。
- 异常情况设计。对软件不仅要考虑正常情况下的处理，还必须充分考虑各种可能的异常情况的处理，设计相应的保护措施，提高软件的健壮性。

2. 接口设计

接口设计必须预先确定数据传输信息的格式和内容，确保数据传输的正确性。在通信接口数据定义时应明确通信的数据量、数据格式、数据内容、换算要求、传输协议、传输率、误码率，必须明确物理层和逻辑层协议，确保通信双方的通信协议的一致性和完整性。软件在通信接口数据定义时的具体要求包括：

（1）依据双方处理机的字长设计双方适用的交换字格式。

（2）对交换字各位，应明确说明所有相关组合的含义。

（3）初始状态如无特殊原因要设置为0，特殊要求的非0初始状态应明确说明。

另外，在通信接口中使用校验码提高通信接口的可靠性。校验码是利用检错及纠错编码的原理设计的一种码检测技术。通常是在信息码后附加一个校验码，校验码是信息码的某种计算结果，依据不同的计算方法就构成不同的校验方式，如奇偶校验、代码和校验、多项式校验等。在通常的通信芯片中都提供了循环冗余校验码及校验方式选择。在条件允许的情况下，多项式校验是首选方式，而自行编写代码时最简单的方式是奇偶校验。

接口设计最常见的可靠性问题是异常情况设计不充分或缺失。在确保接口设计实现的情况下，还需设计接口的各种异常、边界、超限等情况下的处理，从而提高接口的可靠性。

例如，对输入数据合法性进行判断的代码如下：

```
int checkIn(int val){
    if(val>Max){
        debug("val Error! ");
        return -1; //返回执行失败
    }
    else{
        ...
    }
}
```

3. 共享资源设计

共享资源设计主要是为了合理使用共享资源，防止独占、死锁现象的发生。例如，对某个数据文件同时要不断地进行读和写操作就容易发生冲突，这时就需要程序采取文件上锁的方式，保证数据文件的可靠使用。例如，对共享数据进行读和写操作时的互斥锁实现代码如下：

```
Write{
    OSSempend(&Sem); //互斥锁
    ...
    OSSempost(&Sem);
}
Read{
    OSSempend(&Sem); //互斥锁
    ...
    OSSempost(&Sem);
}
```

4. 中断设计

中断是嵌入式实时系统软件的常用功能，如果使用不当，会严重影响系统的可靠性和安全性。中断设计应遵循以下原则：

（1）中断的设置与操作应规范。中断设置应严格按分配、打开和允许的顺序进行设置，临时屏蔽中断可采用禁止中断方式，不再使用的中断应及时关闭，关闭中断时应先禁止中断。

（2）屏蔽不用的中断源。可通过中断屏蔽寄存器的相应位进行中断源屏蔽，也可通过编写空处理的中断服务子程序进行误中断的防范。

（3）对不能被中断打断的程序段要进行保护。通常的方法是在该程序段执行前禁止中断，待该程序段执行完后再允许中断。

（4）重点分析在中断服务程序中进行更新的全局变量，应形成表单。在任何允许该中断的程序段中，逐一分析变量使用时如果被该中断打断是否会产生不良影响。通常的影响是导致一定的精度误差，应仔细分析该误差是否在系统的允许范围之内。

（5）中断服务程序的处理应该力求简单。在中断服务程序中避免过于复杂的处理，通常应采用设置标志位的处理方式，将实质性处理放在中断之外。对必须在中断服务程序中进行的实质性处理，应优化相关的程序代码。

中断设计要保证可靠，必须做到以下几点：

- 中断的使用顺序应严格按"阻止→关中断→初始化→开中断→使能"的顺序进行操作。任何一个环节没有严格按照以上顺序执行，必将造成功能不能完全实现或程序不可控。
- 尽量不使用中断嵌套。
- 中断返回使用中断返回语句并保存好需要的现场。
- 中断使用时应当屏蔽无用的中断。
- 中断服务程序尽量短，不要在其中进行太多处理，一般在该程序中只识别或接收中断信息。

中断设计如图9.12所示。

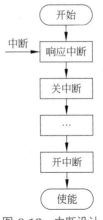

图 9.12　中断设计

5. 冗余设计

冗余设计的目的是通过增加嵌入式系统硬件或软件的冗余度，使系统在面临单个或多个故障时能够继续运行或快速恢复，同时也提高系统对故障的自诊断能力。冗余设计主要通过以下几种方式实现。

（1）采用热备份、双CPU工作设计。

采用热备份、双CPU工作虽然可以提高嵌入式系统的可靠性，但是其对硬件和软件要提出了更高的要求。针对硬件而言，这种方式必须要具有两个CPU（一主一从）。另外，也需要系统提供实时检测机制，也就是说，当主CPU发生故障时，其故障也能够被立即检测出来，主要由从CPU完成这项工作，并且还能够将系统总线接管过来，与其他各种系统资源一并投入运行。另外，从CPU的实时传送也能够通过主CPU的各种状态信息进行，从而保证主CPU发生故障时不会导致整个系统瘫痪，从CPU能够发挥其作用，确保系统的正常运行。当然，在此过程中，主、从CPU参数也应该保持一致性。为了使从CPU能够顺利代替主CPU运行，应该在主、从CPU双方都增加一部分程序代码，这部分程序代码可以体现主CPU运行状态，主要是另一个CPU的故障检测程序代码等。

（2）采用重要模块备份设计。

嵌入式系统功能强大且复杂，模块众多。如果对所有的模块都进行备份，不仅降低运行效率，而且造成系统资源的极大浪费；如果都不备份，软件的可靠性无法保证。因此，应选择重要的软件模块，如拓扑管理模块、故障管理模块及通信模块等进行备份。

（3）采用数据采集冗余设计。有以下3种设计：

① 多路冗余设计。多路冗余关键数据的采集可采用多路冗余设计，即可以从多个通信接口对同一数据进行采集，通过表决进行有效数据的裁决。通常采用奇数路的冗余设计，如3路、5路等。

② 多次冗余设计。多次冗余关键数据的采集可采用多次冗余设计，即可以从同一通信接口多次对同一数据进行采集，通过表决判定有效数据。通常采用奇数次的冗余设计，如3次、5次等。

③ 多路多次冗余设计。多路多次冗余关键数据的采集可以采用多路多次的综合冗余设计，即可以从多个通信接口对同一数据进行多次采集，通过表决判定有效数据。

（4）采用出错重发通信协议设计。

通信过程若使用点对点的方式进行，由于线路条件和外界环境的影响，数据包丢失及传输错误很有可能发生，因此，在对数据进行发送和接收时，不能只使用简单的收发方式进行，为了确保收发双方通信的可靠性，应当采用带有检错及出错重发功能的通信协议。实现出错重发的通信协议种类较多，如停等协议、滑动窗口协议等。停等协议是指发送方每发送一个数据包，就必须等待接收方的证实，既包括肯定证实，也包括否定证实。接收方判断所有接收到的数据包，如果经判断，接收到的数据包没有任何问题，则为肯定证实；否则为否定证实。接收方将肯定证实发送给发送方，则可进行下一个数据包的发送；反之，如果接收方将否定证实发送给发送方，那么发送方必须对这些数据进行重新发送。发送方必须设置一个发送超时计数器，当一个数据包由发送方发送完之后，在一定的时间内发送方并没有接收到接收方的任何回应信号，那么还需将上次发送的数据包进行重新发送。像这种每次发送一个数据包都需要等接收方回应信号的停等协议效率是比较低的，尤其是在线路传输时延较长的系统中，这个问题尤为突出。此时就可以采用滑动窗口协议，此协议具有较高的效率，并且一次能发送和接收多个数据包。

❋ 9.3 面向服务的软件可靠性设计

9.3.1 软件服务模式

复杂软件系统规模庞大且软件模块众多，将其中对系统安全性、战备完好性、任务成功性和保障性有重大影响的软件以及复杂性高、新技术含量高且难度大的软件确定为系统的关键和重要软件，通过提高关键和重要软件的可靠性设计提升整个系统的可靠性。

传统软件系统的关键和重要软件包括数据库、数据处理服务软件、事务控制服务软件和信息传输服务软件等。在此基础上,结合软件系统网络化和服务化特点,将软件系统的关键和重要软件划分为4种服务模式,如表9.2所示。

表 9.2 软件系统的关键和重要软件服务模式

服务模式	特点	典型业务
数据	通过服务形式发布结构化和非结构化数据,业务系统通过统一方式访问数据,底层数据源包括数据库和大数据平台	支持数据读写的数据服务
传输	基于传输控制协议/用户数据报协议(TCP/UDP)实现自定义数据包的网络交互和信息传递	网关服务
无状态应用	客户端在请求服务器端时携带所有信息,服务器端不保持和存储状态信息,客户端的每次请求均为原子独立的	订阅转发和态势分发服务
有状态应用	服务器端保留客户端的调用状态信息,在处理客户端请求时默认使用已保存的信息	即时通信、文电服务和筹划服务

9.3.2 面向服务的软件可靠性设计流程

面向服务的软件可靠性设计需关注具体软件服务是如何提高可靠性的。由于复杂软件系统内的软件各不相同,因此无法采用完全一致的可靠性设计方案。面向服务的软件可靠性设计流程如图9.13所示。

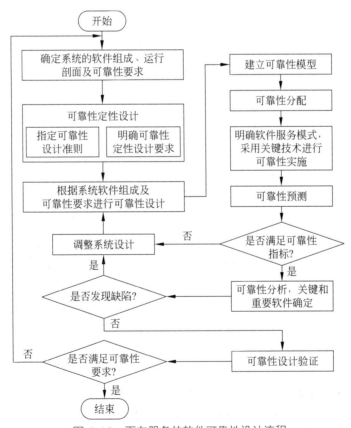

图 9.13 面向服务的软件可靠性设计流程

面向服务的软件可靠性设计首先从技术特点上对软件进行归纳总结,划分不同的服务模式，然后针对特定服务模式实施相应的可靠性技术。在设计中，软件特性分析、服务模式划分、关键技术选择、关键技术实施、提升效果评估、持续迭代优化为关键步骤，如图9.14所示。

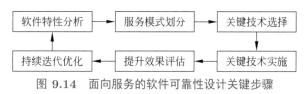

图 9.14　面向服务的软件可靠性设计关键步骤

其中，服务模式划分在可靠性设计关键步骤中起决定作用，服务模式划分错误会导致可靠性设计的路线错误，因此需要对软件特性进行认真分析并正确划分服务模式。

9.3.3　服务模式划分与可靠性设计

1. 数据服务模式

数据服务是对底层数据源进行封装，对外开放一个访问接口供数据服务请求者调用。从用户角度看，数据服务就是数据提供者，用户或应用通过数据服务提供的接口透明地获取异构和离散数据；从数据源角度看，数据服务对用户具有唯一性和排他性，从而增强了数据源自身的安全性；从平台角度看，数据服务将管理数据服务的数据服务管理平台、配置数据服务的多数据源查询引擎与数据服务开发工具紧密联系在一起。

在软件系统中，数据服务的底层数据源包括数据库和大数据平台，因此需提高数据库、大数据平台和数据服务自身的可靠性。提高数据源可靠性的技术包括数据库集群、数据备份、数据同步、大数据平台数据副本的集群复制技术以及数据服务支撑框架的集群技术。

2. 传输服务模式

传输服务基于TCP/UDP开发，应用于客户端和服务器端间的数据实时交互，传输内容支持自定义，传输过程安全性强且传输速率高。数据传输功能设计主要包括数据的分包、打包和组包以及为实现数据的可靠传输而进行的报文数据校验和重发等。

数据传输依赖于网络条件，网络波动会导致数据发送延时、丢包和乱序等问题出现，因此数据传输类软件在设计时需采用共享内存、报文数据校验和重发等技术，以确保数据安全可靠。

3. 无状态应用服务模式

服务器端在为客户端提供服务时无须存储它们之间的会话状态，每个客户端发送给服务器端的消息应包含请求的所有信息。每次请求处理结束时，服务器端均自动销毁与客户端相关的所有资源，因此该服务称无状态服务。

无状态服务对单次请求的处理不依赖于其他请求，当客户端向提供无状态服务的服务器端发送请求时，需在请求中携带服务器端响应请求所需的所有信息，或由服务器端从外部（如数据库）获取，而服务器本身不存储任何信息。因此，为避免单台服务器在处理大规模访问时出现瓶颈或发生系统宕机导致系统不可用而出现可靠性问题时，可通过多台服务器组成服务器集群提高系统吞吐量和可靠性。客户端的请求发至无状态服务器集群中的任意一台服务器，均可获得相同的响应结果，系统通过负载均衡等手段实现水平扩展，提高可伸缩性和可靠性。

4. 有状态应用服务模式

服务器端在为客户端提供服务的过程中，总保留着客户端的调用状态信息，直至客户端要求将状态信息销毁时才释放，并销毁所有与该客户端相关的资源，因此该服务称有状态服务。

有状态服务是针对会话过程而设计的，会话过程包含客户端与服务器端之间的多次交互。整个会话过程中，服务器端始终保留每个客户端的状态，而每次交互总是在前次交互基础上进行的，从而保持了连续性。

有状态服务的应用范围广泛，如文电服务和即时通信等。只要客户端请求与该服务器端建立连接，服务器端就可根据已有信息计算并找到相关的上下文信息，使客户端能迅速进入连接状态，减少服务器端与客户端信息交流的数据量，提高运行效率。有状态服务在采用集群方式提高系统吞吐量和可靠性时，需关注状态数据的存储，避免出现服务故障时状态数据丢失的问题。有状态服务的可靠性技术主要是分布式会话处理。会话信息由Web容器进行管理。

9.3.4 面向服务的软件可靠性设计方法

1. 数据服务可靠性设计

1）数据库可靠性设计

数据库可靠性指在规定的时间和条件下数据库系统完成规定的数据存储与管理任务的能力。

（1）事务控制。

数据库既是一个共享资源，又是一个多事务和多操作对象的系统，如果对数据操作不当，数据的一致性就可能被破坏。为确保数据操作执行的原子性、功能状态的一致性、事务之间的隔离性以及作用的持久性，事务控制技术成为保证数据库运行稳定可靠的关键技术之一。事务控制可分为事务间一致性控制和事务内一致性控制。

① 事务间一致性控制（又称事务并发控制）。

通常情况下，数据库总有若干事务并发运行，而这些事务可能并发地存取相同数据。因此，数据库管理系统需要一种机制保证并发存取和修改不会破坏数据的完整性，以确保并发事务能够正确运行并获得正确结果。

事务并发控制一般是通过封锁机制实现的，基于加锁的并发控制的基本做法是：对事务要操作的数据对象先申请加锁。如果需加锁的数据已被其他事务锁定，则需等待，直至相关事务释放该锁。Oracle等数据库提供保障事务物理完整性的机制，在并发操作数据库场景下能够进行正确调度，保证事务的隔离性，确保数据的一致性。

② 事务内一致性控制（又称事务提交控制）。

当一个事务需要同时更新多个数据对象时，系统需保证事务内所有操作要么都做要么都不做，即保证事务的完整性。

（2）数据库集群。

为提升数据库服务的并发吞吐量以及指挥所内数据的高可用性，通常采用实时应用集群（如Oracle RAC集群）等数据库集群技术实现数据库服务的多实例协同处理。Oracle RAC集群结构如图9.15所示。

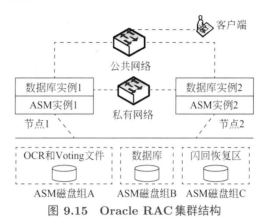

图 9.15　Oracle RAC集群结构

Oracle RAC按照共享存储架构来设计数据库服务，依托自动存储管理（Automatic Storage Management，ASM）为数据库管理员提供统一的存储管理接口，用于管理所有服务器和存储，包括Oracle配置库（Oracle Configuration Repository, OCR）和表决（voting）文件等。数据库集群采用多实例节点部署，数据库文件存储在物理或逻辑上与每个节点相连的磁盘上，使用ASM可从任何一个数据库实例节点读写这些磁盘上的数据。通过数据库集群唯一别名对外形成逻辑上单一的数据库，对内实现数据库集群的高可用性、节点间的负载均衡和无缝切换。

（3）数据备份。

为防止意外事故造成的数据丢失，需对数据进行定期备份。存储在Oracle数据库中的数据采用执行计划任务的方式定期备份数据，包括RMAN备份和逻辑备份。RMAN指Oracle提供的实用程序Recovery Manager，即恢复管理器。它是一个智能备份恢复工具，可完成数据库的所有备份任务，并备份特定的表空间或数据文件。逻辑备份指使用Oracle提供的数据迁移工具（EXPDP和EXP等），导出数据库对象的逻辑结构及数据，并存入一个二进制转储文件（dmp文件）中。Oracle 11g及以上版本提供的数据泵技术可实现用户交互，支持通过网络重启失败的备份作业。

（4）数据同步。

数据同步技术可确保数据的异地抗毁，通常包括地上、地下和远程3种容灾备份机制。在数据中心内部建立冷热备份机制，地上和地下数据中心之间建立双活备份机制，依托容灾备份中心形成异地数据容灾备份机制。数据同步技术提供两个中心之间的数据复制能力，通过在源数据库与目的数据库之间使用数据同步软件，源数据库的变化能够同步至目的数据库，从而确保数据一致性。

数据同步软件采用多线程并行处理引擎与高效缓存模型，通过扫描数据库中保存的重做日志（redo log）分析出每条记录的变化，并将变化增量传输到对端数据库同步软件，从而实现数据库中数据的一致性。目前，数据同步技术已广泛应用于数据容灾备份、访问负载均衡、全网数据同步和数据按需分发等业务领域。

2）大数据平台可靠性设计

在网络信息体系下，作战数据的大数据时代已来临。面对爆炸式增长的作战数据，传统关系数据库的支撑能力明显不足，需依托大数据库平台实现海量、异构和多模态数据的深度挖掘与应用。在复杂软件系统中，大数据平台主要依托Hadoop框架实现，其中使用较多的是Hadoop分布式文件系统（Hadoop Distributed File System, HDFS）和分布式数据库（Hbase）。HDFS的可靠性设计如图9.16所示。

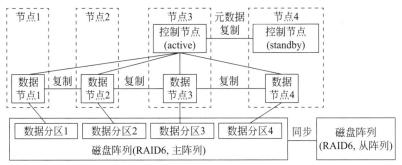

图 9.16 HDFS 的可靠性设计

HDFS具有高容错性，能够可靠地存储海量数据，通过分布式处理技术降低对计算机配置的要求，有效提高数据访问吞吐率，因此适用于海量数据处理。大数据平台本身就是分布式系统，可提供数据副本的集群复制功能。每个节点在磁盘阵列上均有独立分区，每个节点单独使用自己的分区，将磁盘阵列作为简单的可扩展存储设备。磁盘阵列采用RAID6容错机制，并依托主、从磁盘阵列避免单点故障，且上层业务在进行文件读写时不感知磁盘阵列的部署状态。HDFS以块为单位管理文件内容和存储数据，一个文件被分割成若干块（默认每个块为64MB），各节点服务器间通过网络传输数据。当应用程序写文件时，每写完一个块，HDFS就将其自动复制到另外两台服务器上，保证每个块有3个副本（默认情况），这样即使有两台服务器宕机，数据依然有效，这相当于传统的RAID1模式数据复制。当进行文件处理时，通过MapReduce并发计算任务框架启动多个计算子任务，同时读取文件的多个块并发处理，从而实现RAID0并发访问。

Hbase是基于HDFS构建的开源数据库，数据库集群依赖于Hadoop集群，采用3个以上节点，并在多个节点上部署主服务（HMaster）以提高可靠性。

3）数据服务可靠性设计

软件系统中的数据服务主要通过基于主题的信息资源关联组织技术实现，并获得以下效果：

（1）使用统一封装机制，软件代码复用度高，避免相同功能的重复开发。

（2）提升软件吞吐能力，主要体现在以下几方面：减少数据库连接占用；数据服务按集群部署，提高并发访问能力；数据服务内部采用分布式缓存技术，提高访问性能；通过目录进行数据服务统一注册寻址，使业务处理逻辑与数据源解耦，支持多个数据源、负载均衡和故障切换。

（3）采用轻便、高效的结构化数据存储格式protobuf进行传输，比基于XML格式的传输减少了约70%的数据量。

（4）使用基于属性的访问控制模型，支持统一的数据权限控制。

（5）支持跨数据库访问，用户无须感知。

（6）业务处理逻辑与具体数据库模型解耦，面向更高级的实体数据模型进行数据访问。

数据访问客户端与服务器端间使用超文本传输协议（HTTP）。数据访问时，客户端携带了所有请求信息，每个请求独立成为一个原子。在分布式条件下，若某一数据服务器发生故障，则客户端请求的信息将向其他数据服务器传送。其他数据服务器接收到该客户端传来的信息后，对请求信息进行分析，并与客户端建立服务连接。数据服务的可靠性由以数据服务框架可靠性和数据服务运行支撑可靠性保证。

（1）数据服务框架可靠性。

数据服务框架可靠性通过数据服务集群部署实现。目录服务提供统一的集群节点注册、负载均衡和寻址功能,可通过增加数据服务的服务器数量的方式动态扩展服务处理能力,单个服务处理节点故障时不影响服务整体运行。目录寻址时需考虑服务负载情况，当服务负载过重时，可通过流量控制和分流，以确保服务功能正常运行和请求响应的可持续性。数据服务框架可靠性设计如图9.17所示。

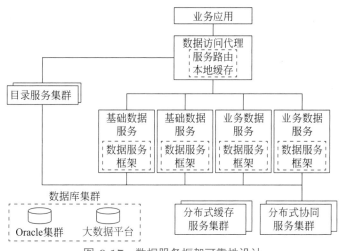

图 9.17　数据服务框架可靠性设计

具体设计如下：

① 各数据服务在启动时向目录服务注册数据服务信息，目录服务生成数据服务地址列表。在集群模式下，一个数据服务有多个地址。

② 各数据服务定时上报心跳数据和性能统计数据，目录服务据此生成各数据服务地址之间的负载因子。

③ 客户端实现负载均衡算法。客户端的数据服务访问代理可定时查询数据服务地址列表和负载因子，根据负载因子调度负载均衡算法。对于无状态的数据服务，可采用轮询、随机和哈希等简单负载算法；而对于有状态的数据服务，其服务地址需根据客户端请求的IP地址进行哈希选择，实现黏性处理，避免服务器端的状态信息丢失。

④ 客户端实现故障切换算法。当数据服务访问代理根据服务地址访问数据服务失败时，自动切换到下一个服务地址，且该操作对上层应用屏蔽。

⑤ 采用分布式缓存服务和本地缓存两级缓存方式存储数据,同时使用分布式协同服务同步本地缓存的数据版本,确保数据服务集群各节点缓存数据一致。

(2) 数据服务运行支撑可靠性。

数据服务运行支撑主要包括目录服务、分布式协同服务、分布式缓存服务和分布式消息服务。目录服务通过集群部署方式提高可靠性,采用读写分离模式,所有服务的更改操作均交给管理节点完成,服务查询操作由集群内的各节点共同完成。数据服务访问代理向目录寻址时,通过集群管理功能查找目录地址,并由集群管理功能进行目录地址的动态分配,实现负载均衡。

同样,分布式协同服务(如 ZooKeeper)、分布式缓存服务(如 Memcache)和分布式消息服务(如 Kafka)均采用集群部署方式提高可靠性。其中,分布式消息服务集群处理数据服务的数据变更通知,对于每个通知数据,采用主从副本模式保存数据,避免单个节点异常导致数据丢失。同时,针对不同业务数据的特点,使用不同代理节点处理业务数据,并使业务数据与性能监控数据解耦,避免相互影响。

分布式消息服务集群部署设计如图9.18所示。

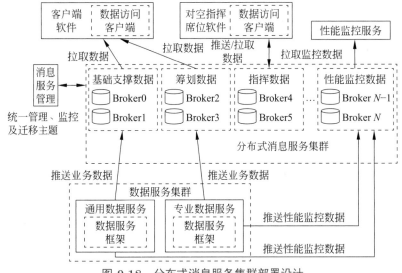

图 9.18　分布式消息服务集群部署设计

具体设计如下:

① 业务数据与性能监控数据分隔,性能监控数据使用消息服务集群中的单独代理节点进行处理,监控数据量不影响业务数据传输性能和可靠性。

② 消息管理服务提供主题(topic)时延监控和批量迁移功能,可按照基础支撑、筹划(消息报文大,MB 级)和指挥(消息报文小,频率高)对主题进行分类管理和批量快速迁移,根据集群节点数量预设多种分类策略,安装部署后实现一键迁移。

2. 传输服务可靠性设计

软件系统中的数据传输包括短报文传输、分组报文传输和文件传输。短报文传输指传输数据在一个传输报文中完成,无须进行数据的分包操作;分组报文传输指传输数据在一个报文中无法完成传输,需将该数据分解成多个数据段,通过分包和打包形成多个待传输的数据报文；文件传输指实现并完成一个完整文件的传输操作。通常，为实现数据的可靠传输需进行报文数据校验和重发等，主要有以下4种策略：

（1）按使用场景正确选用TCP或UDP。TCP是基于流的传输协议，是一个无边界的协议；UDP是基于帧的传输协议，具有开销小、速度快和效率高的特点。对多数基于消息包传递的应用程序来说，基于帧的通信（UDP）比基于流的通信（TCP）更直接和有效。但是UDP不像TCP那样具有重传、确认和流量控制等机制，是不可靠传输，在传输过程中信息容易丢失，因此应尽量采用TCP。如果采用UDP传输，则需增加数据可靠传输保障功能，即通过业务层的处理提高UDP的可靠性，使其成为一个基于消息的可靠传输协议，以解决复杂环境下的数据可靠传输问题。

（2）采用检错码和纠错码。为了检查数据是否发生偏差，传输类软件需对数据进行检错和纠错。检错码指在服务器传输和存放时可自行发现错误的编码；纠错码指在服务器传输和存放时可自行进行纠错的编码。传输类软件的发送方在对传输内容进行编码时，额外增加冗余的检错码和纠错码。接收方收到数据后，对传输内容进行校验，若无错误则通过检查，否则可依托纠错码对错误内容予以纠正。

（3）采用ACK/NAK和重传机制。TCP/IP中，ACK指确认应答，表明数据传输完成且无错误；NAK指否定应答或非应答，表明数据收到但有错误。当发送方接收到ACK信号时，就可发送下一个数据包；当发送方接收到NAK信号时，则需重发数据包。如果发送方未收到信号，则可能会重发当前数据包，也可能停止传送数据。采用ACK/NAK和重传机制可避免丢包，提高传输可靠性。

（4）采用消息序号和回执机制。针对分组报文，由于数据是分包传输的，为了避免消息出现乱序，需在发送数据中加入消息序号，同时增加消息回执机制，发送方可通过回执判断数据发送情况并决定是否对数据进行重传，从而进一步提高传输服务的稳定性。

3. 无状态应用服务可靠性设计

无状态应用服务可靠性设计通常使用集群和负载均衡机制提高系统吞吐量和稳定性。

1）集群机制

采用集群机制可实现多台服务器共同完成数据收发，从而解决单台服务器带来的处理瓶颈问题，提高了任务处理吞吐量，满足了海量数据实时处理需求。对于无状态服务，可采用对等模式搭建服务器集群，集群内各节点并行处理请求，即所有服务器共同完成数据的收发处理，相互间无明确的主、从节点之分。客户端无须感知服务器集群的存在，客户端产生的网络负载由代理服务器或负载均衡器等设备通过负载均衡机制分发到各个服务器节点上，从而使服务器集群具备大型服务器应具备的高性能。服务器集群网络结构如图9.19所示。

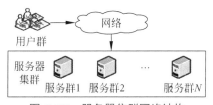

图 9.19 服务器集群网络结构

2）负载均衡机制

负载均衡是一种计算机网络技术，用于在多个计算机（集群）、网络连接、CPU、磁盘驱动器或其他资源中分配负载，以达到资源使用最优化、吞吐率最大化、响应时间最小化以及避免过载的目的。单台服务器使用优良的硬件设备，可处理的并发请求数为万级至十万级。负载均衡设计思想为：通过构建的服务器集群系统，将客户端请求根据策略分配给不同业务服务器，使得整个服务器集群能够处理的请求数为各个服务器端可处理请求数之和。

构建服务器集群时，负载均衡节点的并发能力将成为限制整个系统并发能力的一个瓶颈，因此负载均衡节点通常由高性能的专用硬件或软件实现。硬件负载均衡解决方案是直接在服务器和外部网络间安装负载均衡设备，具有独立于操作系统、负载均衡策略多样化及流量管理智能化的特点，目前主要有F5 BIG-IP、AD和思科系列等产品。软件负载均衡通过在服务器上附加软件实现，具有基于特定环境、配置简单、使用灵活和成本低廉的特点，主要有LVS、Nginx和HAProxy等。Nginx负载均衡器部署架构如图9.20所示。

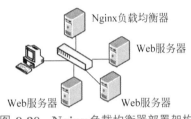

图 9.20 Nginx 负载均衡器部署架构

4. 有状态应用服务可靠性设计

为提高有状态应用服务的可靠性，简单处理方式是将有状态服务改造为无状态服务，这就需要对与状态相关的逻辑进行统一处理，并将状态数据进行集中存储（持久化或放入分布式缓存中管理），以确保状态数据一致性。

以有状态Web应用服务为例说明如何改造有状态应用服务。Web应用服务的状态信息保存于会话，当有状态服务组建集群并通过负载均衡处理请求时，会出现同一个用户的请求无法保证一定能分配到相同的后台服务器的问题，导致会话丢失，登录失效。因此，需考虑会话如何在多个集群服务器节点间共享的问题。

可靠的分布式会话处理包括3种方式。

（1）服务器会话复制。指任何一个服务器上的会话发生改变（增、删或改）时，节点都会将会话的所有内容序列化，然后广播给其他节点，不管其他服务器是否需要会话，以此确保会话同步。该方式的优点是可容错，各服务器间会话可实时响应；缺点是对网络负荷造成一定压力，一旦会话量过大，则会造成网络堵塞，降低服务器性能。

（2）会话共享机制。使用分布式缓存服务（如Memcached和Redis）存储会话，但要求分布式缓存服务必须是集群，以确保可靠性。由于会话读写需要网络操作，采用会话共享机制比将会话直接存储于Web服务器增加了时延和不稳定性，同时对网络造成了一定压力。

（3）会话持久化到数据库。指将会话存储在数据库中进行持久化，每台服务器从数据库中获取会话以确保服务器宕机时会话数据不丢失,但会导致整个系统的吞吐量下降。

3种分布式会话处理方式的适用场景如表9.3所示。

表 9.3　3种分布式会话处理方式的适用场景

处理方式	适用场景
服务器会话复制	集群规模和会话数据量均较小
会话共享	分布式缓存已部署并进行了高可靠性处理,会话数据量较小
会话持久化到数据库	系统吞吐量要求不高

❋ 9.4　云计算系统可靠性设计

9.4.1　云计算系统可靠性设计原则

为了避免云计算系统在运行过程中产生故障或者使云计算服务在系统发生故障时具备可恢复的能力,微软公司的Adams等人提出了3个设计原则以保障云计算系统的可靠性:

(1) 弹性设计 (design for resilience) 原则。

在不需要人为干预的条件下,云计算服务必须能够容忍系统组件的失效,它应当能够检测到系统中故障的发生并在故障发生时自动采取矫正措施,使用户不会察觉到服务的中断。当服务失效时,系统也应当能够提供部分功能,而不是彻底崩溃。

(2) 数据完整性设计 (design for data integrity) 原则。

在系统发生故障的情况下,服务必须能够以和正常操作一致的方式操纵、存储和丢弃数据,保持用户托管数据的完整性。

(3) 可恢复设计 (design for recoverability) 原则。

系统在发生异常情况时,应该能够保证服务可以尽可能快地自动恢复;而当服务中断事件发生时,系统维护人员应该能够尽可能快地并且尽可能完整地恢复服务。

遵循这些设计原则有助于提高云计算系统的可靠性并减小故障带来的影响。除了这些原则外,如果某个应用服务实例发生了失效事件,那么未完成的部分服务和被延迟的服务最终也应该能够按规定顺利完成。一旦系统发生了故障,服务提供商或用户都应该采取合适的措施恢复服务,避免因故障导致的服务性能的下降,同时在服务恢复过程中也应尽可能减少人工干预。

9.4.2　云计算系统可靠性设计方法

为了使云计算系统能够提供可靠的服务,研究人员在设计云计算系统的架构时应该考虑到故障的管理,所有针对运行良好的云计算环境设计的架构和技术都应当能够适用于容易发生故障的云环境。为了管理云环境中容易发生的资源故障以及保证服务的可用性,研究人员已经设计了各种技术与方法,使云计算系统在容易发生故障的环境中能够提供可靠的服务。由于云计算使用了面向服务的架构,所有的技术与方法都应该从服务可靠性的角度开始着手设计。如图9.21所示,云计算系统中主要的故障管理技术分为3类:故障消除、故障容忍、故障预测与避免。

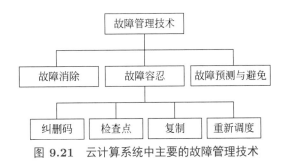

图 9.21 云计算系统中主要的故障管理技术

1. 故障消除

故障消除技术运用传统的软件测试与验证方法发现并移除云计算系统中潜在的故障，以提高系统服务可靠性，主要适用于云计算中的软件故障。软件测试对于移除软件中的故障、提高系统的容错能力具有至关重要的作用，通过测试的系统组件通常可以被认为已经具备了较高程度的可靠性。在分布式环境中部署软件之前，如果软件没有经过充分的测试，也有可能会产生故障，带来巨大的经济损失。

为了保证软件可靠性，研究人员已经设计了各种各样的方法和工具检测云计算系统中潜在的故障，其中比较典型的一种方法是故障注入。它是一种通过向代码中引入故障提高软件系统测试覆盖率的软件测试技术，经常和压力测试一起被用来测试软件系统的鲁棒性。故障注入常应用在分布式系统部署的早期，也可以应用于普通的软件系统。故障注入语言 FAIL 及其集群版本的故障注入工具 FCI 可以用来在分布式应用中进行故障注入。FAIL 不仅可以让用户不再编写低级代码，以简单的方式设计复杂的故障场景，还可以用于构造一些概率性场景、确定性场景和可再生场景，让用户能够研究系统在某些特定情景下的行为模式。故障注入工具 FCI 包含编译器、运行时库和在分布式应用中进行故障注入的中间件平台，支持与其他编程语言直接交互，不需要用户修改应用软件的源代码，对应用运行时间的影响特别小。

除了故障注入外，还可以利用大量的系统消息流创建系统组件依赖图，通过分析网格系统发现关键的 Hub 组件。由于包含故障的 Hub 组件容易影响到整个系统的操作，因而它们具备较高的测试优先级，对 Hub 组件进行检测有助于更快地发现系统中存在故障的区域。另外，也可利用认证编译器产生能够在网格资源中执行的机器码，生成的机器码中包含了可验证的子句，它可以在软件系统的运行过程中自动验证代码属性。该方法不仅可以验证代码的安全性，也可以检测系统中的故障和可疑代码。

这些方法都利用测试技术对系统进行故障检测，它们可以用于确定哪些系统组件应该被优先测试与验证，以及哪些测试（如组件测试、集成测试、交互测试等）具备更低的测试开销。因此，以前适用于软件组件的故障预测研究也可以为识别大规模云计算系统中的故障可能区域提供很好的基础。然而，由于在特别复杂的云计算系统中很难有效地实施故障消除技术，并且虚拟机的失效现象是不可避免的，所以故障消除技术通常也很难完全发现系统中潜在的故障。因此，和下面介绍的故障容忍方法相比，故障消除技术在故障管理中获得的关注度并不是特别高。

2. 故障容忍

对云计算系统而言,容错已经成为数据存储、传输和计算必不可少的需求之一。提供数据存储级的容错是相对直接的方法,RAID和Amazon公司的EBS(Elastic Block Storage,弹性块存储)都通过局部冗余存储提高系统对磁盘故障的容忍程度。目前检查点和复制是两种广泛使用的故障容忍机制。纠删码作为存储系统容错的主要方法受到了越来越多的重视。在数据传输方面,目前很多知名的网络协议都可以通过重新设计恢复云计算中的数据传输错误,例如,微软公司的云计算服务平台Azure就使用了基于队列的消息检索/重传机制保证数据的传输可靠性。在云计算系统中,处理计算过程中发生的错误与资源故障和服务故障都有关系。

尽管用户可以继续使用传统的算法级别容错方法处理错误,但由于公有云对用户呈现出不透明性,由云计算服务提供商提供容错机制更加有效。在故障发生时,云计算系统应当能采取合理的措施让服务从故障中恢复。

目前比较流行的高级容错措施包括空间冗余和时间冗余。空间冗余的概念可以追溯到3模块冗余(Triple Modular Redundancy,TMR)系统。当空间冗余概念首次出现在云计算环境中时,模块便被替换成了虚拟机副本或处于锁步状态的任务副本。目前,这种实现已经被具有高可用性的云计算解决方案所采用,如VMware和VGrADS。时间冗余通常会引起任务的重新执行。任务在发生错误时可以被重新提交,或者回滚到之前的一个正确状态并重新执行。

类似地,检查点方法周期性地将主虚拟机的状态保存为一个检查点,并存储在另一个虚拟机上,通过故障容忍技术,可以有效地降低硬件故障、网络故障以及软错误等故障带来的影响。表9.4给出了4种故障容忍技术的对比。

表 9.4 4种故障容忍技术的对比

故障容忍技术	设计准则	应用范围	优点	缺点
纠删码	空间冗余	存储、通信	良好的数据保护	空间开销大
检查点	时间冗余	进程	高可靠性	时间和空间开销大
复制	空间冗余	存储、进程	高故障容忍率	计算和存储要求高,存储效率低
重新调度	时间冗余	进程	易于实现	有额外延迟

1)纠删码

纠删码(Erasure Code, EC)的设计思想是将数据对象划分成若干数据块,然后在每个数据块中添加额外的信息并对数据块进行编码。当存储数据块的某个节点失效时,利用编码后的数据块的一个子集便可以恢复出完整的原始数据集。通常情况下,纠删码可以被描述为三元组(n,k,r),其中k为编码前数据对象被划分的块数,n为编码后数据块的个数,r为一个不小于k的整数。纠删码将k个原始数据块编码,生成n个数据块,其中包含$n-k$个冗余数据块。因此,编码后的数据具有$n-k$个数据块的容错能力,当发生不多于$n-k$个数据块损坏或丢失时,便可以使用存活的$r(r \geqslant k)$个数据块修复数据。下面介绍基于纠删码的备份与恢复方案。

假设需要存储的数据对象$\boldsymbol{F} = [\boldsymbol{F}_0 \ \boldsymbol{F}_1 \ \cdots \ \boldsymbol{F}_{k-1}]$可以被划分成长度固定的$k$个数据块

$F_i(0 \leqslant i \leqslant k-1)$，纠删码 (n,k,r) 将 k 个原始数据块编码成 $n(n>k)$ 个数据块。如果编码时选择 n 个长度为 k 的向量 $\boldsymbol{g}_i = [g_{i0}\ g_{i1}\ \cdots\ g_{i(k-1)}](0 \leqslant i \leqslant n-1)$，并且其中任意 k 个向量都线性无关，那么编码后的数据块 $\boldsymbol{D}_i(0 \leqslant i \leqslant n-1)$ 为

$$\boldsymbol{D}_i = \boldsymbol{g}_i \cdot \boldsymbol{F} = g_{i0} \cdot \boldsymbol{F}_0 + g_{i1} \cdot \boldsymbol{F}_1 + \cdots + g_{i(k-1)} \cdot \boldsymbol{F}_{k-1} \tag{9.1}$$

并且这 n 个编码后的数据块中的任意 k 个都可以被用来重构原始数据。如果

$$\boldsymbol{G} = (g_{ij})(0 \leqslant i \leqslant n-1, 0 \leqslant j \leqslant k-1) \tag{9.2}$$

那么可以得到

$$\boldsymbol{G} \cdot \begin{bmatrix} \boldsymbol{F}_0 \\ \boldsymbol{F}_1 \\ \vdots \\ \boldsymbol{F}_{k-1} \end{bmatrix} = \begin{bmatrix} \boldsymbol{D}_0 \\ \boldsymbol{D}_1 \\ \vdots \\ \boldsymbol{D}_{n-1} \end{bmatrix} \tag{9.3}$$

所以一个纠删码 (n,k,r) 可以被表示为 $\boldsymbol{D} = \boldsymbol{G} \cdot \boldsymbol{F}$，其中，$\boldsymbol{F} = [\boldsymbol{F}_0\ \boldsymbol{F}_1\ \cdots\ \boldsymbol{F}_{k-1}]$ 是原始数据对象；$\boldsymbol{D} = [\boldsymbol{D}_0\ \boldsymbol{D}_1\ \cdots\ \boldsymbol{D}_{n-1}]$ 是编码后的数据；$\boldsymbol{G}$ 是 $n \times k$ 的矩阵，称为纠删码 (n,k,r) 的生成矩阵。

需要注意的是，k 与 n 的比值 k/n 称为该纠删码的编码率，$(n-k)/k$ 称为该编码的冗余度。

纠删码冗余机制要求 $\boldsymbol{G}$ 的任意 k 行组成的子矩阵 $\boldsymbol{G}^c$ 均可逆，所以使用任意 k 个数据块都可以重构出原始的 k 个数据块。除此之外，系统码的使用使得任何生成矩阵可以通过运算转化为

$$\boldsymbol{G} = \left(\frac{\boldsymbol{I}_k}{\boldsymbol{P}} \right) = \begin{bmatrix} 1 & 0 & \cdots & 0 \\ 0 & 1 & \cdots & 0 \\ \vdots & \vdots & \ddots & \vdots \\ 0 & 0 & \cdots & 1 \\ P_{0,0} & P_{0,1} & \cdots & P_{0,k-1} \\ P_{1,0} & P_{1,1} & \cdots & P_{1,k-1} \\ \vdots & \vdots & \ddots & \vdots \\ P_{n-k-1,0} & P_{n-k-1,1} & \cdots & P_{n-k-1,k-1} \end{bmatrix} \tag{9.4}$$

其中，$\boldsymbol{I}_k$ 为 $k \times k$ 的单位矩阵，$\boldsymbol{P}$ 为 $(n-k) \times k$ 的矩阵。

在所得的编码数据中，其前 k 位由单位矩阵 $\boldsymbol{I}_k$ 决定，因而和原始数据 $\boldsymbol{F}$ 中的各位数据相同，而其余的 $n-k$ 位被称为校验数据，是 k 个原始数据块的线性组合。

采用这种系统码编码数据块时，会生成较多的分块，这些分块中不仅包含了数据分块，还包含了冗余分块，这样，数据分块和冗余分块的数量之和便大于原始的数据分块数量。此

时，系统便可以将数据分块和冗余分块发送给存储节点进行存储。当用户读取数据时，只要获取其中一定数量的分块，无论这些分块是数据分块还是冗余分块，都可以通过这些分块重构出原始数据对象。由于该算法在生成冗余分块时引入了纠错思想，因而可以避免恢复的数据与原始数据存在差异或无法重构的现象。

当需要恢复数据时，在所有的 $r(r \geqslant k)$ 个存活数据块中选择任意 k 个数据块便可以重构原始数据。由于生成矩阵中每个行向量都与一个数据块一一对应，当从 r 个数据块中选取 k 个数据块进行解码运算时，这 k 个数据块对应的行向量可以组成 k 阶方阵 $\boldsymbol{Q}$。如果将这 k 个数据块记作 $[\boldsymbol{R}_1 \ \boldsymbol{R}_1 \ \cdots \ \boldsymbol{R}_{k-1}]$，$\boldsymbol{Q}$ 记作 $[\boldsymbol{q}_0 \ \boldsymbol{q}_1 \ \cdots \ \boldsymbol{q}_{k-1}]$，那么 $\boldsymbol{Q}$ 与原始 k 个数据块相乘便可以得到这些存活下来的 k 个数据块，即

$$\boldsymbol{Q} \cdot \begin{bmatrix} \boldsymbol{F}_0 \\ \boldsymbol{F}_1 \\ \vdots \\ \boldsymbol{F}_{k-1} \end{bmatrix} = \begin{bmatrix} \boldsymbol{R}_0 \\ \boldsymbol{R}_1 \\ \vdots \\ \boldsymbol{R}_{k-1} \end{bmatrix} \tag{9.5}$$

由于生成矩阵中任意 k 个向量线性无关，即 $\boldsymbol{Q}$ 可逆，因而使用 $\boldsymbol{Q}$ 的逆矩阵 $\boldsymbol{Q}^{-1}$ 便可以计算出原始数据 $\boldsymbol{F}$，其计算过程为

$$\boldsymbol{F} = \boldsymbol{Q}^{-1} \boldsymbol{Q} \cdot \begin{bmatrix} \boldsymbol{F}_0 \\ \boldsymbol{F}_1 \\ \vdots \\ \boldsymbol{F}_{k-1} \end{bmatrix} = \boldsymbol{Q}^{-1} \begin{bmatrix} \boldsymbol{R}_0 \\ \boldsymbol{R}_1 \\ \vdots \\ \boldsymbol{R}_{k-1} \end{bmatrix} \tag{9.6}$$

在实际应用中，节点的失效可能引起原始数据块的损坏，也可能引起冗余数据块的损坏。因此，数据块的恢复过程分为两个部分。

在恢复原始数据时，使用 $\boldsymbol{Q}^{-1}$ 中的第 i 行与 $\boldsymbol{R}$ 进行数量积运算，所得的积再进行异或运算，即可得到损坏的原始数据块 $\boldsymbol{D}_i (0 \leqslant i \leqslant k)$：

$$\boldsymbol{D}_{k+i} = \boldsymbol{P}_i \cdot \boldsymbol{R} = P_{i,0} \cdot \boldsymbol{R}_0 \oplus P_{i,1} \cdot \boldsymbol{R}_1 \oplus \cdots \oplus P_{i,k-1} \cdot \boldsymbol{R}_{k-1} \tag{9.7}$$

使用纠删码能够提供优化的数据冗余度，防止数据丢失。恰当地使用纠删码可以提高空间的利用效率并获得较好的数据保护效果。目前该方法在通信领域已经得到了广泛应用。此外，将纠删码引入云存储系统中代替副本备份策略，可以有效提高云存储系统的可靠性。但是，由于纠删码需要存储额外的冗余数据，因而该方法存在一定的存储空间开销。

2）检查点

检查点（check point）是目前被广泛使用的一种故障容忍技术。检查点技术是将正在运行的进程的当前状态周期性地保存在某个稳定存储资源上，每次保存的状态称为检查点。当检测到任务发生失效事件时，进程的状态会被回滚到最近保存的检查点并从该状态开始重新执行。如图9.22所示，在任务的执行过程中，每隔一段时间系统会将任务的状态保存为一个检查点，相邻检查点之间的时间间隔称为检查点区间（check point interval）。

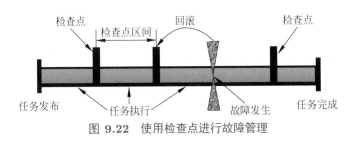

图 9.22 使用检查点进行故障管理

当一个检查点区间结束时,系统会使用某种错误检测技术检查任务的执行是否正确。当检测到任务的状态发生错误时,任务会被回滚到最近的一个检查点并重新执行从该检查点开始的检查点区间内的工作。由于检查点技术能够将任务从错误状态中恢复,目前已经有很多云计算管理套件整合了检查点机制,以提供不中断的云计算服务,如 Oracle 公司的 UniCloud、Intel 公司的数据中心管理器(Data Center Manager,DCM)等。基于检查点的工作原理,检查点技术可以分为 3 种类型:非一致性检查点、一致性检查点和通信引导的检查点。

非一致性检查点允许属于同一应用程序的每个进程自主决定何时执行检查点操作。由于各个进程可以相互独立地在不同时刻执行检查点操作,因而这种方式的优点是进程执行检查点操作具有较大的自由度,不受其他进程状态的限制。但是这种方式也存在诸多缺点,其中最大的缺点便是多米诺效应。当一个进程执行回滚操作时,以前接收过这个进程发送的消息的进程也需要回滚。如果这些被迫回滚的进程以前也发送过消息,那么它们的回滚必然又会引起其他进程回滚。此时,系统就产生了多米诺效应,使得很多进程都做了无用功,甚至可能回滚到计算的起点。此外,由于非一致性检查点迫使每个进程维护多个检查点,因而这种方式需要进程周期性地进行垃圾收集,回收无用的检查点。

在一致性检查点中,同一应用程序的进程之间需要同步检查点以确保每个进程保存的检查点相互一致,并且所有的检查点合并起来也需要形成一致的全局状态。一致性检查点的恢复过程相对容易,每个进程总是从最近的检查点重新执行,因此该方法不易受到多米诺效应的影响。此外,一致性检查点只需要每个进程存储一个持久检查点,因而可以显著降低存储开销,也不需要进行垃圾收集。一致性检查点的主要缺点是系统提交输出时会产生很大的延迟。

通信引导的检查点不需要同步所有的检查点,因而可以避免多米诺效应。在这个协议中,进程会创建两种检查点:局部检查点和强制检查点。进程可以独立地、有选择地创建局部检查点,但是必须创建强制检查点以保证恢复过程的一致性。

在容易发生故障的环境中,不采用检查点技术时成功完成一个任务所需的时间远大于采用检查点技术时完成同一任务所需的时间。虽然检查点技术能够保证云计算服务的可靠性,但值得注意的是,由于在稳定存储介质上保存检查点需要一定的时间,因此应用检查点技术必然会带来一些时间开销。在云计算系统这样的大规模系统中,频繁地应用检查点机制会带来巨大的额外开销。据估计,在千万亿次操作的系统中,一个 100h 的作业会花费约 150h 的检查点创建开销;相反,如果降低使用检查点技术的频率,那么在程序发生故障后重新执行又会增加程序的总执行时间。因此,如何确定最优检查点区间并减小检查点开销已经成为众多研究人员的研究目标。例如，为了优化云计算环境中的检查点/重启机制，首先设计一个计算公式，为具备不同失效事件分布的云作业计算最优检查点数量；然后设计一个自适应算法优化检查点带来的各种影响，如检查点开销、重启开销等；最后在Google系统的运行数据上进行验证，任务的执行时间可以降低50~100h。

由于云计算系统的底层计算基础设施具备动态性，科学工作流系统中经常会发生任务执行延迟的现象，导致大量的时序违反事件发生。对时序违反事件进行处理会消耗大量的时间，因此必须采取合理的措施，在满足时序一致性要求的同时，尽可能减小不必要的时序违反事件处理开销。通常情况下，在某个检查点处检测到的时序违反事件带来的时间赤字是非常小的，而工作流后续活动的盈余时间（时序约束和执行时间之差）基本上可以弥补该时间赤字，这种现象被称为自动恢复。例如，工作流中的某个任务由于时序违反事件的发生而产生10s的时间赤字，但是很有可能该任务后面的任务会产生10min的平均冗余时间，那么这些冗余时间便可以用来弥补该任务的时间赤字。基于这个发现，研究人员提出了一个自适应的时序处理点选择策略——只选择关键的而非所有的检查点作为处理点解决时序违反问题。仿真实验表明，这种方法可以在满足时序一致性和高效率的条件下显著减小不必要的时序违反事件的处理开销。

3) 复制

复制（replication）是提供系统容错能力的另一种故障管理技术，这种方法使用多个计算资源同时运行同一任务的多个进程副本并维持相同的状态。根据副本的更新方式，复制策略可以分成两种类型：主从复制和主动复制，如图9.23所示。

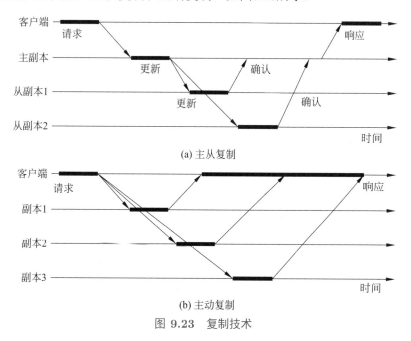

图 9.23 复制技术

在主从复制中，客户端仅仅将请求发送给主副本，只有主副本会处理用户请求。主副本在处理完用户的请求后，会将其状态转发给所有从副本并通知它们更新状态，在所有从副本完成状态更新并向主副本发送确认消息后，主副本向客户端发送反馈。在主动复制中，客户端会将请求发送给所有副本,所有副本在接收到请求后都会执行请求。在客户端接收到所有副本的第一个响应后,可以继续处理其他的事务。

目前已经有许多云计算服务提供商使用复制机制提供不同级别的容错保障。微软公司的 Azure 云计算平台使用虚拟机副本提供虚拟机级别的容错。当虚拟机发生故障时,Azure 总是使用副本虚拟机接管发生故障的虚拟机,继续执行故障虚拟机中正在运行的任务。在基础设施即服务(IaaS)级别,Open-Stack 云计算平台将文件和对象分布在不同数据中心的多个服务器的磁盘上,使用数据副本保证数据的可靠性。在 Apache Hadoop、Amazon 公司的 EBS 等分布式文件系统中也应用了资源复制机制以保证系统的可靠性。此外,还有很多应用复制机制的例子。例如,基于资源复制策略的容错调度算法,在不增加应用延迟时间的条件下,将有依赖关系的多个任务映射到异构系统中,并使其能够容忍多次处理器失效。

为了考虑任务之间的通信竞争并保证具有依赖关系的一组任务的执行可靠性,采用竞争感知的容错调度算法,使用任务复制策略,在不牺牲任务总执行时间的情况下能够容忍多次处理器失效。RMSR(Replication-based scheduling for Maximizing System Reliability,基于复制的最大化系统可靠性调度)算法则将任务通信整合到系统可靠性中,使用任务复制技术在异构系统中进行可靠性感知的任务调度。为了最大化通信可靠性,研究人员提出了一个算法为当前任务搜索具有最优可靠性的所有通信路径,在任务复制阶段,由用户决定任务的可靠性阈值并确定每个任务的动态副本。实验结果表明,这种方法能够显著提高系统的可靠性。

虽然应用复制技术可以保障云计算服务的可靠性,但是它对计算资源、存储资源的需求较高,同时存在存储效率低下的缺点。目前,应用该技术存在诸多挑战,其中最大的 3 个挑战如下:

- 设计算法确定副本的选择和最优放置策略,以达到最佳的容错效果。
- 设计方法同步副本状态,以保持副本之间的状态一致性。
- 降低副本数量,以减少维护可靠性需要的成本。

这 3 个问题都是开放性研究问题,很多学者就此提出了各种各样的解决方案。

(1)副本选择与最优放置策略。

在应用复制技术时,由于每个进程或数据选择的副本不同以及每个副本在不同计算资源上的放置方式不同,对复制技术能够实现的容错效果和该技术能获得的存储空间利用率具有很大的影响。因此,该问题要求设计合适的副本选择算法与最优放置策略,以达到最佳的容错效果,实现最高的资源利用率,对在动态分布式系统中进行副本放置的自适应算法的容错能力及可扩展性等属性进行评估。副本管理系统可以基于用户的需求动态地分配副本资源。当某个副本失效时,用户的资源请求可以被系统透明地重新路由。测试实验验证了该方法具有一定的有效性。

另外,SRIRAM 研究系统可以在网格系统和分布式系统中自动对计算资源进行备份,提高计算资源的可用性和容错能力。服务复制方法首先让副本之间相互邻近,形成网络中的服务岛,然后使用混合整数规划评估不同的复制配置,以决定哪种服务岛配置具备较高的容错能力。仿真实验表明,这种方法能够发现长距离的服务间连接,降低了副本的需求量，同时也简化了副本的管理。

（2）副本状态同步。

在大规模计算环境中，应用复制技术需要保持不同副本状态的一致性。然而，副本状态同步会产生巨大的额外开销。因此，需要设计合适的方法同步副本状态，在保持副本状态一致性的同时，降低副本状态同步带来的开销。当前有很多研究尝试解决在云计算系统中应用复制机制带来的副本状态一致性问题，其中比较典型的算法有Raft算法和Paxos算法。Raft算法比Paxos算法更容易理解和实现。这两种算法都可以用来在分布式环境中同步副本状态，它们无论在局部环境中还是在广域网环境中都展示了较好的性能。基于主从复制方法在多个主机上复制服务，构建可靠的、高可用的网格服务。这些方法能够在局部环境中保证较高的服务可用性，但是为了同步服务副本状态管理开放网格服务基础设施（Open Grid Service Infrastructure, OGSI）通知所产生的额外开销也是非常可观的。将冗余副本资源的预留整合到服务等级协议中，当主副本失效时允许程序切换到从副本继续运行，这个方法可以提高系统资源分配的效率。

（3）副本数量的确定。

在云计算系统中，虽然采用复制策略能够提高云服务的容错能力，但过多的副本会增加云服务的成本，副本数量与成本之间的折中也是采用复制技术时应该考虑的问题。为此，需要设计副本管理策略，降低副本数量，减少维护可靠性需要的成本。为了在减少云存储消耗的同时满足数据中心数据可靠性要求，可以采用成本高效的数据可靠性管理机制PRCR，该方法通过主动检测副本的状态减少副本的数量，可以在保证数据可靠性的同时降低存储成本。Amazon云也提供了低冗余存储选项，让用户以较低的冗余级别存储非关键性的可再生数据。

4）重新调度

除了应用检查点和复制策略以外，一个失败的任务还可以使用不同的资源进行重新调度。如图9.24所示，当检测到任务产生错误时，调度程序使用额外的计算资源重新提交并执行任务。重新调度可以有效地避免检查点和副本同步带来的开销。

图 9.24　使用重新调度机制进行故障管理

重新调度技术通过资源的有效监控和作业执行状态的跟踪，在任务失效时应用高效的调度策略，在具备高度动态性的环境中以容错的方式完成任务的执行。重新调度在某些情况下被认为是一种可行的容错机制，但是，重新调度会产生额外的延迟，可能会影响工作流中与该任务并发执行的任务或工作流中依赖于该任务的其他任务的执行过程。或许正是由于这个原因，这个技术一直没有成为研究的焦点。

3. 故障预测与避免

由于故障容忍技术存在巨大的存储和计算开销并且实现方式非常复杂,云服务提供商已经开始采用故障预测与避免机制保障云服务的可靠性。故障预测与避免机制会在故障发生之前采取预防措施避免故障的发生。

故障预测与避免机制的性能主要依赖于对故障发生的正确预测,基于故障预测的结果,故障避免机制会采取合理的措施预防故障。例如,系统可以将正在运行的进程从可疑的资源上迁移到正常的资源上,以保证服务不被中断地运行。因此,对故障进行精确的预测可以使故障管理更加高效且可靠。迁移是被广泛使用的配合故障预测的一种容错方式。随着高速网络和分布式架构的发展,迁移正在运行的任务已经变得可行。随着云计算的出现,迁移主要可以分为进程迁移和虚拟机迁移。考虑到云计算基础设施的动态性,在云计算中主要采用虚拟机迁移保障服务的可靠性。

❈ 9.5 习题

1. 软件错误的特点有哪些?结合你的软件设计实践列举几种典型的软件设计错误表现模式。
2. 简述软件避错设计的基本原理。
3. 简要说明面向服务的软件可靠性设计原则。
4. 某系统是一个由3个分系统SYS1、SYS2、SYS3以及一个网络系统和一套中频电源组成的串联系统,其中的分系统SYS2由3个子系统SYS21、SYS22和SYS23并联而成,分系统SYS1、SYS2、SYS3和网络系统分别由软件和硬件构成,且软件可靠性对该系统的可靠性产生直接的影响。

(1) 分别画出该系统不考虑软件对其可靠性的影响以及考虑软件对其可靠性的影响的可靠性框图。

(2) 由此可以得出何种结论?由此简述软件可靠性工程研究与实践的意义。

(3) 简述提高软件可靠性的主要措施。

5. 在恢复块中,一个程序功能由n个备选程序$P_1, P_2, \cdots, P_n$实现。接受测试检查每一个备选程序计算产生的结果,如果结果被拒绝,则执行另一个备选程序,直到产生可接受的结果或n个备选程序全部失效为止。证明恢复块机制的失效概率$P_{\rm rb}$为

$$P_{\rm rb} = \prod_{i=1}^{n}(e_i + t_{2i}) + \sum_{i=1}^{n} t_{1i} e_i \prod_{j=1}^{i-1}(e_j + t_{2j})$$

其中,e_i为版本P_i的失效概率,t_{1i}为接受测试i将错误结果误判为正确的概率,t_{2i}为接受测试i将正确结果误判为错误的概率。

6. 假定在NVP中,在n个版本的执行结果中,只有出现两个或两个以上的正确结果时才会得出最终的正确结果。证明NVP机制的失效概率$P_{\rm np}$为

$$P_{\rm np} = \prod_{i=1}^{n} e_i + \prod_{i=1}^{n}(1+e_i)e_i^{-1} \prod_{j=1}^{n} e_j + d$$

其中，等号右边的第一部分表示全部版本程序失效的概率；第二部分表示只有一个版本程序的执行结果为正确的概率；第三部分 d 表示执行结果中有至少两个正确，但决策算法失效，从而无法给出正确结果的概率。

7. 阅读以下关于嵌入式实时系统设计的描述并回答问题。

嵌入式系统是航空、航天、船舶及工业、医疗等领域的核心技术，嵌入式系统包括实时系统与非实时系统两种。某公司长期从事航空航天飞行器电子设备的研制工作，随着业务的扩大，大量大学毕业生补充到科研生产部门。按照该公司规定，对新入职的大学毕业生必须进行相关基础知识培训，为此，公司安排王工对他们进行了长达一个月的培训。

（1）王工在培训中指出，嵌入式系统主要负责对设备的各种传感器进行管理与控制。而航空航天飞行器的电子设备由于对时间具有很高的敏感性，通常由嵌入式实时系统进行管控，用300字以内的文字说明什么是实时系统以及实时系统有哪些主要特性。

（2）实时系统根据应用场景、时间特征以及工作方式的不同，存在多种实时特性，主要有3种分类方法，即按时间类别、时间需求和工作方式结构分类。根据自己所掌握的关于实时性的知识，给出实时特性的3种分类的具体内容。

（3）可靠性是实时系统的关键特性之一，区分软件的错误、缺陷、故障和失效概念是软件可靠性设计工作的基础。简要说明错误、缺陷、故障和失效的定义，给出错误、缺陷和失效出现的阶段，说明缺陷、故障和失效的表现形式。

8. 阅读以下关于信息系统可靠性的描述并回答问题。

某软件公司开发一个基于数据流的软件系统，其主要功能是对输入数据进行多次分析、处理和加工，生成需要的输出数据。需求方对该系统的软件可靠性要求很高，要求系统能够长时间无故障运行。该公司将该系统的设计交给王工负责。王工给出了该系统的模块示意图，如图9.25(a)所示。王工认为，只要各个模块的可靠度足够高，失效率足够低，整个软件可靠性就是有保证的。

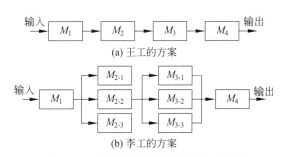

图 9.25 软件系统模块结构的两个方案

李工认为王工的说法有两个问题：第一，即使每个模块可靠度足够高，但是整个软件系统模块之间采用串联结构，则整个软件可靠度明显下降。假设各个模块的可靠度均为0.99，则整个软件可靠度为0.99的4次方，约等于0.96；第二，软件系统模块全部采用串联结构时，一旦某个模块失效，则意味着整个软件系统失效。李工认为，应该在软件系统中采用冗余技术中的动态冗余或者软件容错的NVP技术，对容易失效或者非常重要的模块进行冗余设计，将模块的串联结构部分改为并联结构，以提高整个软件可靠性。同时，李工给出了采用动态冗余机制后的软件系统模块示意图,如图9.25(b)所示。刘工建议,李工方案中的 M_1 和 M_4 模块没有采用容错设计,但 M_1 和 M_4 如果发生故障就有可能造成严重后果,因此可以在 M_1 和 M_4 模块上采用检错技术,在软件出现故障后能够及时发现并报警,提醒维护人员进行处理。

(1) 在系统可靠性分析中,可靠度和失效率是两个非常关键的指标。分别解释其含义。

(2) 解释李工提出的动态冗余和NVP技术,给出模块 M_2 采用动态冗余技术后的可靠度,给出采用李工的方案之后整个系统的可靠度计算方法并求出结果。

(3) 给出检错技术的优缺点,并说明检错技术常见的实现方式和处理方式。

9. 随着软件的日益普及,系统中软件的比重不断增加,使得系统对软件的依赖越来越强,软件可靠性对系统可靠性的影响越来越大,而实践证明,保障软件可靠性最有效、最经济、最重要的手段是在软件设计阶段采取措施进行可靠性控制,为此,研究人员提出了软件可靠性设计的概念。软件可靠性设计就是在常规的软件设计中应用各种方法和技术,使软件在兼顾用户功能和性能需求的同时全面满足可靠性要求。软件可靠性设计应和软件的常规设计紧密结合,贯穿于软件设计过程的始终。围绕"软件可靠性设计技术的应用"论题,阐述你在具体的可靠性设计工作中为了分析影响软件可靠性的主要因素所采用的可靠性分析方法。

第10章 软件可靠性测试与验证技术

本章学习目标
- 了解软件可靠性测试的基本概念与特点。
- 熟练掌握软件可靠性测试技术。
- 熟练掌握软件可靠性验证测试技术。

本章首先简要介绍软件可靠性测试的基本概念与特点,然后重点介绍软件可靠性测试技术和软件可靠性验证测试技术。

第10章视频

❖ 10.1 软件可靠性测试的基本概念与特点

软件可靠性测试是指为了保证和验证软件的可靠性要求而对软件进行的测试,是验证软件可靠性的一个有效的手段,它针对软件应用实用场景和模式构造出具有概率特性的操作剖面,进而基于操作剖面生成满足剖面概率特性的测试用例集。进行软件可靠性测试的主要目的是对软件的某种功能或者整体运行过程进行测试,然后评估软件的可靠性是否能够满足计算机用户的使用需求。通过可靠性测试方法生成的测试用例具有场景覆盖充分、接近真实需要、效能高的特征。对于要求软件产品有较高可靠性和稳定性的企业来说,软件可靠性测试是在软件生存周期的系统测试阶段提高软件可靠性水平的有效途径。可以说软件的可靠性测试的目的是及时发现并尽早解决软件中存在的缺陷。

10.1.1 软件可靠性测试的基本概念

软件可靠性测试是指运用统计技术对软件测试和运行期间采集的软件失效数据进行处理并评估软件可靠性的过程。软件可靠性测试的主要目的是测量和验证软件的可靠性,当然实施软件可靠性测试也是对软件测试过程的一种完善,有助于软件产品本身可靠性的提高。

软件测试者可以使用很多方法进行软件测试,如按行为或结构划分输入域的划分测试,纯粹随机选择输入的随机测试,基于功能、路径、数据流或控制流的覆盖测试,等等。对于给定的软件,每种测试方法都能暴露一定数量和类别的错误。通过这些测试能够查找、定位、改正和消除某些错误,实现一定意义上的软件可靠性提高。但是,由于它们都是面向错误的测试,得到的结果数据不适用于软件可靠性评估。

软件可靠性测试是指在软件的预期使用环境中为进行软件可靠性评估而对软件实施的一种测试。软件可靠性测试应该是面向故障的测试,以用户将要使用的方式测试软件,每一次测试代表用户将要完成的一组操作,使测试成为最终产品使用的预演。这就使得到的测试数据与软件的实际运行数据比较接近,可用于软件可靠性评估。

软件可靠性测试由可靠性目标的确定、操作剖面的开发、测试的计划与执行、测试结果的分析与反馈4个主要的活动组成。

可靠性目标是指客户对软件性能满意程度的期望。通常用可靠度、故障强度、MTTF等指标描述,根据不同项目的不同需要而定。建立定量的可靠性指标需要对可靠性、交付时间和成本进行平衡。为了定义系统的可靠性指标,必须确定系统的运行模式,定义故障的严重性等级,确定故障强度目标。

为了对软件可靠性进行良好的预计,必须在软件的运行域上对其进行测试。首先定义一个相应的剖面来镜像运行域,然后使用这个剖面驱动测试,这样可以使测试真实地反映软件的使用情况。由于可能的输入几乎是无限的,测试必须从中选择一些样本,即测试用例,测试用例要能反映实际的使用情况,反映系统的操作剖面。将统计方法应用到操作剖面开发和测试用例生成中,操作剖面中的每个元素都被定量地赋予发生概率值和关键因子,然后根据这些因素分配测试资源,挑选和生成测试用例。在这种测试中,优先测试那些最重要或最频繁使用的功能,释放和缓解最高级别的风险,有助于尽早发现对可靠性有最大影响的故障,以保证软件的按期交付。一个产品有可能需要定义多个操作剖面,这取决于它所包含的运行模式和关键操作,通常需要为关键操作单独定义操作剖面。

在进行软件可靠性测试的过程中,要注意设定明确的可靠性测试目标,然后制订具体可行的测试方案,并在实施软件可靠性测试后对测试的结果进行分析,确定软件的可靠性。进行软件可靠性测试除了能够及时发现软件的缺陷,还能够方便软件开发人员对软件的缺陷进行有效的改进。

软件可靠性测试是保证软件质量与可靠性的重要手段,是在软件的预期使用环境中,为了评价软件的可靠性而实施的一种测试。它通过收集和分析测试所得的失效数据,应用统计学的方法获得软件可靠性指标的结果,以此反映软件可靠性指标之间的定量关系。其基本思想是:通过模拟用户的使用方式,根据软件的测试模型对软件实际使用情况统计规律的描述,按照比例执行测试用例,有效地暴露出在实际运行环境中影响软件可靠性的缺陷。

从软件可靠性测试的定义可以看出:为了满足用户对软件可靠性的要求,评估软件的可靠性水平,验证软件产品能否达到可靠性标准,最有效的途径就是软件可靠性测试。在制定软件可靠性测试的基本原则时,要从软件的整体和全局出发进行考虑。制定软件可靠性测试的基本原则的主要要求有以下几点:

(1)软件可靠性测试的基本原则必须科学有效,并且要根据专业的测试执行标准和实施流程进行制定。

(2)软件可靠性测试的基本原则必须对软件可靠性测试方法进行有效的评价。

(3)软件可靠性测试的基本原则必须能够保证对软件的可靠性测试长期有效,也就是说,这些原则是客观的、量化的,并且具有一定的预测性。

（4）软件可靠性测试只是众多软件测试内容中的一项，所以，在制定软件可靠性测试的基本原则时，要注意从整体的测试内容出发，在保证软件可靠性测试的基本原则能够独立实施的同时，还要注意与其他测试内容的和谐统一。

通过软件可靠性测试可以达到的目的如下：

（1）发现软件中影响可靠性的缺陷，提高软件可靠性。按照软件可靠性测试模型测试软件时，在使用中发生概率高的缺陷一般先暴露出来，然后是发生概率低的缺陷；而高发生率的缺陷是影响软件可靠性的主要因素，通过排除或修复这些缺陷可以有效地提高软件可靠性。

（2）验证软件可靠性满足一定的要求。通过对软件可靠性测试中取得的失效数据进行分析，可以验证软件是否满足可靠性的定量要求。

（3）预测软件可靠性水平。通过软件可靠性测试获得的失效数据和软件可靠性模型，可以分析软件当前的可靠性水平并预测未来可能达到的水平，为开发管理者提供决策依据。

软件可靠性测试从概念上属于黑盒测试，不需要了解软件的程序结构以及是如何实现等问题。通常情况下，软件可靠性测试是在系统测试、验收或交付阶段进行的。它的测试环境主要是模拟真实环境的仿真环境，也有可能是真实的客户现场。

10.1.2 软件可靠性测试的特点

软件可靠性测试与硬件可靠性测试不同，主要原因是二者的失效机理不同。硬件失效通常是由元器件老化引起的，因此硬件可靠性测试是随机挑选多个相同产品，然后统计它们正常运行的时间，正常运行的平均时间越长，则硬件可靠性越高。而软件失效是由设计缺陷造成的，能否发现软件内部存在的故障取决于软件的输入。因此软件可靠性测试强调的是按照软件实际使用情况的概率分布随机选择输入，并强调测试需求的覆盖度。

软件可靠性测试也是软件测试中的一种，但它与常规的软件测试又有所不同。软件可靠性测试的主要特点如下：

首先，软件可靠性测试是一种基于使用的测试方法，更依赖于用户的使用方式，更强调测试用例的输入与典型使用环境的统计规律相同，强调输入对功能、输入域、输出域的相关概率的识别。这使得软件可靠性测试的用例设计和执行与一般功能测试不同，只有按照使用概率随机选择测试用例并执行，才能获得比较准确的失效数据评估软件可靠性，这也有利于找出对软件可靠性影响较大的失效。

其次，软件可靠性测试的目的不是为了保证软件中残存的故障数最少，而是为了发现软件执行过程中引起软件失效的故障，定量评估软件的可靠性，验证软件的可靠性是否满足软件可靠性指标的要求。因此，设计软件可靠性测试用例的出发点是试图从所有的软件故障中找出对软件可靠性影响最大的故障。这与常规的软件测试不同，常规测试的目的是发现软件错误，检查软件的功能是否满足软件的需求。

再次，软件可靠性测试对使用环境的覆盖大于一般的软件测试，除了要覆盖所有可能影响软件运行的物理环境外，它的输入还要覆盖大于普通软件功能测试的情况。软件可靠性测试输入的内容主要有重要的输入变量、相关输入变量的可能值组合、不合法的输入以及覆盖各种使用功能的输入等。

最后，软件可靠性测试的依据除了常规软件测试要求的需求说明书外，还需要综合考虑用户使用软件的方式以及软件执行的真实过程。它的每一个测试用例都是对软件真实操作的一次模拟。

从上述软件可靠性测试的特点可以看出，软件可靠性测试与功能测试有些类似。两者的对比如表10.1所示。

表 10.1　软件可靠性测试与功能测试的对比

比较项	软件可靠性测试	软件功能测试
测试类型	黑盒中的随机测试	黑盒测试
测试目的	发现对可靠性影响大的缺陷，实现软件可靠性增长；验证软件可靠性要求；预估软件可靠性水平	发现软件中缺陷，检查软件功能是否满足需求的要求
测试依据	软件的需求文档、用户使用软件方式及软件执行的真实过程	软件的需求文档
测试方法	通过模拟用户使用方式，根据软件的测试模型，按照比例执行测试用例	等价类划分、因果法、错误推测法等
测试用例特点	每个测试用例的执行都代表用户将要完成的一组操作，反映的是软件实际运行的一条路径	根据需求文档生成的测试用例
停止准则	满足规定的可靠性要求	满足需求文档规定的功能要求

10.1.3　软件可靠性测试技术

软件可靠性测试的主要活动包括构建测试模型、准备测试环境、生成测试用例、执行测试并收集数据、分析结果。其流程如图10.1所示。

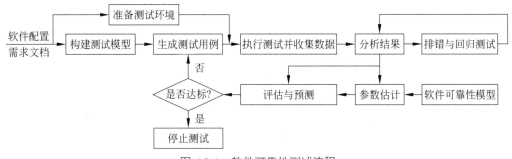

图 10.1　软件可靠性测试流程

（1）构建测试模型。测试模型是软件可靠性测试的核心，它的质量对生成测试用例的质量和分析结果的可信性具有直接影响。它是关于如何使用系统的一种定量描述，也就是根据用户使用软件的方式，模拟软件真实的运行过程。

建立可靠性测试模型需要两方面支持：一是系统模式、功能、任务需求及其对应的概率估计等，这些信息大部分来自软件的开发文档、需求规格说明书以及软件实际运行的监控日志等；二是测试模型本身的特征能够代表特定的软件系统。

（2）准备测试环境。为了保证得到的测试结果的准确性，可靠性测试应尽量在真实的使用环境中进行。但多数情况下在真实环境中进行可靠性测试是不实际的，所以需要构建模拟测试环境。

（3）生成测试用例。根据软件需求文档和构建的测试模型生成测试用例。

（4）执行测试并收集数据。在真实的环境或已构建好的模拟环境中运行测试用例，进行软件可靠性测试。一般情况下收集的数据主要有输入输出数据、软件运行时间、软件的失效数、失效时间以及失效时间间隔等。其中，收集输入输出数据是为了便于失效分析和进行回归测试；收集软件失效数、失效时间及失效时间间隔等是为了进行软件可靠性评估和预测。数据收集的质量对最终的可靠性分析有着很大影响，所以在收集过程中要尽量保证数据的准确性和完整性。

（5）分析结果。主要包括分析失效和分析软件可靠性。分析失效主要是根据运行结果判断软件是否失效（即实际输出是否与预期输出相同）以及失效的后果等。分析软件可靠性是根据收集到的失效数据和软件可靠性模型，估计当前软件的可靠性以及预测将来可能达到的水平，为管理者提供决策依据。

如果软件的运行结果与需求不一致，则软件发生失效。通过失效分析可以找到并纠正引起软件失效的缺陷，从而实现软件的可靠性的增长。不过这不是测试人员的任务，而应该由软件开发人员完成。

10.1.4 软件可靠性测试的类型

根据测试阶段的不同，可以把软件可靠性测试分为软件可靠性增长测试和软件可靠性验证测试，它们的不同点在于从不同的角度分析和处理失效数据。

软件可靠性增长测试的目的是提高软件可靠性水平，它类似于硬件的可靠性增长试验，也是一个TAAF(Test Analysis And Fix) 的过程，即测试→分析→修改→再测试→再分析→再修改的循环过程。软件可靠性增长测试是费时费力的工作，一般仅适用于有可靠性定量要求且可能引起系统安全的关键软件。

软件可靠性验证测试的目的是验证软件当前的可靠性是否满足用户的需求，即在给定的置信水平下验证软件的可靠性是否达到软件规格说明书中规定的可靠性要求。软件可靠性验证测试通常是在系统测试结束或验收阶段（即软件提交前）进行的最终检验测试，它不是为了发现并排除软件失效，而是为了确定软件在交付前的可接受程度。

两种软件可靠性测试的对比如表10.2所示。

表 10.2 两种软件可靠性测试的对比

比较项	软件可靠性增长测试	软件可靠性验证测试
测试目的	通过过程使软件达到可靠性要求	定量估计软件产品的可靠性
测试人员	通常由软件开发方进行	通常由使用方和测试方共同参与
测试阶段	通常在系统测试阶段	软件验收阶段
测试场所	一般在实验室	实际使用环境或接近实际使用环境
测试对象	软件产品的中间形式	软件产品的最终形式
测试方法	基于操作剖面的可靠性测试方法	基于操作剖面的可靠性测试方法
测试特征	测试过程中软件出现失效后修改软件，测试特征排除引起失效的缺陷，从而提高可靠性增长	软件验证符合要求后不能直接交付，还要更正测试中发现的缺陷，一般还需要通过无失效验证测试

10.1.5 软件可靠性增长测试方法

目前主要有两种软件可靠性增长测试方法：基于操作剖面的可靠性增长测试方法和基于使用模型的可靠性增长测试方法。这两种方法都是基于统计理论，从不同的角度构造测试模型，模拟软件的实际运行环境。

1. 基于操作剖面的可靠性增长测试方法

软件的操作剖面（Operation Profile, OP）是对软件使用方式的数值描述，可以理解为各种使用方式的使用概率。软件对于不同的使用场景所产生的操作剖面不同，其对应的软件可靠性更截然不同。对于同一个软件产品，应该结合其真实的使用环境构造不同的操作剖面，更有利于提高可靠性评估的准确性。因此构造软件的操作剖面是软件可靠性测试最主要的步骤，也是实现软件可靠性增长测试的关键步骤。接下来将详细介绍构造操作剖面的步骤。

构造操作剖面需要了解用户如何使用软件、使用软件的各种系统模式以及用户对软件的各种需求，还需要了解用户使用软件时各个系统剖面和功能剖面发生的概率。这些信息都可以从软件的需求规格说明书、用户使用手册等文档中获取。系统模式和功能剖面划分越合理，发生概率越准确，构造出来的操作剖面就能够反映用户使用软件的真实情况。

Musa最早提出了基于软件操作剖面的测试用例生成方法，在研究和实践中提出了构建软件操作剖面的层次化步骤，即，首先构建软件的客户剖面、用户剖面、系统剖面、功能剖面，然后在此基础上确定软件的操作剖面。构造操作剖面的流程如图10.2所示。其中，前4步为中间步骤，是为了准确得到操作剖面而逐渐细化的过程。

1）客户剖面

客户是指购买并使用软件系统的个人、团体或机构，客户剖面（Customer Profile, CP）包括一组用同种方法使用软件的独立的客户类型，它是一个关于客户组和发生概率的完备集合。发生概率可以从以往类似的软件系统的客户类型中获取并根据当前系统进行修正，也可以通过收集客户数量并计算其占总客户数的比例得到。客户剖面可以定义为

$$CP = \{(C_1, P(C_1), (C_2, P(C_2)), \cdots, (C_n, P(C_n))\} \tag{10.1}$$

其中，C_i 表示第 i 个客户，$P(C_i)$ 表示第 i 个客户使用概率。

2）用户剖面

软件系统的用户不要求与其客户保持一致，用户是指操作软件系统的人、组织、机构或其他软件系统。用户剖面（User Profile, UP）是指用户组与其发生概率的集合，它通常建立在客户剖面的基础上。可以通过用户调查的方式收集用户的信息；而用户发生概率可以通过计算用户数量占总用户数量的比例得到。如果在不同的客户类型中出现了相同的用户，那么需要将它们合并。用户剖面可以定义为

$$UP = \{(U_1, P(U_1, C_i)), (U_2, P(U_2, C_i)), \cdots, (U_n, P(U_n, C_i))\} \tag{10.2}$$

其中，U_j 表示第 j 个用户，$P(U_j, C_i)$ 表示在第 i 个客户剖面中第 j 个用户的发生概率，则合

并后第 j 个用户的发生概率为

$$P(U_j) = \sum_{i=1}^{n}(P(C_i)P(U_j, C_i)) \tag{10.3}$$

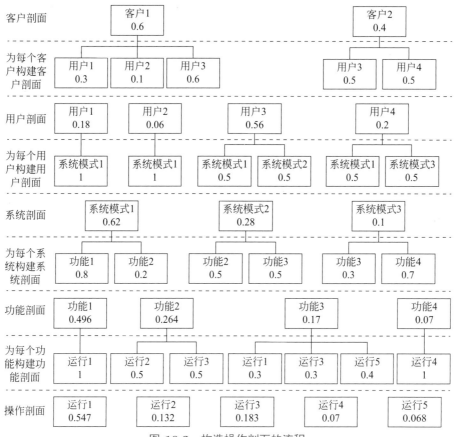

图 10.2 构造操作剖面的流程

3）系统剖面

系统剖面（System Profile, SP）就是系统模式及其发生概率的集合。系统模式是一个功能或操作集合，定义它是为了便于分析执行行为。系统可以在多个模式间切换，但是每次只有一个模式有效；也可以允许多个模式同时存在，共享一种资源。每一个系统模式都需要对应一个操作剖面，可能需要多个功能剖面；系统模式越多，意味着需要的操作剖面越多，需要的功能剖面也就越多。所以系统模式要尽可能准确、精炼。系统剖面的构造建立在用户剖面的基础上。获得系统模式发生概率的最好途径是监测统计现场用户使用软件的情况。不过，对于新软件来说，可以通过相似系统的某一系统模式的使用统计获得发生概率；或者邀请部分客户对其进行试用，统计使用情况。功能剖面和操作剖面也可以用相似的方法获得发生概率。系统剖面建立在用户剖面的基础之上，可以定义为

$$SP = \{(S_1, P(S_1)), (S_2, P(S_2)), \cdots, (S_n, P(S_n))\} \tag{10.4}$$

其中，$P(S_i)$ 为系统剖面的发生概率。

4）功能剖面

将上述系统模式分解成所需要的功能，并确定每个功能的发生概率。功能剖面（Function Profile, FP）的构造与需求密切相关，不需要考虑系统的体系结构。功能的发生概率除了可以像统计系统模式发生概率的方式获得之外，还可以通过计算功能的使用次数占该系统模式下所有功能的使用次数的比例得到。如果不同系统模式下具有相同的功能剖面，则需要把相同的功能剖面合并。功能剖面的定义如下：

$$\text{FP} = \{(F_1, P(F_1, S_i)), (F_2, P(F_2, S_i)), \cdots, (F_n, P(F_n, S_i))\} \tag{10.5}$$

其中，$P(F_j, S_i)$ 表示在第 i 个系统模式下第 j 个功能剖面的发生概率，则合并后第 j 个功能剖面的发生概率为

$$P(F_j) = \sum_{i=1}^{n}(P(S_i)P(F_j, S_i)) \tag{10.6}$$

5）操作剖面

要实现软件可靠性测试，必须正确构造反映软件使用统计特性的操作剖面，并在此基础上执行测试，才能最终得到有意义的测试结果。操作剖面也叫运行剖面，是对系统使用条件的定义，是操作及其发生概率的集合。确定操作剖面的主要步骤是列出操作并确定操作的发生概率。一个功能可以映射出多个操作，而一组功能也可以合并成一组不同的操作，因此要根据功能剖面构造操作剖面。操作剖面发生概率的确定方式与功能剖面的类似。操作剖面的定义为

$$\text{OP} = \{(O_1, P(O_1)), (O_2, P(O_2)), \cdots, (O_n, P(O_n))\} \tag{10.7}$$

其中，$P(O_i)$ 为第 i 个操作的发生概率。

根据软件的具体特点，可以对上述步骤进行相应的裁剪：软件客户比较单一时不需要构造客户剖面；软件用户比较单一时不需要构造用户剖面；软件系统模式比较单一时不需要构造系统剖面；软件的操作比较明显时，可以省去功能剖面的构造。

操作剖面中最重要的属性是操作的发生概率，表示软件处于某一操作的弧尾所指向的状态下执行该操作的概率，它反映了用户在使用软件的过程中处于某一状态时对隶属于该状态的所有能够执行的操作的选择。从起始状态出发，沿着表示操作的有向边弧移到终结状态，可构成操作剖面的一条路径，表示用户对被测软件的一种实际使用方式，这条路径上的所有操作的发生概率的乘积，表示用户采用这种使用方式的概率。

6）测试用例生成

软件可靠性测试是一种随机测试，测试用例的选取方式是随机选取。因此，根据随机测试的原则，在操作剖面给定的输入变量取值区间内任意抽取一个变量的实际取值，将各个变量按顺序组合起来，便生成了测试用例。

根据操作剖面生成测试用例的过程如下：

（1）根据构建的独立操作剖面和操作序列剖面，获得所有的操作及操作序列。

（2）随机抽取一次运行，实现对某一功能的一次测试。

（3）进行第二次抽样以确定运行中每个取值区间将取到的实体（即具体取值），至此完成了一个测试用例的生成。

（4）重复（2）和（3）的过程，直到生成所需数量的测试用例为止。

其中，基于操作剖面 OP= $\{(O_1, P(O_1)), (O_2, P(O_2)), \cdots, (O_n, P(O_n))\}$ 生成操作序列的步骤如下：

首先，利用累积分布函数 $F(O_i) = P(O \leqslant O_i) = \sum_{j \leqslant i} P(O_j)$ 把操作 O 的概率分布向量转换到 $[0, 1]$ 区间，即 $[0, F(O_1)], (F(O_1), F(O_2)], \cdots, (F(O_n), 1]$。

然后，从连续均匀分布中采样 $r \sim U(0, 1)$，判断 r 落在哪个区间内。例如，若 $r \in (F(O_{i-1}), F(O_i)]$，则下一个操作为 O_i。

依据此方法，可得到按操作剖面生成的操作序列。

下面以某系统中的计划航线功能为例构造操作剖面。计划航线功能包括选定航线、编辑航线、保存结果、展示航线、删除航线，其操作剖面如图10.3所示。

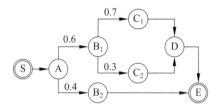

图 10.3 计划航线操作剖面

其中，S 为进入计划航线，A 为选定航线，B_1 为编辑航线，B_2 为删除航线，C_1 为保存航线，C_2 为不保存航线，D 为展示航线，E 为退出计划航线。数字代表相应操作发生的概率，其值是通过逐步细化功能剖面导出的。

操作序列获取可以采用深度遍历操作序列剖面图的方法。每次都从一个唯一确定的起点开始，沿使用关系遍历可以走通的路径到一个唯一确定的终点结束，一次遍历就是软件实际运行的一个过程。操作序列的发生概率为一次遍历经过的操作的概率的乘积。按照这种方法遍历所有路径，则可以获得所有路径的操作序列信息，也就是软件所有实际运行过程的信息。采用上述方法获得的操作序列如表10.3 所示。

表 10.3 计划航线操作序列

编号	操作序列	发生概率
1	$S - A - B_1 - C_1 - D - E$	0.42
2	$S - A - B_1 - C_2 - D - E$	0.18
3	$S - A - B_2 - E$	0.4

操作剖面被选取了之后，采用随机取值方法确定运行中每个操作区间内的具体取值。

如果取值范围是连续的，取值方法如下：

（1）获得取值范围的上界 a。

（2）获得取值范围的下界 b。

（3）获得取值范围区间的长度，length= $|a - b|$。

（4）返回 a+random(length)。

如果取值范围是离散的，取值方法如下：

(1) 获得取值范围内的元素个数 k。
(2) 产生一个 $0 \sim k$ 的随机整数 n。
(3) 返回取值范围内的第 n 个元素。

2. 基于使用模型的软件可靠性增长测试方法

统计测试是把统计方法应用于软件测试，它主要用来度量软件的可靠性。从本质上说，基于操作剖面的软件可靠性增长测试就是一种统计测试方法：从软件所有可能的使用中产生一个子集，然后评估这个子集所产生的性能，最后以此为依据考虑整体的使用性能。而基于使用模型的软件可靠性增长测试方法是：建立软件的使用模型，然后根据使用模型生成测试用例（软件所有可能输入的一个子集）并执行，最后用执行所得的数据度量软件可靠性。

1）使用模型的构造

在实际应用领域中，软件的使用方式都会表现出相应的统计特性：不同的输入在不同的状态下发生的概率不同。使用模型精确刻画了软件在使用过程中的形态统计特性，即所有可能的情形及其发生的概率；它将软件的使用方式以模型的形式表现出来。使用模型有很多表示形式，如马尔可夫链模型、形式化语法等，目前马尔可夫链模型应用最为广泛。

马尔可夫链使用模型的基本思想是用马尔可夫过程描述软件的使用方式，它假设任何下一个发生的事件只与当前状态有关，不涉及任何历史信息，因此软件的使用模式可以用马尔可夫理论表示为状态有穷、参数离散的马尔可夫链。这个模型由状态和边组成，其中，状态用来表示软件使用过程中的内部环境，边表示状态间的转移。每条边都对应一个激励输入和一个转移概率，这表明输入这种激励使软件以转移概率 P_{ij} 由当前状态 i 转移到下一个状态 j，其中转移概率 P_{ij} 表明了发生状态转移的可能性。每个使用模型都有唯一的初态和终态，并且各个状态所有出边的转移概率之和为 1。初态即使用模型的初始状态，它表示每次软件使用的开始；终态即使用模型的终止状态，它表示软件每次使用的结束。软件的每次使用或操作都是从初态开始，经过若干中间状态后到达最终状态。

图 10.4 是一个马尔可夫链使用模型。

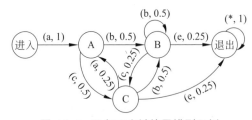

图 10.4 马尔可夫链使用模型示例

马尔可夫链使用模型的描述方式有有向图、表格和矩阵。有向图表示方法的优点是直观易懂，但通常只适用于小型系统。使用表格和矩阵时，行和列代表状态，状态之间的转移概率用表格和矩阵的单元值表示，这种方法不够直观，但比较适合描述大型系统。由于使用模型是基于软件规范而不是基于程序代码产生的，所以它不妨碍软件开发的进程，可以和软件开发同时进行。

马尔可夫链使用模型的建立通常分为两个步骤：

步骤1：建立模型的结构。

步骤2：指定各边对应的转移概率。

首先，讨论模型结构建立步骤。模型结构的建立是由粗粒度向细粒度不断分化的过程。

最粗粒度的软件使用模型只有3个状态，即开始状态、使用状态和结束状态，如图10.5所示。

图 10.5　最粗粒度的软件使用模型

接下来，测试人员就从这个初始模型开始，根据软件的使用信息逐步细化使用状态。细化过程从模型的开始状态起，对于模型中的每一个状态，都把该状态对各种激励的反应状态添加到模型中，并且添加状态之间的边，如此下去，直到结束状态，最后获得适宜粒度的使用模型。细化过程如图10.6所示。

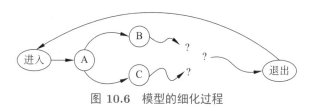

图 10.6　模型的细化过程

其次，讨论确定转移概率的方法，一般有如下3种：

（1）无知识分配法。当测试人员没有信息确定转移概率时，可以平均分配所有起始状态相同的边对应的转移概率，例如，以某一状态为起始状态的边共有两条，那么每条边对应的转移概率都是0.5。

（2）有知识分配方法。当测试人员已获得了用户的使用记录后，可以通过统计各操作的使用频率确定各操作对应的边的转移概率。这些使用记录常常来源于软件旧版本或软件原型的使用记录。

（3）预期分配法。它是根据软件的期望使用确定转移概率的方法。它的基本思路和有知识的分配方法一样，但是在本法中使用记录并非来源于现实数据，而是通过模拟一般用户使用软件的情况获得的。

2）测试用例的生成

给各边指定了转移概率后，将转移概率添加到使用模型中，这样马尔可夫链使用模型就构建完成了，测试人员就可以对它进行参数分析、调整和优化，根据它生成测试用例。

通过分析使用模式，可以手动或自动产生测试用例。测试用例是一个状态和边的序列，表示从初态开始经过若干中间状态后到达终态。若系统总的状态数为n，生成测试用例时，从初态开始的每一个状态都由$[1,n]$区间的随机数表示，然后根据这个数选择当前状态的一条出边，转移到下一个状态，直到到达终态为止。例如，图10.4所示的马尔可夫链使用模

型的状态转移概率矩阵为

$$P = \begin{bmatrix} 0 & 1.00 & 0 & 0 & 0 \\ 0 & 0 & 0.50 & 0.50 & 0 \\ 0 & 0 & 0.50 & 0.25 & 0.25 \\ 0 & 0.25 & 0.50 & 0 & 0.25 \\ 0 & 0 & 0 & 0 & 1.00 \end{bmatrix} \quad (10.8)$$

基于状态转移概率矩阵生成测试用例的方法同基于操作剖面生成测试用例的方法类似，唯一不同之处是这里使用的概率是当前状态下的条件概率，具体描述如下：

（1）从某一状态 i 出发，根据条件概率分布 $p_{i1}, p_{i2}, \cdots, p_{in}$，其中 n 为系统总的状态数，选取操作跳转到下一个状态。

（2）利用条件概率分布的累积概率分布函数 $F(k) = P\{S_j \leqslant k | S_i = i\} = \sum_{j \leqslant k} p_{ij}$ 将区间 $[0,1]$ 分成 n 个区间：$[0, p_{i1}), [p_{i1}, p_{i1}+p_{i2}), [p_{i1}+p_{i2}, p_{i1}+p_{i2}+p_{i3}), \cdots, \left[\sum_{j=1}^{n-1} p_{ij}, 1\right]$。

（3）生成均匀分布随机数 $r \sim U(0,1)$，根据 r 的值落入上面的哪个区间确定系统选取的操作及跳转的状态。

例如，对于图 10.4 中的状态 C，其状态转移概率向量为 [0 0.25 0.5 0 0.25]，则可将 [0,1] 区间分为 [0, 0.25), [0.25, 0.75), [0.75, 1] 3 个区间，若根据 $r \sim U(0,1)$ 随机生成的数为 0.35，由 $0.35 \in [0.25, 0.75)$ 可知，系统采取的操作为 b，跳转的状态为 B。

根据当前状态，重复上面的步骤，得到基于状态转移概率矩阵生成的操作序列（测试路径）。

根据图 10.4 中的使用模型随机产生的一个测试用例如表 10.4 所示。

表 10.4　一个随机产生的测试用例

编号	输入	下一个状态
1	a	A
2	c	C
3	a	A
4	b	B
5	e	退出

10.1.6　两种软件可靠性增长测试方法比较

基于使用模型的可靠性增长测试方法是先确定反映软件使用情形的模型，然后由使用模型随机生成测试用例；基于操作剖面的可靠性增长测试方法是先构造反映操作及其发生概率的操作剖面，然后根据剖面随机生成测试用例。两种方法都能对软件功能进行抽象，但两者也各有特点。

基于使用模型的可靠性增长测试方法的主要特点如下：

（1）它的测试用例是通过对马尔可夫链状态图遍历生成的，比较直观形象，并且在状态转移过程中可以反映出不同输入的依赖关系以及同一输入在不同时刻的约束关系。

（2）生成的测试用例具有更高的随机性。

其不足之处在于不适合复杂的软件系统，因为在软件的状态空间会随着复杂程度的提高呈指数级增长，容易产生状态空间爆炸的问题。

基于操作剖面的可靠性增长测试方法的主要特点如下：

操作剖面是树状的体系结构，采用分层、逐步细化的方法，而且建立操作剖面的过程清晰明了，也适用于大型软件系统。其不足之处在于不能明确反映连续操作之间的各种约束关系，且生成的测试用例对操作集合的依赖性不强，因而随机性不强。

综上所述，操作剖面的构造过程相当于功能分解，使用模型相当于具有迁移概率特征的有限状态机。但使用模型容易出现状态空间爆炸问题，只适用于小型软件系统，对大型软件系统只能进行抽象描述，并且不是所有软件系统的执行过程都满足马尔可夫假设。

❖ 10.2　软件可靠性验证测试技术

随着信息化建设的不断推进，软件的规模越来越大，复杂性急剧提高，使得软件的可靠性难以得到保证。同时在目前的软件研发过程中，对软件可靠性往往并不提出十分明确的要求，研制单位往往只注重研发速度与软件的功能性、用户界面的友好性等方面，而忽略了其可靠性，经常在投入使用之后才发现大量可靠性问题，因此增加了维护难度，严重的时候甚至造成软件无法使用。因此在软件投入使用之前，应该对其进行严格的可靠性验证测试。

1. 软件可靠性验证测试的内涵

软件可靠性验证测试一般是在系统测试完成之后或在确认（验收）阶段开展的相关测试工作。它是最终检验而不是调试。软件可靠性验证测试的目的是判断软件组件（构件）或者系统在风险范围之内能否被接受。软件可靠性验证测试是为了验证在给定的置信水平上软件当前的可靠性水平是否满足用户的要求而进行的测试。

可靠性验证测试中涉及的风险主要包括生产方风险 α 和使用方风险 β。生产方风险 α 是指当产品的平均无故障间隔时间（或失效概率）等于可接受的 MTBF（或失效概率）上界 θ_0 时系统被拒绝接受的概率。使用方风险 β 是指当产品的平均无故障间隔时间（或失效概率）等于不可接受的 MTBF（或失效概率）下界 θ_1 时产品被接受的概率。

2. 软件可靠性验证测试的特点

软件可靠性验证测试的特点如表 10.5 所示。

表 10.5　软件可靠性验证测试的特点

验证目的	得到软件可靠性测试结果，同时给出接受/拒绝的结论
验证人员	一般均由生产方和使用方参与验证活动
验证阶段	软件确认（验收）阶段

续表

验证环境	既可在仿真环境下验证，又可在实际环境下验证
验证对象	最后定型的软件，而不是研发过程中的形态
验证方法	采用基于软件操作剖面的随机测试方法
验证特征	不进行软件缺陷剔除

3. 软件可靠性验证测试过程

软件可靠性验证测试过程分为4个阶段：测试策划阶段、测试设计与实现阶段、测试执行阶段以及测试总结阶段。其主要流程如图10.7 所示。

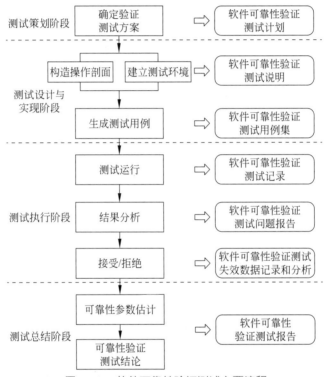

图 10.7 软件可靠性验证测试主要流程

10.2.1 固定期软件可靠性验证测试

本节介绍5个固定期软件可靠性验证测试方案。

1. TRW方案

TRW方案由T. A. Thayer等在1978年提出，随后在美军MIL-HDBK-781A标准中使用。

假设软件已经运行了n个测试用例，发现了F个失效（$F \geqslant 0$），则软件失效概率θ小于或等于失效概率规定值θ_1的置信度为

$$1 - \sum_{j=0}^{F} \binom{n}{j}(1-\theta_1)^{n-j}\theta_1^j \geqslant c, \quad F = 0, 1, 2, \cdots \tag{10.9}$$

对于任意给定的 n 和 c，θ_1 是失效概率 θ 的置信度为 c 的置信上界。而对于给定的 c、θ_1 和 F，需要的测试用例数 n 是不满足式(10.9)的最小 n 值。由式(10.9)可得，对于给定的可接受失效概率，满足可靠性指标 (p_0, c) 所需测试用例个数如表10.6所示。

表 10.6 TRW 方案的测试用例数

p_0	$F=0$				$F=1$			
	$c=0.90$	$c=0.95$	$c=0.99$	$c=0.999$	$c=0.90$	$c=0.95$	$c=0.99$	$c=0.999$
0.100	22	29	44	66	38	46	64	89
0.050	45	59	90	135	77	93	130	181
0.010	230	299	459	688	388	473	662	920
0.001	2302	2995	4603	6905	3889	4742	6636	9230

TRW 方案适用于任何数量的失效，包括零失效。该方案需要的参数较少，简单实用。但其对于高可靠软件的适用性较差。

2. 生命周期验证测试方案

若已知生产方风险 α、使用方风险 β、接受的失效概率 θ_0 和拒绝的失效概率 θ_1 等参数，则所需的测试用例数 n 和相应的允许失效数 F 应满足式(10.10)和式(10.11)：

$$1 - \sum_{j=0}^{F} \binom{n}{j}(1-\theta_1)^{n-j}\theta_1^j \leqslant \alpha \tag{10.10}$$

$$\sum_{j=0}^{F} \binom{n}{j}(1-\theta_1)^{n-j}\theta_1^j \leqslant \beta \tag{10.11}$$

对于所有可能的解 (n, F)，最优的测试方法应该是测试用例数最小且相应的失效数最小的解。可使用泊松分布函数表、χ^2 分布函数表进行求解。

该方案可给出任何失效数、失效概率的置信区间（θ_0 和 θ_1）。但其参数 α 难以确定且意义不大，并且当 β 值较小、失效数较多时，需要的测试用例数可能会非常大。此外，该方案所需的参数很多，计算较为复杂。

3. 无失效验证测试方案

无失效验证测试方案假设软件的失效概率为 θ，则连续 n 个测试用例运行无失效的概率为

$$1 - c = (1-\theta)^n \tag{10.12}$$

由式(10.12)可以得到，当规定的可靠性指标为 θ_0、置信度为 $1-c$ 时，验证所需的无失效测试用例数 n 为

$$n = \left\lceil \frac{\ln(1-c)}{\ln(1-\theta)} \right\rceil \tag{10.13}$$

该方案基于经典的统计假设理论，适用于无失效情形。显然该方案是TRW方案的特例。

4. 无先验信息的贝叶斯验证测试方案

假设软件失效概率 θ 的概率密度函数的先验分布为 Beta 分布，即

$$f(\theta) = \frac{\theta^{a-1}(1-\theta)^{b-1}}{B(a,b)} \tag{10.14}$$

其中，$B(a,b) = \int_0^1 t^{a-1}(1-t)^{b-1} \mathrm{d}t$。

当无先验信息时，$a=b=1$，则式(10.14)变为

$$f(\theta) = \frac{\theta^{1-1}(1-\theta)^{1-1}}{B(1,1)} = 1 \tag{10.15}$$

当无先验信息时，根据贝叶斯假设，软件失效概率的概率密度函数的先验分布是均匀分布，这是该方案的核心思想。

假设软件执行完 n 个测试用例后，发现 F 个失效，那么软件失效概率的概率密度函数的后验分布为

$$f(\theta|F,n,a,b) = \frac{\theta^{a+F-1}(1-\theta)^{b+n-F-1}}{B(a+F,b+n-F)} \tag{10.16}$$

当无先验信息时，式(10.16)变为

$$f(\theta|F,n,1,1) = \frac{\theta^F(1-\theta)^{n-F}}{B(1+F,1+n-F)} \tag{10.17}$$

对于给定的安全关键软件可靠性指标（θ_0,c），当不容忍失效时，需要的测试用例数 n 为满足式(10.18)中 n 的最小整数：

$$P(\theta \leqslant \theta_0) = \int_0^{\theta_0} f(\theta|0,n,1,1)\mathrm{d}\theta = \int_0^{\theta_0} \frac{(1-\theta)^n \mathrm{d}\theta}{B(1,1+n)} \geqslant c \tag{10.18}$$

求解式(10.18)，可得到 F、p_0、c 取不同值时的可靠性测试用例数，如表10.7所示。

表 10.7 无先验信息的贝叶斯验证测试方案的测试用例数

p_0	$F=0, c=0.90$	$F=0, c=0.95$	$F=0, c=0.99$	$F=0, c=0.999$
0.100	22	29	44	66
0.050	45	59	90	135
0.010	230	299	459	688
0.001	2302	2995	4603	6905

无先验信息的贝叶斯验证测试方案与TRW方案在无失效情况下是等价的，前者所需的测试用例数只比后者少1。其对于可靠性指标提供了单侧区间验证，适用于安全关键领域。另外，该方案提供了贝叶斯验证测试方案的统计框架，将先验信息融入计算过程，充分利用了贝叶斯统计推断的小子样特性，以有效降低测试用例数。

5. 有先验信息的贝叶斯验证测试方案

当具备有效的先验信息时（如可靠性增长测试过程中收集到的失效信息），即可利用这些信息计算软件失效概率的先验分布函数[式(10.14)]中的参数 a 和 b。

获得先验分布参数的估计值 a_0、b_0 之后，代入式(10.16)中就可得到失效概率的后验分布函数：

$$f(p|r,n,a_0,b_0) = \frac{p^{a_0+r-1}(1-p)^{b_0+n-r-1}}{B(a_0+r,b_0+n-r)} \tag{10.19}$$

与式(10.18)相似，为验证给定的可靠性指标（p_0,c），所需用测试例数 n 为满足

式 (10.20) 中 n 的最小整数：

$$P(p \leqslant p_0) = \int_0^{p_0} f(p|r,n,a_0,b_0)\mathrm{d}p = \int_0^{p_0} \frac{p^{a_0+r-1}(1-p)^{b_0+n-r-1}}{B(a_0+r,b_0+n-r)}\mathrm{d}p \geqslant c \quad (10.20)$$

式 (10.20) 表示，当先验超参数 a 和 b 已知时，允许 r 次失效的测试用例个数为 n。用 N_0、N_1、N_2 分别表示由式 (10.20) 求得的允许零失效、允许一次失效、允许两次失效所需的测试用例数。在测试过程中，如果连续无失效运行了 N_0 个测试用例，则软件达到可靠性验证指标要求；如果在运行到 $n_1 < N_0$ 个测试用例时发生了一次软件失效，则需要再连续无失效运行 $N_1 - n_1$ 个测试用例，才能够验证软件可靠性验证指标达到要求；若在第一次失效后，软件又连续运行了 n_2 个测试用例，此时发生了第二次软件失效，则无论 n_2 的大小，即无论 $n_1 + n_2 < N_0$ 还是 $N_0 < n_1 + n_2 < N_1$，都需要再连续无失效运行 $N_2 - n_1 - n_2$ 个测试用例，才能够验证软件的可靠性验证指标达到要求。不难发现，利用先验信息的软件可靠性验证测试是一个动态调整的过程，当允许的失效次数一定时，总的测试用例数是不变的，而与测试过程中失效何时出现无关。

假设软件可靠性验证指标 $(p_0,c) = (10^{-3}, 0.99)$，先验超参数 $a=1, b=2067$。代入式 (10.20)，可得到允许失效次数 r 与累计测试用例数 N 的关系，如表 10.8 所示。

表 10.8 允许失效次数与累计测试用例数的关系

允许失效次数 r	累计测试用例数 N	允许失效次数 r	累计测试用例数 N
0	2536	5	11 038
1	4573	6	12 500
2	6269	7	13 907
3	7975	8	15 331
4	9448	9	16 712

需要注意的是，随着软件允许失效次数的增加，所需累计测试用例数也急剧增大。所以，在实际操作中，要规定软件允许失效次数的上限值。

假设软件允许失效次数最多为 7，则由表 10.8，可绘制有先验信息的贝叶斯验证测试方案的判断规则，如图 10.8 所示。

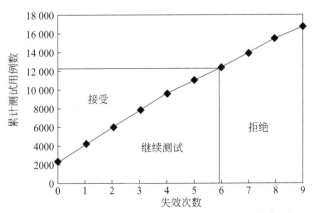

图 10.8 Bayesian 软件可靠性验证方法的判断规则

研究表明，若能够获得准确的先验信息，则可在保证验证结果可信度的前提下有效地减少测试用例数，缩短验证测试持续时间。

10.2.2 非固定期软件可靠性验证测试

本节介绍两种非固定期软件可靠性验证测试方案。

1. 概率比序贯测试方案

概率比序贯测试（Sequential Probability Ratio Test, PRST）方案的参数包括开发方风险 α、用户方风险 β、指标 MTBF（或失效概率）上界 θ_0，指标 MTBF（或失效概率）下界 θ_1 等。利用该方法指导可靠性验证测试方案制订时，不事先确定总的样本量，而是每次抽取一个故障样本进行注入，根据试验结果，动态决定停止抽样或者继续抽样，直至最后做出接受/拒绝判决。在利用 PRST 方案指导测试的过程中，首先作如下假设：

$$H_0 : \theta = \theta_0$$

$$H_1 : \theta = \theta_1$$

每次注入试验完成后，设当前的试验结果为 (n, r)，其中 n 为当前的试验次数，r 为当前的累计试验失效次数，则两种假设似然函数比的对数为

$$O_n = \log_2 \frac{L(X|\theta_0)}{L(X|\theta_1)} = \log_2 \frac{\binom{n}{r}\theta_0^{n-r}(1-\theta_0)^r}{\binom{n}{r}\theta_1^{n-r}(1-\theta_1)^r} = \log_2 \frac{\theta_0^{n-r}(1-\theta_0)^r}{\theta_1^{n-r}(1-\theta_1)^r} \quad (10.21)$$

设 A 和 B 分别为 O_n 的判决阈值上界和下界，则 PRST 方法的判决准则如下：

（1）当 $A < O_n < B$ 时，不做出接受/拒绝判决，继续进行注入试验。

（2）当 $O_n \geqslant A$ 时，做出接受判决，终止试验。

（3）当 $O_n \leqslant B$ 时，做出拒绝判决，终止试验。

其中，A 和 B 由双方风险值 α 和 β 确定，定义式为

$$\begin{cases} A = \log_2 \dfrac{1-\alpha}{\beta} \\ B = \log_2 \dfrac{\alpha}{1-\beta} \end{cases} \quad (10.22)$$

PRST 方案需要利用序贯图辅助验证测试的执行，横轴代表测试次数，纵轴代表累计失效次数，用直线 $Y_0 = sn + h_0$ 和 $Y_1 = sn + h_1$ 分别表示测试次数为 n 时的接受判定线和拒绝判定线。其中，斜率 s、截距 h_0 和 h_1 的表达式分别为

$$s = \frac{\log_2 \dfrac{\theta_0}{\theta_1}}{\log_2 \dfrac{\theta_0}{\theta_1} - \log_2 \dfrac{1-\theta_0}{1-\theta_1}} \quad (10.23)$$

$$h_0 = \frac{\log_2 \dfrac{\beta}{1-\alpha}}{\log_2 \dfrac{\theta_0}{\theta_1} - \log_2 \dfrac{1-\theta_0}{1-\theta_1}} \quad (10.24)$$

$$h_1 = \frac{\log_2 \dfrac{1-\beta}{\alpha}}{\log_2 \dfrac{\theta_0}{\theta_1} - \log_2 \dfrac{1-\theta_0}{1-\theta_1}} \tag{10.25}$$

由此可得PRST方案的判决准则：

（1）若 $sn + h_0 < r < sn + h_1$，不做出接受/拒绝判决，继续试验。

（2）若 $r \leqslant sn + h_0$，做出接受判决，终止试验。

（3）若 $r \geqslant sn + h_1$，做出拒绝判决，终止试验。

假设 $\theta_1 = 0.001, \theta_0 = 0.0005, \alpha = \beta = 0.05$，PRST方案的序贯图如图10.9所示。

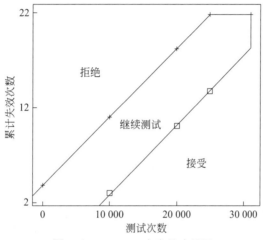

图 10.9　PRST 方案的序贯图

在使用相同的参数时，PRST方案所需的测试时间较生命周期测试方案要少。PRST方案所需的测试时间虽然是有界但却是未知的。并且PRST方案比较严格，通常会拒绝许多在固定期方案中可被接受的软件。此外，参数 α 并不容易获得且无显著意义。

2. 单风险序贯测试方案

单风险序贯测试（Single Risk Sequential Test, SRST）方案所需参数包括失效率 θ、用户方风险 β、最大容许失效率 θ_1 以及允许的最大测试时间 $T_{\max}$。在测试过程中容许 F 个失效的测试用例数为满足式(10.26)的 n 的最小整数解：

$$\sum_{i=0}^{F} \binom{n}{j}(1-\theta_1)^{n-i}\theta_1^i \leqslant \beta, i = 1, 2, \cdots, F \tag{10.26}$$

SRST方案的实施步骤如下：

（1）用从现在到交付时期间的最大时间 $T_{\max}$ 除以单个测试用例的平均执行时间 T_{ave}，得到最大允许的测试用例数 $n_{\max}$。

（2）将可靠性验证指标 θ_1、β 代入式(10.26)，计算得到所有满足 $n < n_{\max}$ 的 (n, F) 对。其中，F 的最大值 $F_{\max}$ 为相应 $n_{\max}$ 个测试用例允许的最大失效次数。

（3）由（2）得到的 (n, F) 对画出函数曲线 $F = f(n)$ 以及 $(n_{\max}, F_{\max})$ 点到坐标轴的垂线。因此，$f(n)$ 函数曲线图被划分为3个区域，即成为SRST方案的判断图：

① 当 $F > F_{\max}$ 时，拒绝。
② 当 $F \leqslant F_{\max}$ 且在 $F = f(n)$ 的左侧时，继续测试。
③ 当 $F \leqslant F_{\max}$ 且在 $F = f(n)$ 的右侧时，接受。

假设 $n_{\max} = T_{\max}/T_{\text{ave}} = 11\,840$，可靠性验证指标 $\theta_1 = 0.001$，$\beta = 0.05$，可得到SRST方案的判断图，如图10.10 所示。

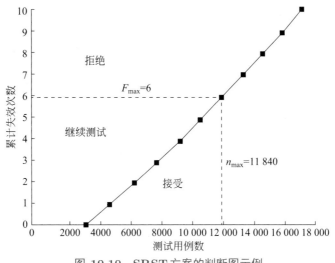

图 10.10　SRST 方案的判断图示例

由图10.10可知，若要软件通过验证测试，则需要无失效运行 2995 个测试用例，或在运行 4742 个测试用例过程中最多允许一次失效，或在运行 6294 个测试用例过程中最多允许两次失效，以此类推。

SRST 方案也需要利用序贯图辅助验证测试的执行。SRST 是专门针对高可靠软件提出的验证测试方案，理论和实践证明该方案较其他固定期和非固定期软件可靠性验证测试方案更为优秀，例如所需测试用例数较小，验证结果判断灵活，计算简便。但是，安全关键软件可靠性验证测试对于失效一般都是零容忍的，此时 SRST 方案就退化成 TRW 方案。

10.2.3　软件可靠性验证测试方法在装备软件中的应用

装备软件因其交联环境复杂以及接口种类多、信息量大等特性，单一的软件可靠性验证测试方法无法满足其可靠性验证测试的需求，因此，对于复杂装备软件的可靠性验证测试一般采用多种方案综合实现，以保证其高可靠性要求。

选择装备软件可靠性验证测试方案时应该考虑以下几个因素：被验证可靠性指标类型、验证环境的预期寿命、该类型软件的质量要求、对软件的实际质量的估计、可接受的最大测试时长、可允许的最大失效次数、测试成本、是否有先验信息等。为了更好地验证装备软件的可靠性指标，在装备软件的可靠性验证测试中常引入责任故障数以明确验证测试中故障的范围。所谓责任故障是指在合同规定下在该研制或生产机构责任范围内发生的关联故障，例如，装备设计不当、装备制造工艺缺陷、零部件设计不当、零部件制造工艺缺陷、软件错误等引发的故障，以及按承制方提供的操作、维护、修理程序规定的步骤与方法正常使用、维护、修理时引起的故障。基于此，装备软件可靠性验证测试方案如图10.11所示。

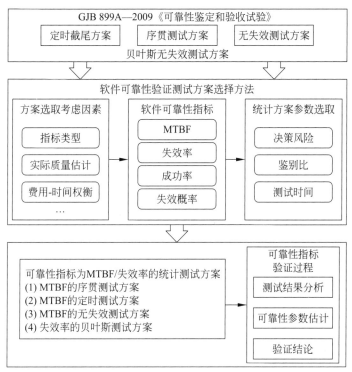

图 10.11 装备软件可靠性验证测试方案

（1）基于装备软件测试数据进行软件可靠性验证测试，测试执行过程中可以采用定时截尾方案、序贯测试方案、无失效测试方案、贝叶斯无失效测试方案。

（2）根据验证指标类型、可承受的最大测试时间、测试环境的预期寿命、可承受的最大失效数、该类型软件的质量要求等因素选择软件可靠性验证测试方案。

（3）通过比较测试结果与测试方案中接受或拒绝标准判定可靠性验证测试是否通过。接下来详细介绍上面提到的4种测试方案。

1. 定时截尾方案

1）定时截尾方案及其抽样特性

在装备软件可靠性验证测试方案的设计过程中，假设双方风险为 α、β，软件产品 MTBF 的真值为 θ，平均值为 $\bar{\theta}$，检验上限为 θ_0，检验下限为 θ_1（取合同规定的最低可接受值），鉴别比为 d（生产方 MTBF 与使用方 MTBF 的比值）。当 $\bar{\theta} \geqslant \theta_0$ 时，定时截尾方案以高概率接受 MTBF 真值 θ 接近 θ_0 的软件产品；当 $\bar{\theta} \leqslant \theta_1$ 时，定时截尾方案以低概率接受 MTBF 真值 θ 接近 θ_1 的软件产品；即 $\bar{\theta} \geqslant \theta_0$ 和 $\bar{\theta} \leqslant \theta_1$ 时分别有

$$P(\bar{\theta}) > 1 - \alpha, \quad P(\theta_0) = 1 - \alpha \tag{10.27}$$

$$P(\bar{\theta}) < \beta, \quad P(\theta_1) = \beta \tag{10.28}$$

抽样特性曲线为

$$\begin{cases} P(\theta_0) = 1 - \alpha \\ P(\theta_1) = \beta \end{cases} \tag{10.29}$$

当 α、β 及 θ_1 给定时，总试验时间 T 随着鉴别比 d 的减小而增加；若要缩短总试验时间 T，应增大鉴别比 d。

当 θ_1、d 给定时，总试验时间随着风险值的减少而增加；反之，减少生产方和使用方的风险，需增加总试验时间 T。

从定时试验的抽样特性曲线可直接看出抽样方式对检验软件产品质量的保证程度。测试方案中 MTBF 的真值 θ 与接收概率 $P(\theta)$ 的函数关系可用泊松分布表示为

$$P(\theta) = \sum_{k=1}^{a} \frac{1}{k!}\left(\frac{T}{\theta}\right)^k \exp\left(-\frac{T}{\theta}\right) \tag{10.30}$$

其中，a 为相应的测试方案做出接受判决时所对应的故障数，T 为相应的测试方案做出接受判决时所对应的总试验时间。

在按时间截尾、故障件有替换的定时试验中，试验截尾时间 T 和接受故障数 a 分别用式 (10.31) 和式 (10.32) 求出：

$$1 - \beta = \sum_{k=a+1}^{\infty} \frac{(T/\theta_1)^k e^{-T/\theta_1}}{k!} \tag{10.31}$$

$$1 - \alpha = \sum_{k=0}^{a} \frac{(T/\theta_0)^k e^{-T/\theta_0}}{k!} \tag{10.32}$$

用 r 表示责任故障数。接受故障数 a 与责任故障数 r 的关系为 $a = r - 1$，对式 (10.31) 和式 (10.32) 进行变换，得到

$$\beta = \sum_{k=0}^{a} \frac{(T/\theta_1)^k e^{-T/\theta_1}}{k!} \tag{10.33}$$

$$1 - \alpha = \sum_{k=0}^{r-1} \frac{(T/\theta_0)^k e^{-T/\theta_0}}{k!} \tag{10.34}$$

从以上软件可靠性验证测试定时截尾方案的理论推导过程可知，软件可靠性验证测试是一种揭示软件产品接受概率与其 MTBF 真值 θ 关系的试验，即软件产品 MTBF 真值 θ 的确认和验证以概率的形式表示。

在软件的可接受 MTBF、极限 MTBF（或鉴别比）和双方风险 α、β 完全确定的情况下，利用式 (10.33) 和式 (10.34) 确定软件可靠性验证测试方案。为了便于实际使用，GJB 899A—2009 列出了常用可靠性验证测试方案（共 12 种，见表 10.9）。如果软件可靠性验证参数与 GJB 899A—2009 所给出的方案相同，即可直接在表 10.9 中获得软件可靠性验证测试方案。

2）置信度及检验参数

接受判定数为整数时，α、β 实际值可能有所差别。α、β 取值范围一般为 $0.1 \sim 0.3$，α、β 取值越小，试验的置信度越高，但所需试验时间也越长，试验费用越高。软件可靠性验证测试 MTBF 验证值的置信度为

$$c = (1 - 2\beta) \times 100\% \tag{10.35}$$

当试验结果做出接受判决时，该试验停止前出现的责任故障数一定大于接受判决故障

数,试验必定是达到规定的试验时间而停止的。

表 10.9 GJB 899A—2009 中给出的软件可靠性验证测试方案

方案号	$\alpha/\%$	$\beta/\%$	鉴别比 d	试验时间 T	置信度 c
9	10	10	1.5	45.0	36
10	10	20	1.5	29.9	25
11	20	20	1.5	21.5	17
12	10	10	2.0	18.8	13
13	10	20	2.0	12.4	9
14	20	20	2.0	7.8	5
15	10	10	3.0	9.3	5
16	10	20	3.0	5.4	3
17	20	20	3.0	4.3	2
18	30	30	1.5	8.1	6
19	30	30	2.0	3.7	2
20	30	30	3.0	1.1	0

MTBF 的观测值(点估计值)$\hat{\theta}$ 为

$$\hat{\theta} = \frac{T}{r} \tag{10.36}$$

其中,T 为产品的总试验时间。

根据责任故障数 r 及置信度 c 查 GJB 899A—2009 中的表 A.12,可获得置信下限系数 $\theta_L(c',r)$ 和置信上限系数 $\theta_U(c',r)$ 的值。其中,$c' = (1+c)/2$ 为 GJB 899A—2009 的表 A.12 中与置信度相对应的置信下限系数和置信上限系数中的参数。

MTBF 的置信下限 θ_L 和置信上限 θ_U 如下:

$$\theta_L = \theta_L(c',r)\hat{\theta} \tag{10.37}$$

$$\theta_U = \theta_U(c',r)\hat{\theta} \tag{10.38}$$

当 GJB 899A—2009 的表 A.12 的数据不满足置信下限系数 $\theta_L(c',r)$ 和置信上限系数 $\theta_U(c',r)$ 时,可根据 χ^2 分布获得其值:

$$\theta_L(c',r) = 2r/\chi^2_{\frac{1-c}{2},2r+2} \tag{10.39}$$

$$\theta_U(c',r) = 2r/\chi^2_{\frac{1+c}{2},2r} \tag{10.40}$$

其中,c 为置信度,$\chi^2_{\gamma,i}$ 为自由度为 i 的 χ^2 分布的 γ 上侧分位数。

3)案例分析

某机载软件产品开展可靠性验证测试,设计定型阶段 MTBF 的最低可接受值为 500h,$d = 3.0$,$\alpha = \beta = 20\%$。测试目的是验证机载软件产品在设计定型阶段的可靠性设计达到了规定的可靠性要求,为批准定型提供决策性依据。

当试验结果做出接受判决时,根据已知条件可得:检验下限 $\theta_1 = 500$h,检验上限 $\theta_0 = d\theta_1 = 3.0 \times 500\text{h} = 1500\text{h}$,$\alpha = \beta = 20\%$,查表 10.9,可知方案号为 17,该测试方案参数详

见表10.10。

表 10.10　17号软件可靠性验证测试方案参数

风险/%				鉴别比	试验时间	拒绝故障数	接受故障数
名义值		实际值					
α	β	α'	β'	d	(θ_1的倍数)	$\geqslant$ Re	$\leqslant$ Ac
20	20	17.5	19.7	3.0	4.3	3.0	2.0

根据表10.10中的测试方案参数可知，总试验时间 T 为 $4.3\theta_1$，即 $T = 4.3\theta_1 = 4.3 \times 500\text{h} = 2150\text{h}$，拒绝故障数 Re $= 3$，接受故障数 Ac $= 2$。生产方风险实际值 α' 为17.5%，使用方风险实际值 β' 为19.7%。因此，该机载软件产品的可靠性验证测试定时截尾方案为：预定总试验时间 $T = 2150\text{h}$。当试验停止时出现的责任故障数 $r \leqslant 2$，即如果观察到两个或两个以下的故障，则认为该机载软件产品定型阶段的可靠性达到了规定的可靠性要求，以高概率接受 MTBF 真值 θ 接近 $\theta_1 = 500\text{h}$ 的机载软件产品；如果试验累计时间未达到 $T = 2150\text{h}$，责任故障数 $r \geqslant 3$，即观察到3个或3个以上的故障，则停止试验，认为该机载软件产品定型阶段的可靠性设计未达到规定的可靠性要求，以高概率拒绝 MTBF 真值 θ 接近 $\theta_0 = 1500\text{h}$ 的机载软件产品。

根据选定的测试方案，测试到2150h时做出接收判决，测试中发生各类故障4次，责任故障数为2次，则判定接收，给出MTBF验证值。

规定置信度为 $c = (1 - 2\beta) \times 100\% = 60\%$。

接受时MTBF的观测值为

$$\hat{\theta} = \frac{T}{r} = \frac{2150\text{h}}{2} = 1075\text{h} \tag{10.41}$$

查GJB 899A—2009中的表A.12，可知置信度 $c = 60\%$、责任故障数 $r = 2$ 的定时测试做出接受判定时 MTBF 验证区间的置信下限系数 $\theta_L(0.8, 2)$ 和置信上限系数 $\theta_U(0.8, 2)$：

$$\theta_L(0.8, 2) = 0.467, \theta_U(0.8, 2) = 2.426$$

此时MTBF验证区间的置信下限 θ_L 和置信上限 θ_U：

$$\theta_L = 0.467 \times 1075\text{h} = 502.025\text{h}, \theta_U = 2.426 \times 1075\text{h} = 2607.95\text{h}$$

接受判决MTBF的验证区间为 (502.025h, 2607.95h)，置信度 $c = 60\%$，说明MTBF真值 θ 落在这个区间的概率至少为60%，或者说MTBF真值 θ 不小于502.025h的概率为80%，而MTBF真值 θ 不大于2607.95h的概率也为80%。

2. 序贯测试方案

序贯测试方案包含标准统计方案、短时高风险统计方案两种。预期采用正常的生产方风险和使用方风险（10%～20%）时，应采用标准统计方案。采用短时高风险统计方案，可以缩短试验时间，但生产方和使用方均承担较高风险。对于MTBF的真值较大或较小的产品，序贯试验所需的总试验时间差别较大，计划费用和时间应以序贯截尾的时间为依据。

1) 序贯测试方案及其抽样特性

对于具有未知的MTBF真值 θ 的指数型产品，在累计工作时间 t 内发生 r 次故障的概

率为
$$P_r(r) = \left(\frac{t}{\theta}\right)^r \frac{e^{-\frac{1}{\theta}}}{r!} \tag{10.42}$$

序贯试验需证明 θ 至少不小于 MTBF 检验下限 θ_1。一般采用的判决标准见 GJB 899A—2009 中的图 A.1～图 A.8。

2）序贯测试方案的步骤

序贯测试方案的步骤如下：

（1）根据合同要求得到 α、β、θ_0、θ_1，并计算 $d = \theta_0/\theta_1$。

（2）根据上述参数查 GJB 899A—2009 中的表 A.1 和表 A.2，得到相应的方案号，并按照表中的判决标准得到相应的图号。

（3）根据得到的图号查相应的接受/拒绝判决标准，并将表中的标准化判决时间乘以 θ_1，得到不同失效次数下的拒绝判决时间 T_R 和接受判决时间 T_A。

（4）将受试设备的实际总测试时间 T（小时）、软件失效次数 r 逐次和判决值 T_A、T_R 进行比较。若 $T \geq T_A$，则做出接受判决，停止测试；若 $T \leq T_R$，则做出拒绝判决，停止测试；若 T 介于两个判决值 T_A 和 T_R 之间，则继续测试到下一个判决值时再比较，直到可以做出判决并停止测试时为止。

3）序贯测试方案 MTBF 置信上下限

序贯测试达到接受判决标准时，MTBF 的置信区间或测试区间的置信度为 c' 的置信下限 θ_L 和置信上限 θ_U 按式(10.43) 和式(10.44) 计算：

$$\theta_L = \theta_L(c', t_i)\theta_1 \tag{10.43}$$

$$\theta_U = \theta_U(c', t_i)\theta_1 \tag{10.44}$$

其中，i 为达到接受判决标准时的软件失效次数；$c' = (1+c)/2$；$\theta_L(c', t_i)$ 为置信度为 c'、软件失效次数为 i 时的置信下限系数，从 GJB 899A—2009 中的表 A.5a 中查出；$\theta_U(c', t_i)$ 为置信度为 c'、软件失效次数为 i 时的置信上限系数，从 GJB 899A—2009 中的表 A.5b 中查出。MTBF 的双边保守置信区间或验证区间则为 (θ_L, θ_U)，置信度为 c。

3. 无失效测试方案

无失效测试方案主要用于对可靠性很高的软件进行验证测试，或对验证测试已判决为接受的软件改错后进行的无失效交付测试。该方案根据在给定的测试时间内执行可靠性测试用例时软件有无失效进行接受/拒绝判断，即无失效时接受软件，有失效时拒绝软件。

1）无失效测试方案及其抽样特性

直接将失效次数 $r = 0$ 代入双风险公式得

$$T = -\theta_1 \ln \beta \tag{10.45}$$

$$T = -\theta_0 \ln \alpha \tag{10.46}$$

通常考虑使用方风险，则由式(10.46) 计算。β 通常很小，则测试时间应比 θ_1 稍大。若在此时间内软件不失效，则接受；否则拒绝。不同风险下的测试时间如表 10.11 所示。

2）无失效测试方案的步骤

无失效测试方案的步骤如下：

表 10.11　不同风险下的测试时间

生产方风险 α	测试时间(θ_1 的倍数)	使用方风险 β	测试时间(θ_1 的倍数)
0.0001	9.2	0.0005	7.6
0.001	6.9	0.005	5.3
0.01	4.6	0.02	3.9
0.03	3.5	0.04	3.2
0.05	3.0	0.10	2.3
0.15	1.9	0.20	1.6
0.20	1.6	0.25	1.4
0.30	1.2		

（1）根据合同要求得到 θ_1、β。

（2）根据上述参数查表10.11，得到测试时间。

（3）用该方案的测试时间乘以 θ_1，得到真实的测试时间。

（4）测试时，当实际总测试时间 T 达到选定方案所对应的真实的测试时间时，若测试中出现软件失效，则作出拒绝判决；否则做出接受判决。

4. 贝叶斯无失效测试方案

贝叶斯无失效测试方案是一种对失效率指标进行验证的测试方案。其基本思想是：首先利用给定的软件失效率指标 λ_0、置信度 c 以及软件可靠性测试中的先验信息确定满足可靠性指标要求所需的无失效验证测试时间，并进行软件可靠性验证测试。若测试执行时间超过 T 后软件没有发生任何失效，则验证测试通过，接受该软件；否则验证测试不通过，拒绝该软件。当开发方修改软件失效所对应的缺陷后，想继续进行验证测试，则可以结合发生失效时的测试时间重新计算此时所需的无失效验证测试时间，重复上述验证测试过程，直至验证测试结束。

该验证测试方案可以充分利用软件失效的先验信息，有效减少验证测试的时间。

1）贝叶斯无失效测试方案及其抽样特性

贝叶斯无失效测试方案中的软件失效率 λ 是一个随机变量，软件在时间区间 $(0,t]$ 内失效次数 X 等于 k 的概率为随机变量 λ 的条件概率，即软件失效次数 X 服从参数为 λt 的泊松分布：

$$P(X=k|\lambda) = \frac{(\lambda t)^k}{k!} e^{-\lambda t}, \quad k=0,1,2,\cdots \tag{10.47}$$

泊松分布的共轭分布为Gamma分布，由此得到软件失效率的先验分布函数：

$$\pi(\lambda) = \text{Ga}(a,b) = \frac{b^a}{\Gamma(a)} \lambda^{a-1} e^{-b\lambda} \tag{10.48}$$

假定软件持续运行时间为 t，其间发生 r 次失效，则软件失效率的后验分布函数为

$$h(\lambda|r,t,a,b) = \text{Ga}(a+r, b+t) \tag{10.49}$$

由此可推导失效次数 X 的边缘分布：

$$p_X(x) = \int_0^{+\infty} \pi(\lambda) p(x|\lambda) d\lambda = \int_0^{+\infty} \frac{b^a}{\Gamma(a)} \lambda^{a-1} e^{-b\lambda} \frac{(\lambda t)^x}{x!} e^{-\lambda t} d\lambda \tag{10.50}$$

$$= \frac{b^a t^x (a+x)\cdots(a+2)(a+1)}{x!(b+t)^{a+x}} \tag{10.51}$$

由此可得失效次数 X 的一、二阶矩：

$$E[X] = \sum_{x=0}^{+\infty} x p_X(x) \tag{10.52}$$

$$= \sum_{x=0}^{+\infty} x \int_0^{+\infty} \pi(\lambda) \frac{(\lambda t)^x}{x!} e^{-\lambda t} d\lambda \tag{10.53}$$

$$= \frac{at}{b} \tag{10.54}$$

$$E[X^2] = \sum_{x=0}^{+\infty} x^2 p_X(x) \tag{10.55}$$

$$= \sum_{x=0}^{+\infty} x^2 \int_0^{+\infty} \pi(\lambda) \frac{(\lambda t)^x}{x!} e^{-\lambda t} d\lambda \tag{10.56}$$

$$= \frac{at}{b} + \frac{(a+1)at^2}{b^2} \tag{10.57}$$

将软件在可靠性增长测试阶段的测试记录表示为失效间隔时间序列 $T_1, T_2, \cdots, T_n$。因此，若已知软件失效间隔时间序列的经验样本值，就可以对 a 和 b 进行估计。

设 t 为相对于失效间隔时间序列 $T_1, T_2, \cdots, T_n$ 的一个较大的时间点。在 $(0,t]$ 这段时间内，软件失效次数 k 的经验样本值为 $\{k_i\}_{i=1}^n = \left\{\dfrac{t}{T_i}\right\}_{i=1}^n$。

利用经验样本值可计算出失效次数 X 的一阶矩 $E[X]$ 和二阶矩 $E[X^2]$ 的估计值：

$$E[X] = \frac{1}{n} \sum_{i=1}^n k_i \tag{10.58}$$

$$E[X^2] = \frac{1}{n} \sum_{i=1}^n k_i^2 \tag{10.59}$$

根据式(10.55)~式(10.59)，即可计算参数 a 和 b 的先验估计值 a_0 和 b_0，进而得到软件失效率 λ 的先验分布函数：

$$\pi(\lambda) = \mathrm{Ga}(a_0, b_0) = \frac{b_0^{a_0}}{\Gamma(a_0)} \lambda^{a_0-1} e^{-b_0 \lambda} \tag{10.60}$$

确定软件失效率 λ 的先验分布后，即可对软件可靠性指标进行验证。设给定的软件可靠性指标为 (λ_0, c)，则满足相应可靠性指标的软件无失效验证测试时间 t_1 取满足式(10.61)中的 t 的最小值：

$$\int_0^{\lambda_0} \mathrm{Ga}(a_0, b_0+t) d\lambda \geqslant c \tag{10.61}$$

如果软件在该验证测试时间内未发生失效，说明软件已经达到规定的可靠性指标，可接受该软件；如果软件在 tf_1 时刻 $(\mathrm{tf}_1 < t_1)$ 发生失效，说明软件未达到规定的可靠性指标，则拒绝该软件。在排除缺陷后可进行第二次软件可靠性验证测试。与此类似，在进行新的软件可靠性验证测试之前，需要将第一次可靠性验证测试的结果作为先验信息的一部分综合考虑。所以，对于同样的可靠性指标，第二次无失效验证测试时间 t_2 取满足式(10.62)中

的 t 的最小值：

$$\int_0^{\lambda_0} \mathrm{Ga}(a_0+1, b_0+\mathrm{tf}_1+t)\mathrm{d}\lambda \geqslant c \tag{10.62}$$

持续该计算过程，即，如果在该过程中已发生第 j 次失效，那么第 $j+1$ 次无失效验证测试时间 t_{j+1} 取式 (10.63) 中 t 的最小值：

$$\int_0^{\lambda_0} \mathrm{Ga}\left(a_0+j, b_0+\sum_{i=0}^{j}\mathrm{tf}_i+t_{j+1}\right)\mathrm{d}\lambda \geqslant c \tag{10.63}$$

令 $E_{j+1} = \sum_{i=0}^{j}\mathrm{tf}_i + t_{j+1}$ 表示软件可靠性验证测试过程中观察到第 j 次软件失效后所需经历的总测试时间，包括前面 j 次被中断的测试时间和第 $j+1$ 次无失效验证测试时间 t_{j+1}。则式 (10.63) 可以表示为

$$\int_0^{\lambda_0} \mathrm{Ga}(a_0+j, b_0+E_{j+1})\mathrm{d}\lambda \geqslant c \tag{10.64}$$

根据式 (10.64) 计算第 j 次软件失效对应的软件可靠性验证测试所需要的总测试时间 E_{j+1}，进而计算第 $j+1$ 次无失效验证测试的持续时间：

$$t_{j+1} = E_{j+1} - \sum_{i=0}^{j}\mathrm{tf}_i \tag{10.65}$$

根据式 (10.64) 计算的总测试时间 E_{j+1} 是定值。由式 (10.65) 可知：前 j 次失效情况直接影响第 $j+1$ 次无失效验证测试时间 t_{j+1} 的长短。

2）贝叶斯无失效测试方案步骤

贝叶斯无失效测试方案的步骤如下：

（1）给定软件失效率指标 λ_0 和置信度 c。

（2）利用式 (10.55)~式 (10.59) 对式 (10.48) 中的超参数 a 和 b 进行估算。

（3）根据步骤（1）和步骤（2）中得到的结果，首先利用式 (10.61) 计算第一次测试所需的无失效验证测试时间 t_1，然后再利用式 (10.64) 计算软件失效次数 j 与对应的总测试时间 E_{j+1}。

（4）根据方案中规定的时间进行可靠性验证测试。软件测试连续执行 t_1 时间时，若没有发生失效，表明软件达到了规定的可靠性指标，则接受软件，转步骤（6）；若在验证测试过程中出现失效，则表明软件未达到规定的可靠性指标，拒绝软件，该次软件可靠性验证测试结束，转步骤（5）。

（5）若开发方修改了软件失效对应的缺陷，并要求重新进行软件可靠性验证测试，则结合新发现的失效（设失效次数为 j）时已执行的测试时间，利用此时所对应的总测试时间 E_{j+1} 计算此时所需的验证测试持续时间 t_{j+1}，重复步骤（4）；否则转步骤（6）。

（6）验证测试结束。

5. 软件可靠性验证测试方案选择策略

选择软件可靠性验证测试方案时的考虑因素包括验证指标的类型、该类型软件的质量要求、测试环境的预期寿命、可承受的最大失效次数、可承受的最大测试时间、费用-时间

的权衡、是否有先验信息等。

根据上面4种软件可靠性验证测试方案，装备软件可靠性验证测试方案选择策略如下：

（1）对于指标为MTBF/失效率的软件，若要求提供MTBF验证值，且有固定截止时间，则定时截尾测试方案优先。

（2）若事先未规定可靠性验证时间，仅希望尽早对MTBF做出接受或拒绝判决时，可选择序贯测试方案。

（3）当软件可靠性要求（MTBF）很高时，则无失效测试方案最佳。

（4）对于MTBF要求很高，且做过软件可靠性增长测试，有先验失效信息的软件，则优先选择贝叶斯无失效测试方案以减少测试时间。

6. 案例分析

某监测系统软件规定的可靠性指标为 $(\lambda_0, c) = (10^{-3}, 0.99)$。在软件可靠性增长测试阶段，其最后10组软件失效间隔时间 T_i（即先验失效信息）如表10.12所示。

表 10.12 先验失效信息

软件失效间隔时间/h	软件失效次数	软件失效间隔时间/h	软件失效次数
909.1	110	990.1	101
1123.6	89	877.2	114
1075.3	93	1000	100
1063.8	94	847.5	118
1010.1	99	757.6	132

由于该软件有先验失效信息，对MTBF要求较高，故选用贝叶斯无失效测试方案进行软件可靠性验证测试。

（1）该软件给定的失效率指标为 $\lambda_0 = 10^{-3}$，置信度为 $c = 0.99$。

（2）利用式(10.55)～式(10.59)对式(10.48)中的超参数 a 和 b 进行估算，值为 $a_0 = 1$，$b_0 = 952.4$。

（3）根据以上数据，由式(10.61)计算出软件失效次数与总验证测试时间的对应关系，如表10.13所示。

表 10.13 软件失效次数与总验证测试时间的对应关系

软件失效次数 j	总验证测试时间 E_{j+1}/h
0	3652.8
1	5685.9
3	9092.7
4	10 650.2
5	12 156.1

可知，当进行第一次验证测试时，所需的验证测试持续时间为 $t_1 = 3652.8$h。

（4）根据方案规定的时间进行软件可靠性验证测试，软件在时刻 $tf_1 = 2000$h 发生失效，则说明软件没有达到规定的可靠性指标，拒绝该软件。

（5）开发方排除了相应的软件缺陷，要求进行第二次验证测试，则所需的无失效测试运行时间为 $t_2 = 5685.9 - \text{tf}_1 = 3685.9\text{h}$。软件在第二次验证测试时，在3685.9h可靠性验证测试中没有发生失效，则说明该软件可靠性指标达到要求，接受该软件。

（6）验证测试结束。

10.3 习题

1. 什么是软件测试？软件测试的目的与原则是什么？
2. 说明一般软件测试和软件可靠性测试的区别。
3. 什么软件可靠性增长测试？它与软件可靠性验证测试的区别是什么？
4. 给出基于马尔可夫链的使用模型的软件可靠性测试数据生成方法。
5. 现代软件的飞速发展使得系统对软件的依赖越来越强，对软件可靠性的要求也越来越高，因此以提高软件可靠性为目的的软件可靠性测试技术也越来越重要。

（1）简要说明软件可靠性增长测试与软件可靠性验证测试的区别。

（2）软件可靠性测试数据生成的关键是操作剖面的构建。给出软件操作剖面的定义，并给出构建操作剖面的具体步骤。

（3）写出根据操作剖面生成软件可靠性测试数据的具体过程。

6. 现代软件的飞速发展使得系统对软件的依赖越来越强，对软件可靠性的要求也越来越高，因此以发现软件可靠性缺陷为目的的软件可靠性测试技术也越来越重要。

（1）画出完整的软件可靠性测试的流程图。

（2）说明软件可靠性测试的目的。

（3）说明软件可靠性测试与功能测试的区别。

7. 某控制系统的软件可靠性指标为MTBF=1000h。若生产方和使用方商定的风险 $\alpha = \beta = 20\%$，鉴别比 $d = 3$，怎样进行该软件的可靠性验证测试？

8. 假设一个软件产品要求验证2000h的可靠度达到0.9，置信度为90%，最大的允许试验时间为3000h。试验中能够承受多少个产品故障？如何设计可靠性试验方案？

第11章 软件可靠性工程

第11章视频

本章学习目标
- 了解软件可靠性工程的定义和过程。
- 了解软件可靠性工程的活动分析。
- 了解数据驱动的软件可靠性工程过程模型。
- 了解军用软件质量与可靠性管理方法。

本章首先简要介绍软件可靠性工程的定义和过程,然后通过对软件可靠性工程的活动分析,进一步介绍数据驱动的软件可靠性工程过程模型,最后介绍军用软件质量与可靠性管理方法。

11.1 软件可靠性工程的定义和过程

软件可靠性工程(Software Reliability Engineering, SRE)作为保证和提高软件可靠性的一项工程技术,在软件的研制过程中发挥着重要作用。但是,由于软件可靠性工程中各项活动目的和过程存在较大差异,在工程实践中难以将各项软件可靠性工程技术有机地结合在一起,且容易出现软件可靠性工程过程脱离软件开发过程的情况,严重影响了软件可靠性工程的应用与推广。本章通过对软件可靠性工程过程与开发过程的关系以及软件可靠性工程活动之间的数据交互关系的分析,提出了数据驱动的软件可靠性工程过程模型。该模型以工作流的形式实现了软件可靠性工程活动之间的信息交互,实现了软件可靠性工程对软件开发的全过程可靠性技术支持,有利于软件可靠性工程综合集成环境的实现。

美国宇航协会认为软件可靠性工程是"应用统计技术处理在系统开发和运行期间所采集的数据,以便详细说明、预计、估计和评价基于软件的系统可靠性"。该定义主要强调的是软件可靠性工程中的度量工作。Lyu 在《软件可靠性工程手册》中提出:"软件可靠性工程是根据用户的可靠性需求而对软件系统操作行为的定量化研究"。美国的 John D. Musa 将软件可靠性工程定义为确保产品的可靠性达到用户要求,加速产品上市速度,降低产品成本的一种实践方法,并提出了一种软件可靠性工程过程模型,如图11.1所示。

我国的阮镰教授提出:"软件可靠性工程是指为了满足软件的可靠性要求而进行的一系列设计、分析、测试和管理工作",并提出了一套全过程生命周期的软件可靠性工程过程框架，如图11.2所示。

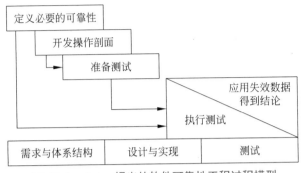

图 11.1　John 提出的软件可靠性工程过程模型

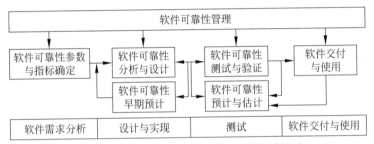

图 11.2　阮镰提出的软件可靠性工程过程框架

总的来看，虽然关于软件可靠性工程的定义有很多，但是其核心思想都体现出围绕着软件可靠性要求而开展一系列活动。在业界得到较多认同的是 Musa 和 Ruan 分别提出的可靠性工程过程模型。Musa 的可靠性工程过程模型过多地注重于软件可靠性测试且不能覆盖软件的全生命周期，不能体现出软件可靠性是设计出来的这一思想。Ruan 的可靠性工程过程模型能够覆盖软件的全生命周期，包含以软件可靠性为核心的多项活动，但是只体现出在软件生命周期中可以开展的软件可靠性活动，各项活动之间的信息交互关系并没有真正得到体现。而在实际的软件开发项目中，软件可靠性工程过程与软件开发过程紧密相关，开发过程的并发、迭代、微循环对软件可靠性工程活动有着很大的影响。只有将软件可靠性工程与软件开发过程紧密结合，软件可靠性工程活动之间紧密联系，才能够更好地发挥软件可靠性工程的价值和意义。

11.2　软件可靠性工程的活动分析

根据软件可靠性工程过程模型，可以将软件可靠性工程活动划分为软件可靠性预计（早期预计）、分配、分析、设计（可靠性设计准则）、测试（基于剖面的测试）和评估（基于失效数据的评估）等环节，每一个环节都作为软件可靠性工程的一项重要活动，围绕提高软件产品可靠性这一中心发挥作用。高可靠性的软件是设计出来的，因此不能孤立地谈软件可靠性工程，只有与软件开发活动紧密地结合起来才能发挥其更大的作用。

11.2.1 软件可靠性工程过程与开发过程的关系

尽管瀑布模型在软件工程实践中遭到很多诟病,但是一系列软件工程过程模型都是以其为蓝本演化发展而成的,如原型模型、螺旋模型等。为了更好地分析软件可靠性工程过程与软件开发过程的关系,这里仍然沿用瀑布模型把软件的开发过程分为系统定义、需求分析、软件设计、软件编码、软件测试等阶段。这些阶段可以是迭代开发过程中的子阶段,也可以是软件生命周期内的各个阶段。软件可靠性工程过程应该与软件开发过程紧密地结合在一起。

1. 系统定义阶段

系统定义阶段是软件可靠性工程活动的起点。系统定义过程为软件可靠性工程活动提供了开展的依据。系统定义过程与软件可靠性工程活动的交互如表11.1所示。

表 11.1 系统定义过程与软件可靠性工程活动的交互

活动	系统定义 ⇔ 软件可靠性工程
可靠性分配	系统可靠性指标、系统体系结构
可靠性预计	软件规模、软件开发组织成熟度等级、系统体系结构
可靠性分析	系统体系结构、系统可靠性分析结果
可靠性设计	系统可靠性要求、软件重要度、软件类型
可靠性测试	系统运行要求、系统使用情况、系统功能、系统接口
可靠性评估	系统可靠性要求

2. 需求分析阶段

需求分析阶段一方面从软件可靠性工程活动中获得支持,另一方面为软件可靠性工程活动提供数据来源。需求分析过程与软件可靠性工程活动的交互如表11.2所示。

表 11.2 需求分析过程与软件可靠性工程活动的交互

活动	需求分析 ⇒ 软件可靠性工程	软件可靠性工程 ⇒ 需求分析
可靠性分配	软件可靠性需求、相似软件的历史信息、软件体系结构	软件可靠性指标
可靠性预计	软件体系结构	软件可靠性预计值
可靠性分析	软件体系结构、功能结构图、功能接口及处理流程	软件故障模式、关键功能、软件失效影响
可靠性设计	软件可靠性要求	需求阶段的软件可靠性设计准则
可靠性测试	软件功能、软件使用要求、软件可靠性要求	操作剖面,用于需求分析
可靠性评估	软件可靠性指标	

3. 软件设计阶段

软件设计阶段是将软件可靠性要求加以设计实现的过程,同时设计的细节为更为深入的软件可靠性工程活动提供支持。软件设计过程与软件可靠性工程活动的交互如表11.3所示。

表 11.3　软件设计过程与软件可靠性工程活动的交互

活动	软件设计 ⇒ 软件可靠性工程	软件可靠性工程 ⇒ 软件设计
可靠性分配	软件模块的复杂度和关键度	模块级可靠性指标
可靠性预计		软件可靠性预计值
可靠性分析	组件调用关系和接口	组件故障模式、关键组件、可能的失效事件、失效影响
可靠性设计	软件可靠性设计准则的满足情况	设计阶段的软件可靠性设计准则
可靠性测试	设计阶段发生的需求变更情况	根据操作剖面的使用描述设计软件处理流程

4. 软件编码阶段

软件编码阶段为软件可靠性工程活动提供更为详细的参考细节，软件可靠性工程活动则将可靠性设计要求和分析结论用于指导编码工作。软件编码过程与软件可靠性工程活动的交互如表11.4所示。

表 11.4　软件编码过程与软件可靠性工程活动的交互

活动	软件编码 ⇒ 软件可靠性工程	软件可靠性工程 ⇒ 软件编码
可靠性分配	代码复杂度（基于复杂度的分配）	
可靠性分析	模块调用关系	详细的软件失效影响、关键模块、失效影响关系
可靠性设计	软件可靠性设计准则的满足情况	编码阶段的软件可靠性设计准则
可靠性测试	编码阶段发生的需求变更情况	

5. 软件测试阶段

软件测试阶段可以看作软件可靠性工程活动结果的验证过程，同时软件可靠性工程活动指导软件测试的执行，为测试定量化的软件可靠性评估提供数据。软件测试过程与软件可靠性工程活动的交互如表11.5所示。

表 11.5　软件测试过程与软件可靠性工程活动的交互

活动	软件测试 ⇒ 软件可靠性工程	软件可靠性工程 ⇒ 软件测试
可靠性分配	分配的可靠性指标的实现情况	
可靠性分析	补充失效模式	失效模式、可能的失效事件、失效影响、关键功能
可靠性设计	可靠性设计准则的验证情况	可靠性设计的验证要求
可靠性测试	测试记录	操作剖面、可靠性测试用例
可靠性评估	失效数据	可靠性评估结果

11.2.2　软件可靠性工程活动之间的联系

软件可靠性工程活动接收来自软件开发过程的信息，并为软件开发过程提供软件可靠性技术支持。同时，软件可靠性工程活动之间也有大量的数据交互。本书通过对多个已完成的软件可靠性工程项目的总结，建立了软件可靠性工程数据交互关系图，如图11.3所示。

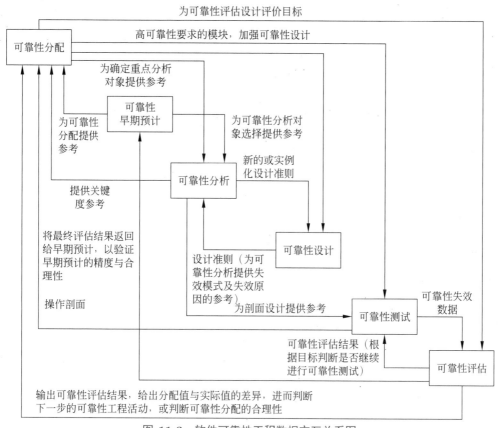

图 11.3 软件可靠性工程数据交互关系图

（1）可靠性早期预计。该活动是在开发过程早期，根据类似软件的信息、开发组织成熟度或已有的缺陷数据给出软件可靠性的定量估计。早期预计的结果可以为软件可靠性分配、分析提供参考。

（2）可靠性分配。软件可靠性分配的目的是将软件可靠性指标要求分配给软件的各个配置项（必要时分配到软件部件或软件单元），用以指导配置项（软件部件或软件单元）的设计开发。软件可靠性分配活动的主要作用是为其他可靠性活动提供目标值。例如，可以为可靠性评估设立评估目标值；为可靠性测试提供统计实验方案的目标值；明确高可靠性要求的模块，为设计提出要求；为可靠性分析提供重点关注的分析模块。

（3）可靠性分析。该活动可以为软件可靠性设计提供失效模式和关键模块参考，作为建立设计准则的依据。它还可以为可靠性分配提供模块的关键度等级。

（4）可靠性设计。这里的软件可靠性设计主要指的是为保证软件可靠性设计要求而进行的软件可靠性设计准则建立活动。该活动建立的设计准则为详细级软件可靠性分析提供参考。

（5）可靠性测试。该活动是根据软件操作剖面随机抽样生成测试用例，并执行测试和收集失效数据，可以细分为软件可靠性增长测试和软件可靠性验证测试两种类型。为软件可靠性测试构造的操作剖面可以对基于操作剖面的软件可靠性分配方法提供支持，测试中收集的失效数据是软件可靠性定量评估的数据来源。

（6）可靠性评估。该活动是利用软件可靠性测试活动收集到的失效数据，通过选用合适的软件可靠性模型定量评估和预计软件可靠性水平。软件可靠性评估结果可以对前期进行的可靠性早期预计、可靠性分配进行验证，评估的结果还可以作为软件可靠性测试是否停止的判别标准。

11.3 数据驱动的软件可靠性工程过程模型

从上面的分析可以看出，软件可靠性工程过程与软件开发过程紧密相关，两者之间有频繁的数据交互。软件可靠性活动从软件开发过程获取数据来源，其产出为保证软件可靠性要求的软件开发活动提供支持。同时软件可靠性工程活动之间也相互影响、相互支持，形成了为保证软件的可靠性要求而开展的一系列软件可靠性工程活动。

软件可靠性工程活动之间以及软件可靠性工程过程与软件开发过程之间的数据流关系实质上是一种以工程业务流程为主的工作流关系。可以以工作流模型的方式建立软件可靠性工程过程模型，将软件可靠性工程过程和软件开发过程有机地结合在一起，形成一套完整的软件可靠性工程过程方法。

11.3.1 软件可靠性工程过程中的工作流定义

工作流目前尚无统一定义，比较受广泛认可的是工作流管理联盟（Work Flow Management Coalition, WFMC）的定义：工作流是一类能够完全或者部分自动执行的经营过程，它根据一系列过程规则使得文档、信息或任务能够在不同的执行者之间进行传递与执行。工作流技术的主要优点是能够将业务逻辑和过程逻辑清晰地分隔开来。在过程逻辑中，可以定义软件可靠性工程中各个活动的先后顺序及连接方法，使得各个活动以松耦合的方式连接在一起，共同完成业务流程。当业务逻辑发生变化时，只需要重新定义各个活动的连接顺序即可。

借助于工作流模型，可以完成以下任务：对软件可靠性工程活动的实施过程进行描述和抽象，描述软件可靠性业务流程；对流程进行冗余、相似性的分析优化，实现流程集成；对软件可靠性工程活动流程状态进行监控；实现软件可靠性工程集成系统的开发。

11.3.2 软件可靠性工程过程模型的工作流元素定义

一个完整的软件可靠性工程过程是由一系列最基本的活动按照一定的逻辑顺序组成的。软件可靠性工程活动与它们之间的数据依赖、逻辑关系可以用有向图表示。有向图中的节点表示一个可执行的活动单元，两个节点之间的连接弧表示活动间的先后顺序关系。软件可靠性工程过程模型中各元素的图形化表示如图11.4所示。

图 11.4 软件可靠性工程过程模型中各元素的图形化表示

（1）活动。活动是指在一段不间断的时间间隔内为实现某一个目标而由人工或者自动完成的一个行为，是组成业务流程的最基本单元。活动的输入部分是保证活动开始的必要条件，如软件信息、软件需求文档等。只有在满足活动开始的条件后，活动才能被激活。活动的输出部分是活动的结果。活动的输入与输出构成了每一个基本活动单元与外部之间的接口。工作流中的活动可以用于表示软件可靠性工程活动。

（2）外部活动。外部活动是指不包含在当前业务流程中，但其输出是当前业务流程中某活动的输入的活动。外部活动不是当前业务流程的组成部分，但对当前流程有一定的影响。可以把软件开发过程定义为软件可靠性工程过程的外部活动。

（3）子过程。子过程是一类能够分解的节点类型，其内部可以包含组成工作流模型的所有元素类型。软件可靠性工程是一系列软件可靠性工程活动的有序集合，可以把某些关系密切的活动集合起来，在图中用一个节点表示。

（4）同步节点。将一个实际的业务流程映射为工作流模型时，描述活动间的逻辑关系是一项非常重要的工作。在软件可靠性工程过程建模中，"与"和"或"是两类最基本的工作流逻辑关系。

"与"的关系通过增加一类新的节点——同步节点 S 来表达，它对活动起协调、同步的作用。规定当 S 处于执行状态时 $\text{State}(S) = 1$，将判断它的所有输入连接弧是否已经全部发生转移。若是，则 S 的状态就由 1 变为 0，即 S 执行完毕；否则，S 仍处于执行状态，并将继续判断，直至满足上面的条件后 S 才执行完毕，$\text{State}(S)$ 由 1 变为 0，即 $\bigcap\{n' \in \text{Pre}(n), l = (n', n) \in L, \text{Trans}(l) = 1,$ 且 l 发生了转移$\}$。

"或"的关系表示：对于任意一个处于非执行状态的节点 n，只要有一条输入连接弧发生了转移，那么该节点即可被执行，即 $\bigcup\{n' \in \text{Pre}(n), l = (n', n) \in L, \text{Trans}(l) = 1,$ 且 l 发生了转移$\}$。

（5）连接弧。连接弧表达了图中不同节点元素之间的逻辑顺序关系。它从前趋节点指向后继节点，体现了节点状态的转移与有向图的演进。连接弧连接于同一层次中的任意两个有数据交换的节点之间以定义数据流，数据流动的方向就是连接弧所指的方向。数据连接弧上标明的数据集合 DATA 是该弧承载的数据类型。未标明数据集合的连接弧表示前趋节点和后继节点存在着某种时序上的关系，没有数据上的依赖。在软件可靠性工程过程模型中定义了两种连接弧：

（1）永真型连接弧。当前趋节点产生的数据 $D \in \text{DATA}$ 时，数据弧转移函数为真，$\text{Trans}(l) \equiv 1$。这体现了一种顺序关系，不需要经过任何条件的判断，只要前趋节点执行完毕并产生后继节点所需的数据，即可激活后继节点。

（2）不定型连接弧。即在满足 $D \in \text{DATA}$ 的同时，转移函数的取值是需要在具体的工作流执行过程中由工作流或人加以判断才能确定的。这种判断实际上体现了一种选择关系，即根据不同的情况，通过满足条件的连接弧的转移，实现对某一节点的多个后继节点的选择性激活。

11.3.3 数据驱动的软件可靠性工程过程模型

根据软件可靠性技术活动的输入输出数据以及软件开发过程中软件可靠性工程的输入输出关系，为软件可靠性工程过程建立软件可靠性分配、分析、早期预计和软件可靠性增长测试 4 个子过程,实现对软件可靠性工程过程的封装,并统一外部接口。而可靠性评估、测试过程相对简单,直接在过程模型中体现。在子过程中,子工作流从子过程之外的外部活动获得所需数据,根据数据的不同,选择不同的软件可靠性分配、分析、早期预计方法实施,同时将产出的数据传向子过程以外。数据驱动的软件可靠性工程过程模型如图 11.5 所示。

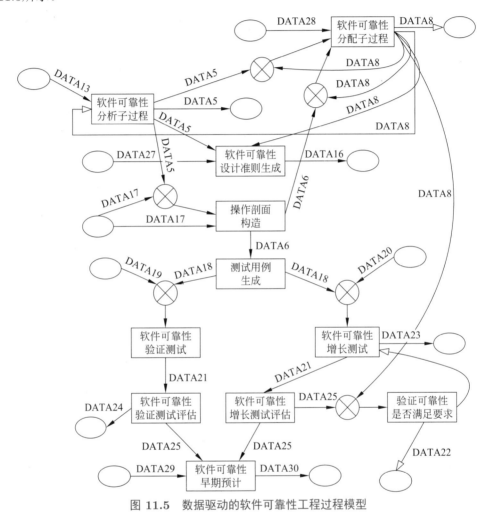

图 11.5 数据驱动的软件可靠性工程过程模型

软件开发过程的各个阶段产生了不同的数据,当这些数据满足软件可靠性工程活动的触发条件时,软件可靠性工程活动就开始执行,它们的输出将作为后续软件可靠性工程活动的输入数据和触发条件,即输入数据是活动的"触发器"。在整个软件生命周期内,这些数据作为软件可靠性工程活动的动力,推动工作流流动。

软件可靠性工程过程中的各项活动不但与软件的开发过程发生信息交互,同时各项活动之间也具有密切的数据联系。通过建立数据驱动的软件可靠性工程过程模型,将孤立的软件可靠性工程活动与软件开发过程以及其他软件可靠性工程活动紧密联系在一起,从而实现了软件可靠性工程过程对软件全生命周期的可靠性技术支持,形成了活动过程紧密结合的软件可靠性工程过程,实现了软件可靠性工程技术的综合应用,有利于保证软件可靠性工程技术的应用与实施，提高软件的可靠性。

11.3.4 融入可靠性分析与设计的软件研制过程

软件的研制与软件可靠性紧密相关的主要过程包括系统分析、需求分析、软件设计、软件编码和软件测试。在整个软件研制过程中应融入软件可靠性分析与设计，以保证整个软件可靠性达到预定的可靠性目标。该过程的具体体现如下：

（1）系统分析阶段主要明确可靠性指标及要求，一般在软件研制任务书中明确。软件研制任务书中明确的可靠性要求都比较笼统的且不是很全面，建议在明确软件的可靠性要求时，除了特有的可靠性要求，其他的可靠性要求参考可靠性设计准则逐条描述，这样才能保证可靠性要求不被遗漏，后续的可靠性分析和设计才有依据。

（2）需求分析阶段是进行可靠性分析的主要过程，按照确定的可靠性分析和设计准则，对软件研制任务书中规定的可靠性要求要在需求分析阶段结合实现的功能和性能等进行分析（如异常处理、检测等），对于一些安全关键软件或者一些主要的、经常出错的模块等要进行单独的可靠性分析。常见的可靠性分析方法有FEMA和FTA，可以选择其中的一种或两种方法结合使用，最终将分析的结果体现在软件需求中。例如，影响安全性的模块、核心处理模块、中断或接口处理程序等一般需进行单独的可靠性分析。

（3）软件设计阶段的可靠性工作主要是对分析得到的可靠性需求进行设计，重点关注将前面提到的软件可靠性设计准则落实到软件设计说明书中。

（4）软件编码阶段主要是依据设计说明实现代码，同时编码一定要遵守相应的编码规范，才能保证代码的可靠和安全。

（5）软件测试是验证软件可靠性的主要手段，从单元测试到集成测试、配置项测试和系统测试，各个阶段均应依据任务书、需求、设计和软件代码设计足够和充分的测试用例，对软件的可靠性进行测试和验证，确保最终交付的软件代码稳定可靠。

11.4 军用软件质量与可靠性管理方法

现阶段，相对于硬件产品而言，军用软件存在着研制方"自编、自导、自演"的设计生产方式，透明度不高，可靠性不能预知。复杂装备中软件所占的比重越来越大，软件的质量及可靠性对武器装备系统的性能和效能影响也越来越高。而在一些复杂装备研制方中，往往存在着注重硬件产品的质量而忽视软件质量的问题。一些软件设计者在编写软件时只注重软件的功能实现，对软件自身的健壮性、容错性不够重视。另外，一些系统软件的设计正确性只能通过系统试验加以验证，单元测试能力较低，测试平台不够健全，不仅占用了大量的系统试验时间，而且在故障发生时很难判断是硬件问题还是软件问题，给故障的排查带来很大的困难。因此，抓好军用软件研制过程的质量管理工作就成为重中之重。

11.4.1 软件开发全过程工程化管理

在军用软件产品研制方案阶段，研制方要组建软件质量管理专业技术队伍，明确软件研制各个阶段各类人员的质量责任。除了要明确行政指挥系统、总设计师系统和总质量师系统外，还要建立软件工程化管理小组，进行研制软件管理的策划，把软件研制工作列入产品研制计划,保证研制过程所必需的组织机构、人员、经费、设备等。军方要发挥主导作用,根据部队使用需求、实际使用的状态以及信息化发展的趋势引导和规范软件开发过程。

开发高可靠软件必须采用软件工程方法,搞好软件开发工程化。当前研制的军用软件装备绝大部分拥有庞大的软件体系结构,可重用或公用的功能模块以及多个分承包方的参与决定了项目的开发必然是团队协作开发过程。根据GJB 2786—1996,需要从以下几方面督促研制方抓好软件工程的实施:

(1) 软件开发方法。软件开发方法对软件的可靠性有重要影响。面向对象的方法便于软件复杂性控制,有利于生产率的提高,符合人类的思维习惯,能自然地表达现实世界的实体和问题,具有一种自然的模型化能力,能够实现从问题空间到解空间的较为直接、自然的映射。

在面向对象的方法中,由于大量使用具有高可靠性的库,其可靠性也就有了保证,用面向对象的方法也有利于实现软件重用,所以一般应采用面向对象的方法。

(2) 软件工程环境。软件工程环境应该能集中支撑开发阶段的操作。

(3) 安全性分析。一定要重视软件的容错性设计,把执行任务的潜在危险降到尽可能小的程度。

(4) 非开发软件。非开发软件应当结合到交付软件中,非开发软件的结合应用应经过签约机构的批准并遵守合同中的数据权限要求。

(5) 计算机软件组成。应根据软件开发计划规定的开发方法,对软件配置项进行分解并划分成软件部件和软件单元。应确保软件配置项的需求已完全分配,并能进一步细化,以便更好地实施每个软件部件和软件单元的设计与测试。

(6) 从需求分析到设计的可追踪性。明确划分各开发过程(需求分析过程、设计过程、测试过程、系统集成过程等),在各开发过程中实施进度管理,产生阶段质量评价报告,对不合要求的部件和单元及早采取对策。

(7) 高级语言。选择编程语言对开发和维护阶段都是重要的。当选择编程语言时,必须注意特殊的应用要求以及语言对于软件工程现代化的质量保证原则是否支持。在满足用户需求的前提下,还要综合考虑编译和编程环境的有效性、语言的可移植性、编程人员的技术水平等。

(8) 设计和编码标准。必须大力推行标准化的实施。标准对于项目的互联、互通、互操作,对于开放性、可维护性,是一个先决条件。标准的简单或复杂决定了系统的简单与复杂。标准的可操作性影响系统的一致性和可维护性;标准的好坏决定了系统性能。为标准制定实施的细则与模板,使得标准的实施不但有章可循,而且可操作性强,可以重复(重用),便于检查。这些细则与模板包括需求分析、概要设计与详细设计的细则和模板。

(9) 软件开发文件。软件开发文件包括系统文档、维护文档和项目管理文档等。软件开发文档可以使人们对已经执行的开发过程有深入的了解,并对重要的阶段成果进行初步和清晰的说明。

(10) 处理资源和预留量。应在合同期内对处理资源的利用情况进行监测,资源利用情况应记载在各软件配置的产品规格说明中。

研制方必须在贯彻已有的行之有效的质量法规和标准的基础上全面推进软件工程化，按工程化的方法组织软件开发工作，制定软件开发流程，编制相应文档，进行分阶段评审，实施软件配置管理。在软件开发的不同阶段，开展软件测试和独立测评，针对所有软件的不同关键级别制定不同的测试要求，完善测试体制，制定测试规范。实施软件质量跟踪与评估机制，加强对软件开发过程的质量控制和软件产品的质量管理，使软件开发过程和软件产品处于受控状态。适时开展软件的同行互查、内部测试和第三方测试，确定要重点控制的项目和方法，此外，还要建立软件受控库和产品库，保证软件研制的质量和可靠性。

11.4.2 分阶段的质量管理和控制

在软件生命周期内进行分阶段的质量控制，组织制订软件生存周期各阶段应完成的各项工作计划，质量保证人员对软件开发全过程分阶段进行监督检查。软件生命周期一般划分为7个阶段。

1. 系统分析与软件定义阶段

系统分析与设计阶段的工作主要是分析、研究和确定系统的构成，明确各系统之间的分工与合作，分析系统要求和使用环境，制订软件研制任务书和项目开发计划。

该阶段质量控制的重点就是对软件研制任务书的评审，明确任务书提出的技术指标要求、可靠性和质量要求、研制时间要求、产品交付的清单以及验收交付方法等内容，并针对项目开发计划制订软件质量保证计划。

该阶段的完成标志是制订出软件研制任务书和项目开发计划。

2. 软件需求分析阶段

软件需求分析阶段的主要工作是根据软件研制任务书确定软件要实现的功能、性能和接口条件等要求，制定软件可靠性、安全性设计准则，并编写软件需求规格说明、软件研制计划（包括项目开发计划、质量保证计划、配置管理计划和确认测试计划等），制订软件的系统测试计划，并确定软件等级。

需求分析是整个软件研发工作的基础，是开展设计工作的前提。该阶段质量控制的重点是严格评审软件需求规格说明，确认其是否覆盖了软件研制任务书的所有内容和要求。

该阶段的完成标志是提交软件需求规格说明和数据要求说明。

3. 软件设计阶段

软件设计阶段的主要工作是进行软件的概要设计和详细设计，对关键、重要软件应进行可靠性、安全性分析和设计，并制订软件集成测试计划。

概要设计主要是根据软件需求规格说明进行框架设计，建立软件的总体结构，并按照功能模块将软件分割为软件部件。该阶段要编写的文档有概要设计说明，组装测试计划及组装测试说明。

该阶段质量控制重点是按国家军用标准规定审查概要设计说明，重点是软件总体结构、接口设计、运行设计、出错处理设计等内容的合理性。

详细设计主要是依据软件需求规格说明及概要设计说明进一步细化设计，包括算法的实现和数据结构设计，特别是参数的传递关系，明确程序单元的输入及输出，为编码提供详细的说明；并根据概要设计说明编写详细设计说明、单元测试计划。

该阶段质量控制重点是审查详细设计说明,对已规定的软件单元之间的接口、数据流或控制流以及软件单元内部算法、数据结构等内容进行审核。需要把握的管理重点是语句注释率。

该阶段的完成标志是提交软件的概要设计说明和详细设计说明。

4. 软件实现阶段

软件实现阶段的主要任务是依据详细设计说明,按规定的编程格式要求进行编码、调试,并依据单元测试计划进行全面测试,验证程序单元与详细设计说明的一致性。

该阶段的质量管理工作任务是按单元测试计划进行全面测试,包括代码审查、静态分析、动态测试和结构覆盖测试等,并严格进行软件配置管理。

该阶段工作完成的标志如下:

(1) 功能与设计说明一致。

(2) 性能达到软件设计指标。

(3) 控制流程正确,变量存取无误差。

(4) 所有软件单元达到质量度量指标。若达不到规定指标,应在测试报告中给出合理解释。

(5) 覆盖测试达到规定的覆盖率。

(6) 对发现的问题已进行修改并通过了回归测试。

5. 软件测试阶段

软件测试阶段的主要工作是进行软件的集成测试、确认测试和系统测试。

1) 集成测试

集成测试阶段的主要工作是将通过了单元测试的各个程序单元按层逐个组装起来,构成软件部件并进行测试。集成测试的重点在于各程序单元及软件部件的各个接口。

该阶段工作完成的标志如下:

(1) 满足各项功能、性能要求。

(2) 软件单元/软件部件无错误连接。

(3) 接口正确。

(4) 对发现的问题已进行修改并通过了回归测试。

(5) 完成软件部件测试报告。

(6) 软件配置项已集成。

该阶段质量控制的重点是对软件测试计划的执行情况和软件测试过程进行监控,并对测试结果进行严格评审,将测试过程中软件程序和文档的修改纳入配置管理。

2) 确认测试

确认测试阶段的主要工作是对经过集成测试后组成的软件配置项进行测试,评价软件是否在功能、性能上达到了软件需求规格说明中的要求。

该阶段工作完成的标志如下:

(1) 满足软件需求规格说明中规定的功能、性能、接口、约束及限制等软件本身的质量特性要求。

（2）所有已发现缺陷的影响均被消除，并通过了回归测试；或者缺陷的影响虽未消除，但已清楚带着缺陷运行的风险，有解决的办法，并经过确认。

（3）达到规定的覆盖率指标。

（4）完成测试报告的编制并通过评审。

该阶段质量控制的重点是严格监控软件配置项测试，重点审查测试内容是否覆盖了测试项目及要求，其中语句覆盖测试、分支判断覆盖测试、函数调用测试以及内存使用缺陷测试是测试的重点。

该阶段的完成标志是提交程序、程序单元测试的测试规程、测试用例和测试报告以及软件用户手册、操作手册。

3）系统测试

很多大型软件在软件测试阶段之后需要放到实现其功能的系统中验证其功能和接口的可靠性，系统测试阶段的主要工作是将软件作为系统的组成部分参加系统联试，以达到系统验证的目的。

该阶段的完成标志是交付已通过软件集成测试和系统测试的可运行的程序系统和数据，软件集成测试和系统测试分析报告，具体如下：

（1）在系统运行环境下，软件满足软件需求规格说明所规定的功能和性能要求。

（2）完成测试计划所规定的每个测试用例的测试工作，对于需要固化运行的软件以固件的形式完成测试。

（3）对软件需求规格说明中规定的所有功能、性能、约束及限制等要求均完成了测试。

（4）所有已发现的异常影响均被消除，并通过了回归测试；或者异常的影响虽未消除，但已清楚带着异常运行的风险，并经过确认。

（5）完成软件系统测试报告的编制并通过评审。

软件测试阶段质量控制的重点是：审查软件所有的配置项是否都经过测试并纳入了配置管理，测试用例是否经过了审批并且纳入了系统测试大纲。该阶段质量控制的手段是对软件的功能、性能、接口匹配性、人机界面操作性、安全性等进行多循环大强度的测试和试验，以验证软件的稳定性和可靠性。系统测试是软件测试非常重要的环节之一，软件的健壮性、容错性都应在这个环节中得到验证。

6. 软件安装和验收阶段

软件安装和验收阶段的主要工作是按验收要求对软件进行验收测试和审核，并组织软件产品向任务交办单位的移交。

该阶段的完成标志是软件产品通过验收并予以交付。

该阶段的质量控制手段是对软件验收测试和交付过程进行监控和审核，以保证软件需求、设计和程序的一致性以及软件文档的完整性、准确性。

7. 软件运行和维护阶段

软件运行和维护阶段的主要工作是软件开发单元通过软件故障、分析和纠正措施系统（Software Failure Report Analysis and Corrective Action System，SFRACAS）记录软件运行状况和问题，并对软件进行维护和版本更新，实现软件可靠性增长。

建立SFRACAS的目的是及时报告软件发生的故障，分析软件故障产生的原因，确定纠正措施并验证其有效性，防止故障再次发生。军用软件研制单位应从软件研制开始建立SFRACAS，对故障实行闭环控制，有效地消除软件缺陷、故障，提升软件研制工作的质量。建立SFRACAS应遵循PDCA原则，P代表计划（Plan），D代表执行（Do），C代表检查（Check），A代表处理（Act），这4个过程循环执行，周而复始，促使军用软件质量不断改进。SFRACAS具体工作流程如下：

（1）故障报告。软件在研制和使用阶段发生的故障应由相关部门负责信息收集的人员及时、完整地收集，编制故障报告，并在规定的时间内向规定的管理组织报告。

（2）故障核实。质量保证部门应组织有关人员对报告的故障内容按发生故障时的实际情况进行核实，故障核实可通过重现故障模式或依靠故障证据完成。对缺乏证据的故障应给予说明。

（3）故障分析。在软件故障得到核实后，故障责任单位应尽快组织相关人员对故障进行分析，以确定故障原因，并编制故障分析报告。

（4）故障纠正。故障原因确定后，故障责任单位的有关部门应根据对故障的分析结论，研究并制定纠正措施，编制纠正措施实施报告，并提交规定的管理组织审批确认，再下发有关部门组织实施。

（5）纠正措施效果的验证。纠正措施实施后，有关部门应通过试验、试用等方法证实纠正措施的有效性。如达不到预期效果，则需复查故障的原因或进一步采取其他的纠正措施，直至故障彻底解决。最终，将确定的纠正措施及其实施效果提交给规定的管理组织。

（6）故障信息管理。故障解决后，软件研制单位应统一管理保存全部故障信息报告及有关文档资料，并建立故障信息库，供有关人员查询。

该阶段的质量控制手段是按照规定的软件维护申请和软件维护审批的程序对软件进行维护，并监控SFRACAS的正常运行，对使用中的软件更改进行配置管理和回归测试。

❖ 11.5 习题

1. 在软件开发的需求分析阶段应围绕软件可靠性工程做哪些主要工作？
2. 在软件可靠性工程管理工作中需要遵循的基本策略是什么？
3. 什么是软件可靠性管理过程规范，实施软件可靠性管理过程规范的积极作用有哪些？
4. 影响复杂软件可靠性的主要因素有哪些？如何利用软件可靠性管理过程有效地保证软件可靠性质量？

参 考 文 献

[1] LYU M R. 软件可靠性工程手册[M]. 刘喜成, 钟婉懿, 译. 北京：电子工业出版社，1997.

[2] 徐仁佐. 软件可靠性工程[M]. 北京：清华大学出版社, 2007.

[3] 孙志安. 软件可靠性工程[M]. 北京：北京航空航天大学出版社, 2009.

[4] 陆民燕. 软件可靠性工程[M]. 北京：国防工业出版社, 2011.

[5] 周楠,李福川,宣萱.基于双排队系统的软件可靠性增长模型[J].计算机工程与设计,2023,44(2):447-456.

[6] CHEUNG R. A user-oriented software reliability model[J]. IEEE Transactions on Software Engineering, 1980, 6(2):118-125.

[7] 孙智超,张策,江文倩,等.故障检测率对软件可靠性影响实证分析[J].计算机工程与科学,2022,44(12):2162-2172.

[8] 沈晓美,吴立金,詹红燕,等.舰船装备软件可靠性验证与评价技术研究[J].计算机测量与控制,2020,28(4):232-236.

[9] 李思雨. 基于神经网络的软件可靠性模型研究及实现[D]. 北京：中国电子科技集团公司电子科学研究院,2020.

[10] 薛利兴,左德承,张展.考虑系统调用和失效模式的软件可靠性模型[J].计算机工程与应用,2014,50(9):5-11.

[11] 薛利兴. 面向可靠性关键因素识别的软件系统故障传播分析研究[D]. 哈尔滨：哈尔滨工业大学,2017.

[12] 薛利兴,左德承,张展.网络化软件系统故障传播分析与可靠性评估[J].计算机工程与设计,2018,39(6):1623-1628,1638.

[13] 徐炜珊,于磊.一种基于构件失效传播的软件可靠性建模方法[J].信息工程大学学报,2015,16(5):619-624.

[14] 杨晓丽. 基于复杂网络的软件故障特性分析方法研究[D]. 秦皇岛：燕山大学,2018.

[15] 张策,孟凡超,考永贵,等.软件可靠性增长模型研究综述[J].软件学报,2017,28(9):2402-2430.

[16] 吕勋. 基于NHPP的软件可靠性模型研究[D]. 哈尔滨：哈尔滨工程大学,2017.

[17] 李秋英,李海峰,陆民燕,等.基于S型测试工作量函数的软件可靠性增长模型[J].北京航空航天大学学报,2011,37(2):149-154,160.

[18] 段文雪,胡铭,周琼,等.云计算系统可靠性研究综述[J].计算机研究与发展,2020,57(1):102-123.

[19] 李昌毅. 基于系统级建模理论的云计算系统可靠性提升方法研究[D]. 成都：电子科技大学,2022.

[20] 薛亮,普杰,吴立金,等.舰船装备软件可靠性设计方法[J].船舶标准化与质量,2021(6):34-40+6.

[21] WANG W, PAN D, CHEN M. Architecture-based software reliability modeling[J]. Journal of Systems and Software , 2006, 79(1):132-146.

[22] BROSCH F, KOZIOLEK H, BUHNOVA B, et al. Architecture-based reliability prediction with the palladio component model[J]. IEEE Transactions on Software Engineering, 2012, 38(6):1319-1339.

[23] ZHENG Z, MA H, LYU M, et al. QoS-aware Web service recommendation by collaborative filtering[J]. IEEE Transactions on Services Computing, 2011, 4(2):140-152.

[24] DISTEFANO S, FILIERI A, GHEZZI C, et al. A compositional method for reliability analysis of workflows affected by multiple failure modes[C]. In: Proceedings of the 14th International ACM SIGSOFT Symposium on Component-based Software Engineering. Boulder: ACM, 2011:149-158.

[25] CORTELLESSA V, GRASSI V. A modeling approach to analyze the impact of error propagation on reliability of component-based systems[C] In: Proceedings of the 10th International Symposium on Component-based Software Engineering. Medford: Springer Verlag, 2007:140-156.

[26] AVIZIENIS A, LAPRIE J, RANDELL B, et al. Basic concepts and taxonomy of dependable and secure computing[J]. IEEE Transactions on Dependable and Secure Computing, 2004, 1(1):11-33.

[27] FILIERI A, GHEZZI C, GRASSI V, et al. Reliability analysis of component-based systems with mulitiple failure modes[C]. In: Proceedings of the 13th International Symposium on Component-based Software Engineering. Prague:Springer Verlag, 2011:1-20.

[28] PHAM T, DEFAGO X. Reliability prediction for component-based systems: Incorporating error propagation analysis and different execution models[C]. In: Proceedings of the 12th International Conference on Quality Software. Xi'an, IEE, 2012:106-115.

[29] PHAM T, DEFAGO X. Reliability prediction for component-based software systems with architectural-level fault tolerance mechanisms[C] In: Proceedings of the 8th International Conference on Availability, Reliability and Security. Regensburg: IEEE, 2013:11-20.

[30] REUSSNER R H, SCHMIDT H W, POERNOMO I H.Reliability prediction for component-based software architectures[J]. Journal of Systems and Software, 2003, 66(3):241-252.

[31] XU X, HUANG H. On soft error reliability of virtualization infrastructure[J]. IEEE Transactions on Computers, 2016, PP(99):1-13.

[32] PHAM T T, DEFAGO X. Reliability prediction for component-based software systems with architectural-level fault tolerance mechanisms[C]. In: Proceedings of 8th International Conference on Availability, Reliability and Security. Regensburg: IEEE Computer Society, 2013:11-20.

[33] 王小龙,侯刚,任龙涛,等.软件动态执行网络建模及其级联故障分析[J]. 计算机科学, 2014, 41(8):109-114.

[34] RASHID L, PATTABIRAMAN K, GOPALAKRISHNAN S. Modeling the propagation of intermittent hardware faults in programs[C]. In: Proceedings of 16th IEEE Pacific Rim International Symposium on Dependable Computing (PRDC '10). Tokyo: IEEE Computer Society, 2010:19-26.

[35] 徐新海.硬件故障在程序中的传播行为分析及容错技术研究 [D].长沙:国防科学技术大学, 2012:7-13.

[36] ZHENG Z, ZHOU T C, LYU M R, et al. Component ranking for fault-tolerant cloud applications[J]. IEEE Transactions on Services Computing, 2012, 5(4):540-550.

[37] XU X, LI M. Understanding soft error propagation using efficient vulnerability-driven fault injection[C]. In: Proceedings of 2012 International Conference on Dependable Systems and Networks. Boston: IEEE Computer Society, 2012:1-12.

[38] MUKHERJEE S. Architecture design for soft errors[M]. San Francisco: Morgan Kaufmann Publishers, 2008:12-47.

[39] SRIDHARAN V, KAELI D R. Eliminating microarchitectural dependency from architectural vulnerability[C]. In: Proceedings of 2009 IEEE 15th International Symposium on High Performance Computer Architecture. Raleigh: IEEE Computer Society, 2009:117-128.

[40] BROSCH F, BUHNOVA B, KOZIOLEK H, et al. Reliability prediction for fault-tolerant software architectures[C]. In: Proceedings of 2011 Federated Events on Component-based Software Engineering and Software Architecture. Boulder: ACM, 2011:75-84.

[41] TOUNSI I, KACEM H M, KACEM A H, et al. A Formal Approach for SOA Design Patterns Composition[C]. In: Proceedings of 2015 IEEE/ACS 12th International Conference of Computer Systems and Applications(AICCSA). Marrakech: IEEE Computer Society, 2015:1-8.

[42] SAHOO B, BHUYAN P. A selection approach in service composition of SOA[C]. In: Proceedings of 2016 International Conference on Recent Trends in Information Technology (ICRTIT). Anna: IEEE Computer Society, 2016:1-6.

[43] TOUNS II, KACEM M H, KACEM A H, et al. An approach for soa design patterns composition[C]. In: Proceedings of 2015 IEEE 8th International Conference on Service-oriented Computing and Applications(SOCA)). Rome: IEEE Computer Society, 2015:219-226.

[44] ZHANG T, ZHAO S, WU B, et al. Lightweight SOA-based twin-engine architecture for enterprise systems in fixed and mobile environments[J]. China Communications, 2016, 13(9):183-194.

[45] GEBREWOLD S A, BONJOUR R, HILLERKUSS D, et al. Adaptive subcarrier multiplexing maximizing the performance of a bandwidth-limited colorless self-seeded reflective-SOA[C]. In: Proceedings of 2015 International Conference on Photonics in Switching. Florence: IEEE Computer Society, 2015:163-165.

[46] WANG S H, Chen D. A cloud framework for enterprise application integration on SOA[C]. In: Proceedings of 2014 International Conference on Software Intelligence Technologies and Applications & International Conference on Frontiers of Internet of Things. Hsinchu: IEEE Computer Society, 2014:163-165.

[47] SINGH N, TYAGI K. Important factors for estimating reliability of SOA[C]. In: Proceedings of 2015 International Conference on Advances in Computer Engineering and Applications(ICACEA). Ghaziabad: IEEE Computer Society, 2015:381-386.

[48] XU J, YAO S. Reliability of SOA systems using SPN and GA[C]. In: Proceedings of 2014 IEEE 10th World Congress on Services. Anchorage: IEEE Computer Society, 2014:370-377.

[49] AHMED W, WU Y W. Reliability prediction model for SOA using hidden markov model[C]. In: Proceedings of 2013 8th Annual China Grid Conference. Changchun: IEEE Computer Society, 2013:40-45.

[50] DISTEFANO S, FILIERI A, GHEZZI C, et al. A compositional method for reliability analysis of workflows affected by multiple failure modes[C]. In: Proceedings of 14th International ACM Sigsoft Symposium on Component-based Software Engineering. Boulder: ACM, 2011:149-158.

[51] ZHANG J, LEI H. Research status and prospect of internetware reliability[C]. In: Proceedings of 2015 4th International Conference on Computer Science and Network Technology (ICCSNT). Chengdu: IEEE Computer Society, 2015:406-411.

[52] ZHAO H, SUN J, ZHAO R. A model for assessing the dependability of internetware software systems[C]. In: Proceedings of 2015 IEEE 39th Annual Computer Software and Applications Conference(COMPSAC). Taichung: IEEE Computer Society, 2015:578-581.

[53] ZHENG Z, MENG J, TAO G, et al. Reliability prediction for internetware applications: a research framework and its practical use[J]. China Communications, 2015, 12(12):13-20.

[54] ARDAGNA D, PERNICI B. Adaptive service composition in flexible processes[J]. IEEE Transactions on Software Engineering, 2007, 33(6):369-384.

[55] YU T, ZHANG Y, LIN K. Efficient algorithms for Web services selection with end-to-end Qos constraints[J]. ACM Transactions on Web, 2007, 1(1):1-26.

[56] WU G, WEI J, QIAO X, et al. A Bayesian network based QoS assessment model for Web services[C]. In: Proceedings of International Conference on Services Computing(SCC '07). Salt Lake City: IEEE Computer Society, 2007:498 -505.

[57] ZHENG Z, LYU M R.Collaborative reliability prediction for service-oriented systems[C]. In: Proceedings of 32nd ACM/IEEE International Conference on Software Engineering. Cape Town: IEEE Computer Society/ACM, 2010:35-44.

[58] YANG M, WANG F, WANG S, et al. Reliability assessment method of SOA architecture software system based on complex network[C]. In: Proceeding of 2014 IEEE 4th Annual International Conference on Cyber Technology in Automation, Control, and Intelligent Systems(CYBER). Hong Kong: IEEE Computer Society, 2014:653-657.

[59] 周宽久,兰文辉,冯金金.基于耦合影像格子的软件相继故障研究[J].计算机科学, 2011, 38(5):129-131,174.

[60] 马迎辉,彭成,张文佳,等.网络化软件中的异常行为传播研究[J].微型机与应用, 2016, 35(5):18-21.

[61] ZHENG Z, ZHOU T C, LYU M R, et al. FTCloud: A component ranking framework for fault-tolerant cloud applications[C]. In: Proceedings of IEEE 21st International Symposium on Software Reliability Engineering (ISSRE 2010). San Jose: IEEE Computer Society, 2010:398-407.

[62] MICHALAK S E, HARRIS K W, HENGARTNER H W, et al. Predicting the Number of fatal soft errors in Los Alamos national laboratory's ASC Q supercomputer[J]. IEEE Transactions on Device and Materials Reliability, 2005, 5(3):329-335.

[63] FENG S, GUPTA S, ANSARI A, et al. Shoestring: probabilistic soft error reliability on the cheap[C]. In: Proceedings of 15th International Conference on Architectural Support for Programming Languages and Operating Systems (ASPLOS 2010). Pittsburgh: ACM, 2010:385 -396.

[64] REUSSNER R H, SCHMIDT H W, POERNOMO I H. Reliability prediction for component-based software architectures[J]. Journal of Systems and Software, 2004, 49(3):241-252.

[65] BROSCH F, KOZIOLEK H, BUHNOVA B, et al. Parameterized reliability prediction for component-based software architectures[C]. In: Proceedings of 6th International Conference on the Quality of Software Architectures. Czech: Springer Verlag, 2010:36-51.

[66] PAGE L, BRIN S, MOTWANI R, et al. The page rank citation ranking: bringing order to the Web[R]. San Francisco: Stanford Info Lab, 1999:2-8.

[67] HORN R A, JOHNSON R C. Matrix analysis[M]. 2nd ed. New York: Cambridge University Press, 2012:313-386.

[68] de NOOY W, MRVAR A, BATAGELJ V. Exploratory social network analysis with Pajek[M]. New York: Cambridge University Press, 2011:286-314.

图书资源支持

感谢您一直以来对清华版图书的支持和爱护。为了配合本书的使用,本书提供配套的资源,有需求的读者请扫描下方的"书圈"微信公众号二维码,在图书专区下载,也可以拨打电话或发送电子邮件咨询。

如果您在使用本书的过程中遇到了什么问题,或者有相关图书出版计划,也请您发邮件告诉我们,以便我们更好地为您服务。

我们的联系方式:

清华大学出版社计算机与信息分社网站:https://www.shuimushuhui.com/

地　　址:北京市海淀区双清路学研大厦 A 座 714

邮　　编:100084

电　　话:010-83470236　010-83470237

客服邮箱:2301891038@qq.com

QQ:2301891038(请写明您的单位和姓名)

资源下载:关注公众号"书圈"下载配套资源。

书圈

清华计算机学堂

观看课程直播